# 琵琶湖岸からのメッセージ

## 保全・再生のための視点

西野麻知子・秋山道雄・中島拓男 [編]

サンライズ出版

# 湖岸線の変化

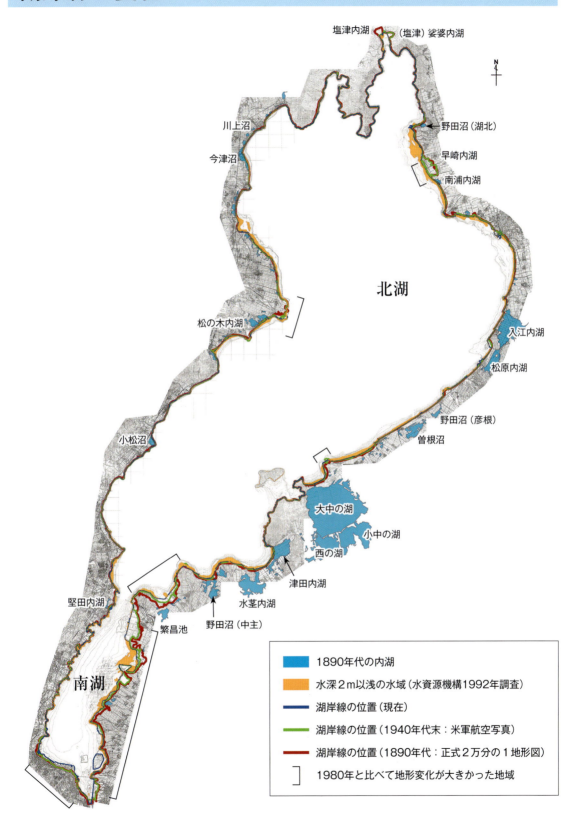

# 琵琶湖全域の湖岸類型

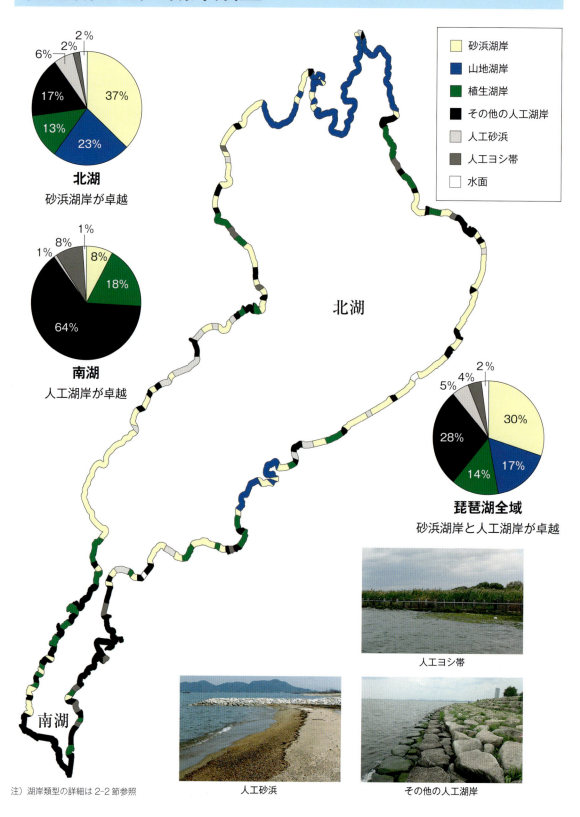

# 琵琶湖岸の9地域ブロック

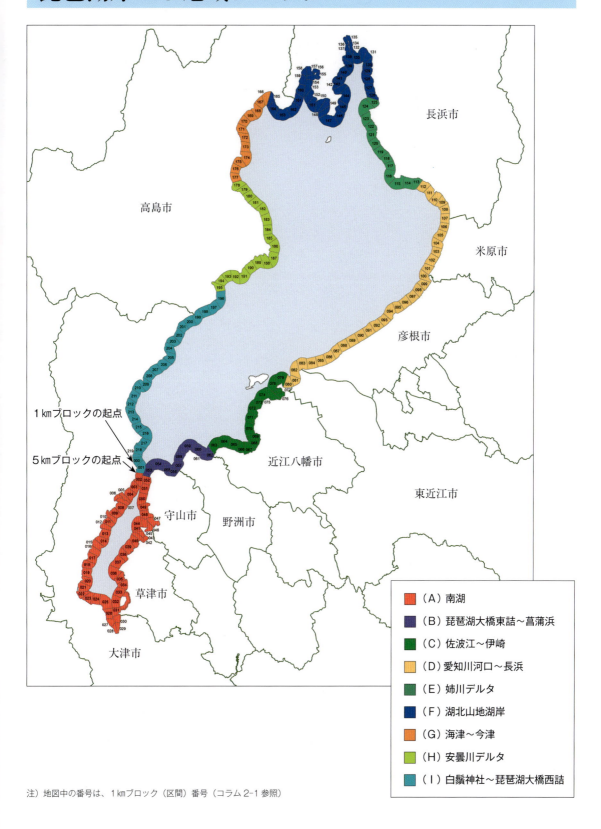

注）地図中の番号は、1kmブロック（区間）番号（コラム2-1参照）

# A地域とI地域

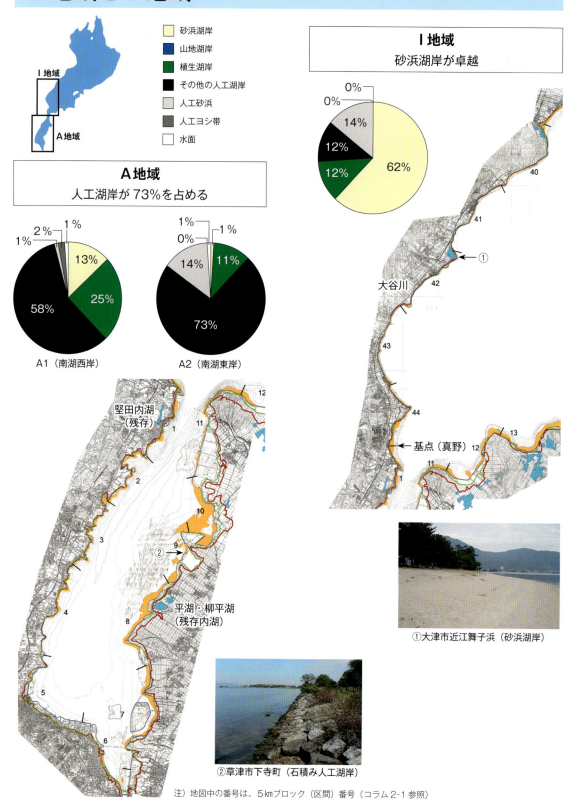

凡例:
- 砂浜湖岸
- 山地湖岸
- 植生湖岸
- その他の人工湖岸
- 人工砂浜
- 人工ヨシ帯
- 水面

**I地域**
砂浜湖岸が卓越

0%／0%／14%／12%／12%／62%

**A地域**
人工湖岸が73%を占める

A1（南湖西岸）: 2%／1%／1%／13%／25%／58%

A2（南湖東岸）: 1%／1%／0%／14%／11%／73%

①大津市近江舞子浜（砂浜湖岸）

②草津市下寺町（石積み人工湖岸）

注）地図中の番号は、5kmブロック（区間）番号（コラム2-1参照）

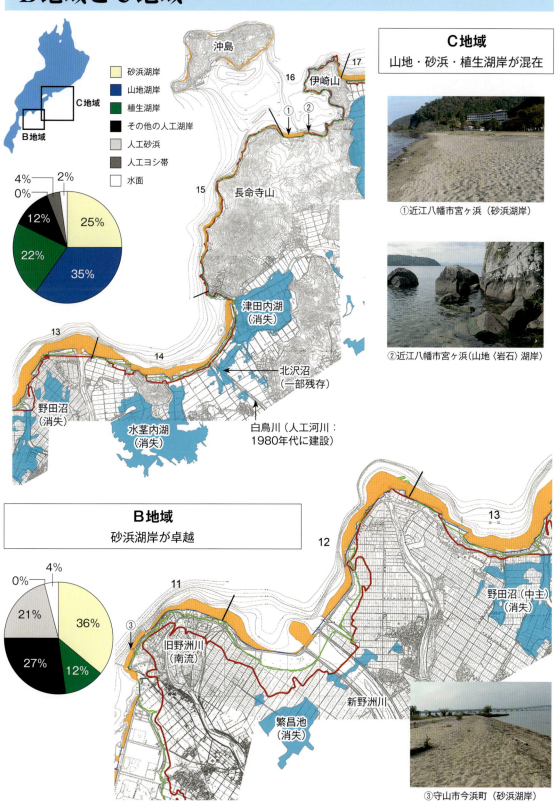

# D地域とE地域

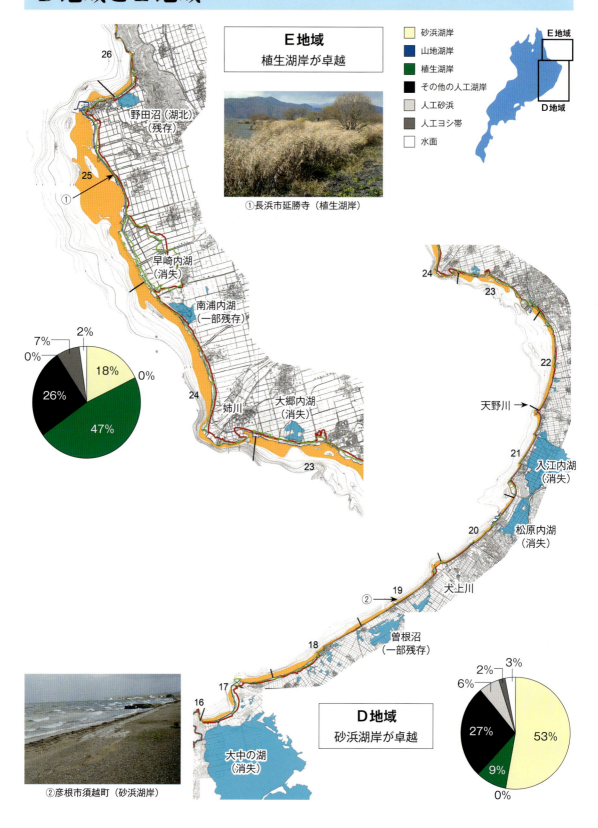

# F地域

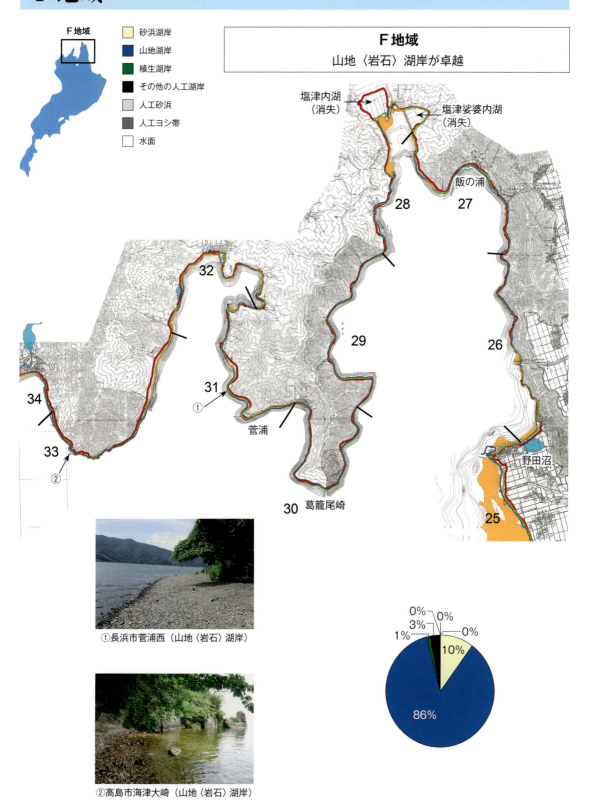

①長浜市菅浦西（山地〈岩石〉湖岸）

②高島市海津大崎（山地〈岩石〉湖岸）

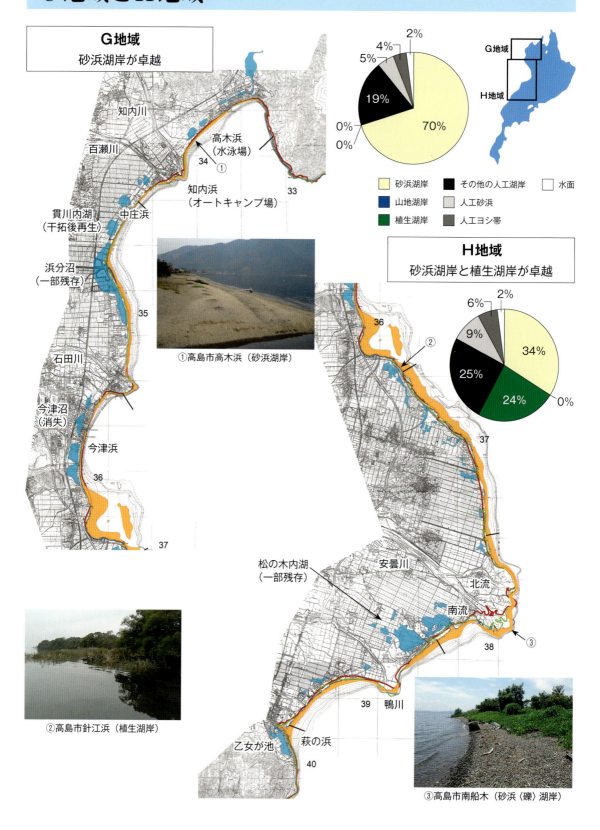

# 琵琶湖岸の植物群落型（1980年代の分布図）

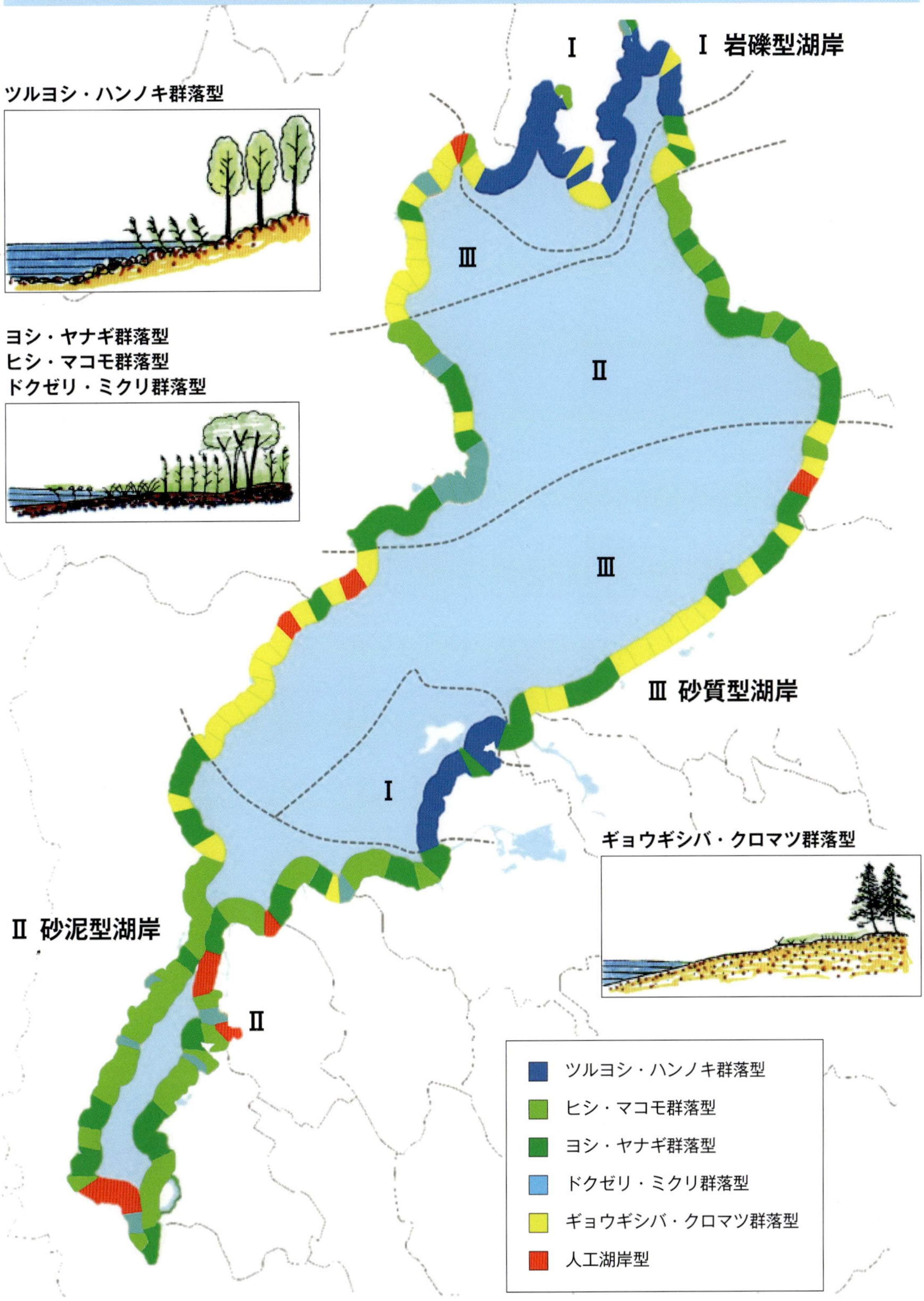

Ⅰ 岩礫型湖岸
Ⅱ 砂泥型湖岸
Ⅲ 砂質型湖岸

ツルヨシ・ハンノキ群落型

ヨシ・ヤナギ群落型
ヒシ・マコモ群落型
ドクゼリ・ミクリ群落型

ギョウギシバ・クロマツ群落型

凡例：
- ツルヨシ・ハンノキ群落型
- ヒシ・マコモ群落型
- ヨシ・ヤナギ群落型
- ドクゼリ・ミクリ群落型
- ギョウギシバ・クロマツ群落型
- 人工湖岸型

# 各湖岸に特徴的な在来植物

| Ⅰ　山地系岩礫型湖岸 | 砂泥型湖岸に特徴的な植物 |

ツルヨシ

セイタカヨシ

ヒシ

ヌカボタデ

ヨシ

## Ⅱ　平野系砂泥型湖岸

ヤナギ林とノウルシ群落（長浜市塩津湾奥）

オオマルバノホロシ

ヤナギトラノオ

オニナルコスゲ

ガマ

ドクゼリ

タコノアシ

## Ⅲ　平野系砂質型湖岸

砂質型湖岸に特徴的な植物

クロマツ林とハマゴウ群落（彦根市新海浜）

タチスズシロソウ

ハマヒルガオ

ハマエンドウ

カワラサイコ

# 近年減少した在来種と増加した外来種

## 近年減少した在来種

## 近年増加した外来種

# 琵琶湖の水草（沈水植物）

（×0.12）　　（×0.11）　　（×0.13）

オオカナダモ（外来種）　　コカナダモ（外来種）　　クロモ
（下段は輪生の葉。クロモの葉には鋸葉がある）

水位低下後の南湖の沈水植物帯（浜大津）クロモ―ホザキノフサモ群落（2000年10月13日撮影）

センニンモ（×0.11）　　マツモ（×0.13）　　ホザキノフサモ（×0.14）

ササバモ（×0.11）　　イバラモ（×0.18）　　ネジレモ（固有種）（×0.18）

ハゴロモモ（外来種）の花

左12点の写真提供：渡辺圭一郎

# 琵琶湖の底生動物

## 局所的分布または湖内での分布域が限定される固有カワニナ類

タテジワカワニナ

クロカワニナ

オオウラカワニナ

モリカワニナ

チクブカワニナ

シライシカワニナ

タケシマカワニナ

フトマキカワニナ

ホソマキカワニナ

ナンゴウカワニナ

## 北湖の植生湖岸に生息する水生昆虫

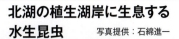
写真提供：石綿進一

ビワコシロカゲロウ幼虫（固有種）

ビワコシロカゲロウ成虫

## 北湖の山地湖岸に生息する水生昆虫類

シロタニガワカゲロウ幼虫

シロタニガワカゲロウ成虫

## 固有ニマイガイ類

セタシジミ

タテボシガイ

イケチョウガイ

フタツメカワゲラ幼虫

フタツメカワゲラ成虫

ビワコエグリトビケラ幼虫（左）と可携巣（右）（固有種）

ビワコエグリトビケラ成虫

# 琵琶湖の魚類

写真提供：滋賀県立琵琶湖博物館

1. コアユ

2. ビワマス（固有種）

3. ウグイ

4. ホンモロコ（固有種）

5. ビワヒガイ雌（固有種）

6. ビワヒガイ雄（固有種）

7. アブラヒガイ雌（固有種）

8. ハス

9. ワタカ（固有種）

10. ニゴロブナ（固有種）

11. イサザ（固有種）

12. ウツセミカジカ（固有種）

# 水鳥グループの特徴と代表種

## 採食行動別に分けた水鳥グループ

|  | | | | |
|---|---|---|---|---|
| **夜間陸上採食カモ類**<br>・マガモ<br>・コガモ<br>・カルガモ<br>・トモエガモ | <br>マガモ | <br>コガモ | <br>カルガモ | <br>トモエガモ |
| **水面採食カモ類**<br>・オナガガモ<br>・ハシビロガモ | <br>オナガガモ | <br>ハシビロガモ | | |
| **水草採食カモ類**<br>・オカヨシガモ<br>・ヨシガモ<br>・ヒドリガモなど | <br>オカヨシガモ | <br>ヨシガモ | <br>ヒドリガモ | |
| **ガン・ハクチョウ類**<br>・コハクチョウ<br>・オオハクチョウ<br>・亜種オオヒシクイ | <br>コハクチョウ | <br>オオハクチョウ | <br>オオヒシクイ | |
| **潜水水草採食水鳥**<br>・オオバン | <br>オオバン | | | |
| **潜水カモ類**<br>・キンクロハジロ<br>・ホシハジロ<br>・スズガモ　など | <br>ホシハジロ | <br>キンクロハジロ | <br>スズガモ | |
| **潜水採魚水鳥**<br>・カイツブリ類<br>・カワウ<br>・ミコアイサ<br>・カワアイサなど | <br>ミコアイサ | <br>カンムリカイツブリ（冬羽） | <br>カイツブリ（冬羽） | <br>カワウ |

# 琵琶湖湖岸の5kmブロック別環境図 （本文7章参照）

a）波浪
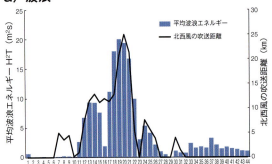

b）水深2m以下浅水域の幅（m）と底質
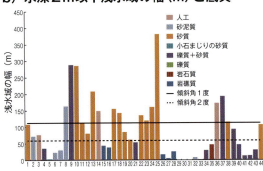

c）2002年沈水植物群落生育密度別群落幅（m）
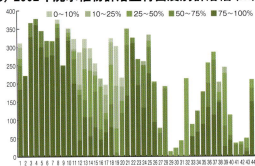

g）5kmブロックあたりの採食行動別個体数分布と個体数の構成割合
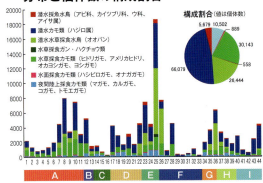

d）湖岸植生（2007年）
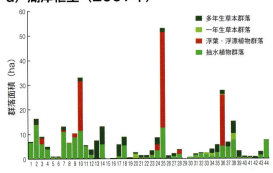

e）貝類の現存量（水深0-2m）
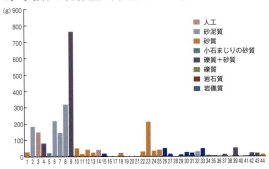

f）2006年湖岸から3km圏の水田面積（ha）
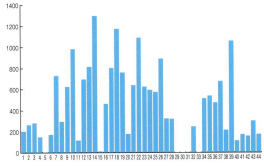

h）「滋賀県琵琶湖のレジャー利用の適正化に関する条例」による5kmブロック別航行規制水域面積
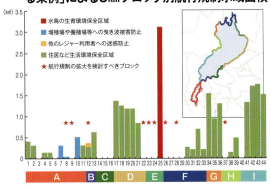

# 琵琶湖岸からのメッセージ

保全・再生のための視点

# 目　次

序　章　本書の概要 ……………………………………………… 西野麻知子　21

## 1章　琵琶湖沿岸域の特性と課題
1-1　対象としての琵琶湖沿岸域とその変遷 …………………… 秋山　道雄　28
1-2　歴史的自然としての沿岸域 ………………………………… 秋山　道雄　31
　　　コラム 1-1　琵琶湖総合開発事業 ………………………… 秋山　道雄　35
　　　コラム 1-2　湖岸と沿岸域の範囲 ………………………… 西野麻知子　36
1-3　湖の生態学的構造と琵琶湖の生物多様性 ………………… 西野麻知子　37
1-4　琵琶湖の水位変動と生態系への影響 ……………………… 西野麻知子　43

## 2章　湖岸地形の特徴と変遷
2-1　多様な湖岸地形を有する琵琶湖 …………………………… 辰己　　勝　50
2-2　琵琶湖の湖岸地形の特性と現状 …………………………… 辰己　　勝　50
　　　コラム 2-1　湖岸を見るときの座標系(湖岸を見る視点) … 中島　拓男・西野麻知子　63
2-3　琵琶湖の湖岸地形の変遷 …………………………………… 東　　善広　64
　　　コラム 2-2　ヨシ帯面積の変遷 …………………………… 東　　善広　69
　　　コラム 2-3　地形図と航空写真からみた愛知川河口域における湖岸線変化 … 東　　善広　71
2-4　9地域の湖岸線の変遷と湖岸形態の現状 ………… 辰己　　勝・東　善広　72
　　　コラム 2-4　浜欠け ………………………………………… 辰己　　勝　76

## 3章　湖岸植生の特徴と近年の変化
3-1　人との関わりの結果としての湖岸植生 ………… 金子　有子・佐々木　寧　80
3-2　本湖湖岸の代表的な植物群落 …………………… 金子　有子・佐々木　寧　80
　　　コラム 3-1　保全価値の高い海浜植物と氾濫原植物 ……… 金子　有子　83
3-3　湖岸植生の遷移系 ………………………………… 金子　有子・佐々木　寧　86
3-4　代表的な植生の近年の変化 ……………………… 金子　有子・佐々木　寧　87
　　　コラム 3-2　湖国の原風景？ヨシ帯とヨシ群落 ………… 金子　有子　92
3-5　湖岸全域での近年の変化の概要 ………………… 金子　有子・佐々木　寧　94
3-6　湖岸植生の保全に向けて ………………………… 金子　有子・佐々木　寧　95
　　　付表　植物種および植生単位の標準和名および学名 …… 金子　有子　97

## 4章　水草（沈水植物）の現状とその変遷
- 4-1　沿岸帯とは……………………………………………………………浜端　悦治　100
- 4-2　琵琶湖の水草（沈水植物）の現況 ………………………………浜端　悦治　100
- 4-3　沈水植物の変遷…………………………………………………………浜端　悦治　105
- 4-4　琵琶湖の過去の水草を見る―中国雲南省洱海の水草 ……………浜端　悦治　112
- 4-5　琵琶湖の環境変化と水草………………………………………………浜端　悦治　113
- 4-6　湖岸形状と湖岸の固定化―沿岸帯を考える …………………………浜端　悦治　115
- 4-7　水鳥と水草との関係……………………………………………………浜端　悦治　115
  - コラム 4-1　水草と水鳥の関係　水鳥は悪役？ ……………………神谷　要　116
- 4-8　健全な湖岸に向けて―景観生態学的視点の必要性 …………………浜端　悦治　118
  - コラム 4-2　侵略的外来種対策、いたちごっこになる前に ……………金子　有子　119
- 4-9　近年の南湖の水草繁茂と人為的刈取りの功罪……………石川可奈子・井上　栄壮　122

## 5章　底生動物の現状とその変遷
- 5-1　底生動物とは……………………………………………………………西野麻知子　128
- 5-2　琵琶湖の湖岸類型と湖底の底質………………………………………西野麻知子　128
- 5-3　動揺性地域と静水性地域………………………………………………西野麻知子　129
- 5-4　琵琶湖岸の底生動物と湖岸環境………………………………………西野麻知子　129
- 5-5　水産試験場による沿岸部の底生動物調査……………………………西野麻知子　130
- 5-6　1980年代の底生動物の分布 …………………………………………西野麻知子　136
- 5-7　2000年代の底生動物の分布と変遷 …………………………………西野麻知子　142
- 5-8　底生動物相の長期変遷とその要因……………………………………西野麻知子　146
- 5-9　琵琶湖の底生動物相の保全に向けて…………………………………西野麻知子　147
  - コラム 5-1　貝類漁獲量の減少とその要因 ……………………………西野麻知子　148
  - 付表　底生動物和名－学名対照表 ………………………………………西野麻知子　149

## 6章　魚類と湖岸環境の保全
- 6-1　淡水魚の重要な生息地　琵琶湖………………………………………藤岡　康弘　152
- 6-2　琵琶湖の魚類相の特性…………………………………………………藤岡　康弘　152
- 6-3　琵琶湖の主要な魚類の変遷……………………………………………藤岡　康弘　157
- 6-4　琵琶湖本来の魚類相の回復・保全に向けての提案…………………藤岡　康弘　168
  - コラム 6-1　琵琶湖の価値とその利用 …………………………………藤岡　康弘　173

## 7章　水鳥の現状とその変遷―価値ある湖岸湿地保全のために―
- 7-1　琵琶湖の水鳥調査小史…………………………………………須川　恒・橋本　啓史　176
- 7-2　琵琶湖に生息する水鳥の個体数と分布………………………橋本　啓史・須川　恒　176

| | | | |
|---|---|---|---|
| 7-3 | 琵琶湖で増えた水鳥、減った水鳥 | 橋本　啓史・須川　恒 | 183 |
| 7-4 | 水鳥を通して価値ある琵琶湖の湿地環境を保全するために | 須川　恒・橋本　啓史 | 188 |
| | コラム 7-1　水鳥はいつどこで何を食べているのか | 橋本　啓史・須川　恒 | 190 |
| | コラム 7-2　琵琶湖の鳥類とレッドリスト種 | 橋本　啓史・須川　恒 | 193 |

## 8章　保全のための琵琶湖をみる視点

| | | | |
|---|---|---|---|
| 8-1 | 「大湖沼としての琵琶湖」と「沼地としての琵琶湖」 | 西野麻知子・東　善広・辰己　勝 | 196 |
| 8-2 | 「沼地（氾濫原）としての琵琶湖」の変化 | 西野麻知子・東　善広・辰己　勝 | 197 |
| | コラム 8-1　琵琶湖・淀川水系の生物多様性をみる視点 | 西野麻知子 | 199 |
| 8-3 | 「大湖沼としての琵琶湖」の変化 | 西野麻知子・東　善広・辰己　勝 | 200 |
| 8-4 | 「大湖沼としての琵琶湖」と「沼地としての琵琶湖」の分断 | 西野麻知子・東　善広・辰己　勝 | 200 |
| 8-5 | 湖岸生態系の保全・修復にむけて | 西野麻知子・東　善広・辰己　勝 | 201 |
| 8-6 | 琵琶湖湖岸の共通座標の重要性 | 西野麻知子・東　善広・辰己　勝 | 202 |
| | コラム 8-2　琵琶湖の水辺景観 | 秋山　道雄 | 203 |

## 9章　沿岸域管理に向けて

| | | | |
|---|---|---|---|
| 9-1 | 視点と方法 | 秋山　道雄 | 206 |
| 9-2 | 沿岸域の改変と評価 | 秋山　道雄 | 208 |
| 9-3 | 琵琶湖の沿岸域研究の経緯 | 秋山　道雄 | 214 |
| 9-4 | 研究成果の政策的含意 | 秋山　道雄 | 215 |
| 9-5 | 新たな沿岸域管理に向けて | 秋山　道雄 | 217 |
| 9-6 | 結びにかえて | 秋山　道雄 | 219 |

## 終章　琵琶湖岸の風景の保全

| | | | |
|---|---|---|---|
| 1 | 琵琶湖の原風景と将来の風景像 | 吉良　竜夫 | 222 |
| 2 | 風景をどう楽しむか | 吉良　竜夫 | 223 |
| 3 | 自然景観の保護 | 吉良　竜夫 | 224 |
| 4 | 人文景観の保護 | 吉良　竜夫 | 226 |

| | | | |
|---|---|---|---|
| 巻末表 1 | 琵琶湖岸の 5km 区間位置 | 東　善広 | 227 |
| 巻末表 2 | 琵琶湖の湖岸生態系に関するおもな出来事 | 西野麻知子・藤岡　康弘 | 228 |
| 用語説明 | | | |
| 引用文献 | | | |
| あとがき | | | |

序章

# 本書の概要

本書は、琵琶湖の湖岸の現状と変遷について経済地理学・自然地理学および生物学の専門家が主に1980年代と2000年代に実地調査を行い、その結果をもとにとりまとめたものである。その内容は経済地理学や自然地理学の視点だけでなく、湖岸植生、沈水植物（水草）、底生動物、魚類および水鳥類と多様で、それぞれ専門的な視点から述べられている。できるだけ平易な記載を心がけたが、専門的な内容も少なくない。そこで、読者の理解を助ける意味もあり、以下には1～9章の概要を簡潔にまとめた。

1～9章を読み終わった後で、再び序章を読んでいただければ、本書の内容と執筆者の意図をより深く理解していただけると思う。また終章には、琵琶湖岸の風景の保全についてまとめたので、あわせて参照願いたい。

## 〔1章〕 琵琶湖沿岸域の特性と課題

琵琶湖の沿岸域を歴史的にみると、沿岸域にあまり人の手が入っていなかった時期（第1期：～1905年）、沿岸域に組織的に手を加えるようになった時期（第2期：1905年～1997年）、琵琶湖総合開発事業が終了して以降（第3期：1997～）に分けられる。琵琶湖沿岸域は、第2期の後半に沿岸域の人工湖岸化が進み、湖岸堤が建設されるなど大規模な改変を受けた。第3期は、湖岸堤や人工湖岸などインフラストラクチャーの整備や人為的な水位操作が自然環境に与えた影響が徐々に顕在化し、社会問題となってきた時期にあたる。

琵琶湖からは約1700種（分類群）の水生動植物が報告されており、プランクトンと底生動物の種数が多い。ただプランクトンには固有種が非常に少なく、魚類と底生動物、なかでも貝類に固有種が多いのが琵琶湖の生物相の特性といえる。現時点で固有種と考えられるのは66種で、その4分の3は貝類（29種）と魚類（16種）である。このうち固有貝類の65%（25種）、固有魚類の69%（11種）が環境省レッドリストの絶滅危惧I類、II類および準絶滅危惧に指定され、生存が脅かされている状況にある。それらの種の多くが沿岸に生息している。

琵琶湖水位は、1905年、唯一の流出河川である瀬田川に洗堰が建設されて以降、人為的に操作されてきた。当初は洪水の制御だった操作目的は、下流の京阪神地域の工業化とともに利水にも傾き、水位は長期的に低下傾向にあった。さらに琵琶湖総合開発事業の一環として、1992年、新たに瀬田川洗堰操作規則が制定され、6月以降水位が低く維持されるようになった。その後、とくにコイ科魚類の漁獲量が激減したことや、コイ・フナ類の産卵が比較的水位の高い4～5月に集中し、水位が低下する6月中旬以降、ほとんど見られなくなったことが明らかになった。さらに1994年9月には観測史上最低となる琵琶湖基準水位（B.S.L.）-1.23mを記録し、その後4年にわたり水位がB.S.L.-0.9m以下となるなど、著しい水位低下が頻発した。干出した湖岸では多くの貝類が死亡し、その後、現存量が回復していない。

これらのことから、現在、沿岸域の機能をどのように回復していくのか、また沿岸域の生物生息環境保全が大きな課題となっている。

## 〔2章〕湖岸地形の特徴と変遷

琵琶湖本湖の自然湖岸は、山地部と平野部の湖岸に大きく分けられる。山地部の湖岸には岩石湖岸が多い。一方、平野部はさらに河口デルタ（三角州）周辺の湖岸とその他の湖岸に分けられる。河口デルタには、礫浜や砂浜湖岸が多いが、その他の湖岸にはヨシなどが生育する植生湖岸が多くみられる（表2-2-1）。

琵琶湖総合開発事業の関連工事が本格的に始動する直前の1980年代には、自然湖岸が9割近くを占め、人工湖岸の割合は13%に留まっていた。しかし現在、湖岸線総延長242.5km[注1]の37%（のべ89.8km）が人工湖岸に改変されている。特に南湖では、人工湖岸の割合が73%に上る。一方、北湖では自然湖岸の割合は約75%と高く、人工湖岸の割合は約25%である。現在、自然湖岸として残されているのは湖岸線総延長の61%で、うち砂浜湖岸が30%、山地湖岸が17%、植生湖岸が14%を占

---

注1）ここでいう湖岸線の総延長は、港湾や突起物などの構造物をすべてトレースしたもので、第1期調査（1980年代）の琵琶湖岸の総延長220kmより22.5km長くなっている。

める。湖岸線の4割近くが人工湖岸で占められる一方で、3割もの砂浜湖岸が残されている。このことは、かつての琵琶湖では、砂浜湖岸が最も卓越した自然湖岸であったことを示唆している。

明治以降の地形図や航空写真から湖の地形変化を調べたところ、琵琶湖と周辺水域の水面面積は1890年代（723km²）から1990年代（674km²）までに49km²が消失したことが分かった。消失した水面の60%（29.9km²）は内湖の消失で、そのほとんどが北湖周辺の内湖だった。反対に、南湖では内湖面積が1km²余り増加した。これは南湖の一部が湖中の堤防で区切られ、人造内湖が作られたことによる。過去120年間で水深3mより浅い水面面積の58%が消失し、内湖を含めた湖岸線総延長も37%減少した。これら水面面積や湖岸線長の激減は、おもに1940年代以降の内湖干拓による。水面面積との比較から、1940年代の内湖面積の85%が消失した。

航空写真からヨシ帯面積を推定したところ、1940年代に5.14km²あったヨシ帯面積が、2000年には2.47km²となり、60年間で52%のヨシ帯が消失した。しかし現在でも、琵琶湖周辺のヨシ帯の60%が内湖に残存している。

琵琶湖本湖では、北湖の水面面積が近年までに9.9km²減少し、南湖では北湖の減少量にほぼ匹敵する9.5km²が減少した。南湖面積は、北湖面積のわずか11分の1に過ぎないが、そこでの面積減少が著しいことは、北湖に比べて南湖の地形改変が著しかったことの裏返しでもある。

一方、琵琶湖本湖の湖岸線は5%余りの減少にとどまった。ただ1990年以降、人工湖岸の割合が増加し、自然湖岸の減少が著しい。とりわけ砂浜湖岸の総延長は1890年代の75.5kmから52.3kmに減り、過去100年間でほぼ3分の1の砂浜が消失したと推定された。

## 〔3章〕湖岸植生の特徴と近年の変化

1980年代に本湖岸約600地点で行った植物社会学的調査から、代表的な湖岸植生は、以下の6群落型に集約された。ドクゼリ・ミクリ群落型（1980年代には全湖岸の1割弱）、ヒシ・マコモ群落型（同2割強）、ヨシ・ヤナギ群落型（同3割弱）、ギョウギシバ・クロマツ群落型（同2割）、ツルヨシ・ハンノキ群落型（同2割弱）、人工湖岸型（5%）である。

人工湖岸型をのぞく5群落型の分布は、比較的安定した地形・地質要因と泥土堆積量によく対応していた。この対応に基づいて湖岸植生の遷移系を、以下の3系列に分けた。Ⅰ山地系岩礫型湖岸は湖北山地と長命寺山地にみられる。Ⅱ平野系砂泥型湖岸は草津川、野洲川、姉川、安曇川などのデルタにみられる。Ⅲ平野系砂質型湖岸は彦根浜、今津浜、比良浜などにみられる。砂泥型湖岸ではヨシ・ヤナギ群落型を出発点とし、泥土の堆積に伴ってヒシ・マコモ群落型、ドクゼリ・ミクリ群落型へと遷移する。岩礫型湖岸ではツルヨシ・ハンノキ群落型から、砂質型湖岸ではギョウギシバ・クロマツ群落型からヨシ・ヤナギ群落型に移行し、その後は砂泥型湖岸と同じ遷移系を辿る。

全湖岸における植生の20年間の変化には、以下の4点が挙げられる。①園地、緑地の造成、整備が著しく進んだ結果、植生遷移が進行し、樹林が目立つようになった。②琵琶湖の湖岸植生を特徴づける多くの在来植物群落が著しく減少あるいは消失した。③湖岸の総群落面積に対する人為植生（外来植物群落および人工植栽地）と自然植生（人為植生以外）の比率では、人為植生の比率が大幅に増加していた。特に、ウスゲオオバナミズキンバイやオオフサモなど侵略的外来種の侵入・拡大が顕著であった。④熱帯生種群（セイタカヨシ、ホテイアオイなど）や泥質立地を好む種群（ハス、ヒメガマなど）の群落面積が大きく増加していた。

## 〔4章〕水草（沈水植物）の現状とその変遷

琵琶湖の水草は、第2次大戦後から湖の富栄養化が進行した1970年代にかけて減少した。しかし観測史上最低水位（B.S.L. -1.23m）を記録した1994年以降、急速に増加した。増加の要因として、水質改善策により南湖の透明度が長期的に回復傾向にある中で、1994年の少雨で河川からの栄養塩の流入負荷が減少し、湖底に到達する光が増大したことが指摘されている。

水草繁茂に伴い、南湖では透明度やリン濃度に代表される水質が著しく改善した。その一方で種組成は大きく変化した。クロモ、センニンモ、ホザキノフサモなど背の高い水草が増加し、かつて南湖岸に広く分布していたネジレモやイバラモな

ど背の低いロゼット型の水草が減少した。

　2000年代に入ると、南湖では外来種のコカナダモが急速に減少し、センニンモが優占するようになった。これは、かつて南湖が富栄養化したときに多量の有機物が湖底に堆積しており、この湖底泥から栄養塩を吸収し、かつ光を求めて水中で茎を伸長させることができる水草が増えた結果だと考えられる。

　そのため船の航行障害や漂着した流れ藻の腐敗に伴う悪臭等の被害が出ている。現在は、生態系保全に配慮しつつ、繁茂しすぎた水草をどのように管理するかが社会的課題となっている。

## 〔5章〕底生動物の現状とその変遷

　琵琶湖には様々な分類群の底生動物が生息するが、最も種数が多いのは水生昆虫類である。しかし底生動物の現存量の90％以上が貝類で占められ、また固有種の約半数にあたる29種も貝類である。ビワカワニナ亜属は固有貝類の半数の15種を占め、琵琶湖で唯一の種群と考えられ、琵琶湖を代表する底生動物は貝類といってよい。

　貝類の大部分は沿岸部に生息する。水深7mまでの貝類の現存量は、1953年には25,154tあったが、2002年頃には8,955tと約3分の1に減少した。特にシジミ類は、1953年には貝類現存量のほぼ半分（12,317t）を占めていたが、2002年頃には10分の1近く（956t）にまで減少した。多くの固有種を擁するビワカワニナ亜属の現存量も、1969年には2,755tあったが、2002年頃には1,363tと半分以下に減少した。その一方で、泥地を好む小型イシガイ類（主にタテボシガイ）は、1953年には2,472tだったが、1995年には4,899tとほぼ倍増した。但し、その後、2002年頃には3,615tまで減少した。

　1980年代の調査では、固有カワニナ類は浅水域に広く分布しており、岩石質や人工質の湖底に生息する種、砂質・砂泥質の湖底に生息する種、また底質選択性の乏しい種がいた。岩石質あるいは砂質湖底に生息する固有カワニナ類の中には、竹生島や多景島、北湖東岸の砂質湖岸などに局所的に分布する種がいた。大型水生昆虫類でも同様の傾向がみられたが、特定の地域に限定して分布する昆虫はいなかった。また南湖の人工質の湖底には、カワニナ類では礫質の湖底に分布する種が生息していたが、昆虫類では砂質、砂泥質に分布する種が生息していた。

　2000年代の調査では、琵琶湖岸全域で固有カワニナ類の密度が減少し、特に南湖での減少が著しかった。また湖岸全域でアメリカナミウズムシやフロリダマミズヨコエビなどの外来種が確認され、特に南湖に高密度で採集された。

　琵琶湖の底生動物相の変化には、以下の3つの時期があったと推測される。まず1960年代初頭の集中豪雨で、湖周辺の水田に散布された農薬が流入したことにより貝類が大量死し、その後の乱獲でシジミ類やドブガイ類等の大型二枚貝類が減少したことが挙げられる（コラム5-1「貝類漁獲量の減少とその要因」参照）。

　1980年代になると、南湖では、富栄養化に伴って湖底が泥質化したことで、河川性水生昆虫類の生息場所が減少した。ただ、北湖での変化は顕著ではなかった。

　1990年代以降、外来底生動物が琵琶湖全域で増加した。南湖では固有種や大型水生昆虫の数や生息地域が激減した。この変化には、水位低下が頻繁に生じたことで在来の底生動物の生息密度が大きく減少したことや、湖の水位変動幅が小さくなって撹乱頻度が低下したこと、水草が繁茂したこと、および熱帯性外来植物の繁茂が大きく関わっていたのではないかと推測される。固有カワニナ類でも、岩石質や砂質の湖底に生息するものが減少した。

## 〔6章〕魚類と湖岸環境の保全

　魚類は他の水生動物と比べて遊泳能力に優れており、その生活の場は、湖岸や内湖のみならず湖の沖帯や流入・流出河川と幅広いが、琵琶湖の湖岸域はとくに産卵繁殖にとって最も重要な環境である。

　琵琶湖漁業の主要魚種であるフナ類やホンモロコの漁獲量は、1980年代から1990年代にかけて急減した。湖岸堤の建設に伴って水ヨシ帯が減少したが、その減少面積とフナの漁獲量は負の相関を示した。このことから、漁獲量減少には湖岸堤建設の影響が大きかったことが示唆された。また1994年以降、渇水による低水位が頻発化しているが、ホンモロコの減少もまた、浅い水深のヤナギ

類の根に産着された卵が、低水位による干出で死亡したことが影響したと推測された。

琵琶湖本来の魚類相を回復するには、魚類の産卵場所と生活史の循環を確保することが重要である。そのためには、内湖と琵琶湖を繋ぐ水門の周年開放や撤去の他、琵琶湖から一定範囲の距離にある水田を「琵琶湖の生態系保全水田」に指定すること、水田と琵琶湖との段差をなくす試みが必要である。さらに河川では保全・回復優占流域を指定し、魚類などの生物保全を優先した河川管理を進めることなどが考えられる。

## 〔7章〕水鳥の現状とその変遷

琵琶湖には、越冬のために毎年48種、14万羽以上の水鳥が飛来し、国際的に重要な湿地となっている。水鳥のほとんどが湖岸沿いに分布、生息している。

越冬期の水鳥分布と環境要因を解析した結果、カモ科の水鳥の越冬数が多い湖岸は、遠浅で、波浪が少なく、かつヨシ群落の面積が広く、水草群落がよく発達している地域だった。ヨシ群落で繁殖する鳥類では、琵琶湖湖岸にある弧島状のヨシ群落が、水鳥のみならず湿地性の小鳥の営巣地として重要な役割を果たしていた。

越冬水鳥の個体数は、1980年代には63,060羽だったが、2000年代には143,096羽と2倍以上に増加した。特にオオバンは20倍近く、潜水カモ類は約3倍、水草採食カモ類は約2倍に増加した。これらは水草を採食する水鳥類で、その増加は水草群落面積の増加と呼応していた。

一方、潜水性採魚水鳥類は、ハジロカイツブリなどを除き、ほとんどの種が減少していた。ただ、近年はカワウの越冬数は回復し、カンムリカイツブリはむしろ増加している。

1980年代に比べて水鳥の数が増えた理由は、水草を食べる水鳥が増えたためであり、小魚を食べる水鳥は大きく減少していた。水草の増加と在来魚類の減少という湖の生態的な変化が、水鳥の餌環境を変え、結果として湖に飛来する水鳥の種組成や数に大きな影響を与えていた。

近年、船や釣り人による撹乱が越冬水鳥へ与える影響が大きくなっている。琵琶湖で越冬する水鳥類を保護するには、採食地や休息地の保護が重要で、特に多くの水鳥が集中する湖岸では、バスボート等の侵入による撹乱を積極的に防止することが必要である。

## 〔8章〕保全のための琵琶湖をみる視点

これまで述べた地理的特性や生物多様性の現状から、琵琶湖の湖岸域は「大湖沼としての琵琶湖」と「沼地としての琵琶湖」の二つの地域に大別できる。前者は、風波が卓越する砂浜湖岸や岩石・礫湖岸で、北湖の大部分を占める。後者は、風波が弱く、遠浅で、ヨシを主体とする植生湖岸で、北湖の一部と南湖および内湖が含まれる。

固有種の多くは前者に生息し、後者は在来魚類や水鳥類の良好な繁殖、休息の場となっている。「大湖沼としての琵琶湖」と「沼地としての琵琶湖」の両方が広面積に存在していることが、豊かな湖の生物多様性を維持するための基本的構造を形作っていることを認識する必要がある。そのため、一方を犠牲にして他方を保全するのではなく、二つの地域をともに保全しなければ、本来の自然環境を守ることはできない。

「大湖沼としての琵琶湖」の保全は、湖岸に人手を加えないことを原則としつつ、適度に自然の洪水撹乱を生じさせることが重要である。

「沼地としての琵琶湖」の保全には、琵琶湖本湖へのヨシ植栽ではなく、残存する内湖の保全・再生策の検討を優先すべきである。

## 〔9章〕沿岸域管理に向けて

資源論の観点からは、①科学・技術、②組織・制度、③価値意識・価値観という3つの要素系列に着目して沿岸域の特性を把握することが重要である。

20世紀に入って琵琶湖沿岸域を改変したのは、①都市域の拡大、②内湖の干拓、③湖岸堤・湖周道路の建設であった。湖岸堤は、琵琶湖総合開発事業の中で治水を目的に建設された。治水計画としての湖岸堤建設は、明治時代から計画されていたが、それが実現したのは琵琶湖総合開発事業のときであった。しかし1970年から1980年代にかけて日本全体で資源に対する価値観の転換が進み、土木事業が環境に与える影響についての評価が変化した。そのため湖岸堤の建設にあたり、ルート

が何度も変更された。

1990年代には滋賀県の「琵琶湖総合保全整備計画」が策定され、そこでは景観生態学的視点から、景観保全の考え方が導入された。2000年代には全国的に生物多様性保全の考え方が広がっていき、県の「第2期マザーレイク21計画」にも反映された。2011年の東北大地震以降は防災と環境保全が沿岸域管理の課題となっており、今後の沿岸域管理においては、沿岸域のレジリエンスという考え方が重要である。

2015年には「琵琶湖保全再生法」が制定され、琵琶湖が国民の重要な資産と位置付けられた。今後は、自然資本である琵琶湖の価値を高めることが求められる。

# 琵琶湖沿岸域の特性と課題

1章

本章では、琵琶湖沿岸域の人文・社会的特性の概要、および自然的特性について特に生物多様性保全の視点からまとめた。また、現在の琵琶湖沿岸域をめぐる課題の一つである水位管理について、基本的な事項を整理した。

# 1-1 対象としての琵琶湖沿岸域とその変遷

## 1-1-1 古代湖という属性

 琵琶湖が日本で一番大きい湖であることは、一般によく知られている。しかし、琵琶湖が日本でもっとも古い湖であることは、あまり知られていない。生態学ではほぼ10万年以上の歴史がある湖を古代湖とよんでいるが、琵琶湖は日本でただ1つの古代湖である。世界的に見ても、ロシアのバイカル湖やアフリカのタンガニーカ湖、南米のティティカカ湖などと並ぶ古代湖の代表的な存在である。

 古代湖の特徴の1つは、そこにしか棲んでいない生物(固有種)がいることである(1-3節参照)。湖の長い存続時間は、そこで積極的な生物の進化を可能にしたほか、そこでしか生きられない種の生存を可能にしてきた。それゆえ琵琶湖は、生物多様性保全という観点からみて重要な位置にあるといえよう。

 しかも琵琶湖は、大都市ないし大都市圏に隣接して存在する世界で唯一の古代湖という側面を合わせもっている。広範な都市活動の影響を直接・間接にうけるなかで、古代湖の特性をいかに持続させてきたかを考える上で格好の対象といって良い。さらにこの考察は、今後、古代湖としての特性をいかに持続させていくかという実践的な課題に対して示唆をあたえるものとなっていく。

## 1-1-2 エコトーンと生物多様性

 一般に、湖沼の水質や生態系は、陸域の環境に大きく規定される。さらに、陸域から水域への物質の流れに対して重要な役割を担っているのが、沿岸域である。そのため、湖沼環境の保全にとって、沿岸域はとくに重要な位置を占めている。

 沿岸域の環境保全を構想する際には、その生態的な構造や機能が大きいよりどころとなる。沿岸域は、生態学でいうエコトーン(移行帯)にあたるため、陸域と水域という2種類の生態系の緊張帯としてたえず水位の変化や砂泥の侵食、堆積などがおこり、環境は著しく不安定である。一方、生物の分布が集中し、生物の生産力や生物活性がきわめて高いところとしても知られている(吉良, 1990)。また、沿岸域は陸域と水域の接点にあるため、古来より人間活動の場となることが多く、自然の変動と人間活動からの作用を緩和する緩衝ゾーンとしても機能してきた。

 そこで、これまで生態学をはじめ自然誌科学の研究で明らかになったエコトーンの特性を環境保全で活かすためには、まず沿岸域における自然生態系の成立プロセスとその性格を把握する必要がある。無機的自然の展開過程とそこへの生物の介在パターンをおさえたうえで、人間活動がエコトーンにあたえた影響を追跡していく。こうした研究を通じて、琵琶湖沿岸域の特性は明らかになっていくであろう。

 今日、琵琶湖沿岸域の特性を解明していく上で、生物多様性に関わる課題は不可欠の対象であるが、近年、これをめぐって制度上の変化が生じつつある。1995年からの一連の生物多様性国家戦略のもとに、2008年に成立した生物多様性基本法と、両者の基礎となった生物多様性条約(1992年)は、これまで自然保護という概念で包摂してきた対象を生物多様性という概念で整理し直そうとしている。その結果、既存の法律の改正や新法の制定に際して、自然環境保全関係の法制度の場合にはほぼ例外なく生物多様性という概念が挿入され、開発・資源利用関係の法制度の場合にも、そのほとんどに生物多様性保全への配慮が盛り込まれるようになってきた(加藤, 2011)。生物多様性保全の主流化が、法制度面において進んできていることが窺えよう。

 それゆえ、琵琶湖沿岸域の保全を構想する際には、生物多様性保全の視点をもとに、具体的な事象に即してこの課題を考察することが重要になってきている。本章につづく後の章では、生物多様性に関係するさまざまな領域から詳しい説明が展開されるので、本章では琵琶湖沿岸域の概要とそれをみていく際に重要となる視点について述べていくこととしよう。

琵琶湖をはじめ淡水湖の沿岸域は、汽水湖や内湾、海洋の沿岸域と比べ、淡水固有の生物相が展開するだけでなく、淡水がさまざまな用途に利用されるため、淡水湖特有のアプローチを必要とする。すなわち、淡水湖の水を利用する主体の種類や水の用途、その歴史的な経緯によって、淡水湖とその沿岸域は環境保全上より複雑な性格を帯びるからである（秋山, 2017）。

水や土地といった要素は、これまで人間活動のなかで生産資源として機能するだけでなく、環境資源としても機能してきた。しかし、人間活動に作用する環境資源の多様な性格は、あらかじめその内容が明らかになっているわけではなく、利用の過程で新たに発見されてきたものである。それゆえ、我々は今日これらの要素について、現在の段階における性格を理解しているに過ぎないといえよう。

### 1-1-3 沿岸域をみる視点

沿岸域を琵琶湖とその集水域全体のなかでみた場合、以下のような２つの視点からの捉え方がある。
①集水域（陸域）における沿岸域の位置
②湖（水域）における沿岸域の位置

①での沿岸域は、図1-1-1にみるように集水域のもっとも低いところに位置し、河川による堆積作用が進む三角州の先端になっているところと、堆積から取り残され内湾や内湖の多いところとの差異がみられる。また、琵琶湖の東岸と西岸では、近江盆地の地質構造の違いなどによっていちじるしい非対称性を示している。第２章で土地条件から沿岸域の特性を考察する際には、その形成過程を視野に入れて述べている。ここで湖岸平野を形成過程からみると、おおむね以下の４時代に分けることができる（北澤・辰巳, 1990）。
①各河川の谷口から扇状地が形成された時代
②有力な旧流路（古野洲川、古安曇川、古高時川など）に沿って自然堤防帯（氾濫原）・三角州が形成された時代

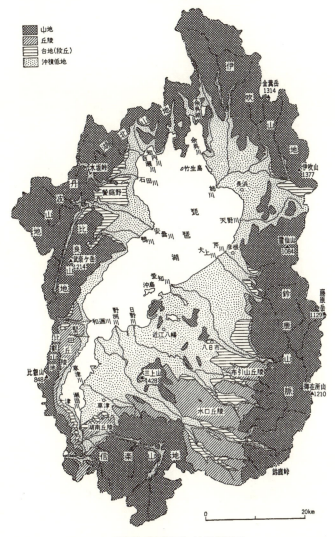

図1-1-1　滋賀県の地形区分（大橋健原図）
（『日本地誌第13巻』P.416 二宮書店 1976所収）

③現在の河道に沿って平野が拡大していった時代
④現在の河道に固定された後、湖中に向かって三角州を進展させていった時代

集水域の地形は、a.数万年〜１万年前、b.１万年〜２千年前、c.２千年〜数百年前、d.数百年前〜近年、という４つのオーダーで展開し、それが水平的に連接している点に特徴がある。

次に、②の湖（水域）における沿岸域の位置は、一般的にはあまり意識されない。図1-1-2にみるように、湖のなかも場所によって湖底の地形は多様であり、陸域と連続している。陸域の低平地から湖のなかの遠浅の湖底へとなだらかな傾斜を

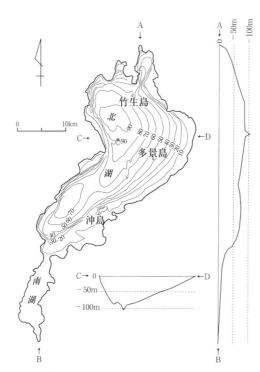

**図1-1-2　琵琶湖と湖底地形**（図提供：池田碩）
（『琵琶湖ハンドブック改訂版』P.109　滋賀県2012所収）

もった一連の地形が存在したり、かつての河川や湖水の浸食作用によって形成された段丘面が湖底に埋没しているところもある。湖の水位は歴史的に変動をくり返しているから、水位の低かった時期には陸化していたところ、逆に水位の高かった時期には水中にあり、現在は陸域の一部となっているところなどがみられる。

琵琶湖は、地殻変動によって形成された構造湖である。西方の比良山地が隆起するのと連動して、琵琶湖西岸の湖底は沈下している。西岸では、平野部が狭小な上、沈水部は汀線から急な傾斜となって、沈水部の深くなるところが多い。逆に東岸は、遠浅のなだらかな湖底が続くところが多い。そのため、沈水部においても、東西で非対称性がみられる（図1-1-2）。北岸では山地が直接湖中に没する沈水湖岸もみられる。沿岸域の陸域から湖底までを一連のものとしてとらえ、その微地形に着目してみると、－3～－5mの湖棚と呼称される湖底部に、かつての三角州・砂州等とみられる地形が各所に存在し、遺跡も数多く発見されてい

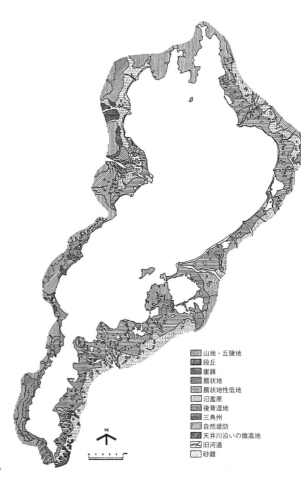

**図1-1-3　沿岸における地形分類図**（原図：北澤武夫）

ることから、第2章の野洲川下流等の事例では、縄文時代には、汀線は現在より沖合にあった時期があり、現在の沿岸域の地形面はきわめて新しく、歴史時代に入ってからの形成とされている（1-3節参照）。

こうした陸域と水域の特性を前提とすると、沿岸域は陸域と水域を一体のものとしてとらえていく必要のあることが明らかとなろう。生態学者の桜井（桜井,1992）は、高水位時の水際線から湖内の沈水植物帯の最深部までを沿岸帯と定義している。そこで、本章では、この沿岸帯ならびにこれと生態的に密接な関係をもつ陸域を沿岸域と定義しておく（秋山, 1999）。なお沿岸域と類似の概念については、1章のコラムで触れている。

図1-1-3は、明治時代中期に作成された地形図をもとにして、その後干拓された内湖を干拓される前の姿に復原し、盛土地や埋立地など人為的に

改変された土地も元の姿に復原して、人間の手が入る前の沿岸域（三角州から氾濫原の範囲）の姿を示したものである。

上で集水域や湖底の形状に相当の地域的差異があることを確認してきたが、この図をみると、沿岸域に山地や丘陵地から扇状地や三角州に至るまでさまざまな地形が存在しており、自然のプロセスを通じて形成されてきた沿岸域にもかなりの地域的差異のあることを把握できる。一つの流域のなかで上流から下流にかけて目撃することのできる地形が、琵琶湖を取り囲む沿岸域に水平的に連なって配置されているというのが土地条件からみた沿岸域の特徴である。

## 1-2 歴史的自然としての沿岸域

### 1-2-1 自然と人間の相互作用

沿岸域の生態学的特徴が環境保全と強い関連をもつことは確かであるが、前節でみたように沿岸域はどこでも同じ性格や機能を備えているわけではない。沿岸域の成立要因や構成要素とその組み合わせによって、地域的差異を示しているのである。

沿岸域の形成要因は、自然条件と社会条件に区分される。
1) 自然条件：河川の堆積作用、水位変動、波浪、潮流などが含まれる。沿岸域における自然のプロセスの展開は、植物や動物に生息場所を提供し、生物の介在した沿岸域の類型を形成してきた。この類型のうえに、人間による作用が加わって沿岸域の類型が変化した。沿岸域とその周辺は古来より農地に利用されることが多く、その延長線上で内湖が干拓の対象となってきた。
2) 社会条件：瀬田川洗堰の建設とその後の水位低下、および都市化と沿岸域開発事業の進展により、20世紀半ば頃には内湖の干拓や都市周辺における沿岸域の埋め立てが始まる。琵琶湖沿岸域における今日までの人為的改変としては、以下の3点が大規模なものである。
   a.内湖の干拓、b.埋め立てによる市街地の形成、c.湖岸堤の建設

現代の琵琶湖沿岸域は、人間の手が加わっていない原自然ではなく、自然の作用と人間の作用が相互に作用して成立した歴史的自然である。

沿岸域の人為的改変は、それを実施する主体の沿岸域に対する評価にもとづいて行なわれたものである。湖盆形態の大規模な変更が行なわれたのは、沿岸域の果たす生態的な機能が事業の実施主体の視野に入っていなかったか、あるいはそれを過小評価していたためであった。そこで、自然生態系や種の多様性に価値を認め、その保全を視野に入れた計画を構想するためには、沿岸域を評価する手がかりが必要となる。琵琶湖沿岸域に関する既往の研究では、こうした背景から後述するような（9章）景観生態学の視点を導入することになった（秋山, 2013）。

### 1-2-2 沿岸域変容の時期区分と各期の特性

沿岸域の変化を歴史的にみると、以下の3つの時期に区分できる。

第Ⅰ期：沿岸域にあまり人の手が入っていなかった時期（1905年に瀬田川南郷地点に洗堰が建設されるまで）

第Ⅱ期：沿岸域に組織的に手を加えるようになった時期（洗堰の建設後、琵琶湖総合開発事業が終了する1997年まで）

第Ⅲ期：琵琶湖総合開発事業が終了して以後、現在までの時期

・第Ⅰ期

琵琶湖は水資源や水環境の面で人々の意識にのぼるはるか以前から、長い間、移動の場として機能してきた。また、縄文時代後期の長命寺湖底遺跡や元水茎遺跡からは丸木舟が出土しており、琵琶湖が漁撈活動の場でもあったことを窺わせる。湖の沿岸域に定着した人々にとって、琵琶湖はそ

こから生活資料を得る場であり、しかも生活空間の骨格をなすような存在であった。琵琶湖上の往来は、なによりもそこに暮らす人びとの日常的な営みの一部であったといえる。こうした湖上の往来が、やがて湖上交通のネットワークの拠点をつくり出し、いくつかの小規模な港が成立していった。琵琶湖の水運が都と結びついて登場するのは、奈良時代のことである。古代から中世を経て近世に至る約1000年の間、琵琶湖は広域の主要な交通路となった。こうした交通路の結節点として、いくつかの港が成立し、かつ半農半漁の生業を営む人々が生活の拠点とした集落が沿岸域に立地した。近世に至って、膳所と彦根の沿岸域に城が築かれて城下町が成立し、ここが、明治以降、都市成長の拠点となっていく。

・第Ⅱ期

　水位低下につれて内湖の干拓や湖岸の埋め立てが組織的に行われるようになったのは、20世紀の半ばに至ってからなので、沿岸域景観の大きい変貌はここ半世紀余のことといえる。瀬田川へ洗堰が建設されてから今日に至るまでに琵琶湖の水位は約1ｍ低下しているが、これは人々の沿岸域に対する評価に影響をあたえ、人為的な改変が進む下地となっていった（1-4節参照）。

　沿岸域における大規模な人為的改変3項目のうち、内湖の干拓は主として北湖で行われ、南湖はわずかなものに過ぎない（2章参照）。内湖は、沿岸域に形成された琵琶湖特有の地形である。図1-1-3にみるように、1940年代には琵琶湖全体で約40ヵ所の内湖が分布していたが、うち15の内湖は干拓された。内湖は、大体平均水深が2ｍと浅く、湖盆には微高地や微凹地が分布して平滑ではなく、底質は泥である。基本的には、デルタの発達過程における産物といえる。それが、第二次世界大戦の末期から高度経済成長期にかけて、農地を開発する目的で干拓が進められた。1000haにおよぶ大中の湖の干拓が完了する1960年代の後半頃から琵琶湖の水質悪化が顕在化し、その水質保全機能が注目されるようになった。今日、内湖はエコトーンがもつ環境保全機能を代表する存在となっている。

　表1-2-1は、沿岸域における埋立地のうち、南

表1-2-1　琵琶湖岸（南湖）の埋立地
A．1972年までの琵琶湖の埋立

| 地区名 | 所在地 | 面積(ha) | 完成年 |
|---|---|---|---|
| 大津湖岸 | 大津市山上町 | 4.30 | 1962 |
| 瀬田浦 | 大津市瀬田町 | 31.89 | 1963 |
| 京大臨湖実験所 | 大津市下阪本町 | 0.27 | 1965 |
| 大津湖岸 | 大津市膳所船町・西ノ庄町 | 6.11 | 1965 |
| 大津湖岸 | 大津市膳所北大手丸の内池田町伊勢屋町中津町 | 4.08 | 1967 |
| 大津湖岸 | 大津市下阪本比叡辻町 | 2.60 | 1967 |
| 大津湖岸 | 大津市雄琴町 | 2.04 | 1968 |
| 木ノ浜 | 守山市木浜町 | 124.32 | 1966 |
| 大津湖岸 | ＊ | 13.61 | ＊ |
| その他 | ＊ | 9.17 | ＊ |
| 大津湖岸 | 大津市松本町・馬場北町 | 41.85 | 1968 |
| 木ノ浜 | 守山市木浜町 | 1.46 | 1970 |
| 大津島の関 | 大津市島の関 | 2.87 | 1971 |
| 南湖湖岸計 | | 244.57 | |
| 琵琶湖岸総計 | | 290.23 | |

註）池田　碩・大橋　健・植村善博「滋賀県・近江盆地の地形」滋賀県自然保護財団『滋賀県誌』（1991年）の表15を修正して作成。
＊印のものは、1961年以前のものを示すと考えられる（場所の大半は大津市）。

B．1972年「琵琶湖総合開発特別措置法」施行以後の琵琶湖の埋立

| 件名 | 場所 | 面積(ha) | 竣工年 |
|---|---|---|---|
| 下水道浄化センター | 草津市新浜町・矢橋町 | 67.0 | 1986 |
| 堅田漁港 | 大津市堅田町 | 0.6 | 1979 |
| 木浜漁港 | 守山市木浜町 | 0.6 | 1980 |
| 北山田漁港 | 草津市北山田町 | 2.0 | 1985 |
| 大津港 | 大津市浜大津～島の関 | 6.4 | 1991 |
| 支那漁港 | 草津市志那町 | 0.3 | 1989 |
| 滋賀県栽培漁業センター | 草津市志那町 | 1.6 | 1988 |
| 大津湖岸なぎさ公園 | 大津市打出浜～木下町 | 7.4 | 1996 |
| 南湖湖岸計 | | 85.9 | |
| 琵琶湖岸総計 | | 95.2 | |

C．河川法による処分・埋立地

| 地区名 | 所在地 | 面積(ha) | 告示年 |
|---|---|---|---|
| 坂本地区 | 大津市坂本町南川原 | 0.50 | 1968 |
| 浜大津地区 | 大津市浜大津三丁目 | 0.40 | 1958 |
| 瀬田川地区 | 大津市瀬田松原町 | 5.00 | 1958 |
| 南湖湖岸計 | | 5.90 | |
| 琵琶湖岸総計 | | 21.39 | |

湖に関わる部分をまとめたものである。これでみると、Aの1972年までに埋め立てられた沿岸域のうち南湖の部分は84.3％、Bの琵琶湖総合開発特別措置法施行以後に埋め立てられた沿岸域のうち南湖の部分は90.2％、Cの河川法による処分・埋立地のうち南湖の部分は27.6％になる。これらA・B・C 3項目合計のうち、南湖部分は平均して82.7％にのぼる。したがって、沿岸域の埋め立ての大半は南湖で行われたことになろう。

　また、南湖に面する3市のうち、大津市の埋立地は139.09ha（南湖埋立地のうち41.3％）、草津市

70.90ha(同21.1%)、守山市126.38ha(同37.6%)となっていて、大津市がもっとも多い。しかも、大津市街地と守山市の埋立地(木浜地区)の大半は1972年までに行われたのに対し、草津市のそれは1972年以降が大半を占める。これは、事業(コラム1-1「琵琶湖総合開発事業」参照)のなかに含まれる流域下水道の終末処理場が沿岸域の埋立地(矢橋帰帆島)に計画されたためである。草津市と守山市の埋立地は、それぞれ1件の埋め立てで当該市の埋め立ての大半を占めるという特徴がある。それに対して大津市の場合は、市街地の埋め立てで、1件当たりの埋立面積にかなりのバラツキがあるとはいうものの、草津市や守山市に比べれば小規模分散型の特徴を示している。

瀬田川をはさんだ西岸と東岸を比べると、沿岸域の変貌には大きい非対称性がある(2-3節、2-4節参照)。2章で変貌の実態を明らかにするが、西岸にあたる大津市の沿岸域では、19世紀の末から20世紀の初頭に部分的な埋め立てが行われたあと、1920年代に市中心部の沿岸域を埋め立てて市街地を延長するというケースがあった。しかし、埋め立てが本格的に進むのは第2次大戦後のことである。1950年代なかばになって、大津市中心部の湖岸線は急激に変貌し始めた。尾花川付近に競艇場・ホテル・寮などの施設が立地し、浜大津にかけて観光基地化を目的とした埋め立てが進んだ。さらに、浜大津から膳所にかけての一帯が埋め立てられていき、大津中央郵便局、NHK、卸売市場、下水終末処理場、びわこ文化館、体育館などの公共施設をはじめ、ホテル、レジャー施設などの立地も進んだ(図1-2-1)。

1960年代には、沿岸域に沿って道路が整備されていったこともあって、沿岸域が主要な都市活動の一翼を担うことになった。大津市域は、平野部分が南湖と後背の山地にはさまれた狭小なものであったため、都市化は沿岸域の埋め立てと山手開発が相互補完的につながって進んだ。

1960年代には、国道1号線の舗装が完了し、続いて国道8号線が整備された。また、1963年に名神高速道路が一部開通(県内全通は1964年)、1964年には琵琶湖大橋が開通して、国道8号線と湖西の161号線が接続するなど急激な交通上の変化が併行して進んだ。これが、既成市街地から周辺の

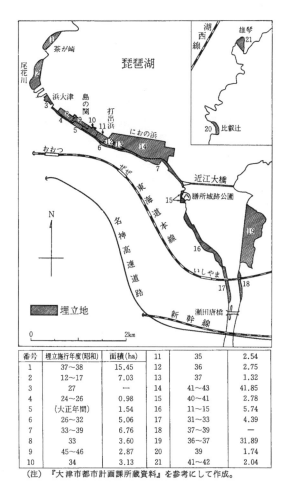

図1-2-1 琵琶湖岸の埋立地(原図:浮田典良,1983)
(『新修大津市史6現代』P.9 大津市 1983所収)

| 番号 | 埋立施行年度(昭和) | 面積(ha) |
|---|---|---|
| 1 | 37〜38 | 15.45 |
| 2 | 12〜17 | 7.03 |
| 3 | 27 | — |
| 4 | 24〜26 | 0.98 |
| 5 | (大正年間) | 1.54 |
| 6 | 26〜32 | 5.06 |
| 7 | 33〜39 | 6.76 |
| 8 | 33 | 3.60 |
| 9 | 45〜46 | 2.87 |
| 10 | 34 | 3.13 |
| 11 | 35 | 2.54 |
| 12 | 36 | 2.75 |
| 13 | 37 | 1.32 |
| 14 | 41〜43 | 41.85 |
| 15 | 40〜41 | 2.78 |
| 16 | 11〜15 | 5.74 |
| 17 | 31〜33 | 4.39 |
| 18 | 37〜39 | — |
| 19 | 36〜37 | 31.89 |
| 20 | 39 | 1.74 |
| 21 | 41〜42 | 2.04 |

(注)『大津市都市計画課所蔵資料』を参考にして作成。

農村部、山地・丘陵部、沿岸域という3つの方向に都市化を展開させる大きい要因となった。

これに対して、大津市のなかでは比較的規模の大きい埋め立てとして知られる瀬田川東岸の瀬田浦(約32ha)は、当初、工業用地として造成されたが、立地企業がないためゴルフ場などに転用された。近年では、さらに土地利用の転換が進んで、ホテルや大規模な流通施設などが立地する商業地区へと変貌した。

守山市木浜地区における124ha余の埋め立てにも、こうした1960年代前半の交通条件の変化が作用している。この埋立地も、当初は工業用地として造成されたが、立地企業がないため、運転免許センターやゴルフ場になっている。埋め立て後、すぐ北側に琵琶湖大橋が建設されたため、周辺は商業施設と住宅が立地し、市街地化が進んだ。

都市化の進展による沿岸域の埋め立てが続いていた1960年代は、全国的に公害問題が顕在化した時期でもあった。滋賀県では、琵琶湖の水質悪化に関心が集まり、埋め立てが水質悪化の原因の一つとなっていることが問題とされるようになった。そのため、県は1973年に環境保全という視点から琵琶湖の埋立基準を設け、公共施設以外の目的による埋め立てを禁止した。

　表1-2-1Bに1972年の琵琶湖総合開発特別措置法施行以後の埋め立て事例を掲げているが、この時期における南湖の埋め立ては琵琶湖総合開発計画に関連したものである。前記の草津市の矢橋地区に流域下水道の終末処理場を建設するために埋め立てた人工島（矢橋帰帆島）が、この時期以降もっとも規模の大きいものとなっている。大津市でも、浜大津地区で人工島の造成による大規模なレクリェーション基地の建設計画があったが、大津市が委託した調査団の結果にもとづいて1973年に計画を白紙に戻した。したがって、琵琶湖の沿岸域で人工島が建設されたのは矢橋地区のものが唯一のケースとなった（秋山,1999）。

　湖岸堤は、琵琶湖総合開発事業のなかで治水を目的に建設されたものである（9章参照）。あわせて、その上を道路として使用することが謳われていた。この建設によって沿岸域は大きく変化していくが、これらが登場する背景とその事業過程については、9章で扱う。

・第Ⅲ期

　琵琶湖総合開発事業が終了したのは1997年3月なので、ポスト琵琶総の時期はほぼ21世紀と重なる。今日、我々は湖岸へ出ることによって、容易に琵琶湖の姿を目にすることができる。しかし、20年ほど前まではそうではなかった。湖岸を離れたところを通る在来の道路から、湖岸へ近づくことのできない場所は方々にあった。湖岸堤が建設され、その上を走る管理用道路が、湖周を回る湖岸道路として延長されてから、今日のような交通条件が成立することになった。湖岸に出て、琵琶湖の近景から遠景までを視野に入れ、その姿をさまざまなイメージに定着させるという、今日我々が何気なく営んでいる行為も、一般化したのはこの20年間ほどの間である。

　第Ⅱ期の後半に、琵琶湖沿岸域は大規模な改変を受け、沿岸域の人工化が進んだ。こうしたインフラストラクチャーの整備によって産業の生産性や経済効率が上昇したのは事実である。その結果、滋賀県経済も半世紀前と比べて性格を一新させた。

　他方、こうしたインフラストラクチャーの整備が環境にあたえる影響は、すでに明らかになったものもあり、徐々に顕在化しつつあるものもある（環境省生物多様性及び生態系サービスの総合評価に関する検討会,2016）。第Ⅲ期は、こうした影響を多面的に把握し、それが問題となる場合には克服の手立てを講じていくことが求められる時期に当たっている。

## コラム1-1　琵琶湖総合開発事業

　琵琶湖・淀川水系においては、江戸時代から上流と下流で治水をめぐって利害が反するケースがあり、これは明治時代に入ってからも続いた。特に、1905（明治38）年に淀川水系の治水を目的として瀬田川南郷地点に洗堰が建設されて以降、琵琶湖の水位を人為的にコントロールできるようになってからは、上下流間の対立に加えて河川管理者である国が水管理をめぐる地域的対抗関係の一角に加わり、関係はさらに複雑となっていった。

　第二次世界大戦後、高度経済成長期に入ってからは、淀川水系下流域において戦前に成立した阪神工業地帯が戦後の復興期を経て外延的拡大を見せるようになり、工業用水の需要はそれに合わせて増大した。工業用水の場合、従来は地下水を主体とする自家取水に水源を依存していたが、工場の規模拡大や下流域への一層の集中・集積によって需要量を増す一方、過度な地下水のくみ上げからくる地盤沈下が発生したため、水源の転換を余儀なくされた。また、高度経済成長期には産業の重化学工業化が進むことになったが、典型的には臨海部へのコンビナート立地という形で展開した。近畿圏においては、堺・泉北コンビナートが造成され、鉄鋼、化学、石油化学などの用水型産業が立地したため、工業用水への需要は一層膨らむことになった。

　都市用水部門のもう一つ主体である上水道も、1960年代に至って需要の増大をみせることになった。上水道の需要を増大させる背景には、①人口増加、②上水道普及率の上昇、③1人当たり水使用原単位の上昇といった要因が存在している。大阪都市圏においては、これらの要因がほぼ相前後して登場し、上水道への水需要を増大させることになった。しかも、大都市においては家庭用水以外の都市活動用水に対する需要増大が大きかった。

　高度経済成長期における水資源問題は、新たな水源の獲得を目指す水資源開発に収斂していく。琵琶湖に関わる水資源開発の端緒としては、第二次世界大戦前に河水統制事業があるが、戦後の琵琶湖をめぐる動きとしては、1956年に旧建設省、滋賀県、京都府、大阪府、兵庫県、京都市、大阪市、阪神上水道組合、関西電力が構成員となって琵琶湖総合開発協議会が発足した。ここで、琵琶湖総合開発事業の原案が構想され、以後、同協議会の「堅田守山締め切り案」や滋賀県の「パイプ送水案」、旧農林省の「ドーナツ案」、旧建設省の「湖中ダム案」などが相次いで出された後、1960年代末に至って琵琶湖総合開発計画が立案され、1972年に10年の時限立法である「琵琶湖総合開発特別措置法」が成立することになった。

　瀬田川洗堰の操作によって渇水流量を増強するというのは、すでに河水統制事業で考えられていたことであり、これが機能の上では淀川水系において多目的ダムを建設することとほぼ等しい意味を持っていた。河水統制事業では琵琶湖の水位を1.0m下げることを目的としていたが、琵琶湖総合開発事業では40㎥/sの水利権を設定するために渇水年には琵琶湖の水位を1.5m下げることにしたので、河水統制事業以来手をつけられていなかった水位低下にともなう補償や対策が実施されることになった。琵琶湖・淀川水系の水管理をめぐる地域的対抗関係は、琵琶湖総合開発事業の形成過程でも顕在化し、長い交渉を経て特別措置法の制定に至った。

　琵琶湖総合開発事業は、当初、水資源開発として構想されていたが、上流域における滋賀県の意向を組み込んで地域開発的な性格を併せ持つことになった。そのため、琵琶湖治水と水資源開発に関わる事業を琵琶湖開発事業とよび、滋賀県下の産業基盤や生活基盤を整備する事業を地域開発事業とよんでいる。これら2つを統合した事業の名称が、琵琶湖総合開発事業である。当初、10年の予定で出発した事業は10年ではおわらなかったため、事業は延長され、20年後の1992年3月に琵琶湖開発事業は終了した。地域開発事業はその時点でも完了していなかったため、さらに5年延長され、1997年3月に終了した。そのため、琵琶湖総合開発は25年をかけた事業となった。

## コラム1-2　湖岸と沿岸域の範囲

　湖岸は陸域と水域の接点にある境界領域であるが、陸域と水域のそれぞれどこまでを湖岸の範囲とするか決めるのは難しい。例えば、地図上には1本の汀線が描かれているが、現実の汀線は、湖水位が上昇すると陸側に広がり、水位が低下すると湖側に縮まるので、一本の直線では表せない。じっさい琵琶湖水位は、現在でも年に1m前後上下している。1994年の異常渇水時には琵琶湖基準水位（B.S.L.）－1.23mまで水位が低下し、傾斜の緩やかな湖北地域（延勝寺）では、汀線が湖側に数百m前進した地域もあった（西野, 1996；1-4節参照）。

　ところで陸水学では、汀線より陸上で波浪の影響が全くない地域をepilittoral、波浪による波しぶきがあたる地域をsupralittoral、抽水植物や浮葉植物、沈水植物の生育域を合わせて沿岸帯（littoral）とよんでいる（Hutchinson, 1967）（図1-3-2）。この「沿岸帯littoral」には、原則として陸域は含まれていない。

　一方、生態学では、一つの生物群集とこれに隣接する他の生物群集が地域的に画然と境されていない場合、その移行部を推移帯または移行帯（ecotone）とよぶ（生物学辞典, 2010）。移行帯の特徴は、両側の生物群集が供給源となって、群集の中心よりも生物の種類が豊富で、種多様性が高く、動物の往来も頻繁にみられることで、このような効果を周縁効果（edge effect）という。応用生態学では、水陸移行帯（land/inland ecotone, aquatic-terrestrial transitional zone）という用語もしばしば用いられる。水陸移行帯は、陸域から流入する栄養塩や堆積物を捕捉することで、湖の水質を浄化するだけでなく、ヨシなど大型の水辺植物が繁茂し魚類の繁殖場となるなど生物生産が最も高くなる場でもある。その意味で、琵琶湖周辺の内湖は典型的な水陸移行帯といえる。

　また、工学や社会学で使う用語としての「沿岸域」には、陸域の一部も含まれる。「沿岸域」の定義は、1977年の第三次全国総合開発計画において「海岸線をはさむ陸域と海域を沿岸陸海域（沿岸域）として一体的にとらえ」と記述されたことに始まる（日本沿岸域学会HP）。日本沿岸域学会は、「沿岸域は、内陸空間と海洋空間とのインターフェースの役割を果たしており、自然の恵みや人間の多様な活動、文化を育んできました」と述べ、陸域と水域の接点として沿岸域を捉えている（日本沿岸域学会HP）。ここでいう「沿岸域」の概念は「水陸移行帯」に近い。

　本書では、陸域と湖との境界領域（水陸移行帯）を「湖岸」（2章～7章）と定義する。ただ、広く政策的な枠組みで湖岸を議論するときには、「沿岸域」という用語を用いることとする（1章、9章）。本書で扱う「湖岸」の対象は、地形、陸生（水辺）植物・水生植物、底生動物、魚類、水鳥類と多様で、扱う対象によって湖岸の範囲は様々な幅をとりうる。そのため2章では、おもに汀線より陸上の湖岸地形を、3章ではおおむね汀線より陸側の後背地までに生育する植生を、4章では汀線より湖側で、北湖では概ね水深7mまでの水深に生育する沈水植物（水草）を、5章では水深7mまでの湖底、または汀線より水深1.5mまでの湖底に生息する底生動物群集を扱った。6章ではおもに汀線より水深数mの沿岸帯に生息する魚類を対象にしたが、遊泳能力の高い魚類にとっては流入河川との関係も重要になってくる。そのため6章では流入河川も含めて議論した。さらに7章では、飛翔能力の高い水鳥類を対象としたため、湖岸の範囲はさらに広がる。ただ本書では、船で目視できる範囲の水表面上で観察可能な水鳥類を扱った。そのため、7章で扱う「湖岸」の範囲はおもに汀線より沖側に約800mの範囲となる。

　このように、「湖岸」の範囲は扱う対象によって様々に異なっている。しかし、これは扱う対象の生態的特性に応じて範囲を設定したためであり、相互に矛盾するものではないことに留意いただきたい。

# 1-3 湖の生態学的構造と琵琶湖の生物多様性

## 1-3-1 湖岸環境と生物

　湖岸にすむ動植物は、様々な形で周囲の環境と密接なつながりを持って生活している。ヨシなどの抽水植物は、水辺の地形や底質、波浪や湖の水位変動などの撹乱環境と密接なつながりがみられる（3章参照）。沈水植物（水草）の生育は湖の光環境および湖底の底質と関係する（4章参照）。また底生動物の生息環境は、湖底の底質と密接な関係がみられる（5章参照）。魚類の生息場所も水辺植生や湖底の底質と深い関係があるが、遊泳能力が大きいため、生活史をつうじて内湖や湖に流出入する河川など様々な場を利用する（6章参照）。水鳥類もまた、餌場や休息場、ねぐらとして水辺を利用するが、その行動は湖岸地形や水草類の分布に大きな影響を受けている（7章参照）。
　このように、湖岸にすむ動植物の生活は湖岸環境と密接に繋がっており、動植物の生息状況をみることで湖岸のもつ自然特性を浮き彫りにできるとともに、湖岸環境の変化をも捉えることができるはずである。

## 1-3-2 陸上と水中の違い

　湖岸という場は、汀線をはさんで陸上と水中からなっているが、陸上と水中では、生物が生息する条件が大きく異なる。まず水中は陸上より重力の影響が小さいため、動物の体は陸より大きくなることができる。例えば、世界最大の水生動物であるシロナガスクジラ（約190 t）と世界最大の陸上動物であるアフリカゾウ（約13 t）とでは、最大で約15倍もの体重差がある。またナノプランクトンやピコプランクトンなど非常に小さい生物は、水という媒体そのものが粘性をもち、かつ風波の作用等で水が動くことにより、水中で漂い続けることができる。
　地上の気温は、標高が100m上昇しても0.65℃低下するにすぎない。一方、十分な深さのある湖では、初夏から夏にかけて表層が温められ、表層と下層の間に水温躍層が形成されるが、そこではわずか10mほど水深が違うだけで上下で10℃以上の水温差が生じることがままある（図1-3-1参照）。ただこの水温差は、水温が低下する秋から冬にかけて徐々に解消され、真冬になると湖水が鉛直循環し、結氷しない限り上下層の水温はほぼ同じになる。
　太陽光は、遮蔽物がない限り陸上ではどこにでも届く。一方、湖では水中に入った太陽光の一部は散乱し、一部は吸収されて熱に変わり、水深とともに指数関数的に減衰する。澄んだ湖水であっても、青色以外の光は選択的に吸収される。水の濁りも遮蔽物の役割を果たすため、深くなるほど届く光の量はさらに少なくなる（西條・三田村, 1995）。
　これらの違いが湖にすむ植物と動物の分布に決定的な影響を及ぼす。植物は光がないと光合成できないため、浅い湖底でしか生育できない。事実、琵琶湖北湖の沈水植物は水深8.5m以浅にしか生育していない（水資源機構, 2001）。いっぽう動物は、光条件とはかかわりなしに生活できるため、湖底付近が貧酸素状態にでもならない限り、すべての湖底に生息できる。琵琶湖の底生動物はあらゆる水深の湖底に分布している（西野, 2014）。

## 1-3-3 湖の生態学的構造：沿岸部と深底部

　琵琶湖のように十分深い湖沼では、沿岸部の水温は夏期には30℃近く上昇し、冬季には7〜8℃まで低下する（図1-3-1）。一方、水深30m以深の深底部では、夏期でも水温は7〜10℃と低く、冬期でもせいぜい7〜8℃前後で季節変化に乏しい。また表層では光合成をするのに十分な光があるが、日補償深度より下の層では光が十分届かない。そのため深層にすむ生物の栄養源は、おもに上の層から沈降してきた生物やその死骸を捕食、分解するしかない。
　また沿岸部湖底の底質は、岩石質、礫質、砂質、砂泥質、泥質と多様だが、深底部は一様に泥質となる（西野, 2014）。沿岸部が季節変化に富み、多様な底質からなるのに対し、深底部は真昼でもほ

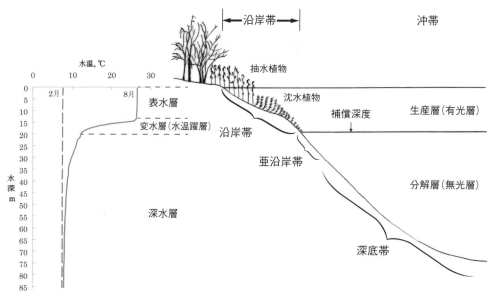

図1-3-1 北湖の水深85mにおける夏期（8月）と冬期（2月）の水温の鉛直分布
夏期には温度成層が形成される。

図1-3-2 湖の生態学的構造

の暗く、冷蔵庫のように冷たく変化に乏しい環境といえる。これらのことから湖の生態学的構造は、図1-3-2のように整理できる。

### 1-3-4 琵琶湖の生物多様性

琵琶湖とその周辺地域からは、これまでに約2300種（亜種または分類群を含む、以下同様）の生物が報告されている（Nishino, 2012）。この中で水生と考えられるのは、陸生植物、爬虫類、鳥類（水鳥類を含む）を除く約1700種である（表1-3-1）。これにTimoshkin et al.（2011）のリストを加えると、琵琶湖からは水生の原生動物、動物、植物あわせて2,000種以上が報告されていることになる。このうち植物プランクトンは600種以上（Tsujimura and Ichise, 2012）、底生動物は約650種（西野, 2014）で、両者だけで琵琶湖の全生物種の3分の2を占めている。

琵琶湖の生物多様性の特性の一つは、日本の他の湖沼や河川と比べ、極めて多様な動植物が生育、生息していることである。これまで日本から報告されている淡水の沈水植物種の2分の1、淡水貝類種の2分の1、純淡水魚類では3分の2もの種が琵琶湖に生育、生息している（西野, 2009）。

もう一つの特性は、琵琶湖に多くの固有種が生息することである。これまで琵琶湖からしか報告されていない生物は100種以上にのぼる（Timoshkin et al., 2011; Nishino, 2012）。ただユスリカ科のように他水域での調査が不十分な分類群もあり、現時点で固有種と考えられるのは66種[注1]（亜種を含む）にとどまる（表1-3-2）。うち貝類は29種、魚類は16種[注1]で、両者あわせて固有種の70％を占める。琵琶湖の固有種は貝類と魚類

---

注1）Nishino（2012）はビワヨシノボリを含め、琵琶湖の固有魚種を16種とした。その後、中坊（2013）はオウミヨシノボリを新たな固有種とした一方、ビワヨシノボリとウツセミカジカを固有種とみなしていない。そのため中坊（2013）に従うと、琵琶湖の固有魚種数は15種となる。6章では、中坊（2013）に基づいて固有魚種数を計数している（表6-2-2参照）。しかし、ウツセミカジカを琵琶湖水系固有種と考える研究者や（滋賀県生きもの調査委員会, 2016）、ビワヨシノボリを固有種と考える研究者も少なくない（細谷, 2015；斉藤, 2015；滋賀県生きもの調査委員会, 2016）。そもそもオウミヨシノボリもビワヨシノボリも独立種として記載されておらず、上記3種の固有性については今後の研究を待ちたい。なお固有の寄生性動物については、Nishino（2012）に微胞子虫1種（浦部, 2016）、条虫2種（Ash et al., 2015; Nagasawa et al., 2007）、吸虫類1種（Urabe et al., 2012）、鉤頭虫類1種（Nagasawa and Nitta, 2015）の5種を加え、固有種数をのべ66種とした（表1-3-1, 表1-3-2参照）。

表1-3-1 琵琶湖およびその周辺水域から報告された種（分類群）の数（西野（2014）にAsh et al.(2015), Nagasawa et al.(2007, 2015), Urabe et al.(2012), 浦部（2016）を追加）。
固有種は亜種、変種を含む。固有？は、現時点では琵琶湖のみで記録されているが、他の地域での分布調査が不十分な種。外来種には、（飼育環境下からの）逃亡、植栽、観賞用を含む。
生活型の凡例：プランクトン（PA），プリューストン（PE），底生（B），ネクトン（N），寄生（PR）（陸生を除く）。
網かけ部は、底生動物が含まれる分類群。

|  | 分類群または生活型 | 分類群数 | 固有種 | 固有？ | 外来種 | 生活型 |
|---|---|---|---|---|---|---|
|  | 湖岸の水辺植物[1) | 565(7) |  |  | 171(4) | PE |
| 微胞子虫門 | 微胞子虫 | 1 | 1 |  |  | PR |
|  | 原生動物 | 137 |  | 6 |  | PA, B, PR |
| 不等毛植物門 | 珪藻類 | 65 | 3 |  |  | PA, B |
|  | 植物プランクトン[2) | 455 |  |  |  | PA, B |
|  | 沈水植物（水草） | 53 | 2 |  | 4 | B |
| 海綿動物門 | 海綿動物 | 14 | 1 |  |  | B |
| 刺胞動物門 | 刺胞動物 | 2 |  |  |  | B |
| 扁形動物門 | ウズムシ類 | 29 | 2 |  | 2 | B, PR |
|  | 吸虫類 | 25 | 1 |  | 1 | PR |
|  | 条虫類 | 3 | 2 |  | 1 | PR |
| 紐形動物門 | 紐形動物 | 1 |  | 1 |  | B |
| 鉤頭動物門 | 鉤頭動物 | 10 | 1 |  |  | PR |
| 輪形動物門 | 輪形動物 | 174 |  |  |  | PA, B |
| 線形動物門 | 線形動物[3) | 47(38) | 1 | 2 |  | B, PR |
| 軟体動物門 | 軟体動物 | 64 | 29 |  | 8 | B |
| 環形動物門 | 貧毛綱[3) | 49(48) |  |  |  | B, PR |
|  | ヒル類[3) | 18(14) | 1 |  |  | B, PR |
| 節足動物門（甲殻類） | 枝角類[3) | 55(6) | 1 |  | 1 | PA, B |
|  | ケンミジンコ類[3) | 33(18) |  |  |  | PA, B |
|  | 貝虫類 | 40 |  | 16 |  | B |
|  | 鰓尾類 | 1 |  |  |  | PR |
|  | 軟甲綱[3) | 16(14) | 3 |  | 4 | B, PR |
| 節足動物門（昆虫類） | トンボ目 | 54 |  |  |  | B |
|  | カゲロウ目 | 27 | 1 | 2 |  | B |
|  | カワゲラ目 | 2 |  |  |  | B |
|  | カメムシ目[3) | 3(2) |  |  |  | B, PE |
|  | アミメカゲロウ目 | 1 |  |  |  | B |
|  | ヘビトンボ目 | 2 |  |  |  | B |
|  | 甲虫目 | 8 |  |  |  | B |
|  | ユスリカ科 | 171 |  | 7 |  | B |
|  | トビケラ目 | 55 | 1 |  |  | B |
| 苔虫動物門 | コケムシ類 | 14 |  |  | 1 | B |
| 脊椎動物門 | 魚類[4) | 57 | 16 |  | 11 | N |
|  | 両生類 | 19 |  |  | 1 | B |
|  | 爬虫類 | 16 |  |  | 2 |  |
|  | 鳥類 | 177 |  |  | 1 |  |
|  | 計 | 2461 | 66 | 34 | 206 |  |
|  | 水生生物計（陸上植物、爬虫類、鳥類を除く） | 1712 | 66 | 34 | 38 |  |

1) 沈水植物を除く。( )内は浮葉植物の種数。
2) 植物プランクトンには珪藻類（固有種を含む）が含まれるが、ここでは省き、別に計数した。
3) ( )内は底生動物の種数（輪形動物では底生の種数は不明）。
4) 琵琶湖のコアユ（*Plecoglossus altivelis*）は固有種数に含めていない。また河川にのみ生息する魚類は除外した。

**表 1-3-2** 琵琶湖の固有種リスト、生活型および環境省レッドリスト（2015）、滋賀県レッドデータブック 2015 年版の指定カテゴリー
生活型は、PA：プランクトン（浮遊性）、B：底生、N：ネクトン、PR：寄生性

| 和名 | 学名 | 生活型 | 環境省レッドリスト | 滋賀県レッドデータブック 2015 年版 |
|---|---|---|---|---|
| 微胞子虫 | | | | |
| 　アユグルゲア[8] | *Glugea plecoglossi* | PR | | |
| 植物プランクトン | | | | |
| 　 | *Aulacoseira nipponica* | PA | | |
| 　スズキケイソウモドキ | *Stephanodiscus pseudosuzukii* | PA | | |
| 　スズキケイソウ | *Stephanodiscus suzukii* | PA | | |
| 維管束植物 | | | | |
| 　サンネンモ | *Potamogeton biwaensis* | B | | 危機増 |
| 　ネジレモ | *Vallisneria asiatica* var. *biwaensis* | B | | 分布 |
| 無脊椎動物 | | | | |
| 　オオツカイメン | *Spongilla inarmata* | B | DD | |
| 　ビワオオウズムシ | *Bdellocephala annandalei* | B | CR+EN | 危機増 |
| 　 | *Macrostomum kawamurai* | B | | |
| 　ビワコシバンジョウチュウ[8] | *Gangesia margolisi* | PR | | |
| 　アユハイトウジョウチュウ[8] | *Proteocephalus plegoglossi* | PR | | |
| 　ラフィダスカリス[8] | *Raphidascaris gigi* | PR | | |
| 　ギギキュウチュウ[8] | *Genarchopsis gigi* | PR | | |
| 　サメガイキュウチュウ[8] | *Pseudoorhadinorhynchus samegaiensis* | PR | | |
| 　ナガタニシ | *Heterogen longispira* | B | NT | 希少 |
| 　ビワコミズシタダミ | *Valvata biwaensis* | B | NT | 分布 |
| 　ホソマキカワニナ | *Semisulcospira* (*Biwamelania*)[1] *arenicola* | B | NT | 希少 |
| 　タテヒダカワニナ | *Semisulcospira* (*Biwamelania*) *decipiens* | B | NT | 分布 |
| 　フトマキカワニナ | *Semisulcospira* (*Biwamelania*) *dilatata* | B | DD | 絶危 |
| 　ナンゴウカワニナ | *Semisulcospira* (*Biwamelania*) *fluvialis* | B | DD | 危機増 |
| 　クロカワニナ | *Semisulcospira* (*Biwamelania*) *fuscata* | B | VU | 危機増 |
| 　ハベカワニナ | *Semisulcospira* (*Biwamelania*) *habei* | B | - | 分布 |
| 　モリカワニナ | *Semisulcospira* (*Biwamelania*) *morii* | B | NT | 希少 |
| 　イボカワニナ | *Semisulcospira* (*Biwamelania*) *multigranosa* | B | NT | 希少 |
| 　ナカセコカワニナ | *Semisulcospira* (*Biwamelania*) *nakasekoae* | B | CR+EN | 危機増 |
| 　ヤマトカワニナ | *Semisulcospira* (*Biwamelania*) *niponica* | B | NT | 分布 |
| 　オオウラカワニナ | *Semisulcospira* (*Biwamelania*) *ourense* | B | DD | 絶危 |
| 　カゴメカワニナ | *Semisulcospira* (*Biwamelania*) *reticulata* | B | NT | 分布 |
| 　タテジワカワニナ | *Semisulcospira* (*Biwamelania*) *rugosa* | B | DD | 危機増 |
| 　シライシカワニナ | *Semisulcospira* (*Biwamelania*) *shiraishiensis* | B | NT | 希少 |
| 　タケシマカワニナ | *Semisulcospira* (*Biwamelania*) *takeshimensis* | B | NT | 希少 |
| 　オウミガイ | *Radix onychia* | B | VU | 分布 |
| 　カドヒラマキガイ | *Gyraurus biwaensis*[2] | B | NT | 分布 |
| 　ヒロクチヒラマキガイ | *Gyraurus amplificatus* | B | | 要注目 |
| 　イケチョウガイ | *Hyriopsis schlegeli* | B | CR+EN | 絶危 |
| 　タテボシガイ | *Unio douglasiae biwae* | B | | 分布 |
| 　オトコタテボシガイ | *Inversiunio reinianus* | B | VU | 危機増 |
| 　ササノハガイ | *Lanceolaria oxyrhyncha*[3] | B | NT | 分布 |
| 　メンカラスガイ | *Clistaria plicata clessini*[4] | B | NT | 希少 |
| 　マルドブガイ | *Anodonta calipygos* | B | VU | 希少 |
| 　オグラヌマガイ | *Oguranodonta ogurae* | B | CR+EN | 絶危 |
| 　セタシジミ | *Corbicula sandai* | B | VU | 危機増 |
| 　カワムラマメシジミ | *Pisidium kawamurai* | B | - | 分布 |
| 　イカリビル | *Ancyrobdella biwae* | B | DD | 絶危 |
| 　ビワミジンコ | *Daphnia biwaensis* | B | - | 絶危 |
| 　アナンデールヨコエビ | *Jesogammarus annandalei* | B | NT | 希少 |
| 　ナリタヨコエビ | *Jesogammarus naritai* | B | NT | 希少 |
| 　ビワカマカ | *Kamaka biwae* | B | - | 希少 |
| 　ビワコシロカゲロウ | *Epholon limnobium* | B | NT | |
| 　ビワコエグリトビケラ | *Apatania biwae* | B | - | 分布 |
| 魚類 | | | | |
| 　ビワマス | *Onchorhynchus masou* subsp.[5] | N | NT | 要注目 |
| 　ワタカ | *Ischikauia steenackeri* | N | CR | 絶危 |
| 　ホンモロコ | *Gnathopogon caerulescens* | N | CR | 危機増 |
| 　アブラヒガイ | *Sarcocheilichthys biwaensis* | N | CR | 絶危 |
| 　ビワヒガイ | *Sarcocheilichthys variegatus microoculus* | N | | 希少 |
| 　スゴモロコ | *Squalidus chankaensis biwae* | N | VU | 希少 |
| 　ニゴロブナ | *Carassius auratus grandoculis* | N | EN | 希少 |
| 　ゲンゴロウブナ | *Carassius cuvieri* | N | EN | 絶危 |
| 　ヨドゼゼラ | *Biwia yodoensis* | N | EN | 要注目 |
| 　ビワコオオナマズ | *Silurus biwaensis* | N | | 希少 |
| 　イワトコナマズ | *Silurus lithophilus* | N | NT | 危機増 |
| 　ビワヨシノボリ | *Rhinogobius* sp. BW[6] | N | DD | 分布 |
| 　イサザ | *Gymnogobius isaza* | N | CR | 絶危 |
| 　ウツセミカジカ | *Cottus reinii*[7] | N | EN | 分布 |
| 　オオガタスジシマドジョウ | *Cobitis magnostriata* | N | EN | 絶危 |
| 　ビワコガタスジシマドジョウ | *Cobitis minamorii oumiensis* | N | EN | 絶危 |

環境省レッドリスト：CR; 絶滅危惧Ia類, EN; 絶滅危惧Ib類, VU; 絶滅危惧II類, NT; 準絶滅危惧, DD; 情報不足
滋賀県レッドリスト：絶危；絶滅危惧種, 危機増；絶滅危機増大種, 希少；希少種, 要注目；要注目種, 分布；分布上重要種

1) 環境省レッドリストでは、*Semisulcospira* (*Biwamelania*) は *Biwamelania* 属として扱われている。
2) 環境省レッドリストでの学名は *Choanomphalodes perstriatulus* 。
3) 本種は、環境省レッドリストでは独立種としては扱われておらず、*Lanceolaria grayana* (トンガリササノハガイ) に含まれる。
4) 本種は、環境省レッドリストでは独立種としては扱われておらず、*Clistaria plicata* (カラスガイ) に含まれる。
5) 環境省レッドリストでの学名は *Onchorhynchus* sp.。
6) 未記載種、本文注1) 参照。
7) 本種は、環境省レッドリストでは独立種としては扱われておらず、広分布であるカジカ小卵型 *Cottus reinii* に含まれる。
8) 寄生動物の和名は、浦部 (2016) にもとづく。

に代表されるといってよいだろう。なお琵琶湖で最も種数の多い生活型は植物プランクトン、最も種数の多い分類群は昆虫類だが、固有種数はそれぞれ3種、2種と極めて少ない (Nishino, 2012)。

本書で扱う沿岸帯の生物のうち、固有種は沈水植物2種、底生動物38種、魚類16種、あわせて56種にのぼり、この3グループだけで全固有種の86%を占める。本書は湖岸の生態系保全を扱うだけでなく、多くの固有種の生息環境保全にかかる課題をも扱っているともいえる。

## 1-3-5 琵琶湖の生物とレッドリスト種

現在、琵琶湖とその周辺水域で環境省レッドリスト（以下環境省RLとよぶ）の絶滅危惧IA, IB, II類および準絶滅危惧(NT)の4カテゴリーに指定されている動植物は、沈水植物12種、底生動物45種（うち固有種25種）、魚類35種（同11種）、水鳥類24種（コラム7-2「琵琶湖の鳥類とレッドリスト種」参照）の計116種にのぼる。また滋賀県レッドデータブック2015年版（以下滋賀県RDBとよぶ）では沈水植物9種、底生動物44種（うち固有種26種）、魚類40種（うち固有種12種）、水鳥23種が絶滅危惧種、絶滅危機増大種および希少種に指定されている（表1-3-3、表1-3-4）。なお植物プランクトンは環境省RL、滋賀県RDBの対象生物になっていない。

### ・琵琶湖の沈水植物とレッドリスト種

これまでに琵琶湖とその周辺の水域から報告された沈水植物はのべ53種に上る (Hamabata and Yabu'uchi, 2012; 表4-3-1参照)。このうちガシャモクなど3種は内湖からのみ報告されている。琵琶湖が富栄養化する前の1953年の調査では、ガシャモクおよびシャジクモの仲間 (Chara spp.) とフラスコモの仲間 (Nittella spp.) は琵琶湖での優占種として記録されていた (Hamabata and Yabu'uchi, 2012)。

沈水植物は、環境省RLの上記4カテゴリーに12種が指定されているが、固有種は指定されていない。いっぽう滋賀県RDBでは、11種が絶滅危惧、絶滅危機増大、希少種および分布上重要種に、また固有種サンネンモが絶滅危機増大種に指定されている（表1-3-3）。

表1-3-3 琵琶湖周辺の沈水植物のうち、環境省レッドリスト(2015)および滋賀県レッドデータブック2015年版の各カテゴリー指定種。各種の学名は表4-2-1参照

| 和名 | 環境省RL | 滋賀県RDB | 備考 |
|---|---|---|---|
| シャジクモ | CR+EN | - | |
| オオシャジクモ | CR+EN | - | |
| ヒメフラスコモ | CR+EN | - | |
| オトメフラスコモ | CR+EN | - | |
| オヒルムシロ | - | 希少 | |
| ササエビモ | EN | - | |
| ヒロハノエビモ | - | 分布 | |
| ガシャモク | CR | - | |
| ヒロハノセンニンモ | - | 危機増 | |
| サンネンモ | - | 危機増 | 琵琶湖固有種 |
| ツツイトモ | CR | - | |
| リュウノヒゲモ | VU | - | 内湖 |
| トリゲモ | EN | - | |
| ヒロハトリゲモ | - | 絶危 | |
| ヤナギスブタ | - | 希少 | |
| スブタ | VU | 絶危 | |
| セキショウモ | - | 危機増 | |
| ネジレモ | - | 分布 | 琵琶湖固有種 |
| オグラノフサモ | VU | 絶危 | 内湖 |
| タチモ | NT | 希少 | 内湖 |

環境省RL、滋賀県RDBの凡例は表1-3-1と同じ

### ・琵琶湖の底生動物とレッドリスト種

琵琶湖の底生動物は、カイメン動物から節足動物まで10の門を含む多様な分類群からなる。これまでに琵琶湖から約650種が報告され、在来の水生動植物種のほぼ3分の1を占めている（西野, 2014）。さらに分類学的研究が進んでいないクマムシ類やイタチムシ類（鈴木, 2016）、ミズダニ類等については種数すら不明で、これらを加えると軽く700種を超えると推測される。

底生動物中最も種数が多い分類群は水生昆虫類で、全種数の約半数（310分類群以上）を占め、その半数以上がユスリカ科（171分類群）である。次いで環形動物（貧毛類、ヒル類）62種、軟体動物（＝貝類）56種（外来種を除く）の順となる。

貝類を含む琵琶湖の固有底生動物は38種（亜種を含む）で、底生動物だけで固有種の60%を占める（西野, 2014a）。このうち深底部から報告のある種は僅か2種で、残りはすべて沿岸部と亜沿岸部（図1-3-2参照）に分布する。

琵琶湖の底生動物のうち、環境省RLの上記4カテゴリーに指定されたのは、海綿動物1種、ウ

表1-3-4 環境省レッドリスト（2012）の絶滅危惧IA類（CR）、IB類（EN）、II類（VU）、準絶滅危惧（NT）、および滋賀県レッドデータブック（2016）の絶滅危惧種（絶危）、絶滅危機増大（危機増）、希少種（希少）に指定された琵琶湖の底生動物。
上段は琵琶湖固有種、下段は在来種

| 分類群 | 和名 | 学名 | 環境省RLカテゴリー | 滋賀県RDBカテゴリー |
|---|---|---|---|---|
| 扁形動物門 | ビワオオウズムシ | *Bdellocephala annandalei* | CR+EN | 危機増 |
| 軟体動物門（巻貝類） | ナガタニシ | *Heterogen longispira* | NT | 希少 |
|  | ビワコミズシタダミ | *Valvata*[1] *biwaensis* | NT |  |
|  | ホソマキカワニナ | *Semisulcospira* (*Biwamelania*)[2] *arenicola* | NT | 希少 |
|  | タテヒダカワニナ | *Semisulcospira* (*B.*) *decipiens* | NT |  |
|  | フトマキカワニナ | *Semisulcospira* (*B.*) *dilatata* |  | 絶危 |
|  | ナンゴウカワニナ | *Semisulcospira* (*B.*) *fluvialis* |  | 危機増 |
|  | クロカワニナ | *Semisulcospira* (*B.*) *fuscata* | VU | 危機増 |
|  | モリカワニナ | *Semisulcospira* (*B.*) *morii* | NT | 希少 |
|  | イボカワニナ | *Semisulcospira* (*B.*) *multigranosa* | NT | 希少 |
|  | ナカセコカワニナ | *Semisulcospira* (*B.*) *nakasekoae* | CR+EN | 危機増 |
|  | ヤマトカワニナ | *Semisulcospira* (*B.*) *niponica* | NT |  |
|  | オオウラカワニナ | *Semisulcospira* (*B.*) *ourense* |  | 絶危 |
|  | カゴメカワニナ | *Semisulcospira* (*B.*) *reticulata* | NT |  |
|  | タテジワカワニナ | *Semisulcospira* (*B.*) *rugosa* |  | 絶危 |
|  | シライシカワニナ | *Semisulcospira* (*B.*) *shiraishiensis* | NT | 希少 |
|  | タケシマカワニナ | *Semisulcospira* (*B.*) *takeshimensis* | NT | 希少 |
|  | オウミガイ | *Radix onychia* | VU |  |
|  | カドヒラマキガイ | *Gyraurus biwaensis*[3] | NT |  |
| （二枚貝類） | イケチョウガイ | *Hyriopsis schlegeri* | CR+EN | 絶危 |
|  | オトコタテボシガイ | *Inversiunio reinianus* | VU | 危機増 |
|  | ササノハガイ | *Lanceolaria oxyrhyncha*[4] | NT |  |
|  | メンカラスガイ | *Clistaria plicata clessini*[5] | NT |  |
|  | マルドブガイ | *Anodonta calipygos* | VU | 希少 |
|  | オグラヌマガイ | *Oguranodonta ogurae* | CR+EN | 絶危 |
|  | セタシジミ | *Corbicula sandai* | VU | 危機増 |
| 環形動物門（ヒル類） | イカリビル | *Ancyrobdella biwae* |  | 絶危 |
| 節足動物門（甲殻類） | アナンデールヨコエビ | *Jesogammarus annandalei* | NT | 希少 |
|  | ナリタヨコエビ | *Jesogammarus naritai* | NT | 希少 |
| （昆虫類） | ビワコシロカゲロウ | *Epholon limnobium* | NT |  |
| 原生動物 | ビワツボカムリ | *Difflugia biwae* |  | 絶危 |
| 海綿動物門 | ヤワカイメン | *Spongilla clementis* | NT |  |
| 扁形動物門 | エビヤドリツノムシ | *Scutariella japonica* |  | 希少 |
| 軟体動物門（巻貝類） | モノアラガイ | *Radix auricularia japonica* | NT |  |
|  | マルタニシ | *Cipangopaludina chinensis laeta* | VU | 希少 |
|  | オオタニシ | *Cipangopaludina japonica* | NT |  |
|  | クロダカワニナ | *Semisulcospira* (*Semisulcospira*) *kurodai* | NT | 希少 |
|  | ヒダリマキモノアラガイ | *Culmenella prashadi* | CR+EN |  |
|  | カワネジガイ | *Camptoceras hirasei* | CR+EN | 絶危 |
| （二枚貝類） | ニセマツカサガイ | *Inversidens yanagawensis* | VU | 絶危 |
|  | カタハガイ | *Obovalis omiensis* | VU | 絶危 |
|  | マツカサガイ | *Pronodularia japanensis* | NT | 危機増 |
|  | オバエボシガイ | *Inversiunio brandti* | VU | 危機増 |
|  | マシジミ | *Corbicula leana* | VU | 危機増 |
| 環形動物門（貧毛類） | ビワヨゴレイトミミズ | *Embolocephalus yamaguchii* |  | 希少 |
| 節足動物門（甲殻類） | ビワミジンコ | *Daphnia biwaensis* |  | 絶危 |
|  | ビワカマカ | *Kamaka biwae* |  | 希少 |
|  | ヌマエビ | *Paratya compressa compressa* |  | 希少 |
|  | ミナミヌマエビ | *Neocaridina denticulata denticulata* |  | 絶危 |
|  | モクズガニ | *Eriocheir japonicuus* |  | 希少 |
| （昆虫類） | コバネアオイトトンボ | *Lestes japonicus* | EN | 絶危 |
|  | モートンイトトンボ | *Mortonagrion selenion* | NT |  |
|  | ネアカヨシヤンマ | *Aeschnophlebia anisoptera* | NT | 危機増 |
|  | オグマサナエ | *Trigomphus ogumai* | NT | 希少 |
|  | メガネサナエ | *Stylurus oculatus* | VU | 希少 |
|  | オオサカサナエ | *Stylurus annulatus* | VU | 希少 |
|  | カワムラナベブタムシ | *Aphelocheirus kawamurae* | CR | 絶危 |
|  | ビワアシエダトビケラ | *Georgium japonicum* | NT | 危機増 |
| 触手動物門 | カンテンコケムシ | *Asajirella gelatinosa* |  | 希少 |
|  | ヒメテンコケムシ | *Lophopodella carteri* |  | 希少 |

1) 本属は、環境省レッドリストでは *Biwakovalvata* 属として扱われている。
2) 本亜属は、環境省レッドリストでは *Biwamelania* 属として扱われている。
3) 本種の学名は、環境省レッドリストでは *Choanomphalodes perstriatulus* とされている。
4) 本種は、環境省レッドリストではトンガリササノハガイ *Lanceolaria grayana* のシノニム（同種異名）として扱われている。
5) 本種は、環境省レッドリストではカラスガイ *Clistaria plicata* のシノニムとして扱われている。

ズムシ類1種（固有種1種）、貝類32種（同21種）、甲殻類2種（同2種）、昆虫類9種（同1種）の計45種で、96％にあたる43種が沿岸部に分布する。このうち71％（32種）が貝類だった（西野, 2014；表1-3-4）。固有底生動物38種のなかで65％にあたる25種が環境省RLの上記4カテゴリーに指定されている。また固有貝類は、環境省RLに指定された固有種の84％を占めている。

いっぽう滋賀県RDBの絶滅危惧、絶滅危機増大、希少種には、原生動物1種、扁形動物2種（うち固有種1種）、貝類26種（同18種）、環形動物2種（同1種）、甲殻類8種（同4種）、昆虫類5種の計44種が指定されている（表1-3-4）。沿岸部の固有底生動物のなかで、環境省RLや滋賀県RDBの上位カテゴリー指定種が最も多かったのは貝類で、とくに貝類の生存が危機的状況にあることを示している（西野, 2014a；5章参照）。

・琵琶湖の魚類とレッドリスト種

滋賀県内で生息記録のある淡水魚は82種、うち国外・国内外来種15種を除く67種が在来種とされる（表6-2-2；滋賀県生きもの調査委員会, 2016）。このうち35種が環境省RLの上記4カテゴリーおよび絶滅の恐れのある地域個体群（LP）に指定されている。滋賀県RDBでは、絶滅種2種（イタセンパラ、ニッポンバラタナゴ）、絶滅危惧種が11種、絶滅危機増大種が12種、希少種が15種、分布上重要種が5種、計45種が指定されている。

固有魚種では16種中69％にあたる11種が環境省RLの上記4カテゴリーに、滋賀県RDBでは、絶滅危惧種に5種、絶滅危機増大種に2種、希少種に5種、分布上重要種に2種の計14種が指定されており、90％近い固有種が生存を脅かされる状況に陥っているといえる。

## 1-4 琵琶湖の水位変動と生態系への影響

### 1-4-1 湖底遺跡と琵琶湖水位

琵琶湖底からは、縄文早期から弥生、平安、鎌倉時代まで、様々な年代の湖底遺跡が出土している（濱, 1994）。湖底遺跡とは、一度地上で営まれた住居跡が、地盤の沈降や湖水位の変動のため、水没したものをいう（小谷, 1971）。琵琶湖の場合、一部注1）を除くほとんどの湖底遺跡が、現在の基準水位から4～5mより浅い水域に位置する。

琵琶湖の唯一の自然流出河川である瀬田川の川底からは、縄文時代早期（約9600年前）の押し型土器が標高79.8m、すなわち現在の琵琶湖基準水位（Biwako Surface Level：以下 B.S.L.と表記）より5m近く下部の層から出土する（濱, 1994）。湖底遺跡の標高は、縄文前期～中・後期になると標高81.5m（B.S.L. -3m前後）、晩期になると82.5m（同-2m前後）、弥生時代中期も82.3～82.6m、古墳時代になると83.2m（同-1m前後）、平安時代でも83.7mと、古い時代の遺跡ほど深い湖底に位置する傾向がみられる（濱, 1994）。

これらの事実から、琵琶湖の水位は約1万年前には現在より数m低く、その後徐々に高くなったと推測されている（秋田, 1997）。水位上昇の主なメカニズムとして、琵琶湖周辺の地震により瀬田川河床が複数回隆起した可能性が示唆されている（秋田, 1997）。

### 1-4-2 琵琶湖水位の変動記録

・江戸時代の水位

琵琶湖水位が継続的に記録されるようになったのは、江戸時代中期からである。当時の膳所藩が1721年から明治元年（1868年）まで、現在の草津市北山田町および下笠町の湖岸に定水杭を設置し、断続的だが148年にわたって水位計測を続けた（小林, 1984）。それによると、18世紀前半には水位が定水位より1尺（約0.3m）未満の月が多い一方、

---

注1）北湖北岸の葛籠尾（つづらお）遺跡からは、水深50～70mの湖底から奈良時代～平安時代の土器が発見されている。ほぼ完全な形の土器が多く発見されることから、住居跡ではなく何らかの理由で湖底に土器が落下したと考えられている（秋田, 1977）。

**図1-4-1 琵琶湖の水位観測地点、瀬田川洗堰、大戸川および田上山の位置**
太矢印は瀬田川の流出方向を示す。☆鳥居川量水標、●水位観測地点（5地点）、★瀬田川洗堰。

1836年以降、定水位より2尺（約0.6m）以上も高い年が圧倒的に多くなり、時代が下がるにつれて洪水頻度が増加傾向にあった（小林, 1984）。

このように琵琶湖水位が上昇した主な要因は、琵琶湖唯一の自然流出河川である瀬田川河床に堆積した土砂だった。瀬田川に流入する大戸川（図1-4-1参照）の源流にある田上山は当時、全国でも有数の禿山で、荒廃した山地から土砂が運ばれて、瀬田川の河床が高くなっていた。その背景として秋田（1997）は、薪炭林としての伐採に加え、江戸時代に貨幣経済が発達し、現金収入を求めて庶民の夜なべ仕事が盛んになり、灯火として安価な松の根が広く用いられるようになったことを挙げている。松は土中深くまで根を張っているため、根を掘り起こしたことで表土が流出し、山地が荒廃したという。

度重なる水位上昇で田畑の浸水被害に悩まされた湖辺住民は、幕府にしばしば瀬田川浚えを請願した。しかし瀬田川の浅瀬が軍事上の要所であったこと、また瀬田川の疎通能力が増すと下流の淀川が大洪水になると京都・大阪の住民が反対したこともあり、浚渫が許可されることは稀であった。それでもシジミ採りに事寄せた川浚えがしばしば行われ、1600年以降、住民による自普請も含め、大規模な瀬田川浚渫が数回行われたが、その効果は限定的だった（琵琶湖治水会, 1968; 近畿地方建設局, 1974）。ただ秋田（1997）は、天保期の浚渫（1881〜1883年）により、琵琶湖水位は約0.3m低下したと考えている。

・明治以降の水位変動

1874年、当時の内務省が瀬田川畔に鳥居川量水標（図1-4-1）を設置し、毎朝夕6時の水位を記録するようになった。この時の零点高は $OP_B+85.614m$（$=TP+84.371m$）で、後に琵琶湖基準水位（B.S.L.）として定められた。秋田（1997）は、膳所藩の定水位とB.S.L.との関係について、江戸後期と明治初期の古文書に残された洪水記録を比較し、B.S.L.は天保期の浚渫後の定水基準をそのまま踏襲したと考えた。庄ほか（2000）は、秋田（1997）の考えをもとに、さらに多くの洪水記録を対照し、天保浚渫後の定水位をB.S.L. $+0.31$〜$0.35m$、それ以前の定水位をB.S.L. $+0.48$〜$0.51m$と推定した（図1-4-2）。秋田（1997）、庄ほか（2000）のいずれの推定値を用いても、文献上で確認可能な過去最高水位は1896年のB.S.L. $+3.76m$である。過去300年ほどのなかで、琵琶湖水位が最も高かった時期は、江戸後期から明治時代にかけてだったといえよう。

明治以降も大雨により1884年（B.S.L. $+2.12m$）、1885年（同 $+2.71m$）、1889年（同 $+2.00m$）、1896年（同 $+3.76m$）とB.S.L. $+2.0m$を超える洪水が続いた。そのため、1896年に制定された河川法に基づき、当時の内務省が瀬田川を大規模に浚渫するとともに河道を広げ、1905年に瀬田川洗堰（以下、洗堰とよぶ）を建設した。それ以降、琵琶湖水位は洗堰によって人為的に操作されるようになった。図1-4-2から明らかなように、洗堰設置以降、琵琶湖の平均水位は、ほぼ一貫して低下傾向にある。これは洗堰操作の目的が、当初は洪水制御だけだったが、その後、下流の京阪神で工業化が進んだため、発電用水や下流の上水道用水と工業用水

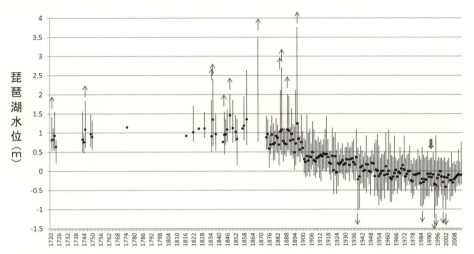

図1-4-2 江戸時代後期および明治以降の琵琶湖の年最大水位と年最低水位の幅（西野，2014を一部改変）。
縦軸0mは、琵琶湖基準水位（B.S.L.）、平均水位は●で表した。江戸時代の定水位は、庄ほか（2000）の北山田村の推定に基づき、天保浚渫以降はB.S.L.+0.35m、それ以前はB.S.L.+0.51mとして求めた。↑は最大水位が分かる年のうち洪水記録があった年、↓は最低水位がB.S.L.-0.9m以下の年。太い矢印は瀬田川洗堰操作規則が制定された年（1992年）。慶応4年（1868年）は水位記録が5ヶ月のみのため、水位変動幅のみ表示した。

などの利水に傾いていったことによる（藤野,1989；近畿地方建設局・水資源開発公団,1993）。

## 1-4-3 瀬田川洗堰操作規則制定（1992年）以降の水位変動

特に日本の高度成長期に、琵琶湖の下流に位置する京阪神地域の水需要が増大した。それに応えるため、より多くの湖水を下流に流す目的で、国家的プロジェクトとして、1972年から水資源開発機構が「琵琶湖開発事業」を、国、県、市町村などが「地域開発事業」を行った（近畿地方建設局・水資源開発公団,1993）。両者あわせて「琵琶湖総合開発事業」とよばれる（コラム1-1「琵琶湖総合開発事業」参照）。

1992年3月に琵琶湖開発事業が終了し、同年4月から新たに瀬田川洗堰操作規則（以下、操作規則とよぶ）が制定され、それに基づいて水位が操作されるようになった。同時に水位測定地点も変更され、琵琶湖5地点（片山・彦根・大溝・堅田・三保ヶ崎）で自動計測された水位の平均値を琵琶湖水位とすることとなった（図1-4-1、近畿地方建設局・水資源開発公団, 1993）。琵琶湖水位はこの規則に基づき、1992年以降、厳密に操作・管理されてきた。

それまでの琵琶湖水位も人為的に操作されてはきたが、明文化された規則はなく、概ねB.S.L.±0mを目途に、水位がそれ以上または以下になると、洗堰からの放水量を調整することで、緩やかに基準水位に戻すように操作されてきた（淀川水系流域委員会, 2007）。しかし琵琶湖周辺では、梅雨期の6〜7月と台風期の9〜10月が年間で最も降水量の多い時期で、これらの時期に過去の洪水被害が集中していた。

そのため1992年に制定された操作規則では、6月16日〜10月15日までの期間を「洪水期」、10月16日から翌年6月15日までを「非洪水期」とし、それに基づいてB.S.L.+1.4mまでを計画高水位、常時満水位をB.S.L.+0.3mとした。さらに、洪水期にあらかじめ水位を下げておいて、琵琶湖岸の洪水リスクを減少させるために制限水位を設けた（近畿地方建設局・水資源開発公団,1993）。洪水期制限水位はさらに2期に分けられ、6月15日〜8月31日までは第1期制限水位（B.S.L.-0.2m）、9月1日〜10月15日までは第2期制限水位（B.S.L.-0.3m）とされた。ただ常時満水位から第1期制限水位への移行は、6月15日に一気に0.5m低下させるではなく、5月15日〜6月16日までの約1か月間で水位を0.5m低下させる運用操作が行われている（図1-4-3参照）。

なお現在採用されている常時満水位（B.S.L.+0.3m）は、「治水上これ以上となると速やかに下げなければならない水位として運用されている水

位」という治水の観点からではなく、ダムと同じ発想で、利水の面での要求を治水面から制限したものである。そのため、呼称も含めて見直しの余地が十分あり、水需要を精査することにより、現行の操作規則の元でも後述の試験運用をさらに拡張できる可能性があることが指摘されている（淀川流域委員会,2007）。

### 1-4-4　水位操作規則制定後の生態系変化

・水位の季節変動リズムの変化

　操作規則制定後に顕著になった最大の変化は、アユを除く魚類漁獲量が1990年前後から大きく減少し始めたことである（図1-4-4）。理由の一つとして指摘されているのが、多くのコイ科魚類の産卵期である6～7月の低水位である（6章参照）。図1-4-3から分かるように、1991年以前と比べると、6～7月の日平均水位がわずか数10cm低下したに過ぎない。しかし1990年代以降、琵琶湖および周辺内湖でコイ科魚類の産卵が6月以降、ほとんど見られなくなっていることが様々な研究で明らかになっている（山本・遊磨,1999；藤原ほか,1997；西野・浜端,2005；琵琶湖河川事務所,2004,2006）。これらの研究から、在来のコイ・フナ類の産卵期である6～7月にB.S.L.-0.2mより低い水位が続くと、これら魚類の産卵期が短縮、または産卵が抑制されたことを示している。

・著しい水位低下の頻発化

　もう一つの変化は、著しい低水位が長期間続くことによる影響である。1992年以降、琵琶湖水位がB.S.L.+0.3m以上の日が年間10日を超える日が少なくなり、逆にB.S.L.-0.7m以下の日がほぼ100日か、それ以上続く年が3年もあった（図1-4-5）。長期間にわたって低水位の日々が長く続いたことによる影響は、実はよく分かっていない。ただ2000年以降、琵琶湖の固有カワニナ類の数が目にみえて減少している（5章参照）。琵琶湖では、近年水質が目に見えて向上しており（滋賀県琵琶湖環境部環境政策課,2016）、他に大きな環境変化がみられないことから、長期的な水位低下が底生動物に与えた影響は少なくなかったと推測される（西野,2014）。

　その一方で、観測史上最低水位を記録した1994年以降、南湖で水草（沈水植物）が大量繁茂しているが（4章参照）、低水位によって南湖の透明度が向上したことが、大量繁茂のきっかけになったと指摘されている[注2]。

### 1-4-5　生態系に配慮した水位操作試行の成果とその課題

　上記のような生態系への影響、とくにコイ科魚類の産卵環境への影響が明らかになってきたこともあり、近畿地方整備局琵琶湖河川事務所では、2003年から水位操作の施行を始めるとともに、湖岸3地点でコイ・フナ類の産卵についてモニタリング調査を進めてきた。津森（2008）は、2003～2006年のモニタリング結果から、水位変化と産卵量との関係を解析し、降雨による水位上昇が必ずしも産卵誘発に結びつかないことが分かったため、2008年からは3日おきのモニタリングで10万粒以上の「大産卵」が確認され、かつ水位が環境に配慮する範囲内にある時（洪水期制限水位の期間：概ね4月～5月中・下旬）は5日間の水位維持を図る操作に変更したことを報告している。

　琵琶湖河川事務所では、これまでのモニタリング結果の解析から、2014年度からは4～5月まではB.S.L.+0.1mを目標水位とし、目標水位に達したらそれを極力維持し、放流量が250㎡/秒を超える降雨で水位が上昇した後はその水位を極力維持し、B.S.L.+0.25mを超えた時は速やかにB.S.L.+0.25mまで下げ、極力その水位を維持するという、きめ細やかな操作が行われている（琵琶湖河川事務所,2014）。モニタリングの成果を解析し、翌年度以降の水位操作に反映するという形での試行操作は、順応的管理の極めて良い事例といえる。ただ操作規則で許容される範囲での試行であるため、依然として6月16日にはB.S.L.-0.2mまで水位を低下させる操作が行われており、6月中旬以降、コイ科魚類の産卵がほとんど見られていない状態に変わりはない。また残念なことに、モニタリング調査は2015年度に終了した。行政では3年前後で担当者が異動することもあり、今後、

---

注2）芳賀・大塚（2008）は、水位低下による光環境の改善では、水草の大量繁茂は説明できないとしている。

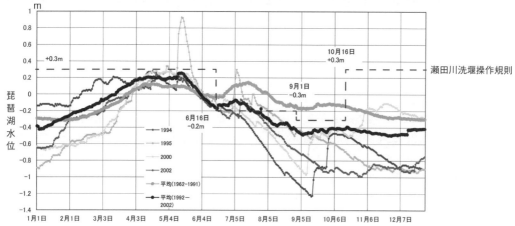

図1-4-3 瀬田川洗堰操作規則の制定前（1962～1991年）と制定後の1992～2002年における琵琶湖の日平均水位、および琵琶湖水位がB.S.L.-0.9m以下に低下した1994年、1995年、2000年、2002年の日水位変化。瀬田川洗堰操作規則は点線で表示した。

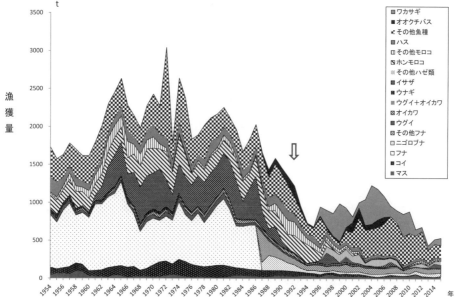

図1-4-4 コアユを除く魚類漁獲量の年変化（滋賀県農林水産統計年表（近畿農政局 滋賀農政事務所，1955-2009）および内水面漁業生産統計調査（農林水産省，2010-2016）より作図）

矢印は瀬田川洗堰操作規則が制定された年(1992年)。フナは1987年以降はニゴロブナとその他フナに分けて、また、その他ハゼ類は1997年以降、その他魚類とは分けて表示されている。2007年以降、ウグイ・オイカワはひとまとめに統合され、オオクチバスはその他の魚類（その他の魚類の一部）に統合された。

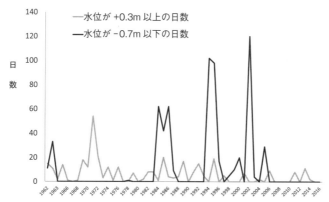

図1-4-5 琵琶湖水位がB.S.L.+0.3m以上、およびB.S.L.-0.7m以下だった日数の年変化

試行操作の意義が十分理解されないまま、試行操作そのものが中止となる可能性も否定できない。

琵琶湖の湖岸は、B.S.L.-1.5m以浅では傾斜角1度が58％を占め、ほとんどが緩傾斜である（宮本ほか, 2005）。多くのコイ科魚類の産卵場であるヨシ帯は、緩傾斜の湖岸に生育する。緩傾斜の止水域では、わずか0.5mの水位上昇や低下がコイ、フナ類の産卵行動を誘発したり、抑制したりする。また緩傾斜の湖岸ほど、水位低下時に干出する水面面積は大きい。実際、琵琶湖の水深０ｍ〜-1.5mの水面面積は17.5km²に上り（「琵琶湖」編集委員会, 1983）、これは南湖面積のほぼ1/3に相当する。

自然湖沼である琵琶湖は、降雨で水位が上がると陸側に広がり、水位が下がれば湖側に狭まることを繰り返してきた（4-6節参照）。琵琶湖とその周辺水域は、歴史時代をつうじて幾度となく洪水（水位上昇）を繰り返し、その度に被る人的・経済的損失は非常に大きかった。近年の水位操作によって、洪水による被害が格段に少なくなったことは喜ばしいことではある。しかし、3、4、6章でも述べるように、水位上昇にともなう洪水撹乱は、琵琶湖の長い歴史の中でそこに生息する固有種や在来種の生活史に深く組み込まれており、洪水撹乱なしには生活史が全うできない生物は少なくない。そのため、コイ科魚類の産卵期の短縮または産卵抑制や底生動物の減少が示すように、とくに梅雨期に数十cm前後の水位低下が何年にもわたって生じることや、B.S.L.-1mに近い水位低下が繰り返し生じることで、沿岸生態系のもつ自然の回復力が損なわれていることは疑いの余地がない。自然の水位変動リズムをどのように取り戻していくかが、今後の琵琶湖生態系保全の大きな課題の一つといえる。

# 湖岸地形の特徴と変遷

**2章**

琵琶湖岸の多様な形態を持った湖岸地形について、湖底の地形を含めて地域ごとに形成時期や形成過程の特徴を紹介した。また内湖を含めた明治以降の湖岸地形の変遷を、図や写真を用いて詳細に示した。さらに各分野共通の9地域について、最近20〜30年間の湖岸変化の実態をまとめた。

## 2-1 多様な湖岸地形を有する琵琶湖

　琵琶湖は我が国で最大の広さを持ち、湖岸には多様な地形が見られる。北部では山地が直接湖面に接し、南部では広い湖岸平野が形成されるなど、我が国におけるほとんどの湖岸地形[注1]があるといってよい。

　琵琶湖はまた我が国最古の湖でもある。約400万年前に、古琵琶湖（大山田湖）が伊賀盆地に形成された。その後、甲賀湖や堅田湖へと北に移動し、数十万年位前に現在の位置にとどまった。世界でも有数の古代湖で、琵琶湖が「生きている化石湖」と言われる所以である。その後も湖盆の沈降と周辺山地の隆起という地殻変動に規定されながら、琵琶湖は拡大と縮小を繰り返してきた。数万年前ごろには、現在の地形に近い形で近江盆地の真ん中に水をたたえた。湖岸には、河川が運んできた砂礫が堆積して三角州ができた。河口から離れた場所では、湿地や潟湖（内湖）が形成され、変化に富んだ湖岸の形態が見られる。

　本章では、はじめに琵琶湖の湖岸地形の特徴を紹介する（2-2節）。そこでは地形を形成した河川と、背後の平野地形及び湖底地形にも言及する。次いで、湖岸地形の形態や形成要因をもとにした、湖岸の類型区分を示している。さらに湖岸の現状については、現地調査と空中写真の分析から、砂浜、植生、人工構築物などの実態を明らかにした。その結果、琵琶湖全域の湖岸地形の区分図を作成した。

　次に、ＧＩＳの手法を駆使し、現地調査の結果と古地図、旧版地形図、航空写真の画像の比較から、明治以降の湖岸線の変遷、砂浜やヨシ帯の消長を明らかにした（2-3節）。

　最後に、湖岸地形の現状を各分野共通の9地域で、5kmブロック（2-4節；コラム2-1参照）の地域ごとにまとめた。そこでは、琵琶湖総合開発事業の工事や市街地化の進展によって、この20～30年間に大きく変化した湖岸を中心に、各地域での湖岸変化の実例を記載した。記載の順序は、各章の分析と共通で、南湖を最初に示し、東岸、北岸、西岸へと反時計周りで行った。

　それらの結果は、3章以降の各生物群の解析の基礎資料として活用できるものである。

　なお琵琶湖周辺全体の地形分類については、第1章の図（図1-1-3）を参考にしてもらいたい。

## 2-2 琵琶湖の湖岸地形の特性と現状

### 2-2-1　湖岸地形と湖底地形の特性

#### 南湖の湖岸と平野の地形

　南湖の湖岸・湖底の地形をわかりやすく示すために作成したのが図2-2-1である。この図では、湖岸を東岸では標高86mから90mまでの低地、西岸では丘陵と山麓までの低地を1m間隔の等高線で示した。また湖中は琵琶湖湖沼図から0.5m間隔の等深線を抜き出して示した。この図と、以下に示す地形分類図などを参考にして、南湖の湖岸地形の形成時期や形成過程を探ることにする。

#### ①南湖の西岸（琵琶湖大橋西詰～瀬田川）

　和邇(わに)川河口から瀬田川までの地形分類を図2-2-2に示す。この図の北部では、古琵琶湖層群よりなる堅田丘陵が湖岸近くまで迫り、和邇川は湖岸に典型的な尖状三角州を形成している。その南の真野川と天神川では、自然堤防を伴った流路がそのまま湖に突っ込んだ形の河口となっている。両河川の河口の間には堅田内湖があり、湖岸には

---

注1）琵琶湖は地殻変動(断層)によって生じた構造湖であるため、火山性の湖岸は見られない

図 2-2-1　南湖の湖底地形および湖岸低地の等高線図 (辰巳, 1990)
東岸と西岸で非対称な地形と湖底の水深3mまでの沈水三角州が読み取れる。

古くからの集落が立地している。雄琴川や大正寺川は河口付近で分流し、新旧の河道ごとに小さな三角州が湖中に張り出し、出入りの多い湖岸となっている。

中部では、背後の比叡山地から流れる大宮川や四ツ谷川などが山麓に複合扇状地を形成し、河口には河川ごとに三角州が張り出している。

南部では、古琵琶湖層群の膳所・石山丘陵と醍醐山地が湖岸近くまで迫り、低地の幅は1kmに満たないところもある。大半が大津市街地となり、湖岸は埋め立てによる人工湖岸が多い。

②南湖の東岸（草津川以南）

琵琶湖の湖尻に近い瀬田川の東岸から旧草津川下流は、背後の瀬田丘陵を水源とする中小河川によって形成された低地である。かつての伯母川や狼川下流では、河道の下を東海道本線がトンネルでくぐる天井川となり、河口部は湖中に突出した尖状三角州が見られた。現在では埋立地（矢橋帰帆島など）の人工湖岸が多くなっている。旧草津川の下流は、わが国を代表する天井川となり、河道に沿った高い堤防が、草津市街地を南北に二分した。旧草津川の下を国道1号と旧街道がトンネルで抜けている[注2]。河口部には湖中に突き出た三角州が発達し砂浜も見られた。しかし、新草津川が南側の平野に付け替えられ、河口が約3km南に移動するなどの大規模な工事が行われ、2002年から通水されている。

③野洲川下流の湖岸・湖底地形

図2-2-3に、野洲川下流平野全体の地形分類図を示す。野洲川下流平野は上流側の標高120mから95、96m付近までは扇状地が平均勾配4‰（パーミル、4/1000）で広がる。一方、湖岸に近い標高87m以下は低平な三角州を持つ我が国最大の湖岸平野である。扇状地と三角州の中間地帯は2‰程度の勾配をもった地形面で氾濫原とした。氾濫原内ではかつての野洲川の明瞭な旧河道が追跡され、特に左岸で顕著である。右岸では形成が新しい自然堤防が卓越する。

図2-2-2　南湖西岸の地形分類図（辰己, 1989）
北部は堅田丘陵、南部は比叡山地が迫り平野部は狭く平坦な場所は少ない。

注2）現在は旧草津川が廃川となったため、国道のトンネルは撤去された。

図2-2-4は湖底を含めた1m間隔の等高・等深線図である。この図の陸上部では、前記の地形面の特徴が明らかで、特に左岸の旧河道が連続性のよい凹地となって見られる（図2-2-4の実線部②、③、④付近）。この凹地の列を「古野洲川」と呼んでいる。一方、凹地の湖中での延長線上にあたる水深3m付近の湖底には、烏丸崎と志那町沖に平坦な地形が沖合に向かって延びている。その形状は野洲川旧南流が形成した現在の陸上の三角州に似ている。図2-2-4の地形断面図のうち、③と④ではこの湖底の平坦面が明瞭に表れている。このことから、かつて「古野洲川」が長期にわたって南湖東岸方面に流入し、湖底の平坦面はその時の河口の三角州であると解釈できる。

　また、この地形ができた時は現在より湖水位が低かったと考えられる。それを示すものとして赤野井湾では、水深4m付近の湖底にアカホヤ火山灰（約7,300年前に降下）に覆われた、縄文時代前期の遺構が検出されている。この湖底遺跡の存在から、縄文時代の前期～中期には、一時的にせよ湖面が現在より低くなり、南湖の東西の幅は現在よりかなり狭くなっていたと考えられている（秋田,1997）。そして前述の烏丸崎と志那町沖の湖底に見られる三角州の形成時期も、この水位の低下期と推測できる（1-4「琵琶湖の水位変動と生態系への影響」参照）。

　野洲川は1970年代に新野洲川が完成するまでは、北流と南流に分かれ、河口に円弧状の三角州を張り出していた。野洲川下流では、堅固な高い堤防が構築されていたが、北流の流路が固定され、人工堤防が構築された時期は、14世紀末から17世紀はじめまでの極めて短い時期であったとされている（辻,1993）。

　野洲川下流における湖岸平野の形成過程をまとめると次のようになる。

ⅰ．野洲川が中流部の水口丘陵や段丘面を開析しながら扇状地を広げた時代は、左岸側の古野洲川と呼ばれる有力な旧流路に沿って堆積が進行した。縄文時代の前期から中期あたりには、湖面の低下があり、現在では水深3m付近の湖底にある沈水三角州が形成された。

ⅱ．その後、弥生時代後期から中世までの時期には、堆積の中心が右岸に移り、旧河道に沿って自然堤防が形成された。日野川に近い湖岸にまで堆積が及び、氾濫原が広がった。

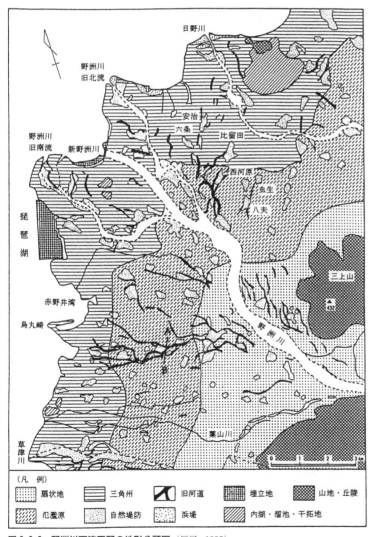

図2-2-3　野洲川下流平野の地形分類図（辰巳,1993）
平野地形が扇状地・氾濫原・三角州に区分され、その中の自然堤防、旧河道（左岸の烏丸崎に延びるもの、右岸の西河原付近など）が読み取れる。

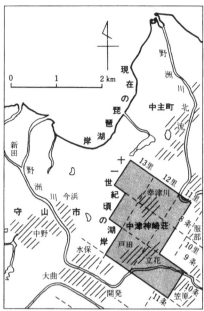

図2-2-5 野洲川下流平野の湖岸線の変化
(金田, 1993)
11世紀以降、湖岸線が湖側に大きく前進したことがわかる。

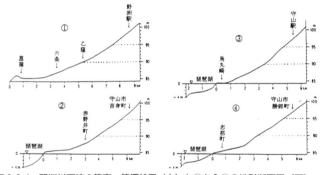

図2-2-4 野洲川下流の等高・等深線図（上）と①から④の地形断面図（下）
(辰巳, 2004)
陸上の等高線は圃場整備以前の地形図から、等深線は琵琶湖湖沼図から作成した。

iii. 近世以降は野洲川の河道は旧北流と旧南流の位置に固定され、堤防が築かれた。しかし洪水のたびに河底に土砂が堆積し、堤防のかさ上げが繰り返され、天井川化が始まった。同時に北流と南流の河口部では河道内を運ばれてきた土砂によって、湖中に大きな三角州が張り出した。このことは図2-2-5に見られる中世（11世紀頃）の湖岸線の復元からも明らかである。

iv. 1970年代に天井川化している野洲川下流の洪水対策として、北流と南流の間に新野洲川が開削され、新しい河口（野洲川放水路）とその周辺が人工湖岸に変えられた。

④南湖の湖岸・湖底地形

図2-2-1の南湖全域の等高線と湖底の等深線から、湖底の等深線を詳細に調べると、東岸の狼川、西岸の大宮川・雄琴川・天神川の河口の延長上で、水深3mの湖底付近に平坦面の張り出しが存在する。それらは小規模であるが、前記の野洲川下流の烏丸崎や志那町沖の湖底で見られた平坦面と同じ形態である。この地形が形成された時期には、湖岸線が現在より湖中側にあり、前述のように、湖面が低下していた縄文時代の前期から中期と考えられる。このような湖底の平坦な地形は、後述する北湖の湖底でも見られることから、湖岸・湖底の地形形成時期や湖面の変化を探る重要な手がかりとなっている。

## 湖東平野の湖岸

### ①湖東平野の地形の特徴

湖東平野は、北から芹川、犬上川、宇曽川、愛

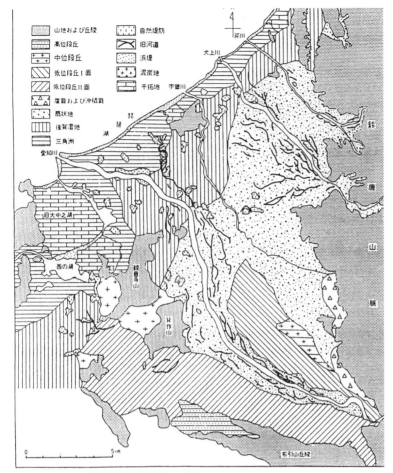

**図 2-2-6 湖東平野地形分類図**（植村，1971）
愛知川中流に低位段丘が広がり、犬上川は扇状地の発達が良い。

知川および日野川等の下流に広がっている（図2-2-6）。

　日野川の下流（図2-2-3）は、氾濫原から続く三角州が湖岸まで延び、現河道は西側の野洲川三角州に近い部分を流れている。河口からは、湖中にゆるやかな曲線を描いて突出した円弧状三角州が見られる。湖岸の佐波江町の立地する微高地はかつての浜堤と考えられる。また、河口の東側に湖東流紋岩類からなる岡山（標高188m）が聳え、その内陸側にはかつて水茎内湖があり、付近一帯は水郷地帯となっていた（グラビアp.5参照）。

　湖東平野の最大河川である愛知川は、谷口にあたる永源寺高野付近から湖岸まで約20kmに及ぶ長さで平野内を流下し、幅広い開析扇状地（河岸段丘）を形成している。

　この開析扇状地は、琵琶湖周辺の低位段丘（約2万前ごろまでに形成）の代表例で、右岸では高度130m付近まで、左岸では八日市市街地をのせて西方へ延びている。扇状地の下流側には氾濫原（標高100～87m）および三角州（標高87m以下）が広がっている。図2-2-6を見ると、右岸の氾濫原から三角州には北に延びる旧河道と連続性のある自然堤防がある。旧河道は近世までの愛知郡（愛智郡）と神崎郡との郡界になっており、中世までの愛知川の流路の一つであった。

　湖岸には、愛知川河口から芹川河口までほぼ連続した浜堤が発達し、その前面の湖底は河口部を除いて水深3mまでの遠浅の湖底が沖合に100～200mの幅で広がっている。現在では湖岸に堅固な護岸堤防が築かれ、堤防の前面は砂浜となっている場所が多い。

　一方、河口から離れ、河川の堆積が及ばなかった場所には、旧大中の湖、西の湖、曽根沼などの内湖があった。旧大中の湖南岸の浜堤には弥生時代からの遺構（大中の湖南遺跡）が検出され、内湖周辺が古くから生活の場になっていたことがわかる。

　犬上川は、標高140m付近の谷口から標高90m付近まで半径7km、平均勾配が6‰を超える扇状地を展開している。扇状地上には、放射状に数多くの旧河道が凹地列となって残存している。扇状地の末端から湖岸までは、氾濫原と三角州がそれぞれ2～3kmの幅で広がっている。

　犬上川の現在の河道は、平野の北側に偏っており、扇状地形成後に河道が変遷したことを示している。また、河口は湖中にわずかに突出して2本の川筋に分岐し、中央に砂州を発達させている。

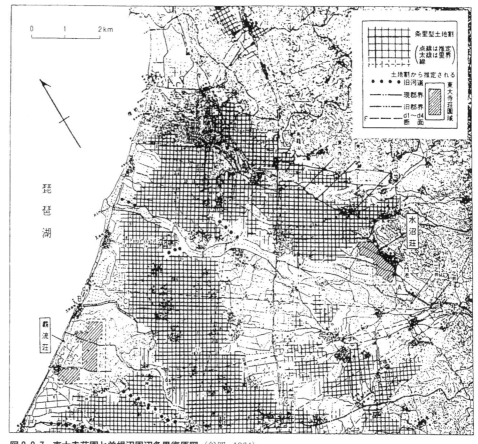

**図 2-2-7　東大寺荘園と曽根沼周辺条里復原図**（谷岡，1964）
条里制の遺構は扇状地末端下流側の氾濫原に多く見られ、水田が広がっていたことがわかる。

　湖東平野の北端には、芹川が犬上川扇状地に押しやられる形で流れている。現在の芹川は彦根市街地の南側を直線状に延びて湖に注いでいる。これは彦根の城下町建設時（1603年から）に、城山の北側にある旧松原内湖に注いでいたものを付け替え、町の南側の防御線としたためである。

**②湖東平野の湖岸・湖底地形**

　湖東平野の湖岸は、北側の芹川河口から愛知川河口までは河川の河口付近の突出を除いて、全体として平滑な湖岸線が連続しており、浜堤の発達も良好である。一方、愛知川河口より南側は、孤立山塊（安土山・八幡山等）が湖岸部に聳えており、旧大中の湖をはじめとする内湖が分布するなど、出入りの多い湖岸線となっている。

　湖岸部の低地のうち、三角州にあたる地形面は、愛知川下流部と旧内湖および現存する内湖周辺に広く分布しており、一部で水郷景観を残す低湿地となっている。

　沿岸部の湖底の形についても、河口部以外は比較的平坦であり、新海浜など浜堤と遠浅の湖底を持つところでは、水泳場として利用されている。

　湖岸と荒神山（こうじんやま）の間にある曽根沼の湖底では、15世紀に沈水した条里制の遺構が発見され、荘園（東大寺覇流荘（へるのしょう））が営まれていたと推定されている。（谷岡，1964；図2-2-7）。

　当時の湖水面は現在より低かったとされ、その後の湖水面の変化を知るうえで貴重なものある。また、湖東平野の条里型土地割は、愛知川や犬上川下流の扇状地・氾濫原から三角州にかけての低地で復元されている。この地域の湖岸平野は古代から水田耕作が発達し、その後も大きな地形変化がなかったことを裏付けている。

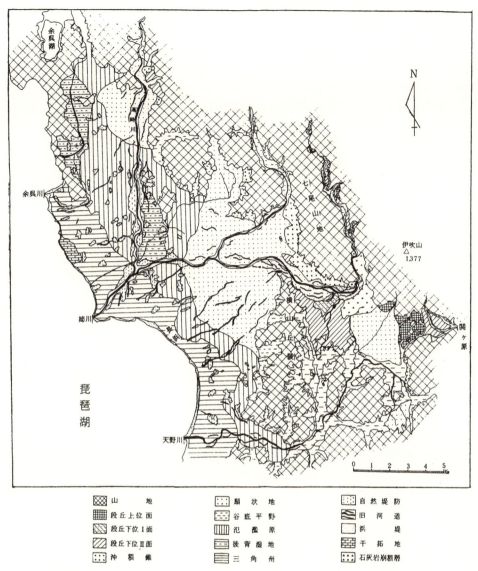

図 2-2-8 湖北平野の地形分類図（大橋・辰巳, 1974）
扇状地が卓越する姉川中下流と氾濫原が広い高時川の相違や、旧河道・自然堤防の分布の特徴が明瞭である。

## 湖北平野

### ①姉川下流平野

湖北平野全体の地形を図2-2-8に示す。伊吹山地の西斜面に源を発する姉川は、七尾山地と横山丘陵の間の狭隘部（きょうあい）を経て湖北平野を潤している。平野内では、途中で七尾山地内を流下してきた草野川を合わせ、さらに平野のほぼ中央部で高時川と合流して琵琶湖に注ぐ。

平野内での地形の配列は、狭隘部の標高140m付近から標高95m付近まで扇状地が展開している。それより下流側には、わずかに勾配をもった氾濫原が広がり、さらに湖岸に近い部分の標高88m以下には低平な三角州が発達している。

扇状地にあたる地形面の平均勾配は約5‰で、野洲川や愛知川に比べるとやや急な勾配となっている。姉川下流左岸の場合、現姉川の河口付近の湖中に突出したデルタ部分を除くと、扇状地が卓越する。このため下流平野全体を扇状地性三角州（デルタファン）と表記することもある。

②高時川右岸平野

　湖北平野を南流し、標高90m付近で姉川と合流する高時川両岸の平野は、姉川左岸平野とは異なった地形である。それは、扇状地が標高120m付近から108m付近までの小規模なもので、平均勾配も4‰と緩やかなことである。

　図2-2-8を見ると、氾濫原は現在の高時川の河道にそって長さ6kmにも及んでいる。また、河道から西方の湖岸までは、幅約5kmの氾濫原が広がり、湖北平野の中で最も低平な地形面である。その中に現在の流路とは異なった海老江や延勝寺の集落の方向へ、高時川の旧河道と自然堤防が延びている。これは、高時川ははじめは余呉川の河口近くで琵琶湖に流入し、その後流路を徐々に南に転じ、姉川と合流したことを示している。

　姉川本流についても、旧河道は長浜市街地方面へ幾筋にも分かれている。それらが現在のように一本の河道に固定された時期は、野洲川や愛知川と同様、かなり新しいことが想定できる。

③湖北平野の湖岸・湖底地形

　湖北平野の湖岸地形は、姉川と高時川の下流を比べると、いくつかの差異がみられる。姉川左岸では河口部の旧人郷内湖（グラビアp.6）付近を除いて、全体的に単調な湖岸線であるのに対し、右岸の高時川下流は旧早崎内湖をはじめとして出入りの多い湖岸線となっている。

　高時川下流では、早崎内湖干拓地以北の湖岸と湖底の等高線・等深線図（図2-2-9）から、その特徴が明瞭である。すなわち湖岸付近では、標高86mの等高線が、延勝寺集落の南側を中心に湖岸に向かって大きく張り出しており、この延長の湖底部でも水深5mの等深線の張り出しが注目される。また、現在でも沖合500m付近に小島が3〜4カ所存在し、湖底は遠浅で、沈水した砂堆列が南北方向に続いていることが注目される。1994年の水位低下（B.S.L.−1.23m）の時には、遠浅の湖底が干上がり、沖合の小島まで砂州の上を歩いて渡ることができた。また、延勝寺沖や尾上沖の遺跡の

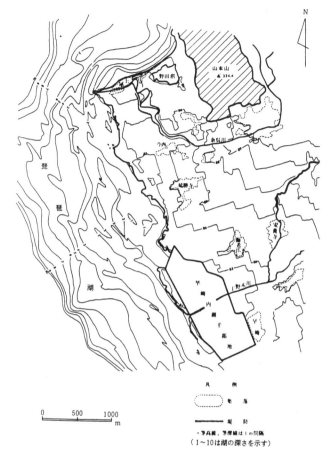

図2-2-9　湖北平野北部の湖岸・湖底の等高線・等深線図（辰己原図）
遠浅の湖底と砂堆列が読み取れる。

発掘結果からは、縄文時代から平安時代の遺跡が見つかり、現在より琵琶湖の水位が低かった時期があったとされる（秋田,1997など）。

　この一帯は北湖では幅広い遠浅の湖底を持ち、水鳥の宝庫としても知られている（7章参照）。

**湖西平野**

　琵琶湖の西岸には、中央部に広い沖積平野を展開している安曇川と、その南側に鴨川下流平野がある。北部は野坂山地から発する石田川・百瀬川および知内川が山麓から扇状地を発達させ、氾濫原や三角州にあたる低地の面積は狭い（図2-2-10参照）。

　一方、南部では比良山地が湖に迫り、比良川や大谷川が山麓から急な扇状地を形成し、低地は湖岸沿いに分布するに過ぎない。

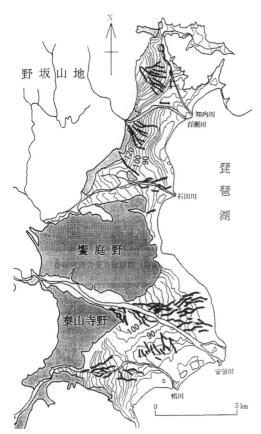

図2-2-10 湖西平野北部の地盤高と旧河道の分布 (池田ほか,1991)
扇状地の発達がよく、旧河道の分布も明瞭である。

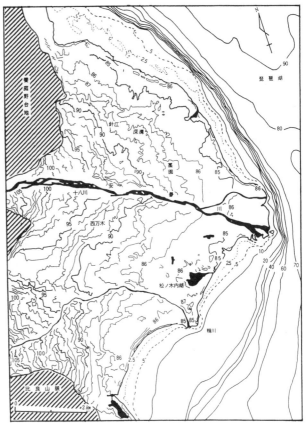

図2-2-11 安曇川・鴨川下流平野の等高線図 (辰已,1990)
全体としては扇状地性の平野で湖岸低地は86m以下で安曇川右岸で広くなっている。

①安曇川・鴨川下流

 湖西地域最大の河川である安曇川は、饗庭野台地と泰山寺野台地の間を東流し、標高105m付近で湖西平野に出る。平野内では平均勾配が7〜9‰もある扇状地が標高88m付近まで幅5kmにわたって広がり、氾濫原に相当する地形面が不明瞭となっている。標高88m以下から湖岸までは三角州となり、特に湖岸部の標高86m以下はほとんど低平な地形となっている。谷口から湖岸までの距離が短く、しかも勾配が急なため、この安曇川下流平野も湖北平野の姉川と同様に扇状地性三角州(デルタファン)と呼ぶこともある。

 鴨川下流域でも安曇川と類似の地形が見られるが、扇状地の勾配がやや急で、標高88m付近を境に三角州に移行する。鴨川の河道は扇状地部で東流しているが、河口に近づくにしたがって安曇川の沖積平野に押される形で流路を東南方向へ曲げ、河口付近ではほぼ南流する形となっている。これは、平野形成時における安曇川の堆積力の強さを物語っている(図2-2-11参照)。

②湖西平野の湖岸・湖底地形

 安曇川の両岸で見られる地形の差異は、湖岸や湖底部の地形においても明瞭である。安曇川左岸では、河口部を除くと湖岸に大きな浜堤は形成されず、湖岸低地がそのまま湖中に没していく傾向が見られる。これは水深2.5mや5mの等深線をみても明らかで、特に北東部の湖岸で顕著である。そこでは弥生時代からの湖底遺跡が発掘され、埋没条里も推定されており、古代における生活の場であった(横田,1994など)。

 一方、安曇川の右岸から鴨川河口にかけては、低湿地が拡がり、現在もその中に松の木内湖等が位置している(図2-2-11)。これは、安曇川の沖積作用が及ばなかった湖岸部が、内湖として取り

表 2-2-1 湖岸の類型区分

| 分類 長さ | 類型 | 湖岸地形の特徴 | 代表例（地名・河川名・湾名など） | 比率(%) (1990年) |
|---|---|---|---|---|
| 山地部 50.75km | a | 基盤山地が直接湖岸に没する岩礁・岩石湖岸。粘板岩、チャート、花崗岩類、流紋岩類が多い。 | 葛籠尾崎・海津大崎 | 19.4 |
| | b | 崖錐が湖岸に達しており、岩石・砂礫の湖岸。 | 飯浦・菅浦・月出 | 4.10 |
| 現在の河口 44.00km | c | 大河川の河口部で、円弧状・尖状の三角州を形成。幅広い砂堆をもつことが多い。 | 安曇川・旧野洲川・姉川・旧草津川 | 10.59 |
| | d | 中小河川の河口部とその周辺の尖状三角州。規模は小さく、砂堆の発達も顕著ではない。 | 石田川・百瀬川・天神川・際川 | 8.77 |
| | e | 小河川の河口部で、明瞭なデルタの突出も少ない。 | 大浦川・大川 | 0.68 |
| その他の湖岸 96.50km | f | 背後は三角州または氾濫原で、砂堆の規模は小さい。湖底は緩傾斜である。 | 山の下湾・雄琴湾・赤野井湾 | 15.38 |
| | g | 背後は三角州で、小規模の砂堆がつく。かつては内湖が分布。沈水三角州・沈水砂州が見られる。 | 新海〜柳川・海老江〜尾上 | 5.81 |
| | h | 小河川や旧河川の形成した三角州。砂堆が発達し、一部で閉塞された内湖が分布する。 | 堅田漁港・近江白浜 | 7.97 |
| | i | 後背は氾濫原または三角州で砂堆が発達し、小規模な湿地(かつての内湖)が分布することが多い。 | マイアミあやめ浜・知内浜 | 5.01 |
| | j | 内湖干拓地の湖岸。閉塞する小規模な砂堆が分布するが、未発達の場所もある。 | 津田内湖・入江内湖 | 6.04 |
| | k | 背後が氾濫原や扇状地で、湖岸部の砂堆の発達は微弱である。小河川が流入していることもある。 | 下阪本・ビワコマリーナ付近 | 3.76 |
| 人工湖岸 28.25km | L | 人工湖岸のうち、大規模な埋立地が多い。 | 大津市街地・木浜人工島・長浜港 | 6.95 |
| | M | 人工湖岸のうち、旧湖岸の部分的な盛土や石積によるもの。 | 筑摩・世継 | 5.92 |

(北澤・辰巳, 1991)に加筆修正

残されたものである。鴨川河口から今津にかけては浜堤が発達し、湖底も遠浅で、近江白浜や萩ノ浜の水泳場がある。

## 2-2-2 湖岸地形の形態分類

　湖岸の形態は、背後の山地や河川の流入、それに波浪や湖流の影響も受けて多様である。さらに近年、湖岸堤や湖岸道路の建設、港の浚渫工事、埋立地の建設などがあり、人工的な湖岸が増加した。筆者らは1980年代後半に、湖岸全域の形態分類の調査を行った。はじめに「山地部」と「平野部」に大きく二分したのち、次のように3段階に分けて区分した。

ⅰ．第1段階は、「山地部」は山地ごとの区分、「平野部」は平野の形成に関与した河川ごとの区分を行った。

ⅱ．第2段階は「山地部」は山地と崖錐斜面に区分、「平野部」は現在の河川が流入している「河口部の湖岸」、河川の流入がない「その他の湖岸」および「人工湖岸」に区分した。

ⅲ．第3段階は、「平野部」の湖岸は、背後の平野の地形（三角州、氾濫原、扇状地）などの特性と、湖岸での砂堆の有無、流入する河川の規模、湖底地形の形状等を加味した分類で、六つに区分した。「人工湖岸」は大規模な埋立地の湖岸と、それ以外の人工的湖岸に区分した。

　表2-2-1にはその分類基準と代表例および全湖岸延長（219.5km）に対する割合を示した。割合では、山地部は23％、現河口部は20％、その他の湖岸は44％、人工湖岸は13％となっている[注3]。タ

イプ別では、最も長いのは、山地斜面が直接湖面と接している湖岸で全体の20%近くを占めている。これは湖北山地が出入りの多いリアス湖岸になっているためである。次いで長いのは、南湖に多く見られる山の下湾や雄琴湾、赤野井湾などの湾入の大きな場所であった。そこはヨシ帯を主体とした植生の多い湖岸となっている。また、大きな河川の河口部の三角州が全体の10%余りを占めている。河口部付近の湖岸は砂堆の発達が良く、水泳場が多く見られる。一方、人工湖岸は全体で約13%にとどまり、大津街地などの古くからの埋立地であった。

このように、1980年代の琵琶湖湖岸は、琵琶湖総合開発事業関連の工事が本格的に始まる直前で、自然の状態が残る湖岸が9割近くを占めていたことがわかる。

上記の湖岸の形態区分に、2-2-1項で述べた湖岸平野の形成過程や形成時期を付け加えると、湖岸の地形環境の把握ができる。すなわち、平野部の湖岸においては、おおむね現在の河口部は、歴史時代になって流路が固定され、河口部に河川堆積物が集中し、湖中に三角州の張り出しが見られる。近世以降に急速に延びた野洲川旧北流・南流の河口がその例である。

一方、表2-2-1で「その他の湖岸」とした河口から離れた湖岸は、湖岸近くまで条里制が残っていたことも明らかになり、古代においてすでに水田が営まれ、安定した生活の場であった。湖岸堤や圃場整備で改変されるまでは、琵琶湖とクリークで結ばれ、農作業にも舟を使う水郷地帯が多く見られた。このような湖岸景観は、南湖の東岸から湖東平野にかけてと、湖北平野と湖西平野の河口部以外の場所でごくふつうに見ることができた。また、河川の堆積が及ばなかった場所には、内湖が多く見られた。さらに湖底に旧河口の沈水三角州（南湖の烏丸崎沖など）や沈水砂州（湖北の延勝寺沖など）が発達した地域もこの区分に含まれる。

このように湖岸の地形環境を類型化することで、現在も河川からの流入で土砂の堆積が見られるア クティブな河口と、古くから変化が少なく植生の繁茂が多い湖岸との差異が明らかになった。この類型区分は、3章以降の生態系の調査における基礎資料を提供することになる。

## 2-2-3　現在の湖岸線の類型区分と人工湖岸の増加

琵琶湖の湖岸は、1980年代に比べると、人工的な要素が追加され、さらに複雑化している。筆者らは2007年からの現地調査をもとに、航空写真判読などを加えて、湖岸の現状を把握する調査を行い、1980年代の湖岸と比較して変化した場所を明らかにした。2007年の現地調査時の図と、それをもとにした類型区分の例が図2-2-12である。

2007年の調査では、総延長約242.5kmの湖岸線の類型区分を試みた。地形を中心にヨシや樹木などの植生、人工改変状況をもとに細かく区分した。それをまとめた中間的な分類でも自然湖岸と人工

図2-2-12　2007年の現地調査をもとにした類型区分の事例

注3）表2-2-1では人工湖岸の割合が13%となっている。これは人工湖岸の定義を、大津市街地や木浜人工島や港などのコンクリート・石積みの連続したものとして算定したためで、ごく短い区間のコンクリートや石積み等の湖岸は含まれていない。
なお環境省の湖沼調査（滋賀県，1980；1985）では、人工湖岸の割合が昭和55年（1980年）の第2回調査で28%、昭和60年（1985年）の第3回調査で31%と報告されているが、調査方法や基準等が同一でないため、直接の比較はできない。

湖岸を合わせて44類型に区分できた。それらをさらに統合し、グラビアp.2のように7類型（水面域を含む）にまとめた。そのうち、自然湖岸は、ヨシなどの水辺植生が多く繁茂する植生湖岸（写真2-2-1のA）、砂や礫が卓越する砂浜湖岸（同図B）、北岸に多い山地（岩石）湖岸（同図C）に分けられた。人工湖岸はコンクリートと石積みの湖岸が大半だが、一部に人為的に砂浜や植生湖岸に修復された箇所もあったため、さらに人工砂浜、人工ヨシ帯、その他の人工湖岸（コンクリートや石積みの湖岸，同図D）の3つに区分した。

琵琶湖湖岸全体では、総延長242.5kmとなった。このうち自然湖岸が61％（約149km）で、うち砂浜湖岸が30％（約72km）、山地湖岸が17％（約41km）、植生湖岸が14％（約35km）だった。一方、人工湖岸は全体の37％（約90km）で、そのうち人工砂浜は湖岸全体の5％（約12km）、人工ヨシ帯は4％（約9km）、その他の人工湖岸が28％（約69km）を占めていた（グラビアp.2「琵琶湖全域の湖岸類型」）。

人工湖岸の割合は、北湖では北湖岸全体の25％だったが、南湖では南湖岸全体の73％にのぼった。これは、南湖の東岸と南岸で人工改変地が多かったからである（グラビアp.2「琵琶湖全域の湖岸類型」、8章参照）。

北湖の人工湖岸は琵琶湖総合開発事業の関連工事によるものが大半で、1985年までに、東岸の野洲川河口、長命寺港、曽根沼、彦根港などで整備された。西岸では、1980年代に湖西平野の安曇川デルタで湖岸道路が建設され、水辺の景観が大きく変貌した。その後、湖岸道路が、東岸では琵琶湖大橋東詰から野洲川、日野川下流を経て長命寺港まで、愛知川河口から彦根市街地まで、さらに、米原市の湖岸全域、長浜市街地、姉川河口を経て長浜市尾上付近まで延びた。これらの湖岸道路は、湖東では「さざなみ街道」、湖西では「風車街道」などの愛称がつけられ、湖岸のレジャー、ドライブに欠かせない存在となり、休日には近隣府県からの車が多く訪れている。

A　植生湖岸（高島市針江浜）

B　砂浜湖岸（大津市近江舞子浜・雄松崎）

C　山地〈岩石〉湖岸（高島市海津大崎）

D　石積み人工湖岸（長浜市鐘紡町）

写真 2-2-1　湖岸類型

## コラム2-1　湖岸を見るときの座標系（湖岸を見る視点）

　琵琶湖の湖岸の総延長は235km（滋賀県, 2012）あり、岩石湖岸や砂浜、ヨシ（抽水植物）帯など地形・地質および植生は変化に富んでいる。琵琶湖の湖岸環境を総合的に把握するには、地形・地質の要素を水辺植物や他の生物群と関連づけながら地域毎に評価することが必要で、そのためにはまず、要素全体を地域ごとに比較するための共通座標を設けることが有効である。

　共通座標を設けるにあたっては、基点（0点）を設定する必要がある。基点はどこに設けても良いが、正確な位置情報がわかっている地点であることが求められる。当初、1988年にこの研究を始めた時は、当時の大津市と真野町の境界線にある湖岸を基点とし、湖岸線に沿って反時計回りに1kmごとの区画を設けた。湖岸線の南端をJR東海道線鉄橋までとして区分したところ、220区画（湖岸総延長220km）となった。一方、2007年の調査では総延長は242.5mだった。なお滋賀県（2012）は湖岸の総延長を235kmとしている。これは湖岸線の凸凹の計測方法の違いによる。

　区画の基本は1km単位であるが、集計の段階で5km毎や10km毎のように解析に適した単位を設定しても良い。本書では、各要素の相互関係を解析するため、おもに5区画（5km）を1単位（ブロック）にした区分を用いている（図2-3-4参照）。

　その後、2007年以降の調査でも1988年と同一の基点、区画を設けて様々な踏査を行い、比較研究を行った。各要素の共通座標を設けることで、GISによる各要素の重ね合わせが容易となり、継時的変化や相互関連など様々な解析が可能になる。

　これまで琵琶湖周辺では、複数の研究機関が様々な生物群を対象に、湖岸全域の調査を行ってきた。そのため、調査ごとに複数の基点が設けられ、調査点も時計回りや反時計回りで設定され、その間隔も5km毎だったり4km毎だったりと様々である（4章、5章参照）。現状では、調査の目的や調査主体、また予算の出所が異なることもあり、琵琶湖の調査基点は統一されていない。

　今後は、同じ湖沼で異なった対象に対して様々な調査を行うにあたり、琵琶湖での調査基点を統一することが望ましい。本書をきっかけにして、基点の統一が図られることを期待したい。なお参考の為、本書で用いた5km毎の全44ブロック区間のGPS座標を巻末表1に示した。

# 2-3 琵琶湖の湖岸地形の変遷

　湖岸地形は、湖岸生態系の構造に影響を与える重要な要因の一つである。前節で述べたように、琵琶湖では近年、干拓や埋め立て、湖岸堤整備等によってヨシ帯が著しく減少することなどで湖岸地形が大きく変化してきた。現在、改変された水辺環境を修復する取り組みが一部で試みられているが、必ずしも、それらすべてが琵琶湖本来の地形の特性を考慮したものになっているわけではない。劣化した水辺環境を修復するには、琵琶湖本来の地形特性についての理解を深めることが、修復へのヒントを与えてくれるはずである。そこで本節では、内湖も含め、琵琶湖岸の面積・湖岸線および砂浜の変化等について紹介する。

## 2-3-1 琵琶湖の面積変化

　明治以降、琵琶湖の面積については、699.96km²から721.46km²まで様々な値が報告されてきた。これらの値の違いは、計測時における琵琶湖水位の違いや計測方法の違いの影響と考えられており、特に700km²以上の値は、内湖を含めた面積とされている（西野, 2005）。

　東（2009）、金子ほか（2011）は、旧版地形図および航空写真をGISデータ化することにより、1890年代、1920年代、1940年代、1960年代、1990年代の5時期に分けて、琵琶湖の面積変化を内湖と本湖に区分して調べた（図2-3-1、図2-3-2、表2-3-1）。琵琶湖と内湖を合わせた水面面積は、

**図2-3-1　明治時代後期（1890年代）以降の本湖と内湖の分布**

※1890年代は明治時代の2万分の1正式図（柏書房の復刻版）、1920年と1960年代はそれぞれの時代の旧版2万5千分の1地形図、1940年代末は米軍撮影の航空写真、1990年代末は国土地理院の数値地図25000「地図画像」を用いて作成した図である。ただし、1920年代については、北湖西岸域の一部分については地図が存在しないため、1890年代の地図を用いて算出した。ここでの内湖の定義は、形状がある程度塊状を呈し、琵琶湖と水路（クリーク）で明瞭につながっている湖辺の小水域のことである。

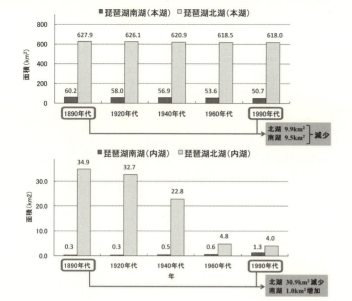

図2-3-2 明治時代後期（1890年代）以降の本湖と内湖の水面面積の変化
※1920年代については、北湖西岸域の一部分については地図が存在しないため、1890年代の地図を用いて算出した。

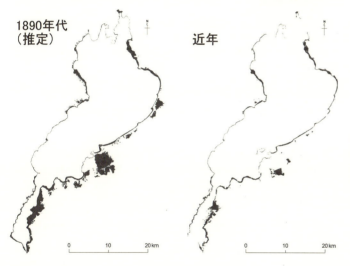

図2-3-3 明治時代後期（1890年代）および近年における水深3m以下の水域分布
※1890年代については、内湖は水深3m以下として当時の内湖すべてを含め、本湖については、地形変化および明治時代の水位が高い傾向にあったことの影響は考慮せずに、湖沼図（1960-1970年代測量）の水深分布と同じと仮定して計測した。

1890年代の723.3km²から1990年代の674.0km²まで49.3km²減少した。減少量の約60％にあたる29.9km²が内湖面積の減少だった。そのほとんどが北湖周辺内湖の減少で、消失した内湖面積は30.9km²に上る。逆に南湖では内湖面積が1km²増加したが、これは南湖が湖中堤によって区切られたことでできた人造内湖の増加による。一方、南湖（本湖）では、北湖（本湖）の減少量にほぼ匹敵する約9.5km²が減少した。北湖の水面面積のわずか1/12にすぎない南湖（本湖）で面積減少が著しいことは、北湖に比べて南湖岸の地形改変が著しかったことの裏返しでもある。

平均水深が約4mの南湖と北湖周辺に位置する内湖の面積減少が大きかったことは、琵琶湖全体で見た場合、とりわけ浅い水域が大きく減少していたことを意味する。このことについて、水深を基準にして過去と現在の浅水域分布を比較することにする。ここでは、1890年代と1990年代について水深3m以浅の水面面積を求めてみた[注4]。水深3mより浅い水域の面積は、1890年代には推定値で87.0km²であったが、1990年代には36.8km²に減少しており、その減少率は約58％に達する（図

---

注4）琵琶湖水位は長期的に低下傾向にあり、明治時代（洗堰建設後）の平均水位は現在より約1m高かった（1-4節参照）。そのため特に浅水域の水面面積を比較する場合、厳密には過去と現在の水位の違いを考慮する必要があるが、ここでは考慮していない。

表 2-3-1　琵琶湖の水面面積の変化

|  | 1890年代 | 1990年代 | 減少量 | 減少率 |
|---|---|---|---|---|
| 水面面積<br>（琵琶湖のみ） | 688.1 km² | 668.7 km² | 19.4 km² | 2.8 % |
| 水面面積<br>（内湖のみ） | 35.2 km² | 5.3 km² | 29.9 km² | 84.9% |
| 水面面積<br>（琵琶湖＋内湖） | 723.3 km² | 674.0 km² | 49.3 km² | 6.8 % |
| 水深3m以浅の水面面積<br>（琵琶湖＋内湖） | 87.0 km² | 36.8 km² | 50.2 km² | 57.7 % |

表 2-3-2　琵琶湖の湖岸線総延長の変化

|  | 1890年代 | 1990年代 | 減少量 | 減少率 |
|---|---|---|---|---|
| 湖岸線（琵琶湖本湖のみ） | 246 km | 233 km | 13 km | 5.3 % |
| 湖岸線（琵琶湖内湖のみ） | 256 km | 84 km | 172 km | 67.2 % |
| 湖岸線（琵琶湖本湖＋内湖） | 502 km | 317 km | 185 km | 36.9 % |

※ここでの湖岸線の総延長は、各時代の地形図で判別できる港湾等の人工的構造物に関連する湖岸線も含めてトレースしたが、極端に細長い形状をした突堤などは無視した。1890年代の内湖については、複数の水路（クリーク）と接続したものが多く、内湖と水路をどこで区切るかで湖岸線長が異なってくるが、地形図上で、周辺の農地等の間にある水路の幅より明らかに大きい区間までを内湖として湖岸線長を求めた。

2-3-3、表2-3-1）。このことは、特に沿岸域に生育、生息する動植物のすみ場や環境が過去100年の間に激減、また激変したことを示している。

## 2-3-2　湖岸線の変化

明治時代の湖岸線は、周囲に多くの内湖が点在し、極めて複雑で入り組んだ地形であった（グラビアp.1）。しかし現在は、内湖干拓や湖岸堤の建設等により、直線的な湖岸線に変化してしまっている。

琵琶湖岸線の総延長は、明治時代（1890年代）では約246kmだったが、1990年代では約233kmと約13km小さくなっている。その減少率は明治時代の5.3%に留まり、極端に小さくなったわけではない（表2-3-2）。一方内湖の湖岸線は、明治時代の総延長が約256kmだったのに対し、1990年代のそれは約84kmとなり、減少した湖岸線は172km、その減少割合は67.2%に上る。その結果、内湖の湖岸線を含めた琵琶湖全域の湖岸線の減少は185km、全湖岸線延長の36.9%に及ぶ（表2-3-2）。いいかえると、かつての琵琶湖は内湖が存在することによって入り組んだ複雑な湖岸地形を形成していたが、近年は、内湖が失われたことにより湖岸地形が単純化したといえる。

このような湖岸線の変化は、地域間の差が大きい。湖岸線の変化が比較的小さかったのは湖北の山地湖岸だった。逆に最も湖岸線が大きく変化したのは、南湖では南岸と東岸、北湖東岸では琵琶湖大橋東詰〜菖蒲浜、愛知川河口周辺、早崎内湖周辺、そして北湖西岸では安曇川デルタだった（グラビアp.1）。南湖の南岸と東岸の変化は、湖岸堤の整備、埋立てに関係する（1-2節、2-4-1項参照）。琵琶湖大橋東詰〜菖蒲浜の地形変化は、野洲川の河川改修が大きく関係する（野洲川放水路工事誌編纂委員会, 1985）。愛知川河口周辺および安曇川デルタの変化は、河口デルタの消長によってもたらされたと考えられる。そして、早崎内湖周辺の変化は干拓に関係する（池田・西野, 2005）。これらの人工的な湖岸域は、1940年代末の湖岸線より沖側に位置している地域が多くある。そのため、大規模な埋立てや湖岸堤建設などによって、著しく地形が改変された上で人工湖岸化が進められた

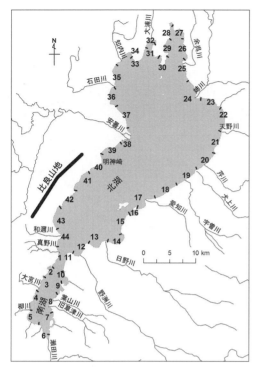

図 2-3-4　琵琶湖湖岸の 5 km ブロック区間図

表 2-3-3　各時代における砂浜湖岸の線長

| 年代 | 南湖西岸 | 南湖東岸 | 北湖西岸 | 北湖東岸 | 琵琶湖 |
|---|---|---|---|---|---|
| 1890年代 | 2.8 | 3.4 | 35.8 | 36.5 | 75.5 |
| 1920年代 | 3.3 | 3.6 | 35.8 | 37.7 | 80.5 |
| 1960年代 | 0.6 | 0.0 | 27.0 | 28.4 | 55.9 |
| 1990年代 | 1.0 | 0.0 | 26.0 | 25.3 | 52.3 |

（単位はkm）

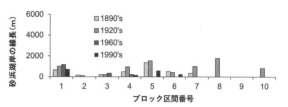

図 2-3-5a　砂浜の長期的変化（南湖）

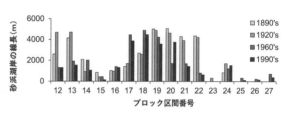

図 2-3-5b　砂浜の長期的変化（北湖東岸）

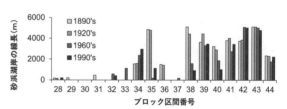

図 2-3-5c　砂浜の長期的変化（北湖西岸）

ブロック区間については、コラム2-1「湖岸を見るときの座標系」参照

ことを示唆している。

## 2-3-3　砂浜の変化

　琵琶湖には、国内有数の湖成デルタ（三角州）が発達している。周囲を山地で囲まれた琵琶湖は、流域の山地や平野から多量の土砂が供給され、湖流による運搬・堆積過程を経て、砂浜が形成されやすい地形環境だといえる。湖岸の人工的改変が進んだ現在であっても、全湖岸のほぼ3分の1を砂浜湖岸が占めている。このことは、砂浜が琵琶湖岸本来の主要な地形要素であることを表している（2-2-3項参照）。

　ここでは、1890年代、1920年代、1960年代、1990年代の4時期に作成された地形図上で「砂れき地」の地図記号が記された湖岸の範囲を「地形図で確認した砂浜湖岸」としてその変化を見ることにする。以下、「地形図で確認した砂浜湖岸」を単に「砂浜湖岸」と呼ぶことにする。ただし、この「砂浜湖岸」には、各時代における地図記号分類の基準の違いによる誤差を含む可能性があることに注意が必要である。なお1920年代の北湖西岸域の一部分については地図が存在しないため、1890年代の地図を用いて算出した。

　琵琶湖全体での砂浜湖岸の増減を概観すると、1890年代から近年までに砂浜湖岸が約20km以上も減少した（表2-3-3）。また近年の南湖東岸には砂浜湖岸がないと分類されるが、1920年代以前には南湖西岸をやや上回る長さの砂浜湖岸があったことが分かる。

　次に、琵琶湖湖岸を約5kmブロック区間（コラム2-1「湖岸を見るときの座標系」参照）で区切り、4時期における各区間の砂浜湖岸の線長の変化から、砂浜湖岸の増減の地域特性を見ることにする（図2-3-5a,b,c）。

南湖湖岸は、どの時代も北湖湖岸に比べて砂浜湖岸よりその他の湖岸が卓越しているが、近年の1990年代は、砂浜湖岸が1890年代、1920年代、1960年代のものより減少あるいは消失している区間がいくつか見られる。現在、大規模な市街地が湖岸まで広がっている南岸（5kmブロック区間番号5〜6）や東岸の旧草津川デルタ付近（同7〜8）でも、少なくとも1890年代あるいは1920年代には砂浜湖岸が見られたが、近年は縮小または消失している。その要因としては、自然的な変化ではなく、人為的な湖岸の改変の影響が大きいと考えられる。

　北湖湖岸では、砂浜湖岸が卓越する区間がいくつも見られる。その多くは、比較的大きな河川が琵琶湖に流入するデルタ周辺で見られるが、姉川デルタ付近（ブロック区間番号23〜25）については例外的に砂浜湖岸の割合が比較的小さい。北湖北岸（ブロック区間番号26〜33）も砂浜湖岸の割合が小さいが、この地域は山地斜面が直接湖岸に接している場所が多い（グラビアp.7参照）。一方、北湖西部の北小松〜和邇付近（ブロック区間番号41〜43）にかけての地域は、大河川が位置していないにもかかわらず砂浜が卓越している。この地域は湖岸に隣接して急峻な比良山地が位置し、山地からの土砂供給が大きいため、山麓に扇状地形が見られる湖岸域である。

　1890年代から1990年代まで、4時期の砂浜湖岸分布の変化を琵琶湖全体で見ると、多くの砂浜湖岸の割合が減少していることがわかる（図2-3-6）。とくに減少割合が大きいのは、野洲川河口から日野川河口周辺（ブロック区間番号12〜13）、宇曽川、犬上川、芹川、天野川河口周辺（同19〜22）、石田川河口付近（同35）、安曇川河口付近（同38）、明神崎付近（同40）および南湖湖岸である。

　琵琶湖全体で見た場合、1920年から近年までに多くの砂浜が減少してきたといえよう。砂浜湖岸が減少し、どのような湖岸に変わったかを現在の湖岸類型（図2-2-16）から類推すると、人工湖岸に変わったと考えられる。しかしながら、人工湖岸の種類を分けてさらに詳しくみてみると、南湖湖岸と北湖湖岸とでは減少の意味が違いそうである。南湖湖岸は、主にコンクリート等で護岸化された人工湖岸に変わったと考えられる。しかし北湖湖岸については、護岸化の人工湖岸もあるが、

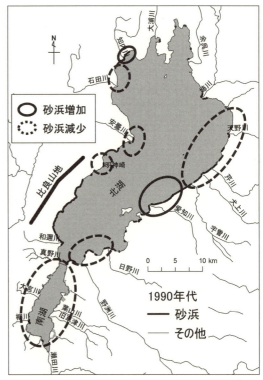

図2-3-6　1990年代における砂浜分布図と1890年代以降1990年代までの砂浜の増減の様子

養浜等が施された砂浜の湖岸が少なくない。つまり、北湖湖岸での砂浜湖岸の減少は、砂浜がやせていく状況、侵食の進行を物語っているのかもしれない。

　上述したように、1890年から近年までに多くの砂浜が減少、消失してきたが、その一方で、愛知川河口周辺（ブロック区間番号17〜18）、知内川河口付近（同34）のように砂浜が増加している地域がわずかながら存在する（コラム2-3「地形図と航空写真からみた愛知川河口域における湖岸線変化」参照）。このうち愛知川河口周辺は、近年、浜欠けが社会問題となっている地域でもある（コラム2-4「浜欠け」参照）。このように、100年という長い時間スケールでみた場合に砂浜が増加してきた地域も少数ながら存在する。

　ところで、砂浜湖岸のみならず自然的湖岸の植生湖岸がどのように増減したかも興味ある問題である。ただ、各時代の地図を比較すると、植生湖岸に対応すると考えられる地図記号の表現方法に統一性が見られない。例えば、1890年代、1910年

代の地図では、ヨシなどを表すと思われる「荒地」マークは水域と陸域の境界（エコトーン）に記号が記されているが、1960年以降は、エコトーンでの記載は湖北東岸のみに限られる。また、1960年代の南湖東岸では陸域側の「荒地」マークの代わりに、「しの地」マークで記載されている場所が多くなっている。そのため、地図を比較する方法で変遷を追うことは困難であり、植生湖岸の明治時代以降の歴史的変遷の把握は今後の課題である[注5]。

注5）：南湖東岸については、1980年代以降のヨシなどからなる抽水植物帯面積の変遷についての研究が行われ、1981年から1995年の間に38haのヨシ帯が消失したと推定されている（大塚ほか, 1996）。

## コラム2-2　ヨシ帯面積の変遷

2-2節で示したように、2007年の調査からは、総延長約220kmの琵琶湖湖岸全体では、自然湖岸が61%（約134km）で、うち砂浜湖岸が30%（約66km）、山地湖岸が17%（約37km）、植生湖岸が14%（約31km）だった。なお、植生湖岸は、ヨシなどの抽水植物が多く繁茂する湖岸のことであるが、多様な生物の生育・生息・繁殖の場として重要な湖岸域でもある。抽水植物帯は、自然の遷移によっても消長するが、近年は、湖岸の埋立て、内湖の干拓、湖岸堤の建設などの人為的影響により大きく変化してきた。

琵琶湖の抽水植物帯（以後、ヨシ帯と呼ぶ）の面積については、1950年代以降いくつか報告されている（滋賀県水産試験場, 1954; びわ湖生物資源調査団, 1966; 滋賀県, 1992など）。例えば、滋賀県水産試験場（1954）では、ヨシ帯面積が約2.7km²と報告されているが、後に示す結果から考えると、内湖のヨシ帯は含まれていないと考えられる。

2-3-1項では、琵琶湖を本湖と内湖に分けて、それぞれの水域面積の変化を調べた結果を示した。このうち、1940年代末については、米軍が撮影した空中写真のオルソ補正画像を用いて水域分布を求めた。ここでは、琵琶湖を本湖と内湖に分けてヨシ帯面積の変遷を調べるために、1940年代末の同じ画像を用いて当時のヨシ帯分布と面積を求めた（図1）。

また、近年のヨシ帯面積については、既存の詳細な調査結果をそのまま用いることも可能ではあるが、1940年代末の事例解析と比較することを目的とするならば、精度に違いがあるため好ましくないと考えられる。両者で用いる空中写真は、白黒写真とカラー写真の違いもあるが、撮影縮尺が大きく違い、対象物を判読するための空間分解能が異なっている。1940年代末の空中写真の撮影縮尺は1/43,000であるが、近年においてヨシ帯判読に用いる撮影縮尺は1/10,000より大きいため、近年の写真では判読可能な小規模なヨシ帯が、1940年代末の航空写真では判読できていない可能性がある。実際、1940年代末の空中写真から判読されているヨシ帯は、奥行き20m以上の分布域が多く、最低で奥行き10m程度であった。つまり、奥行き約10m以下のヨシ帯は、存在していたとしても判読できていない可能性がある。

そこで、両時期についての解析精度をできるだけ合わせるために、近年のヨシ帯分布域については、2000年の空中写真および現地調査により浜端（2003）が求めているヨシ帯から、奥行きが約10m以下のものを除外することとし、それと1940年代末の結果と比較した。ただし、浜端（2003）では、内湖のヨシ帯が評価されていないため、内湖については2003年に国土交通省琵琶湖河川事務所が撮影した空中写真を用いて判読した。

その結果、1940年代末におけるヨシ帯面積は、琵琶湖が2.94km²、内湖が2.20km²で、合計5.14km²となり、当時は琵琶湖全体のヨシ帯の約43%が内湖にあったことがわかる（表1）。1940年代末と2000年の面積変化をみると、内湖を含む琵琶湖全域のヨシ帯面積が5.14km²から2.47km²に減少しており、減少率は約52%にも及んでいた（表1、表2、表3）。またヨシ帯の分布は、いずれの時代も北湖東岸における面積が大きく、その地域での減少率が大きかった。

ところで、かつての内湖は北湖周辺に多く存在し、特に東岸に大きな内湖があったが、近年はその多くが消失し、内湖の面積が大きく減少した（2-3-1項参照）。そのことからすると、北湖東岸の内湖におけるヨシ帯面積が著しく減少していそうである。表1と表2をみると、その面積は、

1940年代末の1.98km²から2000年の1.21km²に減少していた。一方、北湖東岸（本湖）では、1940年代末の1.55km²から2000年の0.33km²へと大きく減少しており、内湖よりはむしろ琵琶湖岸のほうが著しく減少していた。これは、1940年代末において、ほかの内湖と比べ、西の湖周辺にヨシ帯がもっとも広く分布し、それがほぼそのまま残ったことが寄与している。

このように、かつての琵琶湖が有していた重要な湖岸環境の一部が残されたことを大切にし、今後の湖岸環境の保全・再生のヒントを見つけていきたいものである。

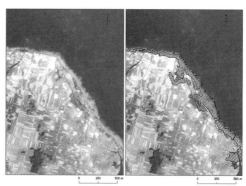

図1　オルソ補正画像（1940年代末、米軍撮影）から判読されたヨシ帯の例。
右側写真上の斜線部が左側写真から判別されたヨシ帯である。

表1　1940年代末におけるヨシ帯の面積推定値

|  | 南湖東岸 | 南湖西岸 | 北湖東岸 | 北湖西岸 | 全域 |
| --- | --- | --- | --- | --- | --- |
| 琵琶湖 | 0.59 km² (20.1%) | 0.14 km² (4.8%) | 1.55 km² (52.7%) | 0.66 km² (22.4%) | 2.94 km² (100.0%) |
| 内湖 | 0.04 km² (1.8%) | 0.00 km² (0.0%) | 1.98 km² (90.0%) | 0.18 km² (8.2%) | 2.20 km² (100.0%) |
| 琵琶湖と内湖 | 0.63 km² (12.3%) | 0.14 km² (2.7%) | 3.53 km² (68.7%) | 0.84 km² (16.3%) | 5.14 km² (100.0%) |

注）南湖西岸の約30%の湖岸域については、写真画質の劣化により判読が困難であったため、南湖西岸の値は過小評価されている可能性がある。

表2　2000年におけるヨシ帯の面積推定値

|  | 南湖東岸 | 南湖西岸 | 北湖東岸 | 北湖西岸 | 全域 |
| --- | --- | --- | --- | --- | --- |
| 琵琶湖 | 0.22 km² (22.7%) | 0.18 km² (18.6%) | 0.33 km² (34.0%) | 0.24 km² (24.7%) | 0.97 km² (100.0%) |
| 内湖 | 0.18 km² (12.0%) | 0.00 km² (0.0%) | 1.21 km² (80.7%) | 0.11 km² (7.3%) | 1.50 km² (100.0%) |
| 琵琶湖と内湖 | 0.40 km² (16.2%) | 0.18 km² (7.3%) | 1.54 km² (62.3%) | 0.35 km² (14.2%) | 2.47 km² (100.0%) |

注）琵琶湖岸については、浜端（2003）の結果から、奥行きが約10m以下の分布域を除いて求めた。内湖については、国土交通省琵琶湖河川事務所が2003年に撮影した空中写真を用いて判読したが、琵琶湖岸と同様に奥行きが約10m以下の分布域を除いた。

表3　ヨシ帯面積の減少率

|  | 南湖東岸 | 南湖西岸 | 北湖東岸 | 北湖西岸 | 全域 |
| --- | --- | --- | --- | --- | --- |
| 琵琶湖 | 22.7% | -28.6% | 78.7% | 63.6% | 67.0% |
| 内湖 | -350.0% | — | 38.9% | 38.9% | 31.9% |
| 琵琶湖と内湖 | 36.5% | -28.6% | 56.4% | 58.3% | 51.9% |

注）南湖東岸の内湖における面積が大きく増加しているのは、南湖の一部が湖岸堤の建設により、人造内湖となった影響が大きい。

## コラム2-3　地形図と航空写真からみた愛知川河口域における湖岸線変化

2-3-3項で述べたように、琵琶湖では長期的に砂浜が減少傾向にある。そのなかで、例外的に砂浜が増加した地域がある。なぜ砂浜が増加したのかを、愛知川流域の湖岸の変化から探ってみる。

まず、江戸時代の伊能図および明治時代（1920年）以降の地形図および航空写真から読み取った湖岸線をGISで重ね合わせて、愛知川河口域の湖岸の消長を見てみよう。ただし、明治時代と現在とでは1m近い水位差があり、しかも各地形図の測量方法、航空写真の精度もまちまちである。そのため、描かれた湖岸線の精度には様々な誤差が生じており、厳密な比較は困難であるが、湖岸線変化の大まかな傾向は読み取ることができる。

愛知川河口部および右岸・左岸側の湖岸は、琵琶湖岸の中でも特に地形変化が著しい地域である。伊能図（1805年測量開始）と現代の航空写真とを重ねると、現在の湖岸線は江戸時代には湖の中だったことがわかる（図1）。

愛知川河口部およびその右岸（北側）および左岸（南側）の湖岸線は、1947年までは江戸時代や明治時代より湖側に前進していた（図2）。その後、右岸（北側）では湖岸線は陸側に後退し始めるが、左岸（南側）では少なくとも1967年までは湖岸線は湖側に前進を続け、その後は後退した。1980年代以降、前進がみられるのは、突堤が設置され、砂がたまっている地域等に限定される。

湖岸線の前進には、主に明治以降の長期的な水位低下や愛知川から運ばれた土砂による堆積が、後退には、主にその後の河川改修や上流からの土砂供給の減少等が関係していると考えられる。

また、現在の愛知川の河口右岸（北側）の湖岸は砂浜であるが、明治時代の絵図ではヨシ帯が広がっていた（図3）。ただ当時は、ヨシ、オギ、その他の草も葭地と称していたため、ツルヨシであった可能性もある。

愛知川から運ばれた土砂による堆積が進んでいた時代には、河口域に湿地環境が形成され、ヨシ原や氾濫原性の植物が生育しやすい環境だったであろうと推測される。その後1950年代、1960年代の砂利の採取、その後の湖岸緑地の整備等といった人為改変と、上流のダム等による土砂供給の減少が原因となって、河口域の湿地環境と氾濫原性植物が衰退した可能性がある。

つまり、愛知川河口域において長期的にみて砂浜が増加していたのは、湿地環境と氾濫原性植物の衰退によると考えられる。その後、増加した砂浜において、愛知川からの土砂供給が少ない状況となり、近年は波浪等による湖岸の侵食によって浜欠け現象が見られるようになったと考えられる。

図1　伊能図（赤線と黒字：1805年）と現代の航空写真（2003年）の重ね合わせ

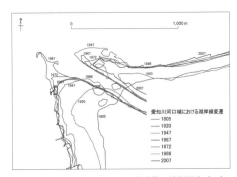

図2　伊能図（1805年）、明治時代の地形図および1947年、1967年、1972年、1986年、2007年の航空写真から読み取った湖岸線の変化

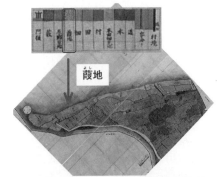

図3　明治時代の近江国神崎郡新海村地券取調総絵図（1873年）彦根市史編集委員会編『彦根　明治の古地図一』（2001）より転載

## 2-4 9地域の湖岸線の変遷と湖岸形態の現状

　琵琶湖岸は湖北、湖東、湖西、湖南の4地域に分けられることが多いが、これまで述べてきた結果から、本書では琵琶湖岸を大きく9つの地域に区分することとした（グラビアp.3参照）。9地域に分けた基準は、主に地形の相違をもとに、まず琵琶湖を水深が深く多様な湖岸形態が見られる北湖と、水深の浅い南湖に2分し、南湖を独立させてA地域とした。ただし南湖の湖岸線の湖岸総延長は琵琶湖全体の約4分の1を占め、西岸と東岸で地形の形態や改変の差異も大きく、両者を分けて記載する。

　北湖には多様な地形がみられるが、その中で卓越する地形を抽出し、それが連続している地域を一つになるように分けてみた。その結果、まず山地が卓越する北岸（グラビアp.7のF地域）、比良山地や堅田丘陵が湖岸近くに迫り、平野部が極めて狭い湖岸（同p.4のI地域）、北湖東岸で平滑な湖岸線が続き、背後に平野が広がる湖岸（同p.6のD地域）に分けた。次に河川との関係から、大河川の河口部の三角州が発達した地域として、東岸の野洲川の旧北流から旧南流までの湖岸（同p.5のB地域）、西岸の安曇川・鴨川の三角州とその周辺（同p.8のH地域）を区分した。それ以外のものとして、砂堆の発達の良い西岸北部の今津以北の湖岸（同p.8のG地域）、ヨシ帯が卓越する湖北の姉川河口から尾上まで（同p.6のE地域）、および湖東の孤立山塊とその南の日野川河口までの二つの要素が混在した湖岸（同p.5のC地域）に区分した。

　以上を反時計回りにまとめると、次の9地域となる。

A地域：南湖；水深の浅い湖（数m以浅）の湖岸、東岸と西岸での地形の差異が明瞭
B地域：野洲川の旧南・北流の河口三角州の湖岸
C地域：日野川河口から伊崎までの山地が卓越する湖岸
D地域：愛知川河口から長浜市街地までの平滑な湖東平野の湖岸
E地域：姉川三角州から尾上の湖北平野の湖岸
F地域：湖北の山地湖岸
G地域：海津から今津浜の砂浜湖岸
H地域：安曇川・鴨川三角州の湖西平野の湖岸
I地域：比良山地と堅田丘陵が迫る湖岸

### 2-4-1　南湖：A地域（5kmブロック区間番号1～11）（グラビアp.4）

　南湖の湖岸線の総延長は58.8kmあり、琵琶湖全体の約4分の1である。そこで以下の記載では、前節で示した地形改変の差異などをもとに、西岸と東岸に分けて解説する。南湖は琵琶湖大橋から南の部分で、西岸から南岸が5kmブロック区間番号1～6、東岸が5kmブロック区間番号6の後半～11にあたる。

　図2-4-1と図2-4-2には南湖の湖岸の変遷を航空写真で示し、図2-4-3には湖岸線の変遷と抽水植

図2-4-1　航空写真に見る南湖湖岸の変化
○で囲んだ場所で改変が目立つ

図2-4-2　現在の南湖湖岸の航空写真
左：西岸、大津市下阪本付近　右：東岸、草津市志那町付近

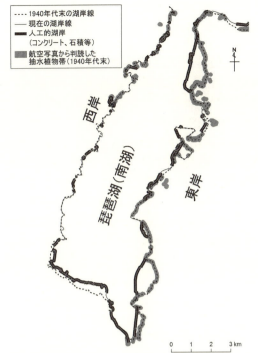

図2-4-3 南湖湖岸の変遷と1940年代の抽水植物の分布

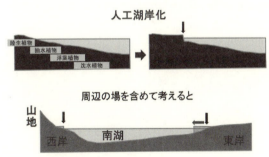

図2-4-4 人工湖岸化と南湖での概要図

物と人工湖岸の変化を図示した。また図2-4-4は南湖両岸の人工改変の模式図である。

南湖では砂浜湖岸が8％、植生湖岸が18％であるのに対し、人工湖岸は73％と卓越している。人工砂浜の割合は1％だが、人工ヨシ帯の割合は8％と比較的高い。コンクリートや石積みの人工湖岸が64％を占めている。南湖には山地湖岸は見られない。

### 南湖西岸：A1地域

西岸は南部の大津市市街地を含み、人工湖岸化の歴史が古く、湖岸近くまで民有地があり、近年の大規模な改変は少ない。

北部の5kmブロック区間番号2と3では、山の下湾や雄琴湾の出入りのある湾入部では、ヨシ群落が多く残されており、湖岸の地形変化は明治時代と比べても比較的小さい。5kmブロック区間番号4の後半〜6までは、柳崎周辺の砂浜を除いて、大津市市街地の人工湖岸になる。そこでは1962〜1972年に埋め立てが完成し、打出浜などの市街地となった（表1-2-1参照）。さらに近年はその前面に、瀬田川西岸まで遊歩道がある公園（なぎさ公園など）として整備され、市民に親水空間を提供している。湖岸線は石積みを多用した人工湖岸が多い。

### 南湖東岸：A2地域

瀬田川のJR東海道線鉄橋より北側の南湖東岸は、1980年代に湖岸堤が建設され、近年の地形改変が最も大きかった地域の一つである。1章で紹介したように、それに先立つ1960年代に、すでに大津市瀬田浦（南大萱地区、31ha、1963年完成）と琵琶湖大橋東詰南岸の守山市木ノ浜（124ha、1966年完成）が埋め立てられ、湖岸線が変化していた。その後、1972年以降に琵琶湖総合開発事業の関連工事により、南湖東岸に湖岸堤・湖岸道路と前浜、人工島（草津市矢橋帰帆島）などが建設され、図2-4-1と図2-4-2のように湖岸の景観が一変した。東岸での人工湖岸の割合は86％に達し、西岸の60％を大きく上回っている。特に東岸全体では人工湖岸のうち石積み湖岸は全体の35％もあり、西岸の30％より多くなった。

南湖の東岸には第2次世界大戦後も、琵琶湖と周辺の田とがクリークなどの水路で結ばれ、湖岸にヨシが繁茂する景観が多かった。湖岸線は内湖や内湾による出入りが多かったが、現在は単純でほぼ直線状の湖岸線に変化した（図2-4-1参照）。

図2-4-2は両岸での改変の違いを示した。西岸では変化が少ないのに対し、東岸の志那町付近の埋立地には、新たに前浜が造られ、駐車場を伴った公園緑地と公共施設が見られるなど、湖岸全体が改変された。

図2-4-3には、南湖での湖岸線の変化を示した。東岸では人工湖岸化に伴い、多くのヨシ帯の消滅が判明する。また、図2-4-4には人工湖岸化の模

式図と、南湖での湖底地形の概要を示した。図2-4-1と合わせて見ると、西岸では後背地が狭く、水深も深くなるため人工湖岸への移行は少なかったが、東岸では遠浅の湖底に埋立地などが建設され、湖岸が前進したことを示している。

**南湖の湖底地形**

　南湖の水深は琵琶湖大橋付近で7mを超えるものの、それ以南は水深5m以浅が大半を占める。特に東岸の5kmブロック区間番号8～9の区間、すなわち旧草津川河口から烏丸半島沖には、水深4mまでの遠浅の湖底が広がっている。前節の図2-1-6で示したように、志那町沖と烏丸半島沖には水深3mの等深線が沖合に張り出した形で追跡できる。湖中に沈んだ三角州の形状である。現在の地形図では等深線が細かな凹凸を示し、湖底砂の採掘が進んだことがわかる。この地域での水深2m以浅の湖底では、水草が繁茂していることと、水鳥、底生動物の生息についての考察が加えられている。（第4章、第5章、第7章参照）。

　一方、西岸は湾入部分を除くと湖岸線から500m以内の距離で水深が3mより深くなり、東岸の遠浅の湖底とは非対称な地形となっている（図2-4-2参照）。

### 2-4-2　野洲川の旧南流から旧北流の河口三角州の湖岸：B地域 (5kmブロック区間番号11～13)（グラビアp.5）

　9地域の中では最も湖岸線が短いが、北湖で近年の湖岸線の変化が大きかった地域である。特に琵琶湖大橋東詰の野洲川旧南流河口にある商業施設から新野洲川の河口付近にかけては、1890年代の地形図との比較で、最大で800m近くも湖岸が前進したことを指摘できる。このうち、新野洲川の建設（1979年）による新たな河口付近は、湖岸堤の建設で300m程度の前進があった。また、5kmブロック区間番号13では野田沼内湖の干拓（1951年）にともなう湖岸線の変化も見られる。

　湖岸の類型別の割合では、野洲川の旧南流河口付近と旧北流河口付近の自然の砂浜湖岸（36％）と、湖岸道路の前面にある人工砂浜（21％）を合わせると砂浜湖岸が57％を占める地域である。一方で、ヨシ帯などの植生湖岸は15％に過ぎない。水深が2mより浅い湖底は砂浜湖岸の前面に広がり、その幅は湖岸から200～300m程度である。

### 2-4-3　日野川河口から伊崎までの山地が卓越する湖岸：C地域 (5kmブロック区間番号13～16)（グラビアp.5）

　この地域では、長命寺山・伊崎山の山地湖岸が35％を占める。砂浜湖岸は5kmブロック区間番号13～14の日野川河口から牧水泳場、それに山地内の宮ヶ浜水泳場まで広がり、合わせて25％を占める。白鳥川河口から長命寺までは植生湖岸が多い。湖底の水深が2mより浅い地帯は、日野川河口では300mの幅があるがそれ以外は200m以下で、山地部では沖島と対峙する長命寺山・伊崎山の急斜面がそのまま湖中に沈んでいる。

　近年の湖岸線の変化は、水茎内湖（1947年）・津田内湖（1971年）の干拓と湖岸堤建設によるものであるが、大きな前進や後退は見られない。

### 2-4-4　愛知川河口から長浜市街地の湖東平野の湖岸：D地域 (5kmブロック区間番号17～23)（グラビアp.6）

　この地域は、全体に平滑な湖岸で、南部は波浪の影響を最も受け、砂浜が卓越している（53％）。植生湖岸は9％に過ぎない。一方、人工湖岸は27％あり、彦根・長浜市街地付近の埋立地と港、それに集落を守る護岸などで、北湖の中ではその比率が高い。ただし人工湖岸のうち6％が人工の砂浜、2％がヨシの植栽地である。

　湖岸線の大きな変化は少ないが、かつて入江内湖・松原内湖など多くの内湖が存在していた。愛知川河口での湖岸の変遷については詳細な調査で明らかにされた。愛知川河口の北岸（新海浜）では砂浜の侵食（浜欠け）が発生し、養浜が行われている（コラム2-3「地形図と航空写真からみた愛知川河口域における湖岸線変化」参照）。

　湖底は新海浜の水泳場で沖合まで遠浅になっている。その他は、水深2mより浅い場所が、湖岸に沿って200m前後の幅で連続している。

## 2-4-5 姉川三角州から尾上の湖北平野の湖岸：E地域（5kmブロック区間番号23〜26）（グラビアp.6）

この地域では、ヨシを主とする植生湖岸が47%を占め、9地域の中で最も比率が高い。砂浜湖岸は18%で、姉川河口付近に分布する。人工湖岸のうちヨシの植栽地が7%を占め、早崎内湖の琵琶湖岸で見られる。その北側には尾上まで、ヨシの保護地区で湖岸道路の前面にヨシ帯が連続している。

このヨシ帯の前面の湖底は北湖では最も遠浅で、延勝寺沖では水深2m前後の湖底が岸から沖に1kmも広がり、その中の砂州上には植生に覆われた小島もある（図2-2-9参照）。

湖岸線の変化は、早崎内湖の干拓（1971年）と湖岸堤の建設（1980年代後半）によるものであった。人工のコンクリート湖岸としては、北部の尾上〜片山の湖岸堤付近がある。

## 2-4-6 湖北の山地湖岸：F地域（5kmブロック区間番号26〜34）（グラビアp.7）

山地（岩石）湖岸が86%を占め、菅浦集落などの一部が砂浜湖岸（10%）である。塩津湾と大浦湾の湾入、葛籠尾崎と海津大崎の岬があり出入りに富むリアス湖岸である。

湖岸線の変化があったのは、塩津湾奥の塩津内湖干拓地（1951年）および娑婆内湖干拓地（1963年）による湖岸線の前進のみである。

## 2-4-7 海津から今津浜の砂浜湖岸：G地域
（5kmブロック区間番号34〜36）（グラビアp.8）

この地域では砂浜湖岸が70%を占め、9地域の中では最も比率が高い。しかも湖岸に沿って砂堆がよく発達し、水泳・キャンプ場、保養所の立地も多い。人工湖岸は28%で、河口部と港のコンクリート護岸が多い。北部の海津集落は、江戸時代に築造された石垣で守られている。

砂堆の背後にはかつては内湖が多くあったが現在では貫川内湖(注6)、浜分沼を除いてほとんど干拓されている。

明治以降の湖岸線の前進は、河川の河口部（石田川や知内川など）のみで、湖底の水深が2mより浅い地帯は湖岸に沿って100m内外と狭い。

## 2-4-8 安曇川・鴨川三角州の湖西平野の湖岸：H地域（5kmブロック区間番号36〜40）（グラビアp.8）

この地域では、人工湖岸が40%と最も多く、そのうち人工の砂浜が9%、ヨシ植栽地が6%もあり、養浜対策が進んだ地域である。砂浜湖岸は34%を占め、安曇川や鴨川河口周辺を中心に各地で水泳場やキャンプ場などのレジャー施設が立地している。

北部の針江浜周辺は、遠浅の湖底を持つ植生湖岸で、小さな内湖も見られる。その北に続く饗庭集落付近の湾入した湖底では、浜堤（砂堆）が発掘され、弥生時代から古代にかけては陸地であったことが指摘されている。

湖岸線の変化が大きかったのは安曇川河口で、特に安曇川南流では、明治時代に比べ河口の砂堆が前進している。これは土砂の堆積が南流に集中したためである。河口北側の砂堆には「びわ湖こどもの国」が開園し、宿泊施設地やキャンプ場に利用されている。

鴨川から南は近江白浜、萩の浜の水泳場やキャンプ場の砂浜湖岸が続くが、一部で砂浜の減少が見られ、養浜対策が行われている。

内湖として、鴨川河口北側に松の木内湖が残存し、湖西平野の南端には乙女ヶ池がある。

## 2-4-9 比良山麓と堅田丘陵の湖岸：I地域
（5kmブロック区間番号40〜44）（グラビアp.4）

比良山麓の扇状地が迫る湖岸では、花崗岩起源の砂浜となり、白砂青松の湖岸が多い。浜堤の発達もよく、雄松崎の砂堆の内側には近江舞子沼（小松沼）が抱かれている。砂浜湖岸の比率は62%である。植生湖岸は12%で、南部の堅田丘陵の迫る湖岸ではヨシなどの群落も見られる。

全体として湖岸線の変化は少なく、真野川の河口などでは、近年になって砂の堆積が進んでいるのが目立つ程度である。

---

注6）貫川内湖は1951年に一旦干拓された後、1980年代に再び内湖に復元された。ただ復元の際、かつて流入していた河川を琵琶湖への流入水路として残したため、南北2つの小内湖として復元された。（西野・浜端, 2005）。

## コラム2-4　浜欠け

近年、琵琶湖の湖岸では、砂浜が侵食される場所が増えており、「浜欠け」と呼ばれている。

浜欠けは、すでに1992（平成4）年以降から日野川河口付近をはじめとして河口近くの砂浜で始まっているという報告もある（滝ほか, 2007）。滋賀県ではその対策として、2005年から愛知川河口北岸の彦根市新海浜町の湖岸では突堤を建設し砂を入れる養浜工事が行われていた。しかし2008年にも新海浜町で浜欠けが発生し、2010年3月には写真1、2のような大規模なものとなった。侵食の実態は新聞でも取り上げられ、地元の住民団体による監視や対策についての活動が行われていることが報じられた。この時の侵食では、水泳場の砂浜が300mにわたり最大で80cm崖状に崩れた。同様の現象は新海浜町の北4kmに位置する彦根市薩摩町の湖岸でも砂浜が約100mの長さで崩れた。高さ30cm以上の崩壊は、彦根市の湖岸だけでも他に11か所も見られた。翌年の2011年5月にも、規模は小さかったものの、琵琶湖東岸の多くの場所で流木やゴミの漂着を伴った浜欠けが発生した。

その他の記録として、2006年に近江八幡市の日野川河口で発生した浜欠けは、湖岸堤上を走る湖周道路に影響が出ることが懸念され、砂を入れ、湖岸に突堤を建設するなどの保全工事が行われた。長浜市では、市街地の公園町と姉川河口の南浜町で発生し、前者ではかつての水泳場として親しまれた砂浜が消えて入り江となり、後者の湖岸線は内陸側に10mも後退した。そのため南浜町では、2013年から特に侵食の大きい湖岸に沿った長さ80mに石を積み上げる工事を行っている。

筆者らが2007年に行った湖岸地形調査では高島市の南部にある萩の浜水泳場付近などの琵琶湖西岸の砂浜でも浜欠けが発生していたことを確認した。

浜欠けの原因としては、1）琵琶湖の水位操作規則制定に伴う水位変化、2）湖岸に吹き付ける強風と高波、3）河川からの土砂供給量の減少、4）護岸工事や琵琶湖での浚渫　などが原因とされる（瀧ほか, 2007）。

このうち1）の水位変化と2）の強風と高波は密接に関連している。瀧ほか（2007）は、1991～2000年までの琵琶湖水位および彦根気象台の気象データ（風速）を解析し、琵琶湖の水位がB.S.L.+ 0.3 mを超えるか、あるいは時間平均風速の日最大値が毎秒10 mを超えた場合に、侵食被害が集中していることを指摘した。琵琶湖総合開発事業が終了した1992年に瀬田川洗堰操作規則が制定され、それ以降10月16日から翌年の6月15日までの制限水位がB.S.L. +0.3 mとなった。

写真1　2010年3月の新海浜町での浜欠け発生時
（滋賀彦根新聞社提供）

**写真2．3　2010年5月の段差の残った新海浜の砂浜**（左は北方、右は南方を望む）

　特に3月から5月にかけて以前よりも水位が高く維持されるようになったことが、浜欠けの遠因と推測される（図1-4-3参照）。ちょうどこの時期に、琵琶湖周辺では北西からの強風が吹くことが多く、高波が押し寄せた後に浜欠けが起こることが多い。

　3）の河川からの土砂の供給量については、愛知川河口右岸を例にすると、1947年以降は河口の後退が起こり、1960年代に河口付近で砂利が採取されたことや、上流での永源寺ダムの完成によって、急速に土砂供給が減ったことが指摘できる（コラム2-3「地形図と航空写真からみた愛知川河口域における湖岸線変化」参照）。

　これまで滋賀県は湖岸侵食が発生した箇所で、突堤の建設、養浜、石積みによる緩傾斜護岸の建設という3点セットで湖岸保全に取り組んできた。しかしそれらは対症療法的な対策でしかなく、突堤の建設によって湖岸線が鋸型に変化したことが、景観の悪化や生態系への影響が多いと指摘されている。

　瀧ほか（2007）は上述の解析を行った後、土砂移動に対して、山地から河川・湖岸域（流砂系から漂砂系）に至るまでの移動を追跡できる数値解析モデルを構築し、湖岸形状の変化の要因を定量的にとらえる試みを行った。その結果、①河川河口部に流入する堆積土砂をバイパスで沿岸漂砂として供給すること、②琵琶湖の水位をB.S.L＋0.3m以下で管理することができれば、湖岸保全施設なしでも、堆積量と侵食量のバランスが取れ、動的平衡状態が確保できると指摘している。しかし一方で、3月以降、琵琶湖水位をB.S.L＋0.3m以下にすると、コイ科魚類の産卵場所が減少することが指摘されており（1-4節、第6章参照）、水位操作については、浜欠けの防止だけでなく、生物多様性保全とのバランスが求められている。

　また、新海浜は海浜植物として貴重なハマエンドウや、生薬に使われるハマゴウ、朝顔に似たハマヒルガオの群生地でもあり、砂浜の減少によって、多くの大切な植生を失うことが危惧されている（コラム3-1参照）。

## 3章

# 湖岸植生の特徴と近年の変化

琵琶湖の湖岸域には、人と深く長く関わり合いながら、今も600種以上の維管束植物が暮らしている。湖岸植生は、時代時代の湖岸環境の現状を反映する。近年の植生変化が映し出す環境変化とその要因、少し前まで普通にいたはずの多様な植物たちのことを、ぜひ知ってほしい。

## 3-1 人との関わりの結果としての湖岸植生

　湖岸の植物は日々私たちの目に触れる身近な存在であり、湖岸景観の主要な構成要素であるとともに、一次生産者として食物網を支える生態系基盤である。今日の琵琶湖岸の代表的な植物は何かと問われれば、樹木では、琵琶湖岸の二大景観である砂浜と湿地にそれぞれ成立するマツとヤナギの仲間であろう。クロマツは、歴史的経緯や樹齢から、大部分が過去に人工植栽されたものとみられ、現存する最古のクロマツ（高島市、年輪で100年以上）は明治時代の植栽と考えられている。草本についても同様に、二大景観に対応した砂浜のツルヨシやギョウギシバと、湿地のヨシやカサスゲが代表的な普通種であろう。クロマツと同様、ヨシとツルヨシも主に魚類の産卵成育の場として人工植栽されてきた経緯がある。かつては砂地や礫質の湖岸ではツルヨシが湖岸植生の主体であったと考えられるが、近年の公共事業ではより沼地性のヨシのみが人工的に持ち込まれている（金子, 2009）。現在では侵略的外来種とされるキシュウスズメノヒエも、過去には魚類の産卵床として植栽されていた。こうした人為的な植生導入と植栽基盤の造成は、近年問題となっている外来植物の蔓延を招く一因にもなったと推測される。一方、ハマゴウやハマエンドウ等の琵琶湖岸を象徴する砂浜植物は、いずれも人間活動が原因で、人工的な保全策を必要とするほどまでに激減している。すなわち、私たちが今日にしている琵琶湖岸の植物相や景観は、数万年～数百万年といった時間スケールでの植生変遷の歴史的所産であるだけでなく、良くも悪くも、数十年～数万年といったスケールでの人との強い関わりの結果として生み出されたものであるといえる。

## 3-2 本湖湖岸の代表的な植物群落

　本章でいう「湖岸植生」とは、「湖岸」に生育している植物のことである。「湖岸」の範囲は、湖浜部分すなわち浮葉植物や抽水植物が生育している前浜から、自然湖岸の場合は湖浜堤上の植生域まで、人工湖岸の場合はその人工構築物手前までとした（図3-2-1；佐々木, 1991）。
　琵琶湖の湖岸植生の体系だった調査は、旧琵琶湖研究所（現 琵琶湖環境科学研究センター）のプロジェクト研究「湖岸の景観生態学区分と評価手法」（1986～1989年度：以下、1980年代とよぶ）の中で行われたのが最初であろう。この中で、琵琶湖岸529地点における植物社会学的調査から湖岸全周分の植生図が作成された。また、代表的な植生を有する湖岸28カ所において、汀線と垂直方向のラインに沿った植物群落の境界と高さ、水深、泥土厚の調査を実施し、植生の帯状分布構造を図3-2-2に示した6つの「群落型」に分類した（佐々木, 1991；Sasaki et al., 2012）。ここでは、まず、湖岸の代表的な植生タイプとして、この6群落型を紹介したい。1980年代の解析に従い、植生単位名は宮脇・奥田・藤原（1994）に準拠した（国際生態学センター, 2009）。植生単位の学名は章末にまとめて示した。正式な報告名のない植生単位については構成種の学名を示した。植物の学名は邑田・米倉（2012）に準拠した。また、主要な植物の写真はグラビアp.10～11に掲載した。

### 3-2-1　ドクゼリ・ミクリ群落型（図3-2-2a）

　この群落型は最も泥土の溜まる湾入部深部に発達する。琵琶湖の湖岸線を1km区間に区分（コラム2-1参照）して調査した結果、1980年代には全湖岸の1割弱であった。帯状構造は基本的に後述のヒシ・マコモ群落型と同じであるが、これに加え、ドクゼリ－ミクリ群落、コウホネ群落（北湖のみで出現）が特徴的に見られる。ミクリは環境省レッドリスト（以下、RLと記す）2015で準絶

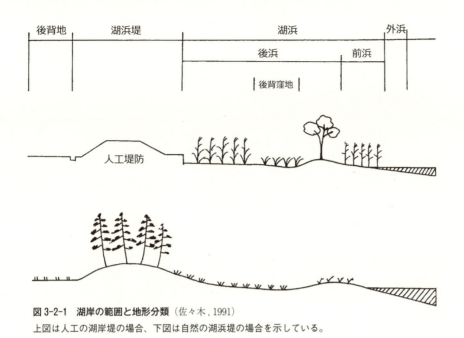

図 3-2-1　湖岸の範囲と地形分類（佐々木, 1991）
上図は人工の湖岸堤の場合、下図は自然の湖浜堤の場合を示している。

減危惧種、コウホネは滋賀県レッドデータブック（以下、RDBと記す）2015年版で希少種とされている（環境省, 2015；滋賀県生きもの調査委員会, 2016）。

### 3-2-2　ヒシ・マコモ群落型（図3-2-2b）

この群落型は湾入部等の泥土の堆積が進む地域に発達し、1980年代には全湖岸の4分の1を占めていた。ヨシ・ヤナギ群落型の基本形であるヨシ群落、タチヤナギ群集、オギ群集の組合せに、さらに浮葉植物群落として、ヒシ群落、アサザ－ガガブタ群落が、抽水植物群落としてカサスゲ群集、ウキヤガラ－マコモ群集が加わったタイプである。アサザ、ガガブタは共に、環境省RL2015で準絶滅危惧とされている（環境省, 2015a）。

### 3-2-3　ヨシ・ヤナギ群落型（図3-2-2c）

1980年代には全湖岸の3割近くを占めていた。この群落型域には浮葉植物群落はほぼ存在せず、抽水植物群落にヨシ群落が卓越する。陸域側にはタチヤナギ群集、オギ群集が発達する。ただし、北湖では、陸域に後述のギョウギシバ・クロマツ群落型の要素（ツルヨシ群集、オオナギナタガヤ－コバンソウ群落、ハマヒルガオ－ギョウギシバ群落、アカマツ・クロマツ林）を含むことがある。

### 3-2-4　ギョウギシバ・クロマツ群落型（図3-2-2d）

この群落型は後背部に迫る扇状地に派生する砂礫地（花崗岩起源の真砂）の指標で、1980年代には全湖岸の2割弱を占めていた。背丈が低く、地這性のハマヒルガオ－ギョウギシバ群落など砂質型湖岸に特徴的な群落型で、アカマツ・クロマツ林は植栽起源とすれば、背丈の低い開放的な草地ということができる。ツルヨシ群集が汀線際に発達していることもあるが、波浪の影響もあり、浮葉・抽水植物群落はほとんど出現しない。また、陸域にはオオナギナタガヤ－コバンソウ群落が特徴的に出現していたが、これらは湖水浴場の整備や湖岸清掃で除草が行われているために侵入したものである。この群落型域には砂浜状の自然裸地も多い。

### 3-2-5　ツルヨシ・ハンノキ群落型（図3-2-2e）

1980年代には全湖岸の2割弱がツルヨシ・ハンノキ群落型に分類された。この群落型域では、岩石・砂質湖岸に分布するツルヨシ群集が汀線際に成立、その陸域側には、イボタノキ－ハンノキ群

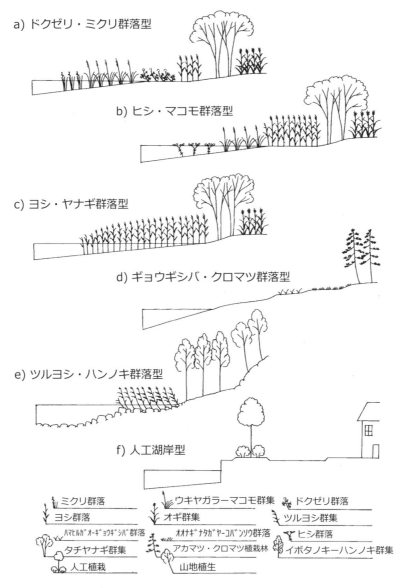

図 3-2-2　各群落型の代表的な帯状分布構造（佐々木，1991）

集、ネコヤナギ群集、ススキ群落が特徴的に出現する。自然の裸地・湖浜が多いのもこの群落型域の特徴の一つである。

### 3-2-6　人工湖岸型（図3-2-2f）

1980年代には全湖岸の5％であった。湖岸に築堤などの人工構造物があり、そこにある人工植栽起源の並木・植え込み・芝地などの植生から成る。植生はほとんど出現せず、水際のわずかな打ち上げ部分に、コアカザーオオオナモミ群集が見られる程度である。

この節に名前を聞いたこともない植物が出てきたという方には、こう感じていただけたら有難い。湖岸植生は、誰もが知っているヨシやハマヒルガオや人が植えたサクラといった数種の植物から成り立っているわけではなく、そういうよく知られた植物が優占しているわけでもない、それが本来の多様な湖岸植生なのだと。

## コラム3-1　保全価値の高い海浜植物と氾濫原植物

　湖岸植生には、人間社会にとっての経済的価値や文化的価値、広域的・局所的な環境創造機能や環境調整機能があるだけでなく、学術的価値の高い種も多く含まれている。琵琶湖湖岸域の植物相には、①海浜植物が多く見られる、②海岸性で暖温帯生樹種のタブノキが分布している、③最終氷期（約7～1万年前）に分布域が南下した寒地性植物の遺存的な分布（生き残り）が見られる、④大規模河川流域特有の広大な氾濫原環境に湿生植物が多く見られる、といった特徴がある（藤井, 2009）。

　①～③の特徴が生み出されてきた背景には、古琵琶湖を含め、過去400万年以上にわたり隔離された水域・水塊が移動しながら維持されてきたことで独自に進化した生物の存在や、多くの気候変動を経験してきた長い歴史性と湖の周囲に散在する湧水の存在、国内最大の容量と面積を誇る大湖沼であることによる気候の緩和などがあると考えられている（藤井, 2009）。また、④の背景には、広大な氾濫原域を出現させる大規模水系特有の撹乱体制、数百本に及ぶかつての流入河川による様々な時空間スケールにおける微地形変動、生物移動、物質収支の影響などがある。

　本コラムでは、湖岸の特徴的な植物群の中でも特に保全価値の高い種群として、海浜植物と氾濫原植物について紹介したい。

### ・琵琶湖岸の代表選手、海浜植物

　意外かもしれないが、海岸から隔離された内陸の淡水湖である琵琶湖に、実は、海浜や海岸でよく見られる植物が数多く生育している。湖水浴場の砂浜が思い浮かぶ方も多いだろうか。琵琶湖では、湖岸の3割を占める砂浜湖岸と竹生島などを含む山地湖岸が海浜性・海岸性植物を育んできた。

　典型的な海浜植物であるハマエンドウ、ハマゴウ、ハマヒルガオでは、琵琶湖地域に生育している集団は、長期にわたる隔離により海岸に生育する同種集団とは遺伝的に分化した独自の遺伝系統を形成していることが明らかになっており、それらの種全体にとっても琵琶湖集団には保全価値があると言える（Noda et al., 2011; Ohtsuki et al., 2011; Ohtsuki et al., 2013）。

　琵琶湖の周辺には典型的な海浜植物である暖温帯生の常緑樹タブノキも見られる。人間活動の影響を強く受けてきたこともあり、内陸の琵琶湖岸には孤立集団のみが見られる。分子系統地理学的な解析から、琵琶湖の東岸集団と西岸集団とでは遺伝的組成が異なっており、東岸は太平洋沿岸、西岸は日本海沿岸の系統に由来することが分かっている。これら東岸と西岸の遺伝的に分化した異なる系統が琵琶湖北部で出会い、混合したことも示されており、琵琶湖岸の植生の成り立ちを考える上でも興味深い（Watanabe et al., 2014）。

　一方、このような琵琶湖湖岸域の代表的な海浜・海岸性植物の半数以上が、環境省RLもしくは滋賀県RDBの選定種になっている（表1）。湖岸域で絶滅のおそれのある植物の生育を圧迫している要因の中には、人間が制御可能と思われる要因もいくつかある。例えば、圧迫要因のうち、人為の直接的な影響として、①園地・人工緑地などでの行政・住民の除草・清掃作業による損傷・消失、②自然撹乱の減少による植生遷移の進行をさらに加速させる行為（歩道整備、整地など）、③レジャー利用圧・リゾート施設による損傷・消失が挙げられる。人為の間接的な影響としては、④クズや外来植物の繁茂による駆逐、⑤内湖の埋立て工事や河川拡幅工事による消失、⑥保護対策の不在（宅地、河川敷、休耕田、観光開発地など

**表1　琵琶湖岸域の代表的な在来海浜・海岸性植物**

| 標準和名 | 環境省 RL2015 | 滋賀県 RDB2015 | 学名 |
|---|---|---|---|
| タチスズシロソウ[1] | 絶滅危惧IB類（EN） | その他重要種 | *Arabidopsis kamchatica*（DC.）K.Shimizu et Kudoh subsp. *kawasakiana*（Makino）K.Shimizu et Kudoh, |
| ハマナデシコ | | 要注意種 | *Dianthus japonicus* Thunb. |
| ハマエンドウ[1] | | 絶滅危惧種 | *Lathyrus japonicus* Willd. |
| ハマゴウ[1] | | 希少種 | *Vitex rotundifolia* L.f. |
| タブノキ | | 郷土種[2] | *Machilus thunbergii* Siebold et Zucc. |
| ハマダイコン | | | *Raphanus sativus* L. var. *hortensis* Backer f. *raphanistroides* Makino |
| ハマヒルガオ[1] | | | *Calystegia soldanella*（L.）R.Br. |
| ツルナ | | | *Tetragonia tetragonoides*（Pall.）Kuntze |
| シオクグ | | | *Carex scabrifolia* Steud. |

1）はグラビアに掲載、2）は滋賀県RDB2005年版でのカテゴリー

に残存する絶滅危惧種の保護など）がある。希少な生態系や種を守るためには保護区の設定が有効であることが多いとされており、効果的な保護区の設定に関する研究も進みつつある。

・今は昔、氾濫原植物の聖地

　氾濫原性植物の多くも、環境省RLや滋賀県RDBの選定種となっている。ヤナギトラノオ、オニナルコスゲ、ツルスゲ、ミツガシワ等は琵琶湖に遺存分布する寒地性植物でもある。

　氾濫原性植物に共通して見られる特徴として、主に$10^{-2} \sim 10^{-1}$年オーダー（一年の中の数日、数週間、あるいは数ヶ月）で起こる予測可能な生育環境の季節変動のスケジュールに応じた移入、成長、繁殖の生活史特性を持つことが挙げられる。同時に、$10^0 \sim 10^2$年（数年、数十年、あるいは百数十年、数百年）に一度の予測不可能な撹乱事象（台風や豪雨等によって引き起こされる様々な強度、規模、再来間隔の洪水・冠水・土砂流失等）に応じた集団の更新や維持のしくみを持っている。すなわち、様々な時空間スケールにおける自然撹乱に適応した生存戦略を進化させてきており、その結果として多くの種はそのように変動し続ける氾濫原環境でしか集団を維持、存続させることができない。大規模な水系がランダムな（時にはごく僅かな）確率で生じさせる特定の湿地環境に特異的に出現する種が多い。そのため、生じる氾濫原の規模が縮小することで、多様な立地環境の出現を保障できなくなると、集団数が減少してしまう。そうなると、個々の集団が孤立分断化することで絶滅の渦に陥り、環境の揺らぎや遺伝的な劣化等により地域絶滅に向かう可能性がある。

　では、これら氾濫原性植物群を存続させてきた琵琶湖湖岸域の洪水撹乱の頻度や規模はどのくらいのものだったのだろうか？少なくとも115年前、浸水面積1.6万haの記録が残る1896年（明治29年）の大洪水の頃までは、琵琶湖周辺には多くの内湖やクリークを内包する広大な低湿地帯が存在していたと考えられている（東, 2009; 金子ほか, 2012）。琵琶湖本湖周辺に残されている潜在的な氾濫原域を、「道路や湖岸堤等の湖岸人工構築物までの区域で、本湖水域と分断されていない範囲」と仮定すると、その面積は基準水位±0cm時で約600haと計算されている（中島, 2001）。これは、明治時代の氾濫原域のわずか4％にも満たない。また、東らの研究によれば、1900年以前には5年に1度程度の頻度で基準水

位＋1.5mといった大きな水位上昇をもたらす洪水が発生し、琵琶湖、とりわけ南湖の周囲には湖面の1割程度以上にも及ぶ面積の冠水域が出現していたことが分かっている（東，2014）。これに対し、湖岸堤整備後は、最大規模の冠水面積が南湖で湖面面積の1％にも満たない状況に変化していたという（東，2014）。

これらのことから、少なくとも18、19世紀の琵琶湖流域は、現在よりもはるかに高頻度の洪水撹乱下で維持されていた広大な氾濫原を擁していたと思われる。長きにわたって水害に苦しめられてきた流域の人々は、この百年余りの総合開発により内湖や湿地帯を干拓したり埋め立てたりして高度な土地利用を果たし、115年前まで氾濫原域だった湖岸域の96％までをも治め、本湖の水際にまで生活領域を拡大してきた。治水、利水の面から見れば、湖岸堤や水位操作は、人間が経済的で安全に暮らせることに多大な貢献をしている。一方で、琵琶湖・淀川水系のような大河川の氾濫原に依存して存続してきた生物種にとっては、琵琶湖がほぼ現在の位置に形成されてからの40数万年間と比べても、あまりにも短い時間スケールでの急激な環境変化によって、急速に生息・生育の場が奪われたことを意味している。人々の命や財産が守られるようになったのと引き換えに、生育環境の適応範囲が狭く、百年の間に適応が追いつかなかった植物たちは、ひそかに衰退の一途を辿ってきたのかもしれない。

**表2　琵琶湖岸域の代表的な在来氾濫原性植物**

| 標準和名 | 環境省 RL2015 | 滋賀県 RDB2015 | 学名 |
|---|---|---|---|
| ヌカボタデ[1] | 絶滅危惧Ⅱ類（VU） | 希少種 | Persicaria taquetii (H.Lév.) Koidz. |
| ノダイオウ | 絶滅危惧Ⅱ類（VU） | | Rumex longifolius DC. |
| サイコクヌカボ[1] | 絶滅危惧Ⅱ類（VU） | 絶滅危惧種 | Persicaria foliosa (H.Lindb.) Kitag. var. nikaii (Makino) H.Hara |
| ヤナギヌカボ | 絶滅危惧Ⅱ類（VU） | 絶滅危機増大種 | Persicaria foliosa (H.Lindb.) Kitag. var. paludicola (Makino) H.Hara |
| ミゾコウジュ | 準絶滅危惧（NT） | 希少種 | Salvia plebeia R.Br. |
| タコノアシ[1] | 準絶滅危惧（NT） | | Penthorum chinense Pursh |
| ノウルシ[1] | 準絶滅危惧（NT） | | Euphorbia adenochlora C.Morren et Decne. |
| ウマスゲ | | 絶滅危機増大種 | Carex idzuroei Franch. et Sav. |
| ヤガミスゲ | | 希少種 | Carex maackii Maxim. |
| ツルスゲ | | 分布上重要種 | Carex pseudocuraica F.Schmidt |
| オニナルコスゲ[1] | | 分布上重要種 | Carex vesicaria L. |
| ナガバノウナギツカミ[1] | | 分布上重要種 | Persicaria hastatosagittata (Makino) Nakai |
| ヤナギトラノオ[1] | | 分布上重要種 | Lysimachia thyrsiflora L. |
| オオマルバノホロシ[1] | | 分布上重要種 | Solanum megacarpum Koidz. |
| サデクサ | | その他重要種 | Persicaria maackiana (Regel) Nakai |
| コバノカモメヅル | | その他重要種 | Vincetoxicum sublanceolatum (Miq.) Maxim. var. sublanceolatum |
| ドクゼリ[1] | | | Cicuta virosa L. |
| シロバナタカアザミ | | | Cirsium pendulum Fisch. ex DC. var. albiflorum Makino |

1）はグラビアに掲載

## 3-3 湖岸植生の遷移系

　湖岸の代表的な植生タイプである6群落型の分布は、比較的安定な地形・地質要因および底泥の発達の程度とよく対応していた。地形・地質要因とは、湖岸傾斜や岩石・礫・砂などの表層地質の違いのことである。この対応に基づいて琵琶湖岸における植生の遷移系列を3つに大別した（図3-3-1；佐々木, 1991）。Ⅰ：岩礫型湖岸での遷移系、Ⅱ：砂泥型湖岸での遷移系、Ⅲ：砂質型湖岸での遷移系、である。グラビアp.9に、湖岸の220区画における6群落型の1980年代の分布と、遷移系Ⅰ、Ⅱ、Ⅲの境界線を点線で示した。以下に、各遷移系の説明を簡単に述べる。

Ⅰ：山地系岩礫型湖岸での遷移系

　遷移系Ⅰは、岩礫型湖岸の母岩に派生する岩礫地のパイオニア的植生であるツルヨシ・ハンノキ群落型を出発点とし、泥土の堆積に伴いヨシ・ヤナギ群落型からヒシ・マコモ群落型へと遷移する遷移系である。

Ⅱ：平野系砂泥型湖岸での遷移系

　大型河川流入部に発達する河口デルタ地帯では、流入する土砂上に発達する河川型のヨシ・ヤナギ群落型を遷移の出発点とする地域が多い。遷移系Ⅱでは、さらなる泥土の堆積量の増加に伴い、ヒシ・マコモ群落型からドクゼリ・ミクリ群落型の沼地植生群へと遷移する。

Ⅲ：平野系砂質型湖岸での遷移系

　今津浜、比良浜に代表される本湖西岸の砂質型湖岸では、ギョウギシバ・クロマツ群落型を遷移の始点とし、ヨシ・ヤナギ群落型からヒシ・マコモ群落型へと遷移する。

　本湖東岸は多くの地域で強い波浪により湖岸汀線部が砂質になっており、同様にギョウギシバ・クロマツ群落型が遷移の始点となっている。ただし、彦根市域は一部の三角州地帯の土壌母材が河川由来の砂泥であるため、ヨシ・ヤナギ群落型を出発点とする地域もある。

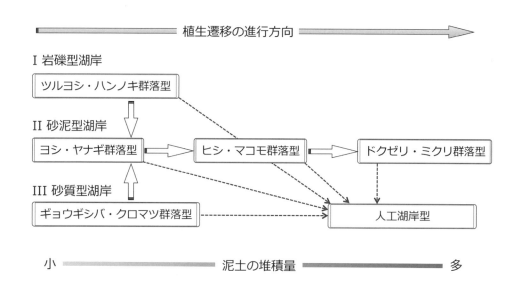

**図3-3-1　湖岸植生の遷移系列**
人工湖岸型へはどの遷移系、どの群落型からでも改変可能であるので、遷移系列とは独立した点線で示してある。

## 3-4 代表的な植生の近年の変化

　本研究の出発点が1980年代のプロジェクト研究であったことは既に述べたが、この時の報告書の結びには「今回の調査研究によって、琵琶湖の湖岸全域にわたる植生の類型、群落組成、湖岸域の植物相が明らかにされた。…(中略)…また今後、琵琶湖の環境上の現況や動態を知ることが可能となるものと期待される。すなわち、10年あるいはそれ以上の期間の後、再調査することにより、琵琶湖全体の環境動態を的確に把握することができる。」とあった(佐々木, 1995)。そして10年以上が経ち、再調査が、琵琶湖環境科学研究センター「湖岸生態系の保全・修復および管理に関する政策課題研究」(2007～2010年度)の中で実施された。これにより1980年代以降の20年間の変化を解析することが可能となった。湖岸植生は、その時代の湖岸環境の現状を反映しているため、このような追跡調査によって近年の環境変化を端的にとらえることができる。以下では、代表的な植生である岩礫型湖岸植生、砂泥型湖岸植生、砂質型湖岸植生について、この20年間の変化を紹介する。比較に際しては、両時代ともに調査を行った共通地域のみを対象とした。また、こうした情報を地元の行政機関や市民の方々が利用しやすいよう、他の章と共通の9地域(2-4節、グラビアp.3参照)毎に示した。

### 3-4-1 岩礫型湖岸植生

　山地系岩礫型湖岸は、F地域(湖北山地)とC地域(長命寺山地)に見られる。

・湖北の山地湖岸：F地域(5kmブロック区画番号26-34、長浜・高島市域)(図3-4-1)

　1980年代には、40kmにわたる湖岸の7割が岩礫型湖岸のツルヨシ・ハンノキ群落型に分類された。1980年代から2000年代にかけての最大の変化は、人工植栽林の面積比率が約10%から倍増したことである。ヤナギ林も面積自体は僅かだが面積比率は倍増していた。一方で、岩礫型湖岸を特徴づけるイボタノキ－ハンノキ群集の面積は半減、

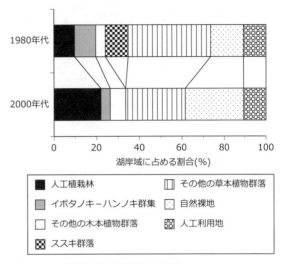

図3-4-1　F地域における面積比率の変化

ススキ群落はほぼ消失した。これらの減少には、園地化に伴う園芸樹の人工植栽が影響したと考えられる。

・日野川河口から伊崎までの山地が卓越する湖岸：C地域(5kmブロック区画番号13-16、近江八幡市域)(図3-4-2)

　1980年代の湖岸は、岩礫型湖岸と砂泥型湖岸に二分されていた。1980年代から2000年代にかけての最大の変化は、マツ林を除く人工植栽林の面積比率が、2%から2割弱を占めるまでになり、外来草本群落の面積比率も倍増したことである。一方で、ツルヨシ群集の2000年代の面積比率は1980年代の5%にまで減少、イボタノキ－ハンノキ群集、ネコヤナギ群集はほぼ消失していた。人工浜の造成も行われているが、自然性のツルヨシは減少し、一年生の外来草本が優占している。ヤナギ林やヨシ群落も減少していた。これら在来植生の減少には、湖岸整備等に伴う大規模な地形改変と外来植物の侵入、約10倍の面積になった大規模な園芸樹の植栽が影響したと考えられる。

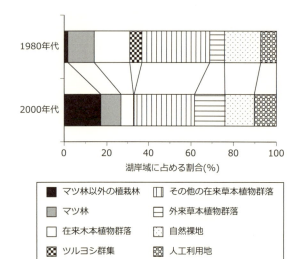

図 3-4-2　C 地域における面積比率の変化

激減した。他の在来植生も多くが減少し、カヤツリグサ科・イグサ科の小型植物（フトイ、マツバイ、ヒメホタルイ）など、水際に生育していた希少種もほとんど消失してしまった。わずかに残っていた自然の砂浜・礫浜の面積比率も3分の1以下に減少した。湖水浴場やレクリエーションの場として人工砂浜は造成されているが、ハマヒルガオ－ギョウギシバ群落のような在来植生は、自然砂浜の消滅と外来植物の侵入により壊滅状態となっている。在来植生に取って代わったのは外来草本とマツ林を除く人工植栽林である。それぞれ面積比率が10倍以上、1.5倍と大幅に増加していた。

## 3-4-2　砂泥型湖岸植生（低湿地植生）

平野系砂泥型湖岸は、A地域（草津川デルタ）、B地域（野洲川デルタ）、E地域（姉川デルタ）、H地域（安曇川デルタ）などに見られる。

・南湖西岸：A1地域（5kmブロック区画番号2-6、大津市域）（図3-4-3）

1980年代には湖岸の9割が砂泥型湖岸、1割が人工湖岸であった。1980年代から2000年代にかけて、面積比率でウキヤガラ－マコモ群集は10分の1以下、ドクゼリ－ミクリ群落は3分の1以下に

・南湖東岸：A2地域（5kmブロック区画番号7-10、草津・守山市域）（図3-4-4）

A1地域と同様、1980年代には湖岸の9割近くが砂泥型湖岸であった。1980年代から2000年代にかけてウキヤガラ－マコモ群集の面積比率は30分の1近く、ドクゼリ－ミクリ群落は5分の1に激減した。在来植生の多くが減少し、イグサ科などの小型植物やヒメガマ群落もほぼ消失する中、人工的に造成されたヨシ群落だけは面積を増加させていた。わずか2％ほど残っていた自然裸地もほぼ消失した。これらに取って代わったのは外来草本とマツ林を除く人工植栽林である。面積比率がそれぞれ4倍、5倍と大幅に増加していた。

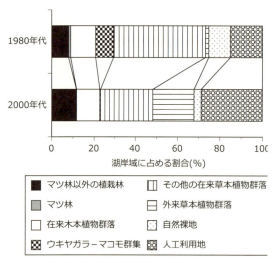

図 3-4-3　A1 地域における面積比率の変化

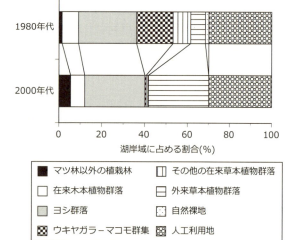

図 3-4-4　A2 地域における面積比率の変化

・野洲川の旧南流河口から旧北流の河口三角州の湖岸：B地域（5kmブロック区画番号11-13、近江八幡・野洲・守山市域）（図3-4-5）

1980年代には湖岸の8割が砂泥型湖岸であり、砂質型湖岸と人工湖岸型が各1割であった。1980年代から2000年代にかけての最大の変化は、マツ林を除く人工植栽林と外来草本の面積比率がそれぞれ9倍、4倍に増加したことである。1980年代にはなかった人工砂浜の面積比率は1割以上になった。一方で、自然裸地、ヨシ群落、その他の在来草本群落の面積比率は3分の1まで減少した。ドクゼリーミクリ群落、ウキヤガラーマコモ群集、ヒメガマ群落、ハマヒルガオーギョウギシバ群落はほぼ消失した。これら在来植生の減少には、人工砂浜化や商業地区の拡大による湖岸域の開発に伴う地形改変と、集水域などからの外来草本の侵入が影響したと考えられる。

野洲川南流の希少植物は、既に失われた過去の河口域氾濫原環境で成立したものが残存しているに過ぎない。南北流の流路や湾奥部を中心とする侵略的外来水生植物（チクゴスズメノヒエ、オオフサモ、ホテイアオイなど）の著しい繁茂も、生育適地の消失と共に、氾濫原性希少植物の存続を脅かしている。

・姉川三角州から尾上の湖北平野の湖岸：E地域（5kmブロック区画番号23-26、長浜市域）（図3-4-6）

1980年代には湖岸の9割が砂泥型湖岸、1割が砂質型湖岸であった。1980年代から2000年代にかけて、ウキヤガラーマコモ群集の面積比率は30分の1に激減、アサザ群落、ガガブタ群落は消失した。自然の砂浜・礫浜の面積比率が3分の1に減少した一方で、造成された人工砂浜は増えつつある。ハマヒルガオーギョウギシバ群落のような在来植生は、自然砂浜の激減と、面積比率が3倍に増大した外来草本の拡大によりほぼ消失した。

さらに、この地域の最大の変化は、浅水域で外来性アゾラ類が6ha、チクゴスズメノヒエ群落が2haに達するほど著しく繁茂したことである。沼沢地に多いヒシ群落も35haに拡大した。また、マツ林を除く人工植栽林の面積比率が10倍と大幅に増加した。ヨシ群落と高木ヤナギ林は殆ど変化していない。ヨシ植栽も大規模に実施されてきたが、希少植物が極めて多く生育する地域であり、絶滅危惧種の保護、生育地保全へ配慮が望まれる。

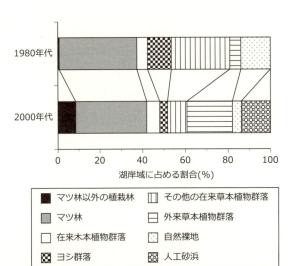

図3-4-5 B地域における面積比率の変化

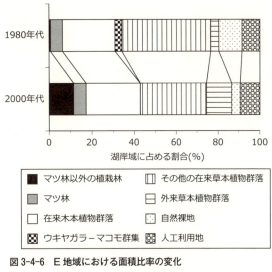

図3-4-6 E地域における面積比率の変化

・安曇川・鴨川三角州の湖西平野の湖岸：H地域（5kmブロック区画番号36-40、高島市域）（図3-4-7）

1980年代には湖岸の9割が砂泥型湖岸、1割弱が砂質型湖岸であった。安曇川は河川敷をツルヨ

シが優占する礫質の河川で、河口域には抽水植物群落やヤナギ林が多く成立すると共に、湖岸一帯をツルヨシが優占する。1980年代から2000年代にかけて、自然の砂浜・礫浜の面積は1割以上減少したが、ツルヨシ群集の面積はやや増加した。一方、ドクゼリ－ミクリ群落、ウキヤガラ－マコモ群集、ヨシ群落の面積はいずれも半分以下に減少し、アサザ－ガガブタ群落、ネコヤナギ群集、ススキ群落はほぼ消失した。これら在来草本の面積比率が半減した一方で、外来草本、人工利用地の面積比率はそれぞれ9倍、2倍に増大した。

安曇川河口域や針江地区の浅水域では、チクゴスズメノヒエ群落が約5haに達するほど著しく繁茂し、オオフサモ、ホテイアオイ、ウスゲオオバナミズキンバイの侵入・拡大も見られる。ヒシ群落も19haに拡大した。また、河川敷では、1980年代にはほとんどなかったマダケ・メダケの竹林が拡大し、面積で1割を占めるほどに増加した。針江地区、金丸川河口域には、希少な氾濫原性の植物が多く生育しており、絶滅危惧種の保護、生育地保全に格段の配慮が望まれる。

・愛知川河口から長浜市街地の湖東平野の湖岸：D地域（5kmブロック区画番号17-23、彦根・米原市域）（図3-4-8）

1980年代の湖岸景観は、砂質型湖岸と砂泥型湖岸にほぼ二分されていた。湖岸道路が湖浜に迫り砂浜の幅は狭くなっているが、新海浜をはじめ長く続く砂浜湖岸には、現在も滋賀県で絶滅のおそれのある海浜性や河川性の植物が点在している。一方、ヨシ群落、ウキヤガラ－マコモ群集の面積は激減し、アサザ－ガガブタ群落、ススキ群落はほぼ消失した。これら在来草本の面積比率が半減した一方で、外来草本、人工利用地の面積比率はいずれも2倍近くにまで増大した。

当地域には琵琶湖岸で現在唯一のアサザ生育地があり、近隣の内湖にはガガブタの分布もみられる。彦根市の神上沼・不飲川では、2000年以降にナガエツルノゲイトウが大繁茂し、琵琶湖本湖岸への流出が湖岸域での急速な分布拡大を招いた経緯がある（Kaneko, 2012）。また、海岸性植物で滋賀県の郷土種であるタブノキは、犬上川下流域にまとまった面積の群落があったが、河川改修により現在は群落面積が半減している（前迫ほか, 2012）。

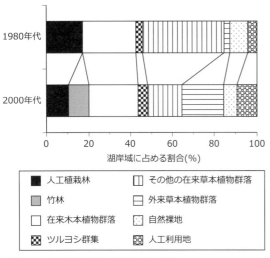

図3-4-7　H地域における面積比率の変化

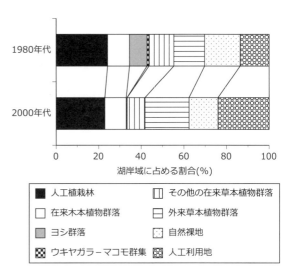

図3-4-8　D地域における面積比率の変化

## 3-4-3　砂質型湖岸植生（砂浜植生）

平野系砂質型湖岸はD地域（彦根浜）、G地域（今津浜）、I地域（比良浜）などに見られる。

・海津から今津浜の砂浜湖岸：G地域（5kmブロック区画番号34-36、高島市域）（図3-4-9）

1980年代には湖岸の8割弱が砂質型湖岸、2割弱が砂泥型湖岸であった。ツルヨシの優占する湖

岸が卓越し、環境省RL2015絶滅危惧種のタチスズシロソウなど多くの希少海浜植物が生育している。琵琶湖地域の準固有種ともいうべき海浜植物の保護対策の検討が特に望まれる地域である。1980年代から2000年代にかけての最大の変化は、人工植栽林の面積比率が2倍近く増加したことである。この地域の人工植栽林の約7割はクロマツ植栽林で、前述の通り、樹齢100年生以上の個体も見られる。

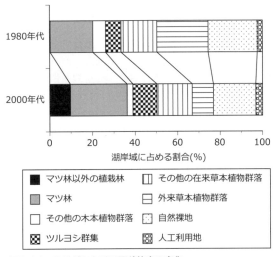

図3-4-9　G地域における面積比率の変化

・**比良山麓と堅田丘陵の湖岸：I地域（5kmブロック区画番号40-44&1、大津・高島市域）（図3-4-10）**

　1980年代の湖岸景観は砂質型湖岸と砂泥型湖岸にほぼ二分されていた。代表的な砂質型湖岸である近江舞子浜、松の浜など湖水浴場の多くは真砂の砂浜で、クロマツ植栽林が湖岸域に広がっている。風波は強くないものの人の利用が多く、抽水植物も沈水植物も面積は少ない。一方で、希少な海浜植物種群の貴重な生育地が散見される。特に、県指定希少野生動植物種のハマエンドウは、琵琶湖全体で5ヶ所しかない生育地のうちの4ヶ所が当地域に集中している。近年公有地内の一部では保全策が講じられたが、生育地の多くは私有地内のため、絶滅危惧種と認識されることなく、レジャー利用に伴う船・車・人などによる生育地の破壊や踏み付け、除草による刈り取り、清掃に伴う踏み付け、整地による埋め立てなどにさらされている。

　1980年代から2000年代にかけての変化では、ハマヒルガオ－ギョウギシバ群落、アサザ－ガガブタ群落がほぼ消失、ウキヤガラ－マコモ群集も面積が20分の1まで激減した。これら在来草本の面積比率が減少した一方で、人工砂浜を含む人工利用地、裸地、外来草本の比率が増大していた。大きな河川はないが、琵琶湖に流入する河川の河口デルタの付近には在来の植物群落が残存しており、河口域の保護が望まれる。

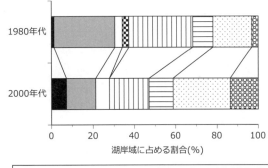

図3-4-10　I地域における面積比率の変化

# コラム3-2　湖国の原風景？ヨシ帯とヨシ群落

　琵琶湖の湖岸域では、1990年代までの百年余りの間に氾濫原域とそこに成立していた抽水植物群落が激減している（東，2007）。南湖東岸は、1948年頃までは広大な抽水植物群落が卓越する地域で、その面積は北湖西岸の抽水植物群落面積に匹敵していた（金子，2009）。ただし、航空写真解析で求められる「抽水植物群落」は「＝ヨシ群落」ではない。抽水植物であるから、ツルヨシ、ヨシだけでなく、低水敷のヒメガマ、マコモ、ウキヤガラなどから高水敷のオギ、セイタカヨシなどの群落まで含む場合が多いだろう。写真の解像度が低い場所では湿地の木本植物（ヤナギ類、ハンノキなど）を含む場合もある。これは、浮葉植物、浮遊植物、沈水植物の優占する群落帯を除く、湖岸域植生帯のほぼ全体に相当し、「滋賀県琵琶湖のヨシ群落の保全に関する条例」（以下「ヨシ群落保全条例」）の中で「ヨシ帯」として定義されているものと同義である。この条例は「ヨシ群落の保全に関する」という名称ではあるが、その条文に、保全対象は「ヨシ」でも「ヨシ群落」でもなく、多様な種からなる多様な植物群集を含む抽水植物群落とヤナギ類などの樹林帯も含む「湖岸域植生帯」の「生物多様性」であると明記されている。ヨシ群落保全条例に基づく保全区域も「ヨシ群落」ではなく、ある水域を指定するものである。ところが、その理念に反して、「多様な要素から成る湖岸域植生帯」の再生事業では専ら「ヨシ」という単独の植物のみが植栽されてきた。しかし、一方で、波浪の強い大湖沼の琵琶湖本湖岸には元々ツルヨシの優占する場所が多く、ヨシは沈水植物帯や入江の奥など、主に波浪の弱い水域に限定的に分布することが報告されている（中辻ほか，2006；金子ほか，2011）。ヨシ植栽地の選定で「過去にヨシ群落が成立していた場所」が条件とされることがある。しかし、その際、しばしば、過去の航空写真から読み取った「沿岸の抽水植物群落と思われる植生帯」が検証なしに「＝ヨシ群落」と見なされてしまっているようである。より十分な考察が必要である。

　淡水域・汽水域を問わず、水辺の生態系修復にヨシを多用してきたのは琵琶湖だけでなく、全国的な傾向である。ヨシは北海道から沖縄まで広く分布する大型の抽水植物で、しばしば大群落を発達させる水辺植生の代表的なシンボルでもある。そのため、多様な生態系サービスを提供する物理的基盤として、生態系修復事業の数多くの事例で盛んに導入されてきた。応用生態工学などの幅広い分野で、植栽工法、機能評価、資源利用などについては数多くの研究が行われてきた。一方、ヨシという生物種自体に関する国内研究は意外に少なく、その生態特性や遺伝的特質は十分に解明されておらず、ヨシ植栽事業における保全遺伝学的見地からの配慮もまだ不十分な状況である。例えば、ヨシは世界的に12倍体までの種内倍数性を持つことが知られており、欧州では4倍体と6倍体が海岸と内陸ですみ分けていることや、北米では倍数体によって生態特性や個体サイズが異なることなどが明らかにされているが（Clevering and Lissner, 1999; Hanganu et al., 1999; Hansen et al., 2007）、日本では倍数体間の生態特性の比較研究は殆ど行われていない。琵琶湖・淀川水系では8倍体と10倍体が優占し、優占する倍数体と遺伝的多様性の関係など、倍数性が集団動態や生態系サービスの発現に影響する重要な要素である可能性も示唆されている（Kaneko and Ashiya, 2012; Nakagawa et al., 2013）。こうしたことを踏まえると、水辺環境の創出や生態系サービスの発現を目的とする生態系修復事業として「ヨシ群落」を造成する際は、ヨシ植栽後に機能評価のためのモニタリングを行うことに加え、生物集団と

しての健全さや自己持続性も評価することが望ましい。また、保全生物学的視点（遺伝特性、生活史特性など）から見た場合、琵琶湖地域のヨシ集団における遺伝的多様性や倍数性構成の特徴を踏まえると、種子からの世代の更新を促すため、小規模な遊水地の配置などによって有性生殖の機会を増やす努力も是非必要と考えられる。

最後に最初の話に戻るが、将来的に、湖岸域植生帯や抽水植物群落帯が多様な生物に生息・生育の場を提供し、沖帯や陸域に比べて著しく高い生物多様性維持機能を取り戻すためには、ヨシではなくツルヨシ優占の砂質型湖岸に戻したり、ヨシやツルヨシだけでなく、河川性や低木性のヤナギやマコモ、ウキヤガラなども合わせて導入し構成要素の多様さを回復させたりすることなどが考えられる。その後には、再生された各植物群落・植物群集が自己持続的に存続できる環境を取り戻す不断の努力も不可欠となろう。すなわち、「ヨシ群落」ではなく、「ヨシ帯」を復元するために。

**写真1　歩道整備に伴う除草による抽水植物群落帯の消失例**
（高島市浜分沼）

**写真2　レジャー利用による抽水植物群落帯の消失例**
（長浜市蓮沼）

**写真3　歩道整備に伴う抽水植物群落帯の破壊と除草による植生遷移の進行例**（高島市エカイ沼）。
ヨシ群落だった場所が刈り払われ、セイタカアワダチソウ（左の写真の歩道両側に密生している植物）やクズ（右の写真の歩道両側に密生している植物）が繁茂している。

# 3-5 湖岸全域での近年の変化の概要

1980年代から2000年代の20年間における琵琶湖岸全域での湖岸植生の主要な変化には、以下の4点が挙げられる。

## 3-5-1 樹林化・植生遷移の進行

湖岸域に樹林帯が目立つようになり、景観にも変化が起きた。陸生一年生草本群落の面積は、約40haから4分の1以下に大きく減少していた。1980年代に一年生草本群落であった場所の変遷を見ると、約3割の場所が木本群落に、約4分の1の場所が自然裸地、約4分の1の場所が陸生多年生草本群落に置き換わっていた。取って代わった木本群落の8割以上は人工植栽林であった。解析方法や群落の中身、結果の詳細は金子・佐々木（2016）を参照してほしい（東洋大学学術情報リポジトリから東洋大学紀要自然科学篇のPDFをダウンロードできる）。

一方、2000年代における陸生多年生草本群落と木本群落の面積は1980年代の約2倍に増加していた。その内訳を見ると、多年生草本群落の約6割は園地などの人工草地、木本群落の5割以上が人工植栽林であった（金子・佐々木, 2016）。2000年代の湖辺域では、古くから植栽されてきたと見られるクロマツ林や湖岸堤建設後に植栽された高木ヤナギ類に加え、園地や緑地に植栽された外来の園芸樹や芝地が大きな比率を占めており、この20年間に園地化・緑地化がさらに著しく進行したことが伺える。

## 3-5-2 在来植物群落の減少・消失

琵琶湖の湖岸植生を特徴づける代表的な在来植物群落として、樹木ではイボタノキ-ハンノキ群集、ネコヤナギ群集、抽水植物ではウキヤガラ群落、フトイ群落、カンガレイ群落、ドクゼリ・ミクリ群落、陸生多年生草本群落ではススキ群落、ハマヒルガオ-ギョウギシバ群落、浮遊・浮葉植物ではアサザ・ガガブタ群落、コウホネ群落について、本湖岸全域での1980年代と2000年代の総落面積を示した（図3-5-1）。開放的な景観の砂浜

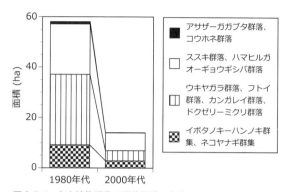

図 3-5-1　在来植物群落の群落面積の変化

湖岸を特徴づけるハマヒルガオ-ギョウギシバ群落は2000年代には群落面積が1980年代の半分以下になっていた。もう一つの代表的な湖岸景観を形成する抽水植物のウキヤガラ-マコモ群集やドクゼリ-ミクリ群集も、群落面積が1980年代のそれぞれ約1割と半分以下にまで減少していた。また、多くの草地生希少種を育んでいたススキ群落や山地湖岸を特徴づけるイボタノキ-ハンノキ群集もそれぞれ1980年代の2割以下、3割以下にまで著しく減少していた（金子・佐々木, 2016）。また、この20年間で、小型のカヤツリグサ科やイグサ科の植物群落、ガガブタ群落などの特に水際に生育していた希少種は殆ど消失した。現在、湖岸植生を特徴づける海浜植物や氾濫原性植物の多くが絶滅の危機に瀕している。

## 3-5-3 外来植物群落の侵入拡大・繁茂

2000年代の植生調査で確認された約600種のうち、4分の1は外来種であった。外来種の中でも、在来種の衰退要因の一つともなっている侵略的外来植物の侵入と繁茂は顕著である。

1980年代と2000年代の両時代に共通して植生が成立していた場所のみで自然・人為植生の割合を比較した場合、木本、抽水植物、陸生草本のいずれの群落タイプにおいても、人為的導入に由来する植生（外来および植栽の植物群落。但し、植栽由来のヨシ群落は自然植生に含めた）の面積割合が増加していた。このことから、在来の自然植生

が人為植生に取って代わられたことが示唆される（金子・佐々木, 2016）。浮葉植物における優占種の交代も顕著で、景観的に大きな変化が起こった。アサザ、ガガブタ、オオアカウキクサなど、在来の絶滅危惧植物が消失した一方で、オオフサモや外来性アゾラ類が小水路や内湖にも蔓延している。ホテイアオイも20年前は主に内湖に分布していたが、現在は本湖の入り江や湾入部にも蔓延している。現在では代表的な抽水植物となっているチクゴスズメノヒエは、1980年代には約600調査地点のうち2地点でしか確認されていなかったものが、この20年間で広く琵琶湖全域に分布を拡大し、生育面積が約100倍にまで増加したものである。

### 3-5-4 熱帯生種群や泥質立地種群の増加

湖岸環境の変化を反映していると考えられる植物群落の変化として、南方系の植物群落であるセイタカヨシ群落、ダンチク群落、ホテイアオイ群落などの、特に琵琶湖南部での群落面積の増加も挙げられる。セイタカヨシ群落の面積はこの20年間で約4倍に増加していた。また、泥質の立地を好むヒメガマやハスも群落面積が大きく増加していた。ヒメガマ群落はこの20年間で面積が約3倍に増加していた（金子・佐々木, 2016）。

## 3-6 湖岸植生の保全に向けて

琵琶湖岸の現在の景観は開放景観と沼地景観に大別される。1980年代後半の本湖岸域は、当時を知る湖岸植生の専門家らの印象によれば、開放景観域や主に草本が占める砂礫浜が多く、木立そのものも少なかったという。現在のように湖岸に樹林が目立つようになったのは、親水公園や湖岸緑地の急速な整備に伴い、古くから植栽されてきたマツ類だけでなく、外国産の園芸樹やサクラ類、ヤナギ類などの植栽が盛んに進められてきた結果である。それらの成長、繁茂により、湖岸の景観も大きく様変わりしたようだ。砂質型湖岸のもう少し長期の変遷を考えても（2-3-3項参照）、今、私たちが目にしている湖岸は、百年前の人々が見ていたものとは大きく異なったものであるに違いない。とはいえ、今でも湖岸には今津浜、彦根浜、比良浜など多くの砂浜が広がっている。その割合は、人工湖岸に次ぎ、3割にも及ぶ。海岸から隔離された内陸の淡水湖に海浜・海岸性の植物種が数多く見られることは、琵琶湖岸の植物相の最大の特徴と言ってよい。高い学術的価値や保全価値にも関わらず、海浜・海岸植物の大部分が絶滅のおそれのある希少種となっており、湖岸生態系管理において生物多様性を保全する際、最大限の配慮が欠かせない要素である。

一方、開放景観とは対照的に、沼地景観をなす植生が発達していた湖岸は、かつては安曇川、姉川、能登川などの流入河川の河口付近に限られていたという。ヨシ・ヤナギ群落型の湖岸は、県によるヨシ植栽事業やヤナギ類の成長により、1980年代と2000年代の間で大きな面積変化は見られない。しかし、面積上は同じヨシ群落であっても、湖側に張り出して造成した盛土上に張り付けられたヨシが少なくとも湿生植物のゆりかごになっているとは今のところ言いがたい。琵琶湖は本来、大規模河川流域に特有の広大な氾濫原環境を擁していた。その広大な氾濫原が育んでいた湿生植物の多くは、冠水の頻度や強度が大きく変化した現在のより安定化した環境では存続が危ぶまれる。冠水や波浪による撹乱を強く頻繁に受ける環境に適応し、撹乱に依存して存続してきたこれらの植物種群は、湖岸域の地形変化に特に敏感なためである。人為的に洪水撹乱を抑制することに伴う水辺環境の変化は、一方で、泥質立地に発達し沼地化を指標するヒメガマ群落、ハス群落、外来抽水植物などの琵琶湖岸全体での面積増加を促進した可能性も考えられる。

最後に、湖岸植生の観点から本湖岸の生物多様性保全を考えてみたい。琵琶湖岸でみられる多種多様な植物種は、とりもなおさず、琵琶湖の多様な湖岸環境に応じた生態系の多様さがもたらした

ものである。今なお湖岸の3割を超す砂質型湖岸と竹生島などを含む岩礫型湖岸が海浜・海岸性植物を育んできた。また、広大な内湖や氾濫原域を失った今もなお、ヨシ原に代表される抽水植物群落は人々の心に湖国の原風景として焼き付いている。その抽水植物群落は治水の歴史に翻弄されながらも氾濫原植物の宝庫となってきた。

まずは、異なるタイプの湖岸生態系を、変異性を減らさずに維持することが重要である。さらに、保持されているもしくは修復された湖岸植生帯が、多様な生物に生息・生育場所を提供し、一定の機能を発揮するためには、多様な在来植物の自己持続的な存続を保障する水辺環境を取り戻すこと、すなわち、流域の撹乱体制や物質循環を徐々にでも取り戻していくことが必要である。消失あるいは劣化した生態系の修復を図る際にも、そこまでを最終目標として見すえたい。

次に、種レベルで考えた場合には、繰り返しになるが、琵琶湖本湖で特に重要な要素として、保全の価値と緊急度の高い海浜・海岸性の植物が挙げられる。希少種だけでなく、生物群集の構造を決定づける優占種や普通種も同様に重要である。さらに、生きものの実体であり、生きものを扱う上では最も基本的な視点が、遺伝的な変異である。

特定の植物種を保護する場合、種内の遺伝的な変異性を維持すべきことの重要性は論をまたない。近年は、遺伝的な多様性が生態系サービスの質や量を向上させることを示す研究も増えている(Kettenring $et\ al.$, 2014; Tomimatsu $et\ al.$, 2014など)。

生物多様性保全を図ろうとするのであれば、そこに生きる生きものの遺伝的な変異性、種の多様性、生態系の多様性が維持・回復され、生物間・生物－環境間・環境間の多様な相互作用系が損なわれないようにする道を模索していく必要がある。ただ、ノウハウ以前の問題として、湖岸植生の20年間の変化は、湖岸環境の変容を最も左右したのは、人間本位の視点だったことを物語っている。人間と自然との関わりの再生と称して、結局は人間だけに使い勝手や都合のいい親水公園や湖岸緑地を整備し続けることが、本当に持続可能な社会を築き、野生生物と共存することにつながるのであろうか。グローバルな視点から考えなければ方向性を見失い、ローカルに行動しなければ問題の本質をとらえそこねかねない。科学の進歩や社会の変化を見すえながら、人間と自然の関わりのあり方という根源的な問いに、私たちは繰り返し答え直していくしかないのかも知れない。

付表　植物種および植生単位の標準和名および学名

＜植物種＞（3章初出順）

| 標準和名 | 環境省RL2015選定種 | 2015年版選定種滋賀県RDB | 滋賀県在来種 | 滋賀県外来種 | 生態系被害防止外来種リスト選定種 | 特定外来生物指定種 | 学名 |
|---|---|---|---|---|---|---|---|
| クロマツ[1] | | | ○ | | | | *Pinus thunbergii* Parl. |
| ツルヨシ[1] | | | ○ | | | | *Phragmites japonica* Steud. |
| ギョウギシバ | | | ○ | | | | *Cynodon dactylon* (L.) Pers. |
| ヨシ[1] | | | ○ | | | | *Phragmites australis* (Cav.) Trin. Ex Steud. |
| カサスゲ | | | ○ | | | | *Carex dispalata* Boott |
| キシュウスズメノヒエ | | | | ○ | ○ | | *Paspalum distichum* L. var. *distichum* |
| ハマヒルガオ[1] | | | ○ | | | | *Calystegia soldanella* (L.) R.Br. |
| ハマゴウ[1] | | ○ | ○ | | | | *Vitex rotundifolia* L.f. |
| ハマエンドウ[1] | | ○ | ○ | | | | *Lathyrus japonicus* Willd. |
| ハンノキ | | | ○ | | | | *Alnus japonica* (Thunb.) Steud. var. *japonica* |
| イボタノキ | | | ○ | | | | *Ligustrum obtusifolium* Siebold et Zucc. |
| ススキ | | | ○ | | | | *Miscanthus sinensis* Andersson |
| オオナギナタガヤ | | | | ○ | | | *Vulpia myuros* (L.) C.C.Gmel. var. *megalura* (Nutt.) Rydb. |
| コバンソウ | | | | ○ | | | *Briza maxima* L. |
| アカマツ | | | ○ | | | | *Pinus densiflora* Siebold et Zucc. |
| ヒシ[1] | | | ○ | | | | *Trapa japonica* Flerow |
| マコモ | | | ○ | | | | *Zizania latifolia* (Griseb.) Turcz. ex Stapf |
| アサザ[1] | ○ | ○ | ○ | | | | *Nymphoides peltata* (S.G.Gmel.) Kuntze |
| ガガブタ[1] | ○ | ○ | ○ | | | | *Nymphoides indica* (L.) Kuntze |
| ドクゼリ[1] | | | ○ | | | | *Cicuta virosa* L. |
| ミクリ[1] | ○ | | ○ | | | | *Sparganium erectum* L. |
| コウホネ | | ○ | ○ | | | | *Nuphar japonica* DC. |
| フトイ | | | ○ | | | | *Schoenoplectus tabernaemontani* (C.C.Gmel.) Palla |
| マツバイ | | | ○ | | | | *Eleocharis acicularis* (L.) Roem. et Schult. var. *longiseta* Svenson |
| ヒメホタルイ | | ○ | ○ | | | | *Schoenoplectiella lineolata* (Franch. et Sav.) J.D.Jung et H.K.Choi |
| ヒメガマ | | | ○ | | | | *Typha domingensis* Pers. |
| チクゴスズメノヒエ[1] | | | | ○ | ○ | | *Paspalum distichum* L. var. *indutum* Shinners |
| オオフサモ[1] | | | | ○ | ○ | ○ | *Myriophyllum aquaticum* (Vell.) Veldc. |
| ホテイアオイ[1] | | | | ○ | ○ | | *Eichhornia crassipes* (Mart.) Solms |
| ナガエツルノゲイトウ[1] | | | | ○ | ○ | ○ | *Alternanthera philoxeroides* (Mart.) Griseb. |
| ウスゲオオバナミズキンバイ[1] | | | | ○ | ○ | ○ | *Ludwigia grandiflora* (Michx.) Greuter et Burdet subsp. *hexapetala* (Hook. et Arn.) G.L.Nesom et Kartesz |
| マダケ | | | ○ | | | | *Phyllostachys reticulata* (Rupr.) K.Koch |
| メダケ | | | ○ | | | | *Pleioblastus simonii* (Carrière) Nakai |
| タブノキ | | | ○ | | | | *Machilus thunbergii* Siebold et Zucc. |
| タチスズシロソウ[1] | ○ | ○ | ○ | | | | *Arabidopsis kamchatica* (DC.) K.Shimizu et Kudoh subsp. *kawasakiana* (Makino) K.Shimizu et Kudoh |
| オオアカウキクサ | ○ | ○ | ○ | | | | *Azolla japonica* (Franch. et Sav.) Franch. et Sav. ex Nakai |
| セイタカヨシ[1] | | | ○ | | | | *Phragmites karka* (Retz.) Trin. ex Steud. |
| ダンチク | | | ○ | | | | *Arundo donax* L. |
| ハス | | | | ○ | | | *Nelumbo nucifera* Gaertn. |
| キショウブ[1] | | | | ○ | ○ | | *Iris pseudacorus* L. |
| ミズヒマワリ | | | | ○ | ○ | ○ | *Gymnocoronis spilanthoides* (D.Don ex Hook. et Arn.) DC. |

1) はグラビアに掲載

＜植生単位＞（3章初出順）

| 標準和名 | 学名 |
|---|---|
| ツルヨシ群集 | *Phragmitietum japonicae* Minamikawa 1963 |
| ネコヤナギ群集 | *Salicetum gracilistylae* Minamikawa 1963 |
| タチヤナギ群集 | *Salicetum subfragilis* Okuda 1978 |
| オギ群集 | *Miscanthetum sacchariflori* Miyawaki et Okuda 1972 |
| カサスゲ群集 | *Caricetum dispalatae* Miyawaki et Okuda 1972 |
| ウキヤガラ−マコモ群集 | *Scirpo fluviatilis − Zizanietum latifoliae* Miyawaki et Okuda 1972 |
| コアカザ−オオオナモミ群集 | *Chenopodio − Xanthitum strumarii* Miyawaki et Okuda 1972 |

# 水草（沈水植物）の現状とその変遷

4章

琵琶湖の水草は、湖の富栄養化とともに減少傾向にあったが、観測史上最低水位を記録した1994年以降、急速に増加した。琵琶湖の環境変化と水草、水草と水鳥類との関係および水草管理のあり方について、考えてみよう。

## 4-1 沿岸帯とは

　琵琶湖の沿岸帯を考える場合、3章でも触れられているように、どこまでの範囲を扱うかということは重要な問題である。特に陸側については、明確に定義することはなかなか困難である。

　こうした問題はあるものの、琵琶湖の水生植物としては69種類が報告されている（Mori and Miura, 1980）。この中には、ヨシやマコモなどの抽水植物、ヒシやアサザといった浮葉植物、コカナダモやネジレモのような生活史の大部分を水中で過ごす沈水植物、そしてウキクサのように根を湖底につけず、全く水面に浮いている浮葉植物などが含まれている。これらの内、ここでは、特に水との関わりの深い沈水植物について述べる。

　湖岸を上空からながめると、白い砂浜が水深数十cmから1mぐらいまで続き、その先に黒い帯が広がっているのに気づく（写真4-1-1）。この黒い部分が沈水植物帯（水草帯）である。汀線付近は

写真4-1-1　明神崎（白鬚神社周辺）

水位の変動や波の影響などのために、群落としてはほとんど見ることができない。もちろん水草も光合成をしなければならないので、湖底全面を覆うということはなく、太陽の光が届く深さ、現在の琵琶湖の場合だと、北湖で水深7mぐらいまでが、水草の生えられる深さとなっている。

## 4-2 琵琶湖の水草（沈水植物）の現況

### 4-2-1　分布をしらべる

・潜水調査

　これまでの水草の群落調査では、一般に船上から水草を採取するという方法が用いられているが、私の場合、もともと陸上の森林群落を主に研究していた経緯から、まず水草がどのような生え方をしているのか自分の目で見ることから始めようと、スキューバを用いて実際に潜り植生調査をすることから始めた。

　1986年、1987年の2年間に琵琶湖の周り、約200の群落で植生調査を行った結果、出現した沈水植物は20種類にのぼった。図4-2-1は、出現回数が多いものから順に水草を並べたもので、最も多く見られたのはクロモ、次いでセンニンモ、そして北米を原産地とする帰化植物のコカナダモだった。この上位3種類が飛び抜けて多くの地点

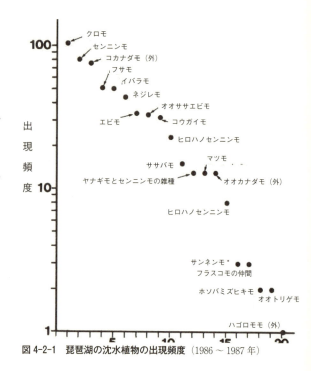

図4-2-1　琵琶湖の沈水植物の出現頻度（1986～1987年）

で出現し、そのあとにホザキノフサモ、イバラモ、ネジレモなどが続いた。

・船上からの採取による分布調査

1988年に行った漁船を用いての船上からのサンプラー（図4-2-2）による水草のサンプリング調査では、コカナダモが最も多く出現し、センニンモやクロモがその後に続いた。先の潜水調査の結果と順序は多少入れ替わっているが、上位は同じ3種類であった。なおこの調査でのネジレモの出現順位は9番目にまで落ちてしまった。

・魚探による分布の把握

1988年には船の上から、簡易な紙チャート式の魚群探知器（ヤマハ製、YF-350A）を用いて群落の分布域を確かめるとともに同上のサンプラーを用いての水草の採集を行い、種類組成を調べるという調査も行った。魚探のチャートは、水草の有無以上の情報を与えてくれる。図4-2-3aはコカナダモの群落、図4-2-3bはクロモやセンニンモといった在来種の群落のチャートで、湖底線（矢印）や群落の先端部が分かり、群落高が読み取れ、さらにおよその密度（茎の混み具合）も把握することができた。コカナダモの群落は在来種のそれに比べ非常に密度が高いので、このチャートだけからも識別は可能である。在来種にくらべ生育の開始時期が早く、5月には群落高がすでに1mにも達しており、そのころ調査すれば、この種類に限っては群落が特定できる。コカナダモは3月や4月ごろには急速に伸び出し、7月ごろに群落高が2mにも達し、しばしば7月半ばから8月に流れ藻となる。しかし在来種、特にクロモは6月ごろから芽を出し始め、9月頃に最大の現存量となるため、6月、7月ごろに魚探をかけて密な群落のチャートが得られた場合は、コカナダモの群落であるとほぼ特定できる。1990年の夏前に行った魚探調査からコカナダモ群落の分布域を推定すると、琵琶湖全域で895haに達することが分かった（Hamabata, 1997）。

魚探調査については、その後新たな魚群探知機（Lowrance HDS-8とストラクチャースキャン）を利用するようになった。この機種ではGPS座標が同時に取り込まれるとともに、図が画像データとして取り出せるという利点のみならず、群落断面

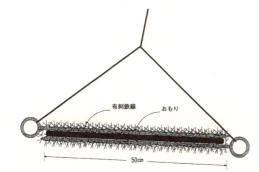

図4-2-2 沈水植物採集装置（手作り）

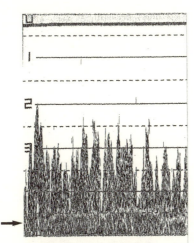

a：密生するコカナダモの群落
（白い部分が湖底線）

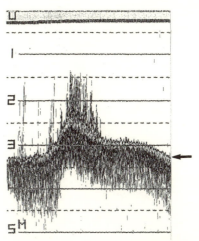

b：クロモ、センニンモなどの在来種の群落

図4-2-3 魚探によって捉えた水草の断面

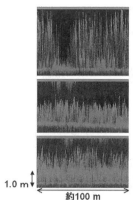

図4-2-4 ソナー画像による群落識別

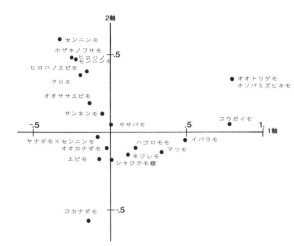

図4-2-5 主成分分析によって得られた1、2軸での20種の座標配置

図がより繊細に把握でき、在来種の中でもより密度の高い群落を構成するセンニンモと比較的疎な群落となるクロモの識別が可能となった(図4-2-4)。

・環境把握のための調査

また、水草の生育環境の把握としては、多項目水質計によるDO、水温、pH、濁度などの深別測定と、透明度板による透明度の測定、さらに水草群落が繁茂している場合には光量子センサーを用いて相対照度の測定を深度別に行い、吸光係数を求め、透明度の補足などに用いた。

### 4-2-2 水草による湖岸類型

・種類の類似性

1980年〜1990年代の調査結果から、いくつかの種類の琵琶湖での分布を見てみると、ネジレモとならんで琵琶湖の固有種といわれているサンネンモは、水の最もきれいな北湖北部地域にのみ出現し、同様にヒロハノエビモやフラスコモの仲間やヒロハノセンニンモなども北部に分布中心を持つ種類のようである。また当時はコカナダモ・オオカナダモ(外来種)、クロモなどは、琵琶湖全域に分布する種類であったが、後述するように、その後コカナダモの分布域は急速に減少した。またハゴロモモ(外来種)のように南湖だけで見つかった種類もあった。

こうした資料をもとに、主成分分析を使い、種類をグループに分けてみると、まずは南湖に多く出現する種類(第1軸の正の値)と、北湖でおもに見られる種類(第1軸の負の値)とに分かれた(図4-2-5)。さらにこの北湖に見られる種類は第2軸で、センニンモやホザキノフサモ、クロモといった種群と、コカナダモという2つのグループに分かれることが分かった。そして、この北湖の種群が2つに分かれるのは、どうも水深と関係しているようであった。こうして、潜水調査をして得られた水草の種類組成の資料から、大きくわけて3つのグループ、南湖を中心に分布する種群、北湖の比較的浅い場所に生育する種群、北湖の深水域にいるコカナダモという3つの種群に分けられることが分かった。

・優占種による湖岸類型

クロモやセンニンモの在来種とコカナダモといった琵琶湖で当時最も多く見られる種類の分布を基に、琵琶湖の湖岸の類型区分を考えてみる(図4-2-6)。ヨシ群落と同様、彦根付近から南の北湖東岸には、これらの密な群落というものはほとんど分布していない。また長浜付近には深い場所に在来種が、姉川から尾上までの間や、安曇川デルタの北側には深水域から浅水域まで在来種が分布した。そして、北岸や西岸の大部分は深水域にコカナダモ、浅水域に在来種が分布するのが見られ、塩津湾や大浦湾の湾奥には深水域から浅水域までを広くコカナダモが覆っているようであった。すなわち、最も北西風の影響の大きい場所では水草が生育せず、波浪の影響が弱くなるにつれて在来種が、そして帰化植物のコカナダモが深水域から

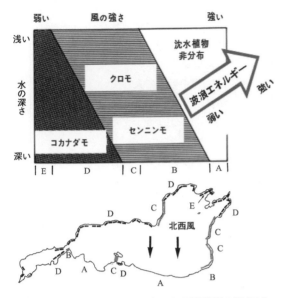

図 4-2-6 主要沈水植物群落の分布による琵琶湖岸の地域区分

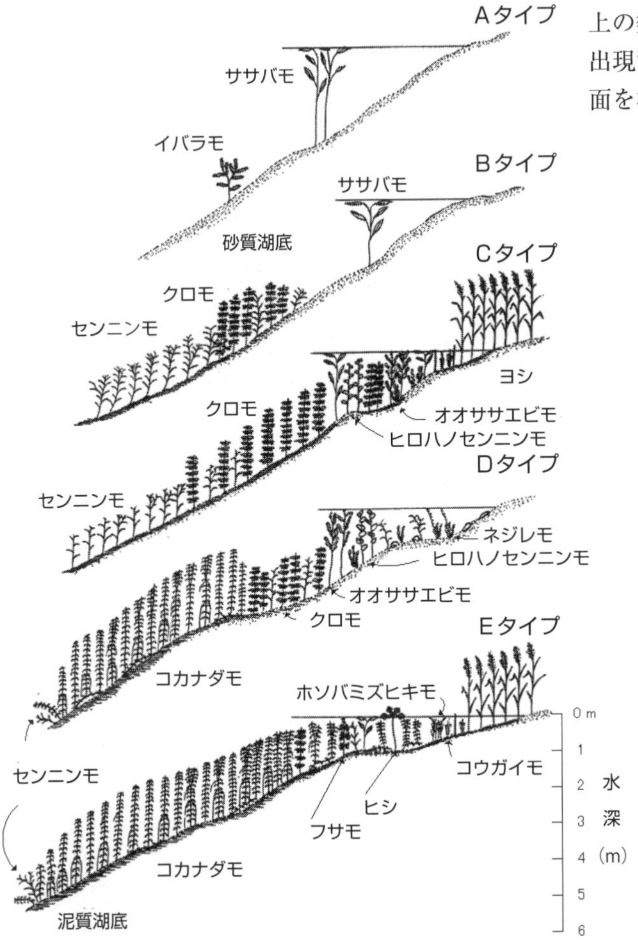

次第に定着してくるということのようであった。

　沈水植物群落が存在しなかった北湖中部東岸では、陸上のヨシ群落も成立していないことが知られており、その理由として立花 (1984) は波浪の影響を指摘している。ヨシ帯の分布同様、水草についても冬期の北西風が主要な要因になっていると思われた。しかし水草はヨシのように汀線付近にのみ生育しているわけではなく、水深の深い部分にも生育している。そのためその生育環境として風の強さに水深という要因をも加えると、水草の上記の分布が説明できると考えた。さらに、最も深く、また湖面での風の最も弱いという場所を起点に、風の増加と水深が浅くなるという2つの要因の合成として、波浪の強さという力を考えることができる。この波浪の強さという軸に沿って、コカナダモ群落、在来種の群落、水草の分布を欠く場所と並んでいると考えると、琵琶湖での水草の分布がより容易に説明出来るようであった。以上の類型化は、主に優占種によるが、それ以外に出現する種類も加え、琵琶湖の代表的な湖岸の断面を模式図的に表したのが図4-2-7である。

Aタイプ) 主要沈水植物群落を欠き、波浪に強いササバモやイバラモなどがわずかに生育する.（強い北西風があたる北湖東岸など）

Bタイプ) 深水域にのみ在来種（クロモ、センニンモ）が分布し、浅水域にはササバモなどが見られる程度.（長浜〜田村付近）

Cタイプ) 深水域から浅水域まで在来種が生育. 浅水域にはヒロハノセンニンモ、ヒロハノエビモなど多様な在来種が見られる.（姉川デルタ付近および、安曇川デルタ北部）

Dタイプ) 深水域にコカナダモが、浅水域に在来種が分布.（大部分の北湖西岸）

Eタイプ) 深水域から浅水域までコカナダモが分布. 浅水域では、ヒシなどの浮葉植物とともに、在来種のホソバミズヒキモやコウガイモが見られる場合もあるが、コカナダモが優占する.（塩津湾、大浦湾の湾奥部）

図 4-2-7 主要沈水植物群落によって区分された琵琶湖岸の断面模式

### 4-2-3　琵琶湖での外来水草の動態

琵琶湖ではこれまでにコカナダモ、オオカナダモ、ハゴロモモ、オオフサモの4種類の外来の水草の生育が確認されている。なかでも大繁茂して問題になったのはコカナダモとオオカナダモである。この2種類は、在来種のクロモとともにトチカガミ科に属し、互いに似てはいるが容易に識別できる。いずれも茎の節から輪生状に葉を出すが、その葉の枚数が、多少変化はあるもののコカナダモが3枚、オオカナダモが4枚、クロモが6枚となっている。特にオオカナダモは大柄で、試験管ブラシを連想させ、他の2種とは全く異なる。コカナダモとクロモは、うっかりすると間違うことがある。しかし、クロモは葉に明らかなギザギザ（鋸歯）があるので、注意すれば容易に識別できる（グラビアp.12）。

ハゴロモモも近江八幡市の西の湖などで大繁茂したことはあるが、琵琶湖の本湖では大群落になったということはあまり聞かない。これは金魚屋さんなどでは「カボンバ」という属名で売られている。スイレン科に属し、白いきれいな花を夏ごろに咲かせる。花茎は独特の浮葉によって支えられ、花は水面から突き出て咲く。葉が切れ込み、その様子が似ていることからバイカモと間違われることがある。消長はあるが南湖東岸などで見ることができる。

特に大繁茂して問題になったコカナダモとオオカナダモについて、琵琶湖でのこれまでの繁茂状況を簡単に振り返ってみる。コカナダモが琵琶湖で初めて採取されたのは1961年とされている。これはこの種類の日本での初めての記録ともなった。最初の標本は北湖の海津付近で採取されたが、その後分布域を急速に拡大し、1960年代半ばにはほぼ琵琶湖全域に及び、そして1967年ごろには繁茂がピークに達したと言われている。また1969年にはやはりオオカナダモが初めて記録され、その後オオカナダモの増加に伴って、コカナダモが減少したと言われている。オオカナダモは1970年代半ばには、南湖をほぼ優占してしまった。しかし、1970年代末にはこのオオカナダモも激減した。しかしその後、1980年代に入ってオオカナダモやコカナダモが復活してきたようで、1980年代後半から1990年代前半ではコカナダモが以前にも増して大繁茂してきていた。

琵琶湖でのコカナダモの生育立地について、少し注意しておく必要がある。琵琶湖の富栄養化の進行とコカナダモの大発生の時期が一致していたために、この水草にとっては水質が悪い（富栄養化した）方が好ましいと誤解されていると思われる。しかし、実際には水のきれいな北湖の場合、水深7mまでコカナダモの大群落を見ることができた。湖水の富栄養化によってプランクトンが増加し、その結果、透明度が低下することは、沿岸帯の深水域で光合成をするコカナダモにとっては決して好ましいというわけではない。コカナダモは湖底の底泥中に伸ばした根から栄養分を吸収していると考えられている。そのため富栄養な泥の堆積している場所を好んで生育している。湖の富栄養化の一つの結果として泥の堆積が起こる。コカナダモの繁茂は、養分を多く含む泥はほしいが、水が汚れていてはこまるといった微妙なバランスの上に成り立っているといえる。すなわち過去の富栄養化で底泥が堆積した場所で、その生育環境としては波浪の影響が少ない深水域で、光が届きうる透明度の高い水域に分布していた。

1990年代前半に同一の場所でコカナダモ群落を何年か続けて観察していたことがある。すると前年までは大群落で覆われていた場所から、コカナダモ群落が全く消失し、白い砂の湖底が広がっているのを目撃し、驚いた事を覚えている。コカナダモのような現存量の高い群落は、常に安定的に生育するのでは無く、底泥から栄養塩を吸収し尽くすと、その場では生育出来なくなる様である。

## 4-3 沈水植物の変遷

### 4-3-1 1930年代から1993年：富栄養化による水草帯の衰退期

　琵琶湖ではこれまでに多くの研究がされてきている。それは水草についてもいえることで、水草についての種類のリストが1910年以降、いくつかの報告があり、外来種4種も含め、これまでに53種類[注1]の沈水植物が記載されている（表4-3-1）。これらの種のうち、ネジレモとサンネンモは琵琶湖の固有種と考えられている。しかしこれらはかなり例外的で、大部分の水草は分布域が広く、少なくとも東アジアの国々とでは、種類がかなり共通している。

　1980年代以降の記録などを元に、現在、琵琶湖とその周辺の内湖などに分布する沈水植物の目録を整理すると、その合計の種類数は23種類になる。京都大学生態学研究センターの前身の大津臨湖実験所におられた山口久直さんが1930年代から1940年代にかけて調べられた結果を単純に比較すると、10種類以上がいなくなっていることが分かる。最近の種類の中にはコカナダモやオオカナダモ、ハゴロモモといった新しい帰化植物をも含むので、減少した種類数はさらに多い。また、すでに絶滅したと考えられる種類としてはガシャモク、アイノコヒルムシロなどが挙げられる。その他の在来種でも、例えば、サンネンモはかつて北湖の南部の真野付近でも確認されていたが（山口,1943）、最近では北湖の北部に限定されており、同様に山口によって南湖南部で生育が確認されていたヒロハノエビモは、南湖からほぼ姿を消したと考えられている。また冬と春をのぞく季節の優占種（山口,1943）とされたり、最も頻度高く出現した（生嶋ほか,1962）といわれるネジレモについては、現在はかなり順位を落としてしまっている。

### 4-3-2 1994年から現在：大渇水後の水草帯の回復期

・群落面積の変化

　琵琶湖の沈水植物群落の面積は、滋賀県水産試験場を始め多くの機関等から報告されている（表4-3-2）。それぞれの調査法が、ソナーによる現地調査（④⑥⑦⑧）、航空写真判読（③④⑥⑦）、潜水・刈取等直接観察（①②⑤⑥⑧）など、同一ではないため詳細な比較はできないが、最近50年間におよぶ植生面積の変化の傾向を読みとることはできる。

　北湖については、調査方法や精度などの違いのためか面積変化の傾向は明確ではないが、南湖での変化は顕著で、戦後から1970年代にかけて減少し、1994年以降急速に増加してきているのがわかる（図4-3-1）。1974年から1994年の20年間の群落

表4-3-2 琵琶湖における沈水植物群落の分布面積の経年変化
（浜端ほか（2007）に2002年以降のデータを追加）

| 調査年 | 沈水植物群落面積 (ha) | | | 文献 |
| --- | --- | --- | --- | --- |
| | 北湖 | 南湖 | 合計 | |
| 1953 | 3,570 | 2,344 | 5,914 | ①滋賀水試（1954） |
| 1969 | 2,229 | 710 | 2,939 | ②滋賀水試（1972） |
| 1974-75 | - | 327 | - | ③谷水・三浦（1976） |
| 1994 | 3,383 | 623 | 4,006 | ④浜端（1996） |
| 1995 | 2,111 | 947 | 3,058 | ⑤滋賀水試（1998） |
| 1997-98 | 4,647 | 2,381 | 7,028 | ⑥水資源開発公団（2001） |
| 2000 | 4,144 | 2,927 | 7,071 | ⑦Hamabata&Kobayashi（2002） |
| 2001 | - | 3,200 | - | ⑧大塚ほか（2004） |
| 2002 | 3,413 | 2,747 | 6,160 | 水資源機構　データ提供 |
| 2007 | 3,509 | 3,130 | 6,639 | 水資源機構　データ提供 |
| 2013 | 3,337 | 2,606 | 5,943 | 水資源機構　データ提供 |

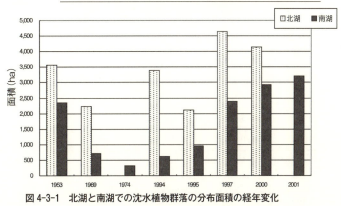

図4-3-1 北湖と南湖での沈水植物群落の分布面積の経年変化

---

注1）原文では43種とあったが、Hamabata and Yabu'uchi（2012）では53種となっていた。そのため、最新の情報に従って53種とした。

表 4-3-1 琵琶湖および周辺内湖で確認された沈水植物の変遷（浮葉植物を除く）

| 属名 | 和名 | 学名 | ~1910 ① L | 1935~'43 ② L | 1935~'43 ② N | 1953 ③ L | 1962~'65 ④ L | 1974 ⑤ L | 1982~'83 ⑥ L | 1986~'87 ⑦ L | 1986~'87 ⑦ N | 1997~'98 ⑧ L | 2002 ⑨ L | 2007 ⑩ L | 2006~'09 ⑪ L | 2006~'09 ⑪ N |
|---|---|---|---|---|---|---|---|---|---|---|---|---|---|---|---|---|
| シャジクモ属 | シャジクモ属 | Chara spp. | ○ | ○ | ○ | | | | | | | | | | | |
| | シャジクモ | Chara braunii | | | | | | | | | | ○ | ○ | ○ | | |
| | オオシャジクモ[3] | Chara collarina var. collarina | | | | | | | | | | | ○ | ○ | | |
| フラスコモ属 | フラスコモ属 | Nitella spp. | | ○ | | ○ | | | | | | | | ○ | | |
| | ヒメフラスコモ | Nitella flexilis var. flexilis | | | | | | | | | | | | ○ | | |
| | オトメフラスコモ | Nitella hyalina | | | | | | | | | | ○ | ○ | ○ | | |
| | オニヒナフラスコモ | Nitella gracillima var. robusta | | | | | | | | | | ○ | | | | |
| | サキボソフラスコモ | Nitella mucronata | | | | | | | | | | ○ | | | | |
| | オニフラスコモ | Nitella rigida var. rigida | | | | | | | | | | | ○ | ○ | | |
| ヒルムシロ属 | オヒルムシロ | Potamogeton natans | | | | | | | | | | | | | | ○ |
| | フトヒルムシロ | Potamogeton fryeri | | | ○ | | | | | | | | | | | |
| | ヒルムシロ | Potamogeton distinctus | ○ | | ○ | | | | ○ | | | | | | ○ | |
| | アイノコヒルムシロ | Potamogeton malainoides | | ○ | | | | | | | | | | | | |
| | ササエビモ | Potamogeton nipponicus | | ○ | ○ | | | ○ | | | | | | | | |
| | ホソバミズヒキモ | Potamogeton octandrus | | | ○ | | | | | | | ○ | ○ | ○ | | |
| | ミズヒキモ | Potamogeton octandrus var. miduhikimo | | | ○ | | | | | | | | | | | |
| | ヒロハノエビモ | Potamogeton perfoliatus | ○ | ○ | ○ | ○ | ○ | ○ | | | | ○ | ○ | ○ | | |
| | ガシャモク | Potamogeton dentatus | | ○ | ○ | | | | | | | | | | | |
| | ササバモ[4] | Potamogeton malaianus | | ○ | ○ | ○ | ○ | ○ | ○ | ○ | ○ | ○ | ○ | ○ | | |
| | エビモ | Potamogeton crispus | ○ | ○ | ○ | ○ | ○ | ○ | ○ | ○ | ○ | ○ | ○ | ○ | | |
| | ヤナギモ | Potamogeton oxyphyllus | ○ | ○ | ○ | | | | ○ | | | ○ | ○ | ○ | | |
| | センニンモ[4] | Potamogeton maackianus | | ○ | ○ | ○ | | ○ | ○ | ○ | ○ | ○ | ○ | ○ | | |
| | ヤナギモ×センニンモ | Potamogeton oxyphyllus × Potamogeton maackianus | | | | | | | | | | ○ | | | | |
| | ヒロハノセンニンモ | Potamogeton leptocephalus | | | | | | | | | | ○ | | | | |
| | サンネンモ* | Potamogeton biwaensis | | | ○ | | ○ | ○ | | | | | | | | |
| | ツツイトモ | Potamogeton panormitanus | | | | | | | | | | | | | ○ | |
| | リュウノヒゲモ | Potamogeton pectinatus | | | ○ | | | | | | | | | | | |
| | オオササエビモ | Potamogeton anguillanus | | | ○ | | | | ○ | | | ○ | ○ | ○ | | |
| イバラモ属 | イバラモ[4] | Najas marina | ○ | ○ | ○ | | ○ | ○ | ○ | | | ○ | ○ | ○ | | |
| | オオトリゲモ | Najas oguraensis | | | ○ | | | | | | | ○ | ○ | ○ | | |
| | トリゲモ | Najas minor | ○ | ○ | ○ | | ○ | | | | | | | | | |
| | ヒロハトリゲモ | Najas foveolata | | | ○ | | | | | | | | | | | |
| | ホッスモ | Najas graminea | | ○ | ○ | ○ | | | | | | | | | | |
| スブタ属 | ヤナギスブタ | Blyxa japonica | | | | | | ○ | | | | | | | | |
| | スブタ | Blyxa echinosperma | ○ | | | | | | | | | | | | | |
| セキショウモ属 | コウガイモ | Vallisneria denseserrulata | ○ | ○ | ○ | | ○ | | ○ | | | ○ | ○ | ○ | | |
| | セキショウモ | Vallisneria asiatica | | | ○ | ○ | ○ | | | | | | | | | |
| | ネジレモ[4] * | Vallisneria asiatica var. biwaensis | | ○ | | ○ | ○ | ○ | ○ | ○ | | ○ | ○ | ○ | | |
| クロモ属 | クロモ[4] | Hydrilla verticillata | ○ | ○ | ○ | | ○ | ○ | ○ | ○ | | ○ | ○ | ○ | | |
| コカナダモ属 | コカナダモ[4] 外) | Elodea nuttallii | | | | | ○ | ○ | ○ | ○ | | ○ | ○ | ○ | | |
| オオカナダモ属 | オオカナダモ[4] 外) | Egeria densa | | | | | ○ | ○ | ○ | ○ | | ○ | ○ | ○ | | |
| ミズオオバコ属 | ミズオオバコ | Ottelia alismoides | ○ | | ○ | | | | | | | | | | | |
| ホタルイ属 | ヒメホタルイ | Schoenoplectus lineolatus | | | | | | | | | | | | | | |
| | ハゴロモモ[4] 外) | Cabomba caroliniana | | | | | | | ○ | ○ | | ○ | ○ | ○ | | |
| マツモ属 | マツモ[4] | Ceratophyllum demersum | ○ | ○ | ○ | ○ | ○ | | ○ | | | | | | ○ | |
| | ゴハリマツモ | Ceratophyllum demersum var. quadrispinum | | ○ | ○ | | | | | | | | | | | |
| キンポウゲ属 | バイカモ | Ranunculus nipponicus var. submersus | ○ | | ○ | | | | | | | | | | | |
| ミゾハコベ属 | ミゾハコベ | Elatine triandra | | | ○ | | | | | | | | | | | |
| フサモ属 | フサモ | Myriophyllum verticillatum | ○ | ○ | ○ | ○ | | ○ | | | | | | | | |
| | ホザキノフサモ[4] | Myriophyllum spicatum | ○ | ○ | ○ | ○ | | | ○ | | | ○ | ○ | ○ | | |
| | オグラノフサモ | Myriophyllum oguraense | | | ○ | | | | | | | | | | | |
| | タチモ | Myriophyllum ussuriense | | | ○ | | | | | | | | | | | |
| | オオフサモ[外] | Myriophyllum aquaticum | | | ○ | | | | ○ | ○ | | | | | | |
| | 種数合計 | | 16 | 21 | 29 | 17 | 13 | 17 | 16 | 8 | | 20 | 24 | 26 | 27 | 3 | 1 |
| | | | | 36 | | | | | 23 | | | | 34 | | | |

1) ①：前田（1910）、②：山口（1943）、③：生嶋ほか（1962）、④：生嶋（1966）、⑤：永井（1975）、⑥：Kunii et al.（1985）、⑦：浜端（1991）、⑧：水資源公団琵琶湖総合管理所（2001）、⑨：（独）水資源機構琵琶湖総合管理所（2006）、⑩：（独）水資源機構琵琶湖総合管理所（2009）、⑪：Hamabata and Yabu'uchi（2012）
2) Lは琵琶湖、Nは内湖で確認された種
3) 琵琶湖でのオオシャジクモの記録は、Kasaki（1964）が最初である。
4) 太字はグラビア頁に掲載
*：固有種、外）国外外来種、

面積に関する報告はないが、1980年代後半に行った南湖での潜水調査では、沈水植物が分布する最大水深は、北湖に近い南湖北部を除くと、たとえ生育していたとしても3m止まりで、しかも湖岸にごく近い部分に限定されていた。そうした状況にあった南湖の沈水植物群落が、1994年以降急速に拡大し始め（浜端，1996）、2000年には南湖面積の50％を越え（Hamabata and Kobayashi, 2002）、増加傾向は2004年になっても続いている。

・南湖における沈水植物群落の回復の原因

　観測史上最低の水位を記録した1994年夏の渇水は、南湖の沈水植物にとってはエポックメイキングな出来事であった。この年は全国的に高温、少雨であったが、琵琶湖集水域のほぼ中央に位置する彦根気象台でも、年降水量は平年比の69％の1,137.5mmしかなく、1894年以来第2位の少ない値を記録した。特に梅雨期間の彦根の降水量は平年比の31％（123.5mm）に止まり、また7、8月の月平均気温と月間日照時間は高く、いずれも第1位の記録（それぞれの統計期間は1894～1994年と1986～1994年）を更新する例年にない猛暑となった（彦根地方気象台,1994）。そのため、琵琶湖の水位は6月初めにマイナスとなって以降低下を続け、9月15日には観測史上最低のB.S.L.（琵琶湖基準水位）-1.23mを記録するに至った（1-4節参照）。こうした少雨は、河川からの栄養塩の流入負荷を抑制し、8月下旬から9月上旬には、北湖湖心で10m以上の透明度を記録する（熊谷，1994）ほど、表層水を澄み渡らせた。

　1994年夏の渇水は、平均水深3.5mの南湖において1m以上の水位の低下、透明度の上昇、連日の晴天などによって、湖底に到達する光を増加させた。この光の増加が夏期を成長時期とするクロモなどの在来種の種群やオオカナダモの成長を助ける結果となった。逆に夏前に成長を終えるコカナダモに取っては不利な条件となった。夏から秋にかけての渇水としては1939年以来、実に55年ぶりのものであったが、その後琵琶湖基準水位（B.S.L.）-1mに近い水位低下が2000年（9月10日：同-0.97m）、2002年（10月31日：同-0.99m）と立て続けに起こった。

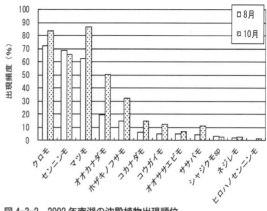

図4-3-2　2002年南湖の沈殿植物出現順位

・渇水後の南湖における種類相

　2002年8月と10月に南湖で行った植生調査で、11種類の分布が確認された。出現頻度から見た優占種はクロモ、センニンモ、マツモであり、コカナダモは6位にとどまった（図4-3-2）。1994年の7月には南湖北部で100haにも達するコカナダモの流れ藻が発生するなど（浜端，1996）、渇水以前にはコカナダモの大発生がしばしば見られた。はじめにも述べたように、この種は移動を主体としており、新たな場所で突然大発生することがある。そのため、この種の消長を短期間での観察から見極めることは困難であるが、少なくとも南湖については1994年以降、減少してきたと見て間違いなさそうであったが、2000年頃からまた南湖北部付近から回復を始めている。

・南湖での水草の繁茂と水質

　沈水植物群落の繁茂にともなって、南湖の水質にも改善が見られるようになってきた。1993年以前の南湖の水は緑白色をしており、とても船上から水草が見えるという状態ではなかったが、2000年の夏には南湖の南部でも水は澄み、水草帯の中を泳ぐ魚が見える状態までになった。こうした水質改善の傾向は月1回行われている定期観測の結果（滋賀県，1990-2001）[注2]にも現れてきている。図4-3-3は南湖および瀬田川の水質測定点（図4-3-4）の東西方向での複数地点（大部分は3点）の平均値を、水草が繁茂する7月～10月までの

注2）琵琶湖南湖では、2001年以降も水質（リン濃度、透明度等）は改善傾向にあり、本文の主旨に大きな変化はない。

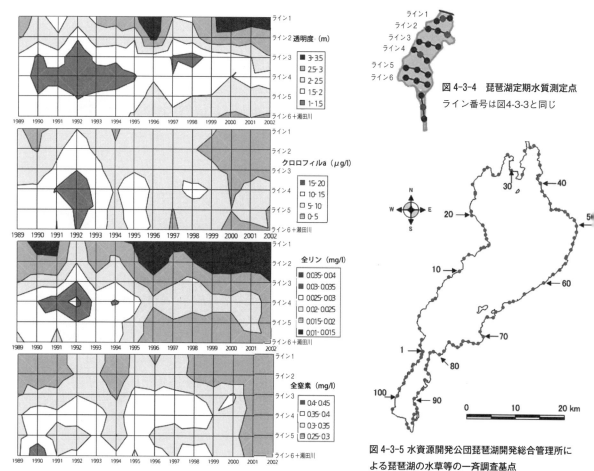

図4-3-3 南湖および瀬田川の水質経年変化（浜端ほか，2007）
横軸の数字は調査年

図4-3-4 琵琶湖定期水質測定点
ライン番号は図4-3-3と同じ

図4-3-5 水資源開発公団琵琶湖開発総合管理所による琵琶湖の水草等の一斉調査基点
数字は、各基点の番号

4ヵ月でさらに平均し、経年変化を示したものである。図の上下方向は地図上の北から南に対応している。南湖の北部は比較的良好な水質の北湖の水が流れ込むため渇水以前から透明度が高く、また植物プランクトンを指標するクロロフィルaや全リン、全窒素などの濃度はいずれも低かったが、水質状況の悪かった南湖南部でも、渇水のあった1994年以降、透明度や全リンでは改善傾向が著しく、またクロロフィルaは全体に低くなるとともに、全窒素では2000年付近から低下傾向が見られるようになってきている。南湖でのこうした水質の改善は水草の繁茂と関係があると言えるのだろうか。

・渇水後の全湖での優占種の変化

渇水後、水資源開発公団によって琵琶湖の水草等の一斉調査が行われることになった。初回調査は1997年（補足調査：1998年）に（水資源開発公団琵琶湖開発総合管理所，2001）、その後5年ごとに調査が行われてきている。その調査は、湖岸に109の基点を設け（図4-3-5）、そこから沖合に向けて湖底に測線を設置し、幅2m、長さ10mの方形区（20㎡）ごとに潜水での植生調査を、沈水植物の分布下限まで連続して行うという大変なものである（図4-3-6）。この調査が行われるようになり、もはや個人での潜水調査の時代ではないと思い、私は琵琶湖での潜水による分布調査を止めることにした。

5年ごとに行われる調査の測線の位置は変化していないので、それらを比較することによって、種の消長を見ることが出来る。特に近年優占種となっていた外来種のコカナダモ・オオカナダモ、在来種のクロモ・センニンモの4種類について、各方形区で被度4、5（被度100％表示で50％以

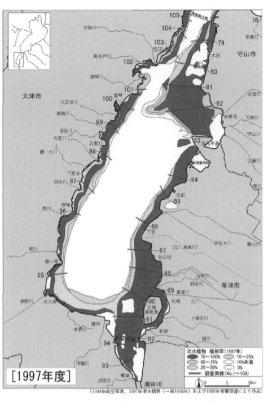
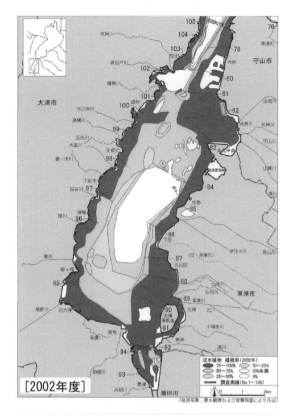
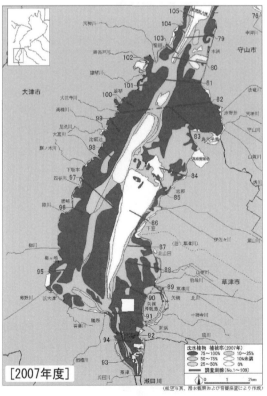
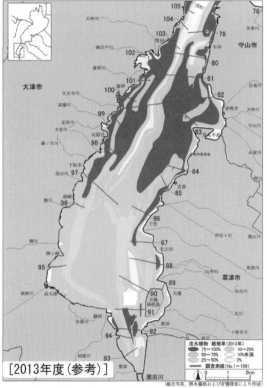

図 4-3-6 南湖における沈水植物群落の推移
出典:1997年度は水資源公団琵琶湖開発総合管理所(2001)、2002年度と2007年度は(独)水資源機構琵琶湖開発総合管理所(2006,2009)より、2013年度は(独)水資源機構琵琶湖開発総合管理所HPより許可を得て転載した。

沈水植物の変遷 ● 109

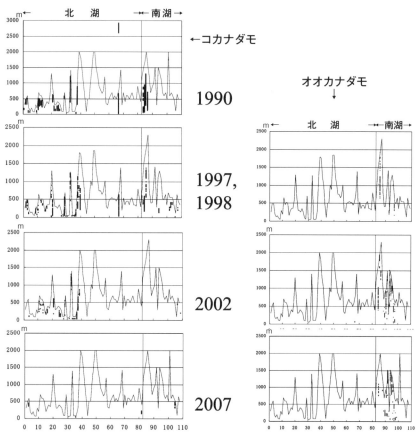

図4-3-7 コカナダモ、オオカナダモの各種が被度4,5で優占種となっていたと考えられる方形区の分布位置（太い縦のライン）．
（縦軸は湖岸の基点から調査した水深xmまでの直線距離を表わす。横軸の数字は図4-3-5の一斉調査基点の番号。）

上）で優占種となっていたと考えられる方形区の分布位置を図4-3-7、図4-3-8に示す。この図から、コカナダモは2000年代に入ると急速に減少し、オオカナダモは南湖で優占状態を維持している様だが、減少傾向が読み取れなくもない。上記の在来2種は全湖に広く分布するが、センニンモは1997～1998年には南湖で特に優占状態にあることがわかる。その一方で、北湖東岸部分で徐々に優占している方形区数が減少しているのがわかる。

こうした優占種の消長をどう考えるべきであろうか？大群落を作る種類は単位面積あたりの現存量も高い。また沈水植物は栄養塩の大部分を底質から得ていると考えられているが、長年大群落を維持していた底質からは栄養塩が失われてきていると考えることが出来る。コカナダモはその代表例で、渇水後、しばらくは存続したが、渇水が起きた時期がこの種には不利に働き、在来種等の繁茂を促進し、2000年代になるとこれらとの競争に負けてしまったと考えられる。

また在来2種については、北湖自体が富栄養化時代でも、湾奥部などを除くと底質での栄養塩蓄積が多くなく、センニンモが次第に減少したのでは無いかと考えられる。クロモにそれほど低下傾向が見られないのは、センニンモに比べ単位面積あたりの現存量が低いことから推測できるように、底質の栄養塩低下には耐性があるのかもしれない。センニンモはまだ南湖で優占状態にあるようだが、今後それらが低下する可能性が十分に考えられる。

### 4-3-3 水草の現存量

高島市の萩の浜の水深5m程度の沖合いで、漁船からスキューバを付けて、立ったままの姿勢で飛び込んだ時の記憶を今でも鮮明に覚えている。白砂青松の湖岸なので、深い沖合いでも砂地の場所ではぼんやりとしていても、湖底が白く見えるはずであった。ところが、その時は真っ暗にしか見えず、おかしいと思っていると、足からコカナダモの群落の中に吸い込まれていった。6月末で、コ

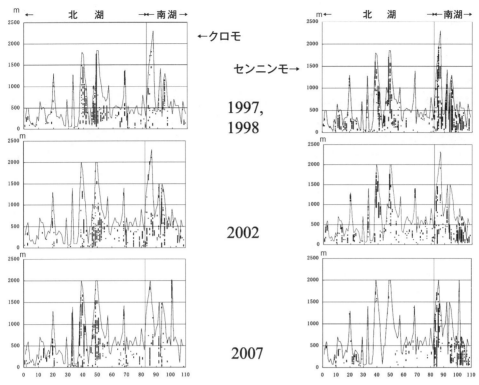

図4-3-8 クロモ、センニンモの各種が被度4,5で優占種となっていたと考えられる方形区の分布位置（太い縦のライン）．（凡例は図4-3-7と同じ）

カナダモが最もよく成長していたころで、群落高は2m程度に達していたと思われる。まもなくすると私の体は、一面のコカナダモの大群落に埋もれてしまった。その時に、コカナダモ群落のすごさを体感したと言える。と同時に、この群落が非常に均質であることにも気づいた。水面に近い部分では枝分かれはしているが、湖底から直径1mm程度の細い茎がまっすぐにのび、しかも、一面に均質な群落が広がっていた。流れ藻のコカナダモを見るとからみあっており、調べてみようなどという気にはとてもなれないのだが、生育中のコカナダモは十分にその気を起こさせるものであった。

1988年と1989年には、塩津湾入り口にある月出と言う集落のそばの湖岸で、コカナダモ群落の現存量を推定するための刈り取り調査を、スキューバを用いておこなった。なお1989年と翌1990年には、本種の流れ藻が大発生した。1989年の6月末に、水深3mの群落で1㎡当たり乾燥重量で720gという最大の平均値を得た。1990年には先に述べた魚探を使って、コカナダモ群落の分布図を作った（Hamabata, 1997）。黒く塗りつぶして

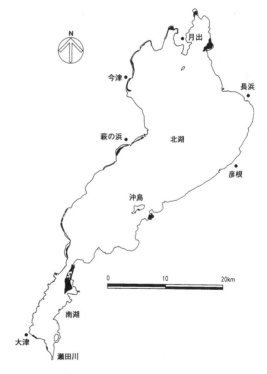

図4-3-9 1990年におけるコカナダモ群落（ほぼ純群落）の分布（黒塗りの地域）

いる部分がコカナダモの分布域だが、これだけで約900haの面積となった（図4-3-9）。この面積に最大現存量720g/㎡を掛け、この年の琵琶湖全体のコカナダモの現存量を試算すると、乾燥重量で6,300tとなる。琵琶湖に生育する生育の良いAクラスのヨシ群落の現存量がほぼ2000 g/㎡とされている。内湖を含め現在、琵琶湖に200haのヨシ帯があったとしても4,000tとなり、コカナダモの現存量の6割程度にしかならないことが分かる。

ただし最近ではコカナダモ群落は衰退している。優占種区分は出来ていないが、全湖について面積の推計値89k㎡を用い、在来種のクロモやセンニンモの群落の現存量をコカナダモ群落の半分360g/㎡を用いて全湖の水草帯の現存量を見積もってみると32,000tとなる。ヨシ帯に比べ桁違いに大きな植物群落が、目に見えない水の下に存在することを忘れてはならない。

## 4-4 琵琶湖の過去の水草を見る―中国雲南省洱海の水草

現在の琵琶湖の水草の中で量的に最も多いのはコカナダモである。この帰化植物の侵入は、琵琶湖の生態系、なかでも沿岸帯に少なからぬ影響を与えたに違いない。私の興味は次第に、琵琶湖の水草の本来の姿がどのようなものであったのかという点に移っていった。これについては、山口久直さんなどの過去の貴重な文献などから想像することはできるが、類似した実際の湖沼を調べるという方法は非常に魅力的である。

その対象として選んだのが、中国雲南省で第2の大きさの湖である洱海だった。表4-4-1は洱海と琵琶湖との簡単な比較である。表面積は琵琶湖の3分の1強で、最大水深も21mと琵琶湖の104mに比べかなり浅いので、容積も少ないことが分かる。雨期と乾期が明瞭で、6月から10月が雨期にあたる。洱海は琵琶湖より10度南の北緯25度にあるが、標高が2,000mと高いために、年平均気温はほぼ同じである。しかし月平均気温の最低と最高を見ると、洱海では9℃から19℃と、10℃程度しか年変動がなく、常春の国の湖といえそうだ。琵琶湖同様、流域最大の都市大理市（下関）が南端の流出口付近にあるために、下水の流入の影響も少なく、洱海はまだ透明度の高い状態を保っており、調査時に測定した透明度は10mにも達した。

この湖で1992年5月に調査を行った結果、14種類を採取することができた（表4-4-2）。そのうち丸印は琵琶湖と同じ種類であることを、三角印は類似種であることを示す。また黒で塗られているものは、今は見られないがかつては琵琶湖でも記録されたことを示す。この表から、洱海の水草はほとんどが琵琶湖と共通していることがわかる。さらに、ネジレモに非常に近縁なセキショウモが最も頻度高く出現するとともに、魚探の調査からもこの優占群落が広く分布すると推測されることから、セキショウモが現在の優占種と考えられたことを初めとして、琵琶湖では絶滅したと考えられているリュウノヒゲモや、同じく絶滅種のガシャモクに近縁な*Potamogeton lucens*がまだ生育している

表4-4-1 洱海および琵琶湖の概要

|  | 洱海 | 琵琶湖 |
|---|---|---|
| 標高（m） | 1974 | 85.6 |
| 表面積（k㎡） | 236~257 | 674 |
| 水容積（×10⁹㎥） | 2.2~3.0 | 27.5 |
| 最深部（m） | 21 | 104 |
| 平均水深（m） | 10.5 | 41 |
| 滞留時間（年） | 2.4 | 5.5 |
| 湖岸線（km） | 115 | 235 |
| 集水域（k㎡） | 2565 | 3174 |
| 平均降水量（mm） | 1048 | 1741 |
| 平均気温（℃） | 15.3（9.1~19.9） | 14.1（3.2~26.4） |

表4-4-2 雲南省洱海で採集した沈水植物

| 種名 | 和名 | |
|---|---|---|
| *Chara* sp. | シャジクモ属 | △ |
| *Nitella* sp. | フラスコモ属 | △ |
| *Potamogeton malaianus* | ササバモ | ○ |
| *Potamogeton crispus* | エビモ | ○ |
| *Potamogeton perfoliatus* | ヒロハノエビモ | ○ |
| *Potamogeton maackianus* | センニンモ | ○ |
| *Potamogeton pectinatus* | リュウノヒゲモ | ● |
| *Potamogeton lucens* | ガシャモク？ | ● |
| *Potamogeton* sp. | オオササエビモ？ | △ |
| *Potamogeton pusillus* | イトモ | ○ |
| *Vallisneria natans* | セキショウモ | ○ |
| *Hydrilla verticillata* | クロモ | ○ |
| *Ceratophyllum demersum* | マツモ | ○ |
| *Myriophyllum spicatum* | ホザキノフサモ | ○ |

○，琵琶湖と共通種；●，かつて琵琶湖で記録；△，類似種

こと、琵琶湖では個体数がかなり減少してしまっているヒロハノエビモなどが、現在も旺盛に生育していること、琵琶湖では失われてしまったと思われるシャジクモ帯が、まだ健全な状態で残っていることなど、多くの興味深いことがわかった。

今回採取された沈水植物の中で、優占群落を構成する可能性のある種類はセンニンモ、セキショウモ、クロモ、マツモ、ホザキノフサモなどだった。なお、マツモは洱海で優占群落を捕らえることができなかったので、ここでの考察からは除外しておく。ホザキノフサモは底質に関わらず浅水域に広く出現する種類と考えることができた。センニンモはより深水域に多く分布し、特に富栄養な泥が堆積している地点で大群落が見られた。クロモは成長の最盛期にはまだ至っておらず、今回の調査では十分に評価できていないが、琵琶湖での分布を加味して考えると、センニンモと比較的似た分布をするものの、センニンモほど深くまでは生育しないようだった。セキショウモは水深では、ホザキノフサモとセンニンモやクロモの中間に生育しているようだった。琵琶湖でのネジレモは泥の堆積の少ない砂質等の立地を主な分布域にしているが、洱海のセキショウモはクロモやセンニンモほどではないにしても、泥地でも生育して

写真4-4-1　洱海　海舌付近の混合群落

いるように思われた。

これら主要種は、いずれも底質が泥で富栄養の場合に優占群落になるようなので、上記優占種とともに、ヒロハノエビモやリュウノヒゲモ、オオササエビモ？（P. anguillanus?）、P. lucensなどの多くの種類を構成要素とする多様な混合群落は、水深1～3mの比較的浅い水深で、砂～砂泥質のそれほど富栄養でない底質の場合に見られるようだった（写真4-4-1）。優占種以外のこれらの種類は、いずれも琵琶湖で絶滅あるいは減少傾向の見られる種類であることを考えると、こうした立地は種の多様性を維持する上からも注目する必要があるようだ。

## 4-5 琵琶湖の環境変化と水草

### 4-5-1　底質の変化

琵琶湖でのコカナダモは波当たりの少ない湾奥部や深水域の泥の堆積した場所を主な分布域としている。カナダモ属の種類がまだ侵入していなかった洱海の場合、上記のようなコカナダモが生育するのに最も適した場所、例えば洱海では南西風が卓越するが、その風上に当たる北部西岸などには、センニンモの大群落が見られた。こうしたことから、琵琶湖でもまずセンニンモの群落がコカナダモによって置き換えられたと予想された。コカナダモによって場を奪われた種がセンニンモではないかということは、琵琶湖での潜水調査からも予想していた。代表的な群落断面を示している図4-2-7-Dタイプ、同-Eタイプなどのコカナダモ群落の浅深両端付近に示しているように、センニンモが深い部分や浅い部分に、まるでコカナダモ群落に分断されているかのように、出現しているのをたびたび見ていたからである。

しかし洱海の水草を調べてみて、かなり考え方を根底から変えさせられたことは、ネジレモの生育立地であった。現在のネジレモの分布は泥の堆積の無い砂地に限定されているが、洱海のセキショウモは泥地でも生育するようであった。琵琶湖でのかつてのネジレモの優占状況と洱海でのセキショウモの分布状況を考えると、ネジレモもセキショウモのように多少の泥地でも生育していたのではないかと疑われる。すると、こうした泥地

のネジレモも、センニンモに続きコカナダモにとって代わられ、現在のような砂地に生育しているネジレモのみが残ったという可能性も十分にありうると考えるようになった。もちろんコカナダモ侵入以前と現在の底質が決して同じではないという点は留意しておかなければならない。というのも、帰化植物のコカナダモだけではなく、在来種のクロモやセンニンモもやはり現在の琵琶湖で優占種の地位を占めており、これらはいずれもネジレモより背の高い密な群落を形成するとともに、泥地を特に好む植物であるからだ。単に優占種であったネジレモがコカナダモにとって代わられたというだけではなく、より泥地を好む植物の増加という変化が、1960年代以降に起こったとみるのが適当であるようだ。

底質が砂地から泥地へと代わるのは、湖の遷移の過程と考えられる。湖の富栄養化に伴うプランクトンの増加、そしてその分解残渣が湖底の泥となると思われる。こうした富栄養化の結果として底質が変化し、より泥地を好む植物が増加したものと考えられる。

## 4-5-2　透明度の低下と南湖

ネジレモのような茎を持たないロゼット種（rosette species）が、底質の変化のみならず他の要因で減少する可能性もある。それは富栄養化に伴うプランクトンの増加が湖水の透明度を低下させ、光合成器官を水面近くに伸ばしえないロゼット種が、長い茎を持つ種類との競争で不利になるということで説明される。

透明度の低下が最も顕著な結果となって見られるのが、1993年以前の南湖の水草の分布である。すでに述べた主要群落による類型化では、南湖が十分に評価できていなかったが、それは、南湖では北部の一部を除いてコカナダモやクロモ・センニンモといった長い茎を持つ種類でさえもほとんど見られなかったからである。しかし主成分分析（図4-2-5）で、第1軸が南湖と北湖とに分かれたと述べたように、コウガイモなどいくつかの種類は南湖に多く出現した。これらはいずれも特に南湖にだけで見られるというわけではなく、1m以浅の汀線付近に生育するものと考えた方がよさそうだ。南湖にはこれらの浅水域の種類しか生育していなかったために、南湖的な種類と判断されたと考えられる。図4-2-7でのC～Eのタイプで汀線付近以外の群落が失われたものが、当時の南湖の湖岸ではないかと考えられる。

このような南湖も、1930年代には湖底全域が水草で被いつくされていた（山口, 1943）ことを考えると、今後水質が改善され、透明度が増加した場合、コカナダモの分布域が拡大する可能性があることは、視野に入れておく必要がありそうと考えていた。

それが思わぬ現象の発生で一部証明された形となったのが、1994年の大渇水である。透明度の回復では無かったが、水位の低下（平均水深3.5mの南湖で1.23mの水位低下）によって光条件が改善され、それによって水草帯が一気に回復するという現象が起こり、回復した水草帯による水質改善により、さらに水草帯が回復するという、水質改善のスパイラルに入っているようである。

## 4-5-3　種の繁殖様式と水位

帰化植物のコカナダモは、日本では雄株しか確認されておらず、種子を作らない。旧個体の節から新しい芽を出すという栄養繁殖によってのみ再生産を行っており、古い植物体の状態で冬を越す。それに反して、クロモは殖芽や塊茎を作り、砂や礫に埋もれ越冬し、またセンニンモは丈夫な地下茎を持ち常緑で冬を越す。こうした冬期の生活様式の違いが、波浪に対する耐性の差となってあらわれ、在来種とコカナダモのすみわけを引き起こしていると考えた。

さらに種類の入れ替わりなどを長期的に考えてみると、種子などの休眠器官を持つ在来種は、水位の変動にも耐性があるように思われる。土の中に埋もれたりしていると、たとえ水位が低下してもしばらくは生存が可能だろうが、コカナダモのように栄養繁殖だけで再生産をしているものにとっては、たとえ期間は短くても影響が致命的となるに違いない。琵琶湖の平均水位は、1903年の洗堰設置以前ではその変動幅が2～3mにもおよんだが、最近では、かなり人為的に管理され、1960年代以降になると1m程度の変動幅に抑えられるようになった（図1-4-2参照、藤野, 1988）。こうした水位の平滑化[注3]も、コカナダモの琵琶湖での定着に大きく寄与してきたと考えられる。

## 4-6 湖岸形状と湖岸の固定化—沿岸帯を考える

　琵琶湖本湖の沿岸帯に主に生育する沈水植物を中心に議論してきたが、より陸上に近い部分に生育するミズオオバコやコウホネ、あるいは浮葉植物のアサザやトチカガミなどは、私が水草を調べ始めたころは、それほど探さなくとも見ることができたが、最近ではかなり珍しいものとなってきた。その原因としては、こうした植物が生育する汀線付近の環境が、著しく変わってきたことが上げられる。
　すなわち湖岸堤などの建設に伴う湖岸の平滑化などによって、何千tの流れ藻が湖面を風送されることからも明らかな様に、水生植物は水によって大量に、また遠くまでも運ばれている。本来水草はこうしたチャンスを利用して種を存続させてきたに違いない。かつての琵琶湖は、大降雨で水位が上昇した時には、低湿地や水田を飲み込み、湖面域を大きく広げ、また渇水のときには痩せ細るというように、水位変動に伴って、湖の領域を大きく変化させてきた。
　この章の冒頭に述べた陸側の湖岸の境界をどこに求めるかといった疑問が出てくるのは、この変動するという琵琶湖の本来の性質に起因する。
　比較的浅水域に見られる混合群落を構成する多様な種類や、上記の汀線付近の種類は、水位上昇などの際には陸上側に移動し、一時的な生育地を確保したと思われる。しかし、琵琶湖では琵琶湖総合開発に伴ってすすめられた低地湖岸での計画水位B.S.L.＋1.4mという湖岸堤の建設が、水位上昇による被害防除を目的としておこなわれ、湖岸と陸上部とのあいだに境界が引かれた。この、いわゆる「琵琶」の形への琵琶湖の湖岸線の人工的な固定化は、水位上昇に対して水草の逃げ場を失わせてしまったようだ。

## 4-7 水鳥と水草との関係

　琵琶湖は1971年に鳥獣保護区に指定され、狩猟が禁止され、それ以降水鳥の飛来数が増加し、近年では約5万羽の水鳥が琵琶湖に飛来してきている。水鳥の章で述べられているように、藻食いとされるヒドリガモ、オカヨシガモ、コハクチョウなどは顕著に増加している。これらの水鳥が実際になにを食べているか、特に目視が困難な沈水植物の採餌については明らかではない。しかし水鳥の早いものでは10月ごろから飛来し始めるため、センニンモやコカナダモなどのような冬でも地上部（水中部）を持つ種類のみならず、大部分の水草が被食の対象となっていると考えられる。
　数十cmの水深に生育する群落に水鳥が入らないようにネットを張っておくと、11月末ぐらいまではネジレモなど浅水域に生育する水草の旧葉が脱落せずに残っているのを見ることができるが（写真4-7-1）、水鳥の被食を許した場所では、少なくとも成葉をつけた個体は皆無になってしまう。たぶん水鳥は地下茎あるいは新芽の部分を、旧葉

写真4-7-1　実験的に水鳥がはいらないようネットを張った水草群落（左）とネットを張らなかった水草群落（右）

注3）洪水による攪乱頻度の低下（3章参照）。

を頼りに見つけだし食べていると思われ、その被食圧はかなりのものであると予想できる。ネジレモなどは比較的浅水域の個体が開花結実し、種子散布に寄与していると思われるため、食害はネジレモにとって深刻であると思われる。この被食圧についてはまだ定量的な調査がされていないので、推測の域を出ないが、かつての優占種であるネジレモが減少してきた要因として、人為影響だけでなく、こうした水鳥による食害も無視できないと考えている。

## コラム4-1　水草と水鳥の関係　水鳥は悪役？

4章1～7を書かれた浜端悦治さんは、本書の企画途中である平成26年7月24日に亡くなられた。4章の原稿は浜端さんの遺稿となったが、この遺稿だけでは、彼の研究意図の全体を把握することはできない。浜端さんはこの章のなかで、水鳥の水草に対する負の影響を示しているが、正の影響も考えていたからだ。

浜端（2005）は、琵琶湖の湖畔にある早崎ビオトープ*での再生実験で、希少種（シャジクモやタコノアシの出現を埋土種子バンクからの発芽としつつ、隣接している琵琶湖で大きな群落を形成している水草のオオササエビモやヒロハノエビモについては、水鳥による散布の可能性を考えていた。特に日本に雄株しか侵入していない外来種のコカナダモについては、種子が形成されないので、埋土種子ではなく水鳥による切れ藻の持ち込みによって分布を広げていると考えていた。そのため、水草の移動媒体として水鳥は無視できない存在と述べている（浜端, 2005）。

このような、水鳥による植物の種子散布について熱心に考察した研究者の一人に、進化論で有名なダーウィンがいる。彼は「種の起源」の「地理的分布」の章で、渡り鳥が植物の種子や魚の卵、貝類などを運搬する可能性について述べている。鳥類が何百マイルもの距離を短時間で渡ることから、植物の地理分布に大きく貢献しうると考えていた。そのために、ハトの死体を30日間人工海水につけ、その素嚢に含まれた種子が発芽することを確認したり、水鳥に付着しそうな湿地の泥に、多くの発芽可能な種子が含まれていることを確認したりしている（Darwin, 1859）。確かに水鳥達は、水草の生育域である水辺しか移動しないので、生息に適した環境が分断している水草にとって、とても効率の良い散布方法であろう。

また、植物の生活史において鳥類による被食が不可欠な事例として、モーリシャス諸島のドードーとタンバラコクの話が、有名である。タンバラコクは、モーリシャス諸島に生育する植物で、木の実はたいへん固いので、発芽するにはドードーが一度実を食べ、糞として排出しないといけなかった。そのため、ドードーが絶滅してしまったモーリシャス諸島では、タンバラコクの実生が見られず、老木ばかりになっているのである（Temple,1977）。同様に、水鳥が水草の生活史に関わっているという話も多くある。特にリュウノヒゲモという汽水性の水草は、研究事例の多い植物のひとつであり、種子が水鳥に食べられることによって発芽が促進されることがわかっている（Figuerola and Green, 2002; Figuerola et al., 2005）。

実際、私が米子水鳥公園で行った水鳥の糞の蒔き出し実験でも、イバラモとともにリュウノヒゲモの発芽が観察された（神谷, 2001・神谷ら, 2004）。これらの種子は水鳥の体内で2日以上も体内で滞留しても、それでも発芽能力を維持することもわかっている（Charalambidou Santamaria, 2002; Charalambidou et al., 2005）。

筆者はリュウノヒゲモの群落を網で覆い、水鳥による被食を阻害する実験を行った（図1）。すると水鳥に被食を受けた非保護区でも、リュウノヒゲモの比較的早い光合成速度によって、2カ月遅れで非保護区でも保護区と同等の現存量まで生育した（神谷・國井, 2001）。リュウノヒゲモの生活史は、まさに水鳥に被食されることを前提としているようである。

水草が分布を広げる方法は、水鳥による被食以外にもある。それは、嘴や水かきや羽毛に付着して移動するという方法である。例えば、棘のある実の水草としてヒシは有名であるが、この棘は、水鳥の羽毛に大変ひっかかりやすいようにできている。実を食べに来た水鳥に逆に種を付着させ、遠くへ移動しようという戦略である。実際、琵琶

湖では、ヒシの実をつけたまま飛ぶコハクチョウが観察されている。

水草と水鳥の関係というと、水鳥が水草を食べてしまうことだけ注目されがちであるが、植物側もしたたかに水鳥を利用しているのである。

浜端さんは、2004～07年の科学研究費の研究代表者として「東アジアにおける水鳥のフライウェイ中継湿地での水生植物相の分布と遺伝的多様性」をテーマとしていた。彼は、東アジアという広大なエリアに広がる湿地群について、そのつながりを想定していたのである。水草をはじめそれぞれの湿地にすむ多様な生物が、水鳥によって連携されている。そして相互に種の消失に対する補完がなされ、湖沼生態系がより安定的に維持できる（浜端，2005）。そんな想像をめぐらしながら、琵琶湖の生物多様性を守る意義を考えていたはずである。

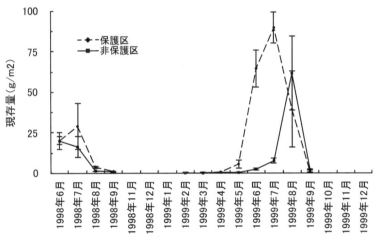

図1　リュウノヒゲモの地上部の現存量の推移（米子水鳥公園）
水鳥の被食を阻害するために保護区（破線）にはリュウノヒゲモの群落に網をかけた。非保護区（実線）は、網をかけていない。保護区ではリュウノヒゲモの生育が速く、また現存量も多いことが分かる。

写真1　琵琶湖（長浜市）沿岸部の水草群落で採食するコハクチョウ

## 4-8 健全な湖岸に向けて—景観生態学的視点の必要性

どのようなものが現在の琵琶湖において望ましい沈水植物群落であるか、答えるのは難しいのだが、一つの目標にされるのはかつての種類組成を持つ群落である。それには現在優占種となっている帰化植物のコカナダモが減少する状態を準備しなければならない。

湖底での泥の堆積がこの種類の繁茂を促していると考えられた。この泥の堆積にはプランクトンの増加が大きく寄与していることには違いないが、集水域からの供給も決して無視できない。例えば森林伐採や圃場整備などの開発行為、あるいは大出水などによって一時的に供給される土砂も、水草にとっては有効な肥料源になると思われる。

琵琶湖に流入する河川内に水生植物やあるいはヤナギなどの樹木が生えていると、少なくともそれらによって水の流れが遅くなるので、大出水などの際にも、かなりの量の懸濁物質が河道内に落とされ、琵琶湖への負荷を抑える働きがある（写真4-8-1）。かつて琵琶湖の周りには、河川と琵琶湖との間に、内湖と呼ばれる多くの小湖沼があり、河川から琵琶湖に供給される懸濁物を沈澱させるろ過池としての機能を持っていた。しかし、戦中、戦後を通じて干拓がすすみ、現在では主要なものでは約20の内湖を残すのみとなってしまった（倉田，1984；西野・浜端，2005）。こうした内湖やそこに生育するヨシ帯を再評価し、滋賀県では全国に先駆けて、琵琶湖およびその周辺のヨシを初めとする抽水植物やヤナギなどを保全するため、ヨシ群落保全条例を1992年に施行した。琵琶湖辺でのヨシの刈り取りなどの問題がないわけではないが、この条例によって、ヨシ等が注目されるとともに、水生植物が河道内に生えていて当たり前と思われるようになると期待される。

コカナダモの大発生を抑える方策として、こうした内湖やヨシ帯の利用による懸濁物質の琵琶湖への流入の抑制がまず考えられる。さらに、コカナダモの短期的な大発生には冬期の水温が関係していると考えられており[注4]、これには冬期に琵琶湖の水位を低下させるという方法がとれるかも知れないが、実施までには多くの条件を考慮する必要がある。しかし、コカナダモのような帰化植物と在来種との繁殖様式を考慮すると、ある程度の水位変動が、琵琶湖本来の種類組成を維持するためには必要であるようだ。

琵琶湖は1993年にラムサール条約の登録湿地となったが、冬期における水位の操作については、水鳥との関係からも将来検討される必要が出てくると思われる。現在の琵琶湖における水鳥の3大飛来地は、いずれも在来の水草が生育する地域である。特に姉川から尾上にかけての地域や、安曇川デルタ北部などは、浅水域が拡がり、ネジレモ等の水草が豊富に生育している。しかしそうした場所でも冬期の水位変動が少ない場合は、被食される範囲が非常に限定され、十分な藻が供給されない可能性がある。健全な水草群落を維持しつつ、水鳥に食べさせるための水位の低下速度など、今後検討が求められるに違いない。

人工護岸化によって減少している汀線付近の水生植物の回復に対しては、一つには、湖側にかつての内湖的な環境を人工的に作り出すような、よ

写真 4-8-1　野洲川河口大出水のあと
（中洲に残るのはヨシ）

注4）該当する文献を見つけられなかった。

り自然に近い湖岸への改変という戦術をとることができる。しかし、それだけでは十分ではなく、琵琶湖と残存する内湖、水田、そしてそれらを繋ぐ捷水路といった湖岸付近の個々の土地利用を単一の目的ではなく、有機的なつながりのなかで評価してことが必要になるに違いない。

以上、湖岸に生育する水草を中心に考えてきたが、琵琶湖の水質を改善するための流域管理は当然のこととしても、琵琶湖への懸濁物の流入を抑えるためには森林、河川、内湖などの適正な管理が求められるとともに、琵琶湖の水位操作がコカナダモの発生量や水鳥による水草の被食量に関係し、汀線付近の水草の回復には陸上側の土地利用と有機的なつながりが必要であることがわかってきた。これまであまり研究されることのなかった、湖沼生態系や森林生態系といった複数の系の間の相互作用を把握し、ある目的—たとえば動植物の生息環境や水質保全—から適正に評価し、健全な土地利用をめざすということが必要になると思われ、これを研究し、実現するのが景観生態学であると考えている。

## コラム4-2　侵略的外来種対策、いたちごっこになる前に

外来種対策については、当面、国の「外来種被害防止行動計画」と「我が国の生態系等に被害を及ぼす又は及ぼすおそれのある外来種リスト」に基づくことが基本となろう（環境省, 2015b；環境省, 2015c）。既に多くの関連書籍が世に出ていて解説するまでもないが、このリストにはこれまで規制対象外だった外来種や国内由来の外来種も含まれている。行動計画のパンフレットには、侵入を予防する監視の重要性や定着初期における早期防除の有効性を火事になぞらえた図や、根絶までの各防除段階における注意事項をダイエットに例えた図が載っている。本コラムでは、初期消火が重大な意味を持つことを琵琶湖での体験を通じて強調したい。やや恨みがましい裏話と苦い思い出である。

ミズヒマワリは特定外来生物の第一次選定種に選ばれた強者だ。これを琵琶湖で最初に確認したのは近江ウェットランド研究会（事務局長：栗林実氏、代表：野間直彦氏）の藤井伸二氏で、その情報はすぐに同会メンバーの私にも届いた。情報は私から直ちに県関係部署にも回った。時は2007年9月、同種は2005年に既に特定外来生物に指定されていた。しかし、情報提供や働きかけに対し、県担当課（自然環境を保全する部署）は、具体的な人的被害が出て深刻な事態にでもならない限り動く気も必要もないと突っ撥ねた。早期であるからこそ問題が見過ごされるという「早期対応のパラドックス」である。その後、同会の呼びかけによる迅速かつ徹底した駆除活動が功を奏し、生育面積は毎年ほぼ半減していき、分布域をほとんど拡大させることなく根絶状態を達成した（藤井ほか, 2008；金子ほか, 2010；Kaneko, 2012）。監視モニタリングは継続されているが、根絶に向けた確実な防除が進んだ事例と言える。この事例は、ミズヒマワリほどの強者相手であっても、早期発見、早期対応さえすれば根絶も十分に可能であることを如実に物語っている。ただし、これは栗林氏を筆頭とする同会メンバーと関係者の並々ならぬ努力の賜物、血と汗と涙の結晶だ。9月から12月にかけて水陸から詳細な分布調査を行い、同時進行で11月から厳寒期の翌年2月半ばまでに6回、視認できるほぼ全ての株を除去するまでさらに2回、土日休日返上でボランティアの駆除イベントを実施した。胴長で腰上まで水に浸かり、人力で水中の植物体を引き抜いたり引き上げたりする重労働だ。その半年間に8社を超える報道機関が繰り返し琵琶湖の侵略的外来種侵入を報じてくれた。2008年1月には滋賀県琵琶湖環境科学研究センターでシンポジウム「侵略的外来種の脅威と対策」を開催し、3月には関西自然保護機構など4機関が合同で国と県に要望書を提出してくれた。もう一回やれと言われてもやれる自信はない。そして、こんなことがいつでもどこでも誰にでもできるとは到底思えない。行政はすぐに協働というが、生態系管理の現場を高い比重で市民ボランティアに委ねてしまうと、時

間や労力、モチベーションの問題もあり、大抵はやがて手が回らなくなりがちだからである。

　一方、当時さらに我々を焦らせていたのは、ミズヒマワリとほぼ同時期にボランティア駆除を開始したナガエツルノゲイトウである。同種は、内湖の植生調査（旧琵琶湖研究所事業）において2004年に彦根市神上沼で採集、神戸大で同定されたのが琵琶湖での最初の記録であろう。わずかに5ヶ所、総群落面積は、ミズヒマワリの初期値1,250㎡よりはるかに少ない250㎡程度であった（水生植物研究会，2005）。同種も2005年には特定外来生物の第一次選定種となっていたが、2004年は外来生物法の施行前だったこともあり、膨大な調査データに埋もれ見過ごされてしまっていた。2006年頃になって沼の湖面が同種で覆われ始めているのを佐々木寧氏が知らせてくれた。放置された3年で群落面積は45倍になっていた。ボランティア駆除を始めた2007年には既に琵琶湖岸にも流出しており、献身的な努力を続けたにも関わらず、北湖西岸、南湖東岸そして南岸へと、発見後6年目に県防除事業が開始されるまでの間に分布域が大きく拡大してしまった。分布拡大期に入ってからの駆除コストは当初から数百万円台にのぼった。6年以上が経過してきた中で、生育面積は一旦減少に転じ、低密度状態を維持できているようにもみえていた。しかし、分布域の縮小には至っておらず、手を抜けばすぐにリバウンドする状態である。行政からの支出ほぼゼロで根絶を達成したミズヒマワリとの差はあまりにも明白で顕著だ。頑張り始めたのがほんの1、2年遅れただけなのに。

　ルドウィギア・グランディフロラ[注1]の顛末はまたの機会に譲るが、結論から言えば、ナガエツルノゲイトウの二の舞だった。防除や根絶の困難度が定着段階（外来種被害防止行動計画では、侵略的外来種の定着段階を未定着、定着初期、分布拡大期、蔓延期に大別している）に左右され、ほんの少しの対応の遅れがその後の経過を大きく変えてしまうことを思い知ったはずの我々だったが、文字通り手が回らなくなっていた。同種と見られるミズキンバイは既に2007年には草津市で佐々木氏に確認されていたが、2009年に栗林氏が確認した初期の群落面積は上記2種よりさらに少ない140㎡程度、藤井氏が正確に同定したのは2010年である。まだ国レベルでも琵琶湖でも警戒されるには至っていなかった。本格的な県駆除事業の開始は発見後4年目の2013年からで、特定外来生物指定は2014年だった。防除のために費やされる予算はあっという間に数千万円台にまで膨れ上がったが、現状はご存知の通りだ。この二の舞事例は、初期消火が決定打ではないことを教えてくれた。それよりもっと決定的に重要なのは、何よりも予防的対策だと私は確信している。

　閑話休題、これまでに日本に導入された外来生物は2,000種以上あるが、そのうち野外定着と繁殖に成功し、さらに分布を拡大して在来の生態系や生物多様性に無視できない影響を与える外来種は数〜10%に満たないとされている（Williamson and Fitter, 1996；種生物学会編，2010）。野外で見慣れない生物を見つけた際に、ホワイトリスト（警戒が不要なもの）やブラックリスト（警戒すべきもの）があれば、対応の判断の助けになる。その意味でも「我が国の生態系等に被害を及ぼす又は及ぼすおそれのある外来種リスト」ができた意義は大きい。リストには現在の日本での定着段階や分布状況の情報もあり、植物については特に問題となる地域や環境も示されている。チクゴスズメノヒエやキショウブなど、既に琵琶湖で繁茂している外来水生植物も多数含まれている。しかし、注目すべきは、琵琶湖に未定着かつ定着の可

能性がありそうな種、いわば琵琶湖版定着予防外来種だ。リスト選定種のうち、琵琶湖の水辺域に侵入可能と思われる約50種（特定外来生物を含む）に対して、予防的に監視、情報収集することが最も重要だといえる。先進的に見える滋賀県の外来種対策においても予防的対策はほぼ皆無だ。ナガエツルノゲイトウとルドウィギア・グランディフロラは確かに国の緊急対策外来種にもなっている。しかし、既に蔓延している種の防除にばかり追われていると、次々に新しい敵の侵入を許しかねない。早期発見ができなければ、初期防除の機会を逃すことによって、防除に多額の公金を費やし続けることになりかねない。どんなに大変でも予防的対策を疎かにしてはならないのだ。行政主体の、ボランティアネットワーク等による監視体制の構築と持続的な運用が望まれる。まず、関係者の苦労の結晶であるリストを参考に、未定着で危険性の高いことが既知、かつ分布現況や生態特性等から琵琶湖に侵入の可能性のある外来種だけを抜粋する。そして写真と見分け方や、監視の重点地域、怪しいものを発見した際の通報先などを、さまざまな媒体を通じて周知することに努める。商工会議所のネットワークなどにも助けてもらいながら、琵琶湖版定着予防外来種の侵入を監視する体制が是非とも必要だ。ルドウィギア・グランディフロラを根絶できたとしても、新たな侵略的外来種の脅威は続くのだから。

ボランティアによる駆除の風景
左は草津市でのミズヒマワリ駆除（前から2番目は筆者）、右は彦根市でのナガエツルノゲイトウ駆除の様子。

---

（注1）特定外来生物の名称としては「ルドウィギア・グランディフロラ（オオバナミズキンバイ等）」とされている。これは、*Ludwigia grandiflora* (Michx.) Greuter et Burdet (sensu lato)（＝広義のオオバナミズキンバイ）には2つの亜種が知られており、その両方を含むためである。基本亜種である *Ludwigia grandiflora* (Michx.) Greuter et Burdet subsp. *grandiflora*（＝狭義のオオバナミズキンバイ）と *Ludwigia grandiflora* subsp. *hexapetala* (Hook. et Arn.) Neson et Kartesz（亜種ウスゲオオバナミズキンバイ）である（須山ほか、2008）。琵琶湖産は亜種ウスゲオオバナミズキンバイとみられているため、本コラムでは、総称として広義の「ルドウィギア・グランディフロラ」を用いた。

# 4-9 近年の南湖の水草繁茂と人為的刈取りの功罪

## 4-9-1 水草の繁茂状況

前節で紹介したように、南湖では1994年の大渇水の後、水草群落の回復が著しく、その後も水草帯の分布域は継続して拡大している。琵琶湖博物館では、2002年から5年に1回の頻度で現存量の変化を調査している（芳賀・石川, 2011；2014；2016）。毎年9月に南湖52地点で50cm四方のコドラート3回分のつぼ刈りを行っており、それによると、水草群落の繁茂面積は2002年から2007年の間に6km²拡大し、南湖全面積の94％にあたる48.6km²にまで増加し、大量繁茂と呼ばれる状況となった。ただ南湖全体における総現存量は、2002年には10,735t（乾重量）だったが、2007年は9,623t（乾重量）で、増加はみられていない。2012年になると、分布面積は47.6km²と大きく変化していないが、総現存量は3,264t（乾重量）と、2007年の1/3程度にまで減少した（芳賀・石川, 2014）。この値は、生嶋（1966）による1936年の推定現存量（乾重量3,940t）と比べても低いレベルだった。ところが2013年7月以降、晴天が続くと、水草が急激に成長し、2016現在、再び大量繁茂の状態に戻った。2014年の水草群落の現存量は、18,173t（乾重量）で、これまでの最高値を示した（芳賀・石川 2016）。

前節でも述べたように近年、南湖の透明度が上昇し、光環境からみて南湖のほとんどの地点で繁茂が可能となったため（芳賀・大塚, 2008）、一部の繁茂できない地点を除き、水草が湖底を覆いつくす状況が続いている。水草群落の種組成の特徴として、在来種のセンニンモが第一優占種である傾向は変わらないが、それぞれの分布と現存量は、気象および環境状況に応じて敏感に変化しているようである（芳賀・石川, 2011；2014）。

## 4-9-2 大量繁茂がもたらした問題

これまで経験したことのない水草の大量繁茂は、人間活動に様々な障害をもたらしている。湖内に漁網をかけられない、丈の長い水草が妨げとなり漁網を曳けない、魞（えり）が水草の重さで倒壊する等の漁業への障害、船舶の航行障害、流れ藻による景観悪化や腐敗臭、飲料取水施設での機能障害といった生活への悪影響がでている。また、水草が繁茂しすぎることで湖水が停滞し、その結果、湖底直上水の溶存酸素濃度が低下し（芳賀ほか, 2006）、貧酸素水塊ができて底生動物の生息環境が悪化し、二枚貝の生育が悪くなったり、湖辺でアオコが発生する地域がでている（一瀬ほか, 2006）等、湖沼環境への悪影響もみられる。

特に優占種のセンニンモは、湖底を芝生のように覆いつくすような大群落を形成するため、湖底直上の貧酸素水塊をつくりやすい（水資源開発公団, 2001；芳賀ほか, 2006）。センニンモはリグニンを多く含むため、他種よりも自然分解されにくい特徴があり、貧酸素水塊が長期間持続しやすい（一瀬ほか, 2004；Koyama et al. 2014）。人間がかかわり、多目的に利用される湖では、こうした弊害が生じると、適正な管理が求められるようになる。琵琶湖は富栄養化がようやく小康状態になったところで、新たな課題に直面することになった。

## 4-9-3 水草管理のあり方

適度に繁茂する水草群落は、魚類等の産卵や生育、生息の場となり、水質浄化にも寄与する等、琵琶湖において重要な生態系を構成する。かつては、水草は肥料として使われていたが、戦後は農業近代化による化学肥料の普及により需要がなくなり、刈り取られることがなくなってしまったことも、大量繁茂を助長していると指摘されている（平塚ほか, 2006；Hamabata et al., 2012）。そのため、二度と水草が生えないように徹底的に除去するのではなく、増えすぎて障害を引き起こす水草の量をどのようにコントロールするかが課題となる。

そこで2008年、行政、学識経験者、漁業協同組合等の関係者が集まり、現状を把握し、原因を探り、どのように管理すべきかを検討し、大量繁茂への対策について検討を行った（水草繁茂に係る要因分析検討会, 2009）。検討のなかで、南湖の環境が

良好で水産資源が豊富であった1930年代から1950年代にかけて、南湖全体で水草が20～30km²程度繁茂していたことから、長期的な対策目標として、その頃の状態を目指した対策が実施されることになった。

ただ、日本の多くの湖が富栄養化しており、水草帯が縮小傾向にあるなかで、繁茂しすぎた水草を減少させるための手法が容易に見つかるわけもなかった。そのため滋賀県では水草対策を進めるにあたり、2010年度に関係部局および研究機関に加え、滋賀県漁業協同組合連合会も参画した「水草対策チーム」を設置し、刈り取り等の時期、場所、方法などについて検討、モニタリングを実施し、事業の評価を行いながら、目標達成に向けての対策に取り組んでいる（水草対策チームは、2016年現在、水草対策部会と水草有効利用部会を合わせて16機関で継続中）。

### 4-9-4　刈取りによる管理

海外の湖沼では、水草の除去を目的として、除草剤を使用したり、水草を捕食する草魚を導入したところ、植物プランクトンの現存量を示すクロロフィルa濃度が増加した事例がよく知られている（例えばCanfield et al., 1984; 焦・浜端, 2007）。

しかし琵琶湖は近畿1450万人の飲料水源であり、生活用水、農業用水、工業用水を提供するとともに、固有種をはじめとする多様な動植物が生息する古代湖でもある。そのため水草の管理方法として、除草剤等を使う化学的手法やバイオマニピュレーション（生物学的手法）は、上記の観点から社会的に受け入れ難い。草食性で琵琶湖固有の魚であるワタカの放流が試験的に行われているが、水温が高い夏場のみ、柔軟な葉部のみを摂取して茎部は摂取しない（金辻, 2001）。また、底泥中の有機物や硫化物を増やすといった実験結果もある（滋賀県水産試験場, 2008）。

そこで近年は、主たる対策方法として水質・生態系への影響が最小とされる刈取りによる管理（機械的手法）が採用されている。この方法には下記の5つのタイプがある（写真4-9-1）。

①刈取り専用船（ハーベスター）を用いた表層刈取り
②水草を掴み取るタイプの専用船アクアモグ
③バックホウ掘削機＋台船
④貝曳き漁具（万鍬：マンガン）による水草基底部からの根こそぎ刈り取り
⑤人力による水草除去

①の表層刈取りは、滋賀県の所有するスーパー

写真 4-9-1　水草の刈取り方法　（本文参照）

表4-9-1 水草刈取りの作業効率と費用

| | ①ハーベスター | ②アクアモグ | ③バックホウ | ④マンガン | ⑤人力 |
|---|---|---|---|---|---|
| 作業効率 | 1,254 kg/隻 | 18,829 kg/隻 | 3,034 kg/台 | 1,255 kg/隻 | 60 kg/人・15分 |
| 作業費用 | 16.3 円/kg | 12.9 円/kg | 284 円/kg | 42.8 円/kg | 0 円/kg |

①～④ 滋賀県土木交通部流域政策局、⑤滋賀県琵琶湖環境科学研究センター調べ
注意：運搬費、処理費は含まない。また、①②は県が所有するスーパーかいつぶりⅡ、げんごろうを使用した場合の1例である。
　　　⑤は研修・ボランティアによる場合の算出である。

カイツブリⅡを用い、表層から水深1.5mまでの水草を除去する。これにより、浅くかつ広い範囲で水面を漂う水草を除去し、腐敗による悪臭や景観阻害、航行障害に対応する。ただこの方法では水草高の高いところでしか効果が得られない。②は滋賀県の所有するアクアモグ（愛称　げんごろう）を用い、沿岸に集積した流れ藻を回収する。③の台船からバックホウでの掘削では、初期段階として大量繁茂した水草を除去する。しかし、湖底深くまで掘削すると濁水が生じるため、魚類への影響が懸念され、漁業者からの理解が得られにくい。④のマンガンによる根こそぎ刈取りは、刈取り専用船に比べて機動力にすぐれ、水深の深いところの水草まで除去が可能である。ただし刈り残しが生じるため、水草が再び繁茂する可能性があり、継続的に刈り取る必要である。また漁業者による人力作業のため、人手確保などの調整も必要である。⑤では、刈取り専用船では刈取り除去が困難な浅瀬や湖岸に漂着した水草を人力で陸にあげる。ボランティアで実施する場合は人員の確保が課題となる。（一瀬, 2012）。このように、刈り取りの方法によって長所と短所があるので、現場の状況と目的に応じた方法が選択されている。

水草の繁茂状況によって違いは出るが、それぞれの作業効率とかかる費用を表4-9-1に一例としてまとめた。前述した①の刈取り専用船は隻数が限定される。南湖全体に拡大した水草を広範囲に刈り取るには、マンガンによる根こそぎ刈取りで漁船の数を増やすことによって広い範囲の水草を刈り取る必要がある。そのため、滋賀県では2009年より年間1億円から多い年で2億9千万円（2015年度）の経費をかけて、刈取り事業を積極的に実施している。ただし、この刈取り費用の多くは国や地方自治体の負担となっている。

近年のマンガンによる根こそぎ刈り取りの実績を図4-9-1に示した。毎年南湖の約20%の面積が

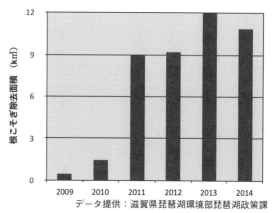

図4-9-1　マンガンによる根こそぎ刈取り面積

刈り取られており、2014年までに、これまでののべ面積で20km²、すなわち南湖面積の約40%で実施されたことになる。一方、乾燥重量では、2011年刈取り専用船と合わせて、繁茂している水草の5%程度と推定された。こうした大規模な水草刈取り事業が実施され、事業開始前の2007年9月の水草調査時に南湖全体の47%を占めた貧酸素水塊の面積は、2012年にはほぼ消失した（図4-9-2）。ただし、水草現存量が再び増加した2014年9月には、貧酸素水塊の面積も増加して南湖の8%と推定される。水草の除去を行うことで、湖底の貧酸素水塊の面積減少に一定の成果が上がっていると考えられるが、しばらくの間は一進一退という状況のようである。

## 4-9-5　刈取りの効果と生態系への配慮

琵琶湖のような大湖沼で水草が大量繁茂した場合、公共事業としてすべての水草を刈り取ることは、現実的には難しい状況である。しかし、増えすぎた水草を刈り取ることで、停滞した湖水の動きやアオコ発生が抑制され、湖底直上水の溶存酸素濃度が回復し（琵琶湖環境科学研究センター, 2014）、これまで確認できなかったシジミ類の稚貝が確認される（滋賀県, 2013）等、一定の効果は

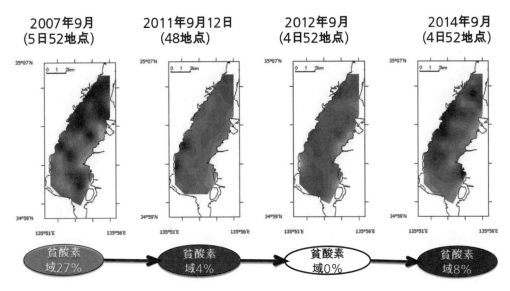

図4-9-2 湖底直上水（湖底上30cm）の溶存酸素濃度（濃い色ほど溶存酸素が少ない）

見えてきた。一方で2012年のように、気象や環境変化により、水草が一気に減少することもある。2012年には、植物プランクトンの大規模なブルームが見られたことからも、湖水の栄養状態は、様々な富栄養化対策を行ってきたが、まだ枯渇する状況には達していないと推察される。さらに、水草刈取りによって空いた湖底には、周囲から新たな水草が侵入する。せっかく水草を除去しても水草は減らないどころか、場合によっては、かえって現存量を増やす結果となりかねない（滋賀県琵琶湖環境科学研究センター, 2014）。実際、2014年に琵琶湖博物館が魚探を用いて水草高を調べたところ、前年に水草が少なくなっていた湖底で、コカナダモの大群落の新たな形成が確認されている（芳賀, 2014；淡海環境保全財団, 2014）。

一方、人為的な刈取りの影響については、まだ十分な科学的評価がなされていない。人間生活への様々な障害を軽減させるための対応ではあるが、人間の都合だけで排除して良いのだろうか。琵琶湖環境科学研究センターが開催した「第1回湖岸生態系保全・修復研究会」において、琵琶湖の水草の生態に詳しく前節の執筆者でもある故浜端悦治氏は、現在実施されている刈取りによる管理に対して、次の4つを指摘している。機械を用いた刈取りについて、外来種のオオカナダモは、1970年代に異常繁殖し、それに対応するために刈取り専用船が導入された。ところが、刈取りによって植物体がマクロチップ化されると、湖内に広く分散してしまうことが懸念されること。またオオカナダモは、寒い冬に弱く、冬の気温・水温が下がる年は人為的な刈取り努力をしなくても、大きく現存量を減らす可能性があること。一方、コカナダモについては、何世代か同じ場所で大群落を形成すると、栄養不足か何らかの原因で、ある時を境に全くなくなる場合があること。また、根こそぎ刈取りによって、ネジレモのように地下茎を発達させるような在来の水草を採ってしまう恐れがあること（滋賀県琵琶湖環境科学研究センター, 2008）。当面の間、上記のような専門家の意見も参考に、注意深くモニタリングおよび実験検証を行いながら刈取りを実施する必要があるだろう。

刈取りの時期については、魚類が水草を利用して産卵、繁殖する時期の刈取りも注意が必要となる。明治以降、田畑の肥料に用いるため、藻刈りが漁業の1種として実施されていた時代があった。当時は6～7月が水草の禁漁期であった（平塚ほか, 2006）。魚介類の産卵期には刈取り量を減らし、かつ水草の伸長も遅らせ、水草繁茂の障害を軽減できるように、冬期に越冬する草体を除去しておく等の工夫ができると望ましい。

こうしてみると、水草管理に有用な生態情報はまだ多くないことがわかる。大規模な刈取り事業を開始して6年を経て、最近はなかなか減少しない水草に対して行政、住民、刈取り者も困惑している状況である。それゆえに、ただ、やみくもに住民からの苦情対策をするのではなく、経験によって得られた知見（良い影響だけでなく、悪い影響についても）を科学的に検証し、次の対策に生かしていくことが、結局のところ長期目標に向かう最も近道な水草管理方法なのだろう。

# 底生動物の現状とその変遷

**5章**

琵琶湖の湖底には15種の固有カワニナ類をはじめ、多様な分類群からなる底生動物がすんでいる。底生動物の多くは生活史をつうじて移動能力が乏しく、湖底の環境変化のよいバロメーターとなる。底生動物の視点から、琵琶湖の環境変化を読み解いてみよう。

## 5-1 底生動物とは

海や湖、河川には、底の岩や礫の間隙に潜んだり、泥底の上を歩き回る巻貝類やエビ類、水生昆虫類の幼虫、泥中に潜り込むイトミミズ類やドブガイ類、あるいは岩や杭などの構造物に付着するカイメン類やコケムシ類のような動物がすんでいる。これらは総称して「底生動物」とよばれる。

海にすむ底生動物の多くはふ化後、プランクトン幼生として海中に広がった後、海底の岩礫や泥底に定着するものが多い。しかし淡水の底生動物は、マミズクラゲや二枚貝のイシガイ類、イガイ類などの例外を除くと、プランクトン幼生期をもたない。水生昆虫類では、幼虫期に河川の上流から下流へ流下し、成虫になると上流に向けて飛翔分散するものもいる。ただ自然湖沼では上・下流の区別はほとんどなく、また深い湖底に生息する水生昆虫類も多くない。湖沼では、多くの底生動物は生活史の中で湖内に広く分散する時期をもたず、一生を狭い地域内ですごすことが多い。そのため生息環境の影響を受けやすく、環境変化を底生動物の生息状況から推測することができる。

本章では、琵琶湖岸における底生動物の分布特性について紹介し、近年の底生動物相および湖岸環境の変化との関連について説明する。なお、琵琶湖の底生動物の種多様性やその特性については、1-3節を参照されたい。

## 5-2 琵琶湖の湖岸類型と湖底の底質

琵琶湖の湖岸には様々な景観がみられるが、それを作り出しているのは、基本的には湖岸の地形と植生である（2章参照）。後背地に山が迫っている地形では、湖岸の傾斜は急となり、平野が広がる地形では、湖岸は緩やかな傾斜となる。

後背地が急傾斜の湖岸は、山地湖岸に分類される（2-2節参照）。陸側の地質は岩盤や岩石で、水中（湖底）の底質は大きさ1m以上の岩盤や人頭

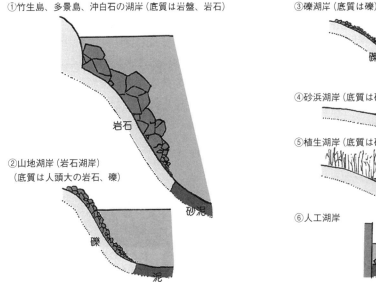
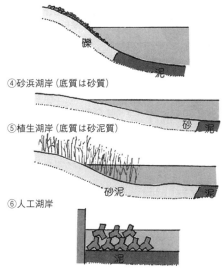

図5-2-1　琵琶湖の湖岸景観と湖底の底質模式図（各湖岸類型の湖内での分布はグラビア p.2-8 に示す）

大の岩石で、岩石質の湖底となる。
　湖岸の傾斜が緩やかになるにつれ、陸側の地質は礫（図5-2-1③）から砂、砂泥へと変化する。それに対応して水中の底質も礫から砂、砂泥へと変化する。後背地の傾斜が極めて緩やかな湖岸は砂浜（図5-2-1④）、または主にヨシが生育する植生湖岸（同⑤）となる（2章参照）。いずれの湖底でも、水深が深くなるにつれ、底質は泥質へと変化する（図5-2-1）。ただ概ね水深1.5mまでの湖底では、陸側（水辺）の地質と水中（湖底）の底質がほぼ対応しており、水辺の景観を眺めるだけで、浅い湖底の底質を推測することができる。

　季節変化に富む琵琶湖では、浅い水域は水温の季節変動も大きい（1-3節参照）。湖岸部は、琵琶湖で最も多様な底質がみられ、水温の季節変化も大きい地域である。

## 5-3 動揺性地域と静水性地域

　日本の陸水学の草分けの一人である吉村信吉は、湖の生物群集を沿岸部、深底部、沖部に分け、沿岸部をさらに動揺性地域 lotic area と静水性区域 lentic area に区分した（吉村, 1976）。動揺性区域は、波浪や湖流によって常に湖水で洗われている湖岸で、湖底は岩盤、岩石、礫、砂からなっており、岩盤区、堆石区、砂質区に細分される。静水性区域は、湖水があまり動かず、泥土が厚く湖棚上を覆う。また浅く十分な光があるので、沈水植物（水草）の生育が良好で、繁茂期には、水の動きがさらに妨げられる地域でもある。

　動揺性、静水性区域と湖底の底質は密接に結びついており、琵琶湖では、動揺性区域は山地湖岸（堆石区：図5-2-1①, ②）と砂浜湖岸（砂質区：同④）、静水性区域は植生湖岸（同⑤）に対応する。なお岩盤区には、湖内の3つの島（竹生島、多景島、沖白石）が相当する（図5-2-1①）。

## 5-4 琵琶湖岸の底生動物と湖岸環境

　琵琶湖を代表する底生動物は、何といっても貝類だろう。貝類は、過去も現在も、沿岸部の底生動物現存量の95％以上を占める（滋賀県水産試験場, 1954; 1972; 1998; 2005）。のみならず、固有種60種余りのほぼ半数にあたる29種が貝類である（1-3節参照）。単一の分類群でこれほど多くの固有種を擁する生物は、琵琶湖では貝類のみである。

　一方、琵琶湖の底生動物で最も種数の多い分類群は水生昆虫類である。北湖の動揺性区域でもある山地湖岸には、固有種のビワコエグリトビケラや在来種のシロタニガワカゲロウ、フタツメカワゲラなどの他、日本の河川の中・下流に見られる水生昆虫類やその近縁種が生息することが知られている（津田ほか, 1966; 西野, 1988）。これは、山地湖岸に見られる岩石質の湖岸が強い波浪で洗われることで、河川の中・下流とよく似た環境をつくりだしているからだと考えられている[注1]。一方、植生湖岸の一部には、固有種のビワコシロカゲロウや在来種のトウヨウモンカゲロウが生息し

写真5-4-1
トウヨウモンカゲロウ幼虫

注1）そのため、津田ほか（1966）は、河川性水生昆虫が多く生息する北湖の山地湖岸を砕波湖岸と呼んだ。

ている。上記の例も含め、後述するように、琵琶湖の湖岸域には湖底の底質や特定の地域と深く結びついた固有・在来の底生動物が多く生息している。

本章では、まず最初に沿岸部の底生動物現存量の大部分を占める貝類の長期変化について、既往研究をもとに紹介する。次に1980年代の貝類や水生昆虫類の湖内での分布について、最後に近年（2000年代）の変遷について述べる。

## 5-5 水産試験場による沿岸部の底生動物調査

滋賀県水産試験場（1954；1972；1998；2005）は、1953年、1969年、1995年、2002～2003年の4回にわたり、沿岸部の大型底生動物の生息量の調査を行った。一連の調査では、彦根周辺の湖岸を基点とし、時計回りに約4km毎に設けた55地点（北湖43地点、南湖12地点）で、それぞれ岸から垂直に側線を設け、水深1～7mまでの底質、水草（沈水植物）および底生動物を調査した（図5-5-1）。

### 5-5-1 沿岸部の底質変化

1969年、1995年、2003年の調査では、北湖の岩石質の湖底を除き、ほぼ全側線で湖底泥の粒度分析が行われた。粒径2mm以上の粗い粒子（主に砂）の割合は、1969年に全地点の平均で20.5％から1995年には16.3％、2003年は11.1％と、同じく約10ポイント低下した（図5-5-2）。反対に粒径0.5mm未満の泥質湖底の割合は、1969年は全地点平均で64.0％だったが、1995年に72.4％、2003年には74.5％と34年間で約10ポイント増加した（図5-5-2）。

地域別でも、南湖の砂質湖底（粒径2mm以上）の割合が1969年の12.1％から2003年には3.5％と約10ポイント低下した（図5-5-3）。同じく北湖の砂質湖底の割合も、1969年から2003年の間に東岸で58.0％から65.4％、西岸で48.7％から59.3％、北岸で42.7％から30.4％と、どの地域でもほぼ10ポイント低下した。反対に、南湖の泥質湖底（粒径0.5mm未満）の割合は1969年の78.3％から2003年には90.8％に増加した（図5-5-3）。北湖の泥質湖底の割合も、東岸で23.2％から13.1％、西岸で25.5％から16.1％、北岸でも48.1％から60.9％へと、この間にいずれも約10ポイント増加した。これらの

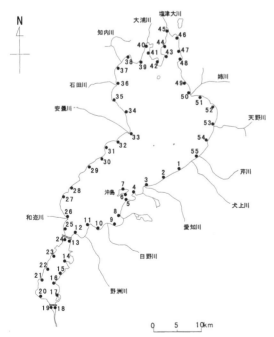

**図5-5-1** 滋賀県水産試験場による琵琶湖沿岸部調査地点（本文参照）
北湖東岸（番号1～11、49～55）、南湖（同12～24）、北湖西岸（同25～35）、北湖北岸（同36～48）

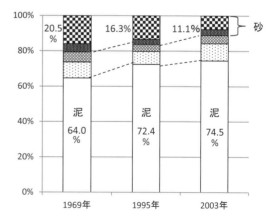

**図5-5-2** 琵琶湖沿岸部全側線の底質変化（滋賀県水産試験場，1972，1998，2005 より作図）

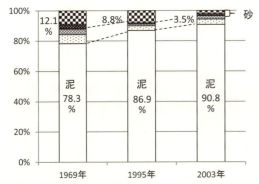

図 5-5-3 南湖沿岸部の底質変化
出典および凡例は図5-5-2と同じ

結果は、1969年～2003年にかけて沿岸部全域で砂質湖底が減少した一方、泥質湖底が増加し、湖底の泥質化が進んだことを示している。

### 5-5-2 貝類現存量の変化

琵琶湖沿岸部（水深1～7m）の貝類全体の現存量は、1953年には全域で25,154tと推定された（図5-5-4）。このうちシジミ類が12,317tとほぼ半分を占め、次いで大型イシガイ類（7,968t：固有種イケチョウガイやメンカラスガイ、マルドブガイ等を含む）、小型イシガイ類（2,472t）、小型巻貝類（1,355t）、大型巻貝類（994t）の順だった。

ところが1969年になると、貝類の全現存量は半分以下の11,846tに減少した（図5-5-5左図）。最も減少量が大きかったのはシジミ類と大型イシガイ類で、それぞれ1953年の3分の1（4,225t）と10分の1以下（576t）となり、あわせて15,000t近くも減少した。

なお1953年と1969年の調査では、セタシジミとマシジミを区別せずにシジミ類としているが、いずれもセタシジミが大部分を占めていた（滋賀県水産試験場, 1954；1972）。同様に、小型イシガイ類にはタテボシガイ、オトコタテボシガイ、ササノハガイが含まれていたが、ほとんどがタテボシガイだった。また小型巻貝類は、主にカワニナ類、大型巻貝類は主にタニシ類だった。そのため1953年と1969年のシジミ類はセタシジミ、小型イシガイ類はタテボシガイ、小型巻貝類はカワニナ類と読みかえることができる。

小型巻貝類（カワニナ類）の現存量は、1953年の1,355tから1969年には2,755tと2倍以上に増加した（図5-5-5左図）。このことは、カワニナ類が1953年から1969年にかけてほぼ倍増したことを示している。

1995年調査では、貝類全体の現存量は10,930tと1969年と同程度だったが、セタシジミは1969年の3分の1近い1,620tにまで減少した（図5-5-5中央図）。一方、タテボシガイは1969年の2,442tから4,899tに倍増し、大型イシガイ類も1,758tと約3倍に増加した。

2002～2003年調査では、貝類全体の現存量は8,955tとさらに減少した（図5-5-5右図）。これはシジミ類の現存量が956tとなり、1995年と比べて40％近く減少、タテボシ類も3,615tと30％以上、

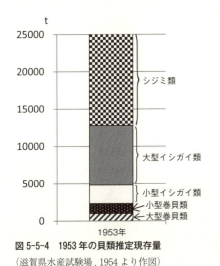

図 5-5-4　1953年の貝類推定現存量
（滋賀県水産試験場, 1954 より作図）

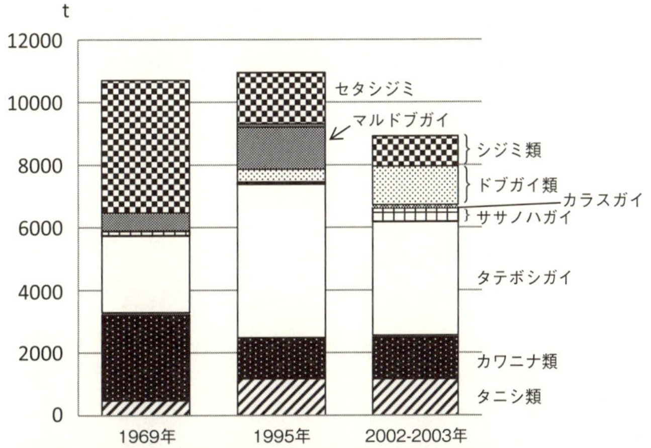

図 5-5-5　1969年、1995年、2002-2003年の貝類現存量
（滋賀県水産試験場, 1972, 1998, 2005 より作図）

（図中の ■ は1969年と2002-2003年はシジミ類、1995年はセタシジミを表わす）スケールは図5-5-4の約1/2で、凡例も同一ではない。

また大型イシガイ類も1,339tと同じく25％近く減少したことによる。なお2002～2003年のシジミ類の大部分はセタシジミだった。

・大型二枚貝類の変化

1953年～2003年をつうじて最も減少量が大きかったのは、セタシジミだった。その現存量は1953年の12,317tから1969年の4,225t、さらに1995年には1,620t、2002～2003年には956tと調査の度ごとに減少し、50年間で10分の1以下になった（図5-5-4、図5-5-5）。大型イシガイ類現存量も1953年の7,968tから1969年の576tと、10分の1にまで低下した。その後、1995年に1,700tにまで回復したものの、2002～2003年に再び1,336tまで低下した（図5-5-4、図5-5-5）。

一方、タテボシガイの現存量は1953年には2,472t（＝小型イシガイ類として計数）、1969年も2,442tとほぼ横ばいだったが、1995年には4,899tと倍増した。ただ2002～2003年には3,615tに減少した。

1953年から1969年にかけて二枚貝類が減少した要因として、1960年および1962年の集中豪雨に伴う農薬（除草剤）PCPの流入が挙げられる（コラム5-1「貝類漁獲量の減少とその要因」参照）。1960年代前半には琵琶湖だけでなく、有明海など日本の多くの沿岸でPCPによる貝類や魚類の異常斃死が続いた（河辺, 1965）。PCPによる野外での死亡率はシジミ類19.2％、イシガイ（＝タテボシガイ）18.2％と推定され、種による差は大きくなかった（水本ほか, 1962）。このことから、1969年にシジミ類が減少した一方でタテボシガイ現存量が増加した理由として、農薬流入に伴う死亡に加え、その後、経済的価値の大きいシジミ類への漁獲圧力が高まったことが大きく影響したと考えられる（西野, 2009）。

また、滋賀県水産試験場（1954）によると、シジミ類の密度が高い底質は砂質、次いで砂泥質、礫混じりの砂質だが、大型イシガイ類や大型巻貝（＝タニシ類）は泥質の湖底に多い。そのためシジミ類の減少とタテボシガイの増加には、前述の農薬流入の影響だけでなく長期的な沿岸部の砂質湖底の減少と泥質湖底の増加も関連していると考えられる。

・巻貝類の変化

琵琶湖で採集されるカワニナ類の大部分は固有カワニナ類（ビワカワニナ亜属）で、その多くが水深0～3mの湖底に生息する（Watanabe and Nishino, 1995）。カワニナ類の現存量は、1953年の1,355t（小型巻貝として計数）から1969年には2,755tに倍増したと推測される。しかし1995年には1,319tと半分以下に減少し、2002年もほぼ同じ値（1,363t）だった（図5-5-4、図5-5-5）。なお1960年代前半の農薬流入が巻貝類へ及ぼした影響についてはよく分かっていない。

一方、タニシ類の現存量は、1953年の994tから1969年に475tとほぼ半減した後、1995年には1,166tと2倍以上に増え、2002年もほぼ同様の現存量（1,155t）だった。琵琶湖沿岸部の湖底には固有種のナガタニシの他、在来種のオオタニシ、マルタニシおよびヒメタニシの4種のタニシ類が生息する。しかし1953年の調査結果には、ナガタニシが沿岸部全域に分布していたことやオオタニシの記述はあるが、ヒメタニシへの言及はない（滋賀県水産試験場, 1954）。また1969年の調査では、ナガタニシやオオタニシ、マルタニシのほかにヒメタニシが確認されているが、種ごとの量的な記載はない（滋賀県水産試験場, 1972）。

一方、1995年以降、滋賀県水産試験場（1998、2002）による調査で採集されたタニシ類のほとんどがヒメタニシだった。1980年代以降の調査でも、ナガタニシが確認されたのは、北湖西岸の水深4～10m前後の湖底のみで、かつ生息密度が極めて低かった（西野, 1991b；（独）水資源機構琵琶湖開発総合管理所, 2008）。そのため、1953年の沿岸部で優占していたのはナガタニシだったが、少なくとも1995年以降はヒメタニシが優占するようになったと考えてよいだろう。

写真5-5-1　ヒメタニシ成貝　写真5-5-2　ナガタニシ成貝

・北湖および南湖での貝類現存量の変化

　1953年で最も貝類全体の現存量が多かったのは南湖（11,822t）、次いで北湖東岸（9,948t）、北湖西岸（2,715t）、北湖北岸（621t）の順だった（図5-5-6a）。しかし1969年には南湖の貝類現存量は3,800tと1953年の3分の1近くにまで減少した（図5-5-6b）。南湖での貝類現存量の低下は、シジミ類と大型イシガイ類があわせて約8,000tも減少したことによる。

　ところが1995年には、南湖の貝類現存量は1969年の2倍以上の約6,500tに増えた（図5-5-6 c）。これはタテボシガイが1969年の984tから2,850t、ヒメタニシも369tから1,102tへと、いずれもほぼ3倍に増加したことが大きい。

　北湖東岸や北湖西岸でも、1969年の貝類現存量は1953年の約半分に低下したが、北湖東岸ではタテボシガイの現存量が増加した。1995年の貝類現存量は、北湖全域で1969年の半分から3分の2近くに減少したが、タテボシガイ現存量は、東岸、西岸ともに増加した（図5-5-6 b, c）。2002〜2003年になると、北湖東岸を除き、タテボシガイも含めて貝類全体の現存量はさらに減少した（図5-5-6 d）。北湖東岸、西岸ともに増加したが、推定値のばらつきが大きい大型イシガイ類を除くと、ヒメタニシの増加が目立つ。

・水深別の貝類現存量の変化

　水深別にみると、1953年の貝類現存量は、水深5〜7mが最も大きく、次いで2〜3m、4〜5mの順で、水深0〜1mが最も少なかった（図5-5-6 e）。シジミ類の現存量は、水深2m以深の湖底で1,500〜3,000tと高かった。大型イシガイ類も、水深2〜3m、4〜5m、5〜7mの現存量にはそれぞれ2,000t以上だった。

　ところが1969年には、水深1〜2mを除き、ほぼすべての水深の貝類現存量が低下した（図5-5-6 f）。水深5〜7mでは1953年の約5分の1、水深2〜3m、4〜5mでは約3分の1、水深3〜4mでもほぼ2分の1に低下した。特にシジミ類では水深2〜7m、大型イシガイ類では水深2〜3mと4〜7mでの現存量低下が著しかった（図5-5-6 f）。水本ほか（1962）は、1960年代前半の農薬流入によるセタシジミの斃死率は水深が深くなるほど高くなり、水深4〜5mの斃死率は51〜66％に達したと報告しており、1969年の水深別現存量の低下と呼応している。

　貝類現存量は、水深0〜1mでは1953年の868tから1969年には1,491tに増加した。種ごとにみると、シジミ類が減少し、タテボシガイとタニシ類が増加した（図5-5-6 e, f）。また1995年の現存量は510tで、1969年（約1,300t）の3分の1近くに減少した。1-4節で述べたように、これは1994年〜1995年の水位低下にともなって浅い湖底の貝類が死亡した結果だと考えられる。特に減少が著しかったのがシジミ類や大型イシガイ類であるが、その一方でヒメタニシはほとんど減少しなかった（図5-5-6 g）。宮本ほか（2006）によると、水位低下時の干出環境での死亡率は、カワニナ類では97％と極めて高かったがヒメタニシでは32％にとどまった。水深の浅い湖底でカワニナ類が著しく減少し、ヒメタニシが増加した要因の一つとして、水位低下に伴う湖底の干出に対するヒメタニシの耐性の大きさが挙げられる。

　水深2〜3m、4〜5mでも、1995年は1969年と比べて貝類現存量が低下した一方、水深1〜2mと3〜4mで増加した。これは、タテボシガイの現存量が水深1mを除いてほぼ2倍に増加したためである。またヒメタニシは、それまで比較的低密度だった水深1〜3mで現存量が増加した。

　2002〜2003年になると、すべての水深で貝類現存量が激減しただけでなく、タテボシガイとヒメタニシが現存量の大部分を占めるようになった（図5-5-6 h）。とくに水深0〜1mと5〜7mの低下が著しい。水深0〜1mの貝類現存量は1953年には868tで、シジミ類やカワニナ類が優占していたが、2002〜2003年には220tと4分の1にまで減少し、ヒメタニシが優占していた。水深5〜7mでも、1953年に7,000t近くあった貝類現存量の大部分はシジミ類だったが、2002〜2003年には200tにまで低下し、そのほとんどがタニシ類（ヒメタニシ）で占められていた（図5-5-6 e, h）。

　前述したように、沿岸部全体の貝類現存量は1953年から1969年にかけてほぼ1/2に減少し、特にシジミ類、大型イシガイ類の二枚貝の減少が著しかった。減少の主な要因は1960年頃の集中豪雨による農薬の流入とその後の乱獲だと考えられる。

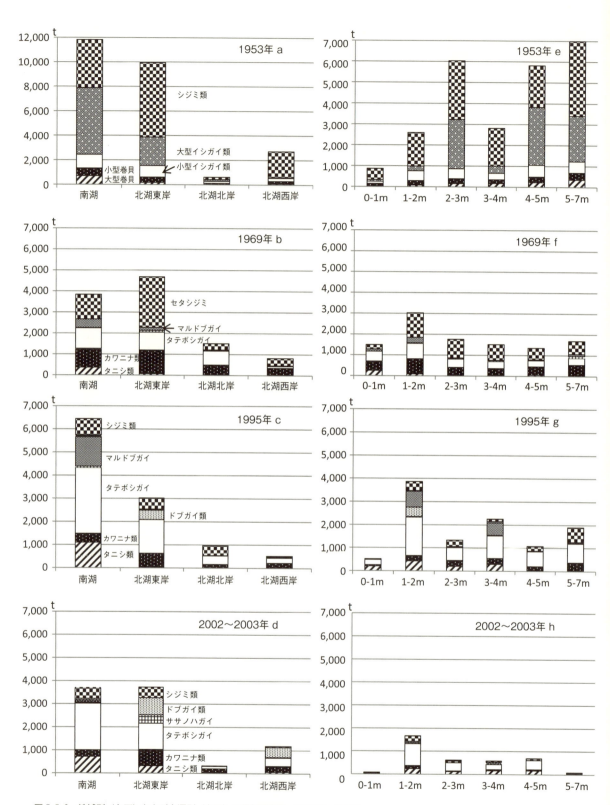

図 5-5-6　地域別（左図）および水深別（右図）の貝類現存量（種類別）の変化。
上から1953年 (a, e)、1969年 (b, f)、1995年 (c, g)、2002年 (d, h) の順（滋賀県水産試験場, 1954, 1972, 1998, 2005より作図）。凡例は図 5-5-5と同じ。1953年の地域別図 (a) のみ縦軸のスケールが違うことに注意。

1995年には、砂質を好むシジミ類がさらに減少する一方、泥質や有機物の多い湖底を好むタテボシガイやヒメタニシが著しく増加した。また水深0～1mと5～7mの貝類現存量の低下が著しかった。とくに水深0～1mの現存量減少は、次に述べるように、1994年、1995年、2000年、2002年の低水位が主な要因だったと推測される。

　沿岸部の貝類現存量は1953年からの50年間で約3分の1に減少し、主な漁獲対象であったセタシジミやイケチョウガイ、マルドブガイなどの大型イシガイ類が環境省レッドリストに指定されるようになった（1-3節）。その一方で、泥質の湖底を好むタテボシガイや食用にならないヒメタニシが増加した。

・低水位や水草繁茂の影響

　前述したように、1995年のカワニナ類現存量は1969年の半分以下になった。その理由として、1994年の観測史上最低水位（琵琶湖基準水位（B.S.L.）−1.23m）および翌1995年の低水位の影響が考えられる。夏期に低水位が長く続いたことで、干出した湖底の地温などが上昇し、底生動物にとっては乾燥と高温にさらされた過酷な環境だった。

　そのため、1995年に湖岸5地点で行った分布調査では、干出した湖底で生存していた貝類は極めて少なく、汀線より湖側では水深が深くなるほど生存個体の密度が高かった（西野, 1996）。実際の水位低下を模した野外実験でも、ほとんどの貝類が干上がった湖底に取り残されて死亡したことも明らかになっている（宮本ほか, 2005）。

　琵琶湖水位は2000年夏や2002年夏にもB.S.L.−1m近くまで低下した。2000年夏の水位低下時にも、1995年と同様、湖岸5地点での分布調査を行ったが、干出した湖底で生存していた貝類は、1995年調査時よりさらに少なかった（西野, 2003）。また2002年は、B.S.L.-0.7m以下の低水位の期間がのべ120日を超え、干出した湖底に残された底生動物にとっては極めて過酷な環境だった（図1-4-5参照）。

　これらの結果をもとに琵琶湖河川事務所（2009）は、1994年の水位低下時に干出等で死亡した貝類の数を推定した。B.S.L.−7m以浅の湖底には約104億個体の貝類が生息し、うち17％が

B.S.L.-1.5m以浅の湖底に分布していたと仮定して死亡率を求めたところ、タニシ類ではB.S.L.0～-1.5mまでの湖底の推定現存量の31.8％（重量にして96t）、カワニナ類では96.6％（同104t）、タテボシガイ96.5％（同675t）、大型ドブガイ類97.5％（同111t）が死亡したと推定された。いいかえると、琵琶湖全域のカワニナ類、タテボシガイ、大型ドブガイ類の20％近くが水位低下による湖底の干出によって死亡した計算になる。

　ただ貝類現存量推定の元となったデータは、観測史上最低水位を記録した1994年の翌年の調査結果にもとづく。この調査では1969年と比べ、全地域の水深1～2mでカワニナ類の密度が低下しただけでなく、体サイズも小型化したことが報告されている（滋賀県水産試験場, 1998）。そのため、1994年の低水位で多くの貝類が死亡しただけでなく、その後の貝類の成長にも影響が及んだ可能性がある。いいかえると琵琶湖河川事務所（2009）が推定したB.S.L.-1.23m以浅の現存量は過小評価の可能性が高く、1994～1995年の水位低下に伴う全貝類の死亡率は20％を超えた可能性が高い。いずれにせよ、1995年および2002～2003年のカワニナ類現存量の主な減少要因は、1994～1995年および2000年、2002年の夏期に低水位が長期間続いたことだと推測される（西野, 2014）。

　なお1994年以降、沿岸帯の水草現存量が著しく増加している（4章参照）。1995年の調査では、水草に付着するヒメタニシの稚貝やモノアラガイ、カドヒラマキガイなどの小型巻貝の密度が増加した（滋賀県水産試験場, 1998）。ただ、これらの小型巻貝類はどの種も1個体あたりの重量が極めて小さく、貝類の現存量変化にはほとんど影響していない。

　以上、これまでの議論を整理すると、沿岸帯の貝類の消長には、
①1960年代前半の集中豪雨による除草剤流入に伴う大型貝類の斃死とその後のシジミ類の乱獲。
②長期的な沿岸帯湖底の泥質化
③1992年の瀬田川洗堰水位操作規則の制定とその後の水位低下の頻発化
の3つが大きく影響していることが読み取れる。

## 5-6 1980年代の底生動物の分布

おもに水深1.5mまでの湖底の底質と底生動物との関係を明らかにするため、1986～1989年（以下、1980年代とよぶ）にかけて竹生島、多景島、沖島を含む湖岸107地点（図5-6-1）で底生動物を採集し、当時の湖岸で比較的高密度に生息していたカワニナ類および大型水生昆虫について、その分布と湖岸環境との関係を解析した（西野, 1991a）。

### 5-6-1 カワニナ類の分布と地点間の関係

1980年代に湖岸のべ107地点で行った調査で、固有カワニナ14種とヤマトカワニナの2地方型（チクブカワニナ、ヤマトカワニナ肋型）および在来種のチリメンカワニナ1種、計15種が確認された（表5-6-1参照）。この固有カワニナ類の中には、後に新種記載された8種も含まれる（Watanabe and Nishino, 1995）。

カワニナ類各種と生息場所との関係を見るため、数量化第3類（多変量解析の一つ）で解析した。この方法は、ある地点で各々の種・地方型が一度でも採集された場合は1、一度も採集できなかった場合は0を入力し、地点や出現種の組み合わせから地点間や種間の関係を評価する手法である。ただ、局地的に分布する種があると、その種または種が生息する地点の値が極端に高くなる傾向がある。そのため、1～2地点のみに分布する種（オオウラカワニナ、タテジワカワニナ、フトマキカワニナ、ナンゴウカワニナの分布データを除いた上で、調査が十分な頻度で行われた55地点の分布データをもとに計算を行った。

図5-6-2にカワニナ類各種の分布からみた地点間の関係を示す。出現種の組み合わせが同じ地点が19地点あり、全部で37の組み合わせとなった。数量化第3類では、図中で近い位置にある地点ほどよく似た出現種の組み合わせがみられ、その組み合わせを最もよく説明するのが第1軸（X軸）、次いで第2軸（Y軸）の順となる。

ただ各々の軸がどのような要素を反映しているかは、図から読み取る必要がある。

第1軸の正の大きな値（第1・4象限）には礫

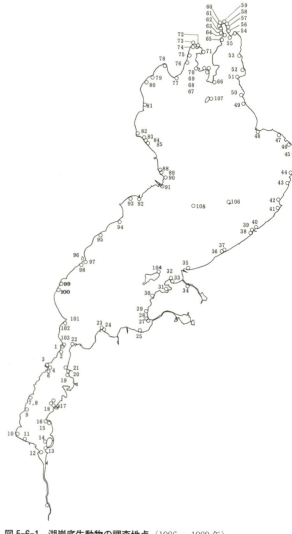

図5-6-1 湖岸底生動物の調査地点（1986～1989年）

写真5-6-1
ヤマトカワニナ成貝

写真5-6-2
ヤマトカワニナ肋型成貝

表 5-6-1 カワニナ類の分布と底質の関係

| 湖内での分布 | 和名 | 分布地域 | 底質 |
|---|---|---|---|
| 広分布 | ヤマトカワニナ* | 全域の湖岸 | 岩石（人頭大～1-2m大） |
| | カゴメカワニナ* | 全域の湖岸 | 砂～泥質 |
| | イボカワニナ* | 全域の湖岸 | 砂～泥質 |
| | タテヒダカワニナ* | 全域の湖岸 | 底質選択性なし |
| | ハベカワニナ* | 全域の湖岸 | 底質選択性なし |
| | チリメンカワニナ | 全域の湖岸 | 底質選択性なし |
| 分布域限定 | ホソマキカワニナ* | 北湖東岸の一部 | 砂質 |
| | ヤマトカワニナ肋型** | 北湖北岸 | 岩石（人頭大） |
| 局所的分布 | チクブカワニナ** | 竹生島・多景島・沖白石 | 岩石（人頭大～1-2m大） |
| | モリカワニナ* | 竹生島・多景島 | 岩石（人頭大～1-2m大） |
| | タケシマカワニナ* | 多景島 | 岩石（人頭大～1-2m大） |
| | シライシカワニナ* | 沖白石 | 岩石（人頭大～1-2m大） |
| | オオウラカワニナ* | 北湖北岸 | 岩石（人頭大） |
| | クロカワニナ* | 北湖北岸 | 岩石 |
| | タテジワカワニナ* | 北湖西岸の一部 | 砂礫質 |
| | フトマキカワニナ* | 北湖東岸の一部 | 岩石（+砂質） |
| | ナンゴウカワニナ* | 瀬田川 | 礫質 |

＊：固有種
＊＊：固有種ヤマトカワニナの地方型

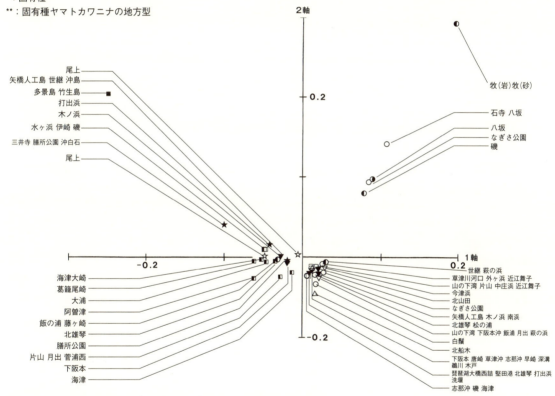

図 5-6-2 カワニナ類各種タイプの出現の組合わせからみた調査地点間の関係
凡例：■岩盤、◧岩石質、□礫質、◐礫質＋砂質、◑小石まじりの砂質、○砂質、△砂泥質（北湖）、▼砂泥質（南湖）、☆人工質（北湖）、★人工質（南湖）

質＋砂質、小石混じりの砂質、砂質、砂泥質の地点が、負の大きな値（第2・3象限）には岩石質、人工質（人工的に設置された礫・岩・転石等）の地点が位置していた。このことから、図5-6-2の第1軸は底質を表す軸とみなせる。

第1軸の正の大きな値（第1・4象限）には礫

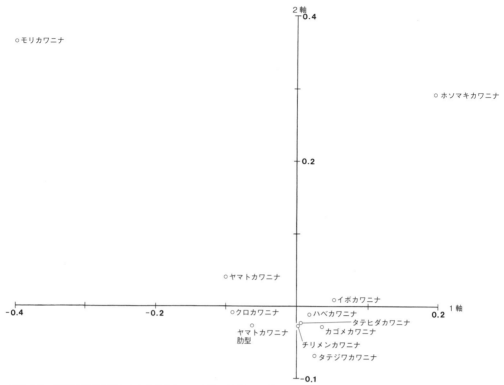

図 5-6-3 調査地点間の組合せからみたカワニナ類の各種タイプ間の関係

## 5-6-2 調査地点の組み合わせからみたカワニナ類の各種・タイプの関係

　図5-6-3に調査地点の組み合わせからみたカワニナ類各種の関係を示す。第1軸の正の値、すなわち礫質＋砂質、小石混じりの砂質、砂質、砂泥質の地点には固有種のホソマキカワニナ、イボカワニナ、カゴメカワニナが分布していた。負の値、すなわち岩石質、人工質の地点には固有種のクロカワニナやモリカワニナ、ヤマトカワニナ、ヤマトカワニナ肋型が分布していた。ただ人工質の湖岸で生息が確認できたのは、ヤマトカワニナだけだった。第2軸については、北湖東岸の砂質湖底に限定して生息するホソマキカワニナの他、竹生島、多景島にのみ生息するモリカワニナのように、湖内で局地的に分布する種もまた高い正の値を示した。またタテヒダカワニナ、ハベカワニナは1軸のほぼ中間に位置した。これら2種の分布をみると、礫質、砂質、泥質、人工質など様々な底質の地点で採集されており、底質選択性の乏しい種だと考えられる。

## 5-6-3 大型水生昆虫類の分布と地点間の関係

　大型水生昆虫類についても、同様の解析を行った（図5-6-4）。この図の第1軸の正の値（第1、第4象限）には北湖の岩石質の地点、第2、第3象限には小石混じりの砂質、砂泥質および人工質の底質の地点が、また原点付近には北湖の礫質、礫+砂質の地点が位置した。正負は逆になっているが、図5-6-4の第1軸は、カワニナ類同様、底質を表す軸だと考えられる。しかし水生昆虫類では、礫質、礫質＋砂質の地点が原点付近と砂質、砂泥質の地点に近い座標、および人工質の地点が砂質、砂泥質の地点に近い座標に位置する点がカワニナ類と異なっていた。

　図5-6-5から、図5-6-4の第1軸上で正の値を示した種はシロタニガワカゲロウ、フタツメカワゲラ、アオサナエ、クロスジヒゲナガトビケラ、ビワコエグリトビケラおよびマルヒラタドロムシで、これらの種は岩盤、岩石質の湖底に分布していた。一方、第1軸上で負の値を示したのはフタバカゲロウ属の1種、ウスバコカゲロウ属の1種、オオフタオカゲロウ、クロイトトンボ、シンテイトビ

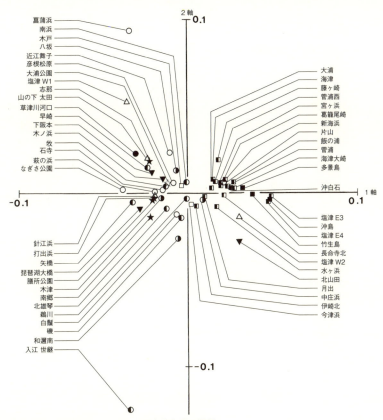

**図 5-6-4 代表的昆虫類各種の出現の組合せからみた調査地点間の関係**
凡例：■岩盤、◨岩石質、□礫質、●礫質＋砂質、◐小石まじりの砂質、○砂質、△砂泥質（北湖）、▼砂泥質（南湖）、☆人工質（北湖）、★人工質（南湖）.

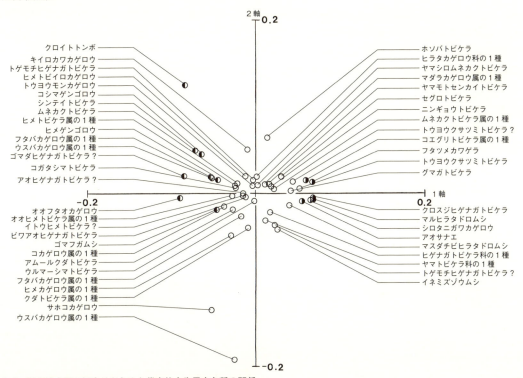

**図 5-6-5 調査地点間の組合せからみた代表的水生昆虫各種の関係**
凡例：◐第1軸上で大きい負の値を有する種、◑第1軸上で大きい正の値を有する種.

1980年代の底生動物の分布 ● *139*

ケラ、ゴマダラヒゲナガトビケラ、ゴマフガムシ、ヒメゲンゴロウで、これらの種は小石混じりの砂質、砂質、砂質および砂泥質の湖底に生息していた。

すなわち大型水生昆虫類も、カワニナ類と同様に岩石質の湖底にすむ種と砂浜・砂泥質の湖底にすむ種とに分かれた。ただカワニナ類の分布と異なる点がいくつかあった。第1に大型水生昆虫類では、狭い地域に限定して局所的に分布する種はなかった。第2に、礫質、礫質＋砂質の湖底には、岩石質の地点と砂質、砂泥質の湖底に生息する種の両方が生息していた。さらに人工質の湖底には、砂質・砂泥質に生息する種がいたこともカワニナ類とは異なる。なお、砂泥質で、第1軸が正の値だった地点が1地点（塩津W1）あった。ただこの地点の近傍に岩石質の湖岸があり、そこから成虫が飛来あるいは分散した幼虫が採集された可能性が高く、上記の解釈とは矛盾しない。

（独）水資源機構琵琶湖開発総合管理所，(2008)は、1998年と2004年に琵琶湖岸55側線で、大規模な底生動物の定量調査を行った。1998年の21側線についてB.S.L.-1 m～-3 mで採集された底生動物の分布を主成分分析で解析したところ、①岩石・礫浜湖岸（＝山地湖岸）に多く出現する種、②抽水植物・砂浜湖岸に多く出現する種、③抽水植物の生育する泥底に多く出現する種の3グループに分けられた。上記①のグループには、1980年代調査（本節）の解析で岩石質・礫質の湖底に多く出現したヤマトカワニナやグマガトビケラ、ムネカクトビケラ、マルヒラタドロムシ等が、②のグループには1980年代調査の解析で砂質・砂泥質の湖底に出現したハベカワニナなどの固有カワニナ類、キイロカワカゲロウ、クロイトトンボ属が含まれた。この結果からも、琵琶湖の水深3 mまでに生息する大型水生昆虫には、①岩石質、礫質の湖底にほぼ限定してすむ種と、②砂質、砂泥質の湖底にほぼ限定してすむ種の両方がいることが示された。なお、③のグループには貧毛類と一部のユスリカ類が含まれていたが、1980年代調査では、これらの生物分布を解析の対象にしていない。

### 5-6-4　北湖・南湖の分布の違い

カワニナ類では、モリカワニナを始め固有種7種とチクブカワニナ、およびホソマキカワニナ、ヤマトカワニナ肋型は北湖の特定の地域（の湖底）に生息していた（表5-6-1）。一方、南湖に限定して分布するカワニナ類はいなかったが、ヤマトカワニナをはじめ固有カワニナ6種が南湖を含む全域の湖岸に分布していた。ただナンゴウカワニナは、瀬田川にのみ分布していたため、ナカセコカワニナ[注2]同様、流水性のカワニナではないかと推測される。

大型水生昆虫類では、シロタニガワカゲロウ、フタツメカワゲラ、アオサナエ、ビワコエグリトビケラに加え、メガネサナエ、タイリククロスジヘビトンボ、トウヨウクサツミトビケラ、グマガトビケラ等は、北湖の山地湖岸に限定して分布し、南湖では採集されなかった（表5-6-2）。

琵琶湖固有種のビワコシロカゲロウは北湖の植生湖岸に生息するが、南湖からは全く分布記録がない。一方、ビワコヒメシロカゲロウやアシグロヒメタニガワカゲロウ、トゲモチヒゲナガトビケラなどは全域に分布していた。

表5-6-2　琵琶湖における大型水生昆虫類の分布と底質の関係
網掛け部は、1947年以前に南湖での分布記録がある種

| 岩石質・礫質 | | 砂質・砂泥質 | | 底質選択性乏しい |
|---|---|---|---|---|
| 北湖に分布 | 湖岸全域 | 北湖に分布 | 湖岸全域 | 湖岸全域 |
| シロタニガワカゲロウ | ビワコヒメシロカゲロウ | ビワコシロカゲロウ* | フタバカゲロウの1種 | アシグロヒメタニガワカゲロウ |
| フタツメカワゲラ | | | ウスバコカゲロウの1種 | トゲモチヒゲナガトビケラ |
| アオサナエ | | | クロイトトンボ | ヤマシロムネカクトビケラ |
| クロスジヒゲナガトビケラ | | | シンテイトビケラ | ウルマーシマトビケラ |
| ビワコエグリトビケラ* | | | ゴマダラヒゲナガトビケラ | |
| マルヒラタドロムシ | | | ゴマフガムシ | |
| | | | ヒメゲンゴロウ | |

＊：固有種

注2）ナカセコカワニナは、かつて浜大津周辺にも分布していたと推測されている（紀平，1996）が、止水域である琵琶湖での分布記録はない。

表 5-6-3 南湖における代表的底生動物の分布記録（西野（1991a）に 1995 年以降の記録を追加）

琵琶湖では、外来種のアメリカナミウズムシが1995年（川勝・西野・大高，2007）、フロリダマミズヨコエビが2006年（西野，2007）、外来種と思われるコナユスリカ属は1998年（(独)水資源機構琵琶湖開発総合管理所，2008）に初めて南湖で確認された。

| 調査時期（年） | 現在は南湖に分布していないと考えられる種 | | | | | | | | | | | 1980年代まで南湖で分布記録のある種 | 1990年代まで南湖で分布記録のある種 | 2000年代以降も分布記録のある種 | 以前は南湖での分布記録がなかったが、現在南湖に広く分布する種 | | | | | | 文献 |
|---|---|---|---|---|---|---|---|---|---|---|---|---|---|---|---|---|---|---|---|---|---|
| | | | | | | | | | | | | | | | 日本在来種 | | | 国外外来種 | | | |
| | ナガタニシ（固有種） | キイロカワカゲロウ | ヒラタカゲロウ科 | クロスジヒゲナガトビケラ | ホンバトビケラ | グマガトビケラ | モリクサツミトビケラ | ユウキクツミトビケラ | ビワセトビケラ | アオヒゲナガトビケラ | ビワアシエダトビケラ | アオヒゲナガトビケラ | ヤマモトセンカイトビケラ | マメタニシ | トウヨウモンカゲロウ | マルヒラタドロムシ属 | シンテイトビケラ | ビワカマカ（固有種） | ナリタヨコエビ（固有種） | ヒメタニシ | オオユスリカ | アカムシユスリカ | アメリカナミウズムシ* | サカマキガイ・フロリダマミズヨコエビ* | コナユスリカ属 | |
| 1879 | ○幼虫 | ○幼虫 | | | | | | | | | | | | ○ | | | | | | | | | | | | 石綿・西野（未発表：Vega Collection） |
| 1915年頃 | | | | | | | | | | | | | | ○ | ?幼虫 | | | | | | | | | | | 川村（1918） |
| 1915 | ○ | | | | | | | | | | | | | ○ | | | | | | | | | | | | Annandale（1922） |
| 1927 | | | | | | | | | | | | | | | | | | ○ | | | | | | | | |
| 1940 | | | ◎成虫 | ○成虫 | ○成虫 | ○成虫 | ○成虫 | ○成虫 | ○成虫 | ○成虫 | ○成虫 | | ○成虫 | ○成虫 | | | | | | | | | | | | 津田（1942） |
| 1942 | ○ | | | ○成虫 | ○幼虫・巣 | ○巣 | | | | ○成虫 | | | | | | | | | | | | | | | | 山口ほか（1943） |
| 1942-1947 | | | | ○成虫 | ○成虫 | | ○成虫 | ○成虫 | ○成虫 | ○成虫 | ○成虫 | ○成虫 | | | | | | | | | | | | | | 津田（1968） |
| 1953 | ○ | | | | | | | | | | | | | | | | | | | | | | | | | 滋賀水試（1954） |
| 1962 | | | | | | | | | | | | | | | | | | | | ○幼虫 | | | | | | 加藤（1962） |
| 1963 | | ○ | | | | | | | | | | | | | ○幼虫 | | | | | | | | | | | 川畑（1963） |
| 1964 | | | | | | | | | | | | | | | ○幼虫 | | | | | | | | | | | 伊藤（1964） |
| 1970 | | ○ | | | | | | | | | | | | | | | | | | | | | | | | 渡辺（1980） |
| 1966-1972 | | | | | | | | | | | | | | | | | | ○ | | ○幼虫 | | | | | | Mori（1976） |
| 1973 | | | | | | | | | | | | | | | | | | ○ | | | | | | | | 古屋（1973） |
| 1984 | | | | | | | | | | | | | | | | | | ○ | | | | | | | | 谷田（1985） |
| 1986-1988 | - | - | - | - | - | - | - | - | - | - | - | - | - | ○ | ○（局所的） | | ○幼虫 | ○ | ○ | ●幼虫・成虫 | ●幼虫・成虫 | - | ○ | - | | 西野（1991a） |
| 1995 | | | | | | | | | | | | | | | | | | | | | | | ○ | | | 川勝・西野・大高（2007） |
| 1998 | | | | | | | | | | | | | | | | | ○（局所的）幼虫 | | | ○幼虫 | ◎幼虫 | - | ○ | ○ | | (独)水資源機構琵琶湖開発総合管理所（2008） |
| 2004 | | | | | | | | | | | | | | | | | | | ◎ | ◎幼虫 | - | ◎ | ◎ | | | (独)水資源機構琵琶湖開発総合管理所（2008） |
| 2006 | | | | | | | | | | | | | | | | | | | | | | | | ○ | | 西野（2007） |
| 2007-2010 | | | | | | | | | | | | | | | - | - | - | ○ | ○ | ◎成虫 | ◎成虫 | ○ | ◎ | ◎ | ○ | 金子ほか（2011） |

○：分布記録あり
○?：同属と推定される種の分布記録あり
幼虫，成虫：幼虫，成虫の分布記録あり
◎：大量に出現した記録あり
●：高密度で生息した地域あり
-：広範囲で調査されたが，分布記録なし
*：外来種
**：外来種と思われる種

しかし過去の分布記録から、現在、北湖の山地湖岸（＝岩石質の湖底）にのみ分布する大型水生昆虫類の一部は、かつては南湖にも生息していたと推測される（表5-6-3）。例えば、川村（1918）の図版には、1915年頃に大津市（南湖）の底石に付着していたヒラタカゲロウ科幼虫やマルヒラタドロムシと思われる幼虫が描かれている。またスウェーデン国立自然史博物館に所蔵されているVega Collectionには、1879年に琵琶湖の（恐らく南湖で採集されたと推定される）標本が保管されている。この中には固有種オウミガイの原記載標本の他、同じく固有種のカドヒラマキガイ、ナガタニシ、セタシジミ、タテボシガイ、ナリタヨコエビとともに、ヒラタカゲロウ科の小型幼虫の標本が確認されている（石綿・西野, 未発表）。

写真5-6-3 オウミガイ成貝　　写真5-6-4 カドヒラマキガイ成貝

写真5-6-4 ナリタヨコエビ雄

# 5-7 2000年代の底生動物の分布と変遷

## 5-7-1 2000年代の底生動物の分布

金子ほか（2011）は、2006〜2010年（以下2000年代とよぶ）に琵琶湖全域で底生動物調査を行った結果を報告した。それによると、1980年代に比べ、特に山地湖岸で大型水生昆虫類や巻貝類の生息地域や密度が減少していた。例えば、1980年代の調査では、ヤマトカワニナは、北湖の菅浦、水が浜、南湖の北雄琴、打出浜、膳所公園に多く生息し、1回の調査で数十個体が採集された（図5-7-1）。ところが2000年代の調査では、1980年代とほぼ同程度の採集努力を行ったにも関わらず、1回の調査で最大18個体（膳所公園）が採集されただけで、それ以外の地点では数個体しか採集できなかった。また北湖の磯、世継、南湖の北雄琴、木の浜など、1980年代には採集されたが、2000年代の調査で本種が採集できなかった地点が複数あった（図5-7-2）。

山地湖岸に広く分布していた在来のシロタニガワカゲロウも、1980年代と比べると採集地点が減少し、幼虫の生息密度も低かった。1980年代の調査では、夕方に水辺で飛翔したり、昼間に水辺の樹木で休息していたシロタニガワカゲロウ成虫をしばしば観察したが、2000年代の調査では、灯火採集で成虫は採集されたものの、昼間に樹木等で休息したり、夕方に飛翔する成虫を確認したことはほとんどなかった。

トビケラ目で唯一の固有種ビワコエグリトビケラも、北湖の山地湖岸に限定して分布する（Nishimoto, 1994：図5-7-3）。本種幼虫は1980年代とほぼ同じ地点で採集されたが、可携巣の中に生きた幼虫や蛹が入っていない空巣の割合が多かった（図5-7-4）。本種は5〜6月に湖底の岩石に可携巣を付着させて前蛹となり、11月に羽化するまでほとんど移動しないことが知られており、空巣の増加は、水位低下の頻発化によって前蛹の死亡率が増大したことを示しているのかも知れない。

## 5-7-2 南湖で確認できなくなった種

特に南湖では、1980年代には琵琶湖全域で広く分布していたが、2000年代になると、ほとんど確認されなくなった種がある。例えばオウミガイは、1980年代には琵琶湖岸全域に分布していたが、2000年代の調査では、北湖での分布地域が減少しただけでなく、南湖では全く採集されなかった。

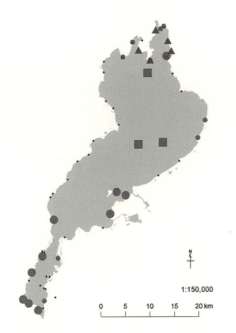

**図 5-7-1** 固有種ヤマトカワニナ（●ヤマトカワニナ、▲ヤマトカワニナ肋型、■チクブカワニナ）の分布（1988-1990 年）・は調査地点。記号の大きさは、採集数を表す（図5-7-2 ～ 5-7-8 も同じ）。

**図 5-7-2** 固有種ヤマトカワニナ（●ヤマトカワニナ、▲ヤマトカワニナ肋型、■チクブカワニナ）の分布（2007-2011 年）

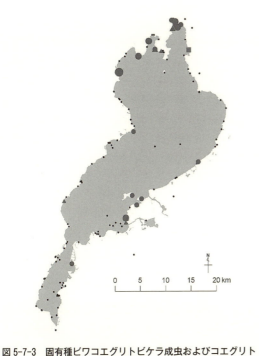

**図 5-7-3** 固有種ビワコエグリトビケラ成虫およびコエグリトビケラ属の幼虫、蛹、可携巣の空巣の分布（1988-1990 年）。（▲は成虫、●は幼虫、■は蛹、○は空巣）・は調査地点。記号の大きさは、採集数を表す。

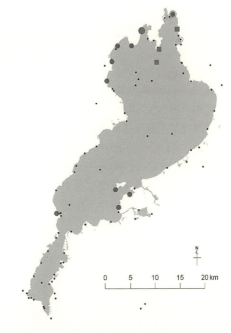

**図 5-7-4** 固有種ビワコエグリトビケラ成虫およびコエグリトビケラ属の幼虫、蛹、可携巣の空巣の分布（2007-2011 年）。凡例は図5-7-3と同じ。

2000年代の底生動物の分布と変遷

図5-7-5 固有種カドヒラマキガイ（●）、ヒロクチヒラマキガイ（▲）の分布（1980年代）
・は調査地点。

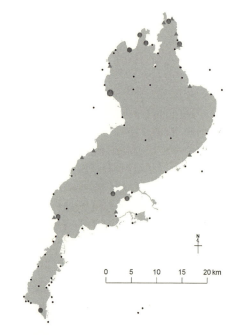

図5-7-6 固有種カドヒラマキガイ（●）、ヒロクチヒラマキガイ（▲）の分布（2000年代）。
・は調査地点。記号の大きさは、採集数を表す。

　同じ固有種であるカドヒラマキガイやヒロクチヒラマキガイも、1980年代には湖岸全域で採集された（図5-7-5）。しかし2000年代の調査では2010年6月に膳所公園で採集されたヒロクチヒラマキガイを除くと、南湖では採集されなかった（図5-7-6）。トウヨウモンカゲロウも、1980年代と比べて琵琶湖全域で減少しており、とくに南湖では幼虫、成虫ともに全く採集されなかった。

　2000年代の調査は、1980年代と比べて調査地点がやや少なく、また調査頻度も全く同じではないため、これらの種が南湖から全く姿を消したとは断定できない。しかし、少なくとも1980年代と比べて南湖での分布域や生息密度が激減していることは間違いない。

　前節でも述べたが、1950〜60年代に沿岸部に広く分布していたナガタニシは、1980年代には南湖で確認できなくなった。2000年代になると、オウミガイやカドヒラマキガイ、トウヨウモンカゲロウ幼虫の数も南湖で激減した。同様の結果が、（独）水資源機構琵琶湖総合開発管理所（2008）の調査でも得られている。オウミガイは現在、環境省レッドリストの絶滅危惧II類、ナガタニシとカドヒラマキガイは準絶滅危惧に指定されている。オウミガイやカドヒラマキガイは浅い湖底の岩石や礫表面に付着して生活し、トウヨウモンカゲロウは砂質の湖底に穴を掘って生活する屈潜型の水生昆虫である。かれらが南湖で減少した要因として、水草の大量繁茂にともなう湖底の貧酸素化の影響が考えられる（芳賀ほか, 2006）。じっさい北米のエリー湖では、富栄養化で湖底直上水が貧酸素化したことで、同じく屈潜型のモンカゲロウ科（*Hexagenia*）幼虫の生息密度が激減したが、その後、富栄養化対策が進み、湖底の貧酸素状態が改善されたことで再び増加し、湖岸に成虫が飛来するようになった（Krieger, 1996）。

### 5-7-3　分布域拡大や密度増加がみられた種

　その一方で、1980年代よりも分布域の拡大や生息密度が増加した種もある。チリメンカワニナは、1980年代の調査では、南湖と北湖西岸と北岸の一部に分布が限定していたが、2000年代には北湖東岸や北岸に分布域を広げていた。琵琶湖には多く

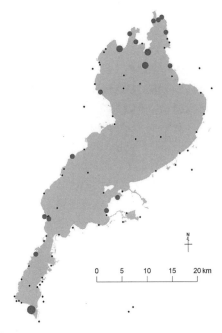

図 5-7-7　アメリカナミウズムシの分布（2000 年代）
（●は本種が採集された地点：種の同定は川勝正治氏による）

図 5-7-8　フロリダマミズヨコエビの分布（2006-2010 年：●は本種が採集された地点）

のカワニナ類が生息しているが、本種の分布記録は1980代より前にはほとんどない。

とくに分布域を急速に拡大した種の多くは外来種だった。地中海原産の巻貝サカマキガイは、1980年代には南湖および北湖の一部に分布していた。しかし2000年代になると北湖北岸に広く分布し、2010年には竹生島でも採集された。また南湖の膳所公園では、1回の採集で208個体が採集されるなど、極めて高密度に生息していた。

さらに1980年代には生息が確認されていなかったか、あるいは低密度だったが、その後、急速に分布拡大した外来種もいる。扁形動物のアメリカナミウズムシは、1995年に南湖の木の浜湖岸（守山市）で初めて確認され、その後南湖全域に分布拡大するとともに、北湖北岸でも確認されるようになり、現在は琵琶湖岸の全域で確認されている（川勝・西野・大高, 2007; 図5-7-7）。本種は、大津市の湖岸に近い小流にも生息しており、琵琶湖の周辺水域にも分布を拡大していると推測される。

同様に近年侵入し、その後急速に分布拡大している外来種が、ヨコエビ目のフロリダマミズヨコエビである。本種は、2006年に西の湖で初めて確認され（西野, 2007）、翌2007年に初めて南湖の膳所公園で採集された（西野, 未発表）。その後、北湖北岸でも確認され、現在は南湖のほぼ全域、北湖では北岸を除く全域に分布を広げている（図5-7-8）。膳所公園では、同じヨコエビ目の固有種ナリタヨコエビが同所的に生息しているが、本種の生息密度はナリタヨコエビよりも高かった（西野, 未発表）。

これら外来種は、いずれも米国から輸入された水草に付着して日本各地に侵入したと考えられている（川勝・西野・大高, 2007; Morino et al., 2004）。業者や個人がアクアリウムで飼育していた水草に付着した状態で野外に捨てられ、湖内で広がった可能性が考えられる。

また外来と考えられるカワリヌマエビ属の1種も琵琶湖に侵入、分布を広げつつある。約100年前の琵琶湖には、エビ目ヌマエビ科のミナミヌマエビが生息していたが（Kemp, 1918; Annandale, 1922）、その後、琵琶湖からの本亜種の報告例はほとんどなかった。

写真 5-7-1　サカマキガイ

写真 5-7-2　アメリカナミウズムシ

写真 5-7-3　フロリダマミズヨコエビ

写真 5-7-4　外来カワリヌマエビ属

2001年に本亜種の近縁種であるカワリヌマエビ属の1種が北湖東岸の早崎周辺で採集され（西野・丹羽, 2004）、その後、北湖西岸や日野町の河川などでも確認されており、現在、琵琶湖で確認された個体群は、形態的にも遺伝的にもミナミヌマエビとは違うことが確認されており、外来種であることはほぼ確実である（遠山ほか, 未発表；西野, 2017）。近年、日本各地で外来のカワリヌマエビ属が分布域を拡大している。なお外来カワリヌマエビ属の雄は、第3胸脚の前節（propodus）が湾曲していることや、指節（dactylus）の棘がやや太く、湾曲していることなどで在来のミナミヌマエビと区別できる（西野, 2017）。

なおシジミ類についても、外来シジミ類が湖内に侵入、分布拡大していることは確実であるが、全域での分布調査ができておらず、現状は不明である（滋賀県生きもの総合調査委員会, 2016）。

### 5-7-4　分布域が大きく変化しなかった種

外来二枚貝のカワヒバリガイは、1992年に長命寺川河口で初めて確認された（松田・上西, 1992）。その後、分布域はそれほど拡大しておらず、現在でも北湖東岸の一部および和邇沖、南湖東岸で確認されているだけである。生息密度もそれほど高くない。

## 5-8　底生動物相の長期変遷とその要因

このようにみてくると、琵琶湖の底生動物相の変化は、以下の3つの時期に分けられると考えられる。

最初の変化は、1960年初頭の農薬流入に伴う貝類の大量死と、それに続く乱獲によってシジミ類等の大型二枚貝類が減少したことである（コラム5-1「貝類漁獲量の減少とその要因」参照）。

第2は、1980年代の調査から明らかになった南湖での河川性水生昆虫類の減少である。これには南湖の富栄養化に伴って湖底が泥質化したことが関係しているのではないかと思われる。ただ1980年代の北湖の底生動物相には、大きな変化はみられなかった。

第3の変化は1990年代以降の外来底生動物の増加で、琵琶湖全域で確認されている。とくに南湖では、オウミガイなど複数の固有種や在来種の密度が著しく低下した。第3の変化には、長期にわたる夏期の低水位が頻繁に生じたことの他、湖水位の変動幅が小さくなったこと、水草が大量繁茂したこと、およびミズヒマワリやナガエツルノゲイトウ、ウスゲオオバナミズキンバイ（いずれもグラビアp.11）のような熱帯性外来植物の繁茂が大きく関わっていたのではないかと推測される。ある意味で、琵琶湖北湖の動揺性湖岸が静水性湖岸に取って代わられつつある、といえるかも知れない。

これら変化の背景として、長期的な沿岸域湖底

の泥質化が挙げられる。泥質化をひき起こした要因として、
①湖に流入する河川にダムやえん堤が多く建設されたことで、琵琶湖に砂礫が供給されなくなったこと。

②1992年の瀬田川洗堰水位操作規則の制定とその後の水位低下の頻発化などによって洪水による撹乱が生じにくくなり、波浪や湖流によって湖岸が湖水で洗われる頻度が低下していること。
が大きく影響していると考えられる。

## 5-9 琵琶湖の底生動物相の保全に向けて

　これまで述べてきたように、固有種を含む底生動物の生息環境は危機的状況を呈している（1-3節参照）。特に減少著しいのが、北湖の山地湖岸および砂浜湖岸（の湖底）に生息する固有カワニナ類、セタシジミ、および大型水生昆虫類である[注3]。

　北湖の山地湖岸および砂浜湖岸は「大湖沼としての琵琶湖」を代表する湖岸である（8章参照）。このような湖岸に生息する底生動物の多くが環境省レッドリストに指定されており、特定の地域に限定して分布する固有カワニナ類も多い（表1-3-2、グラビアp. 13参照）。底生動物に限らず、今後の琵琶湖の生物多様性の行く末を左右するのは、「大湖沼としての琵琶湖」が果たして維持できるかどうかにかかっているといっても過言ではない。

　はじめに述べたように、湖沼では底生動物の多くは一生を狭い地域内ですごすことが多く、生息環境の影響を受けやすい。逆にいうと、琵琶湖本来の湖底環境の復元目標、あるいは指標として底生動物を利用する視点が重要となる。

　1980年代に（故）森主一氏が、「セタシジミを南湖に取り戻そう」と主張された。森氏の考えを推し測るに、これは南湖に砂浜を取り戻せという意味ではなかったかと思える。琵琶湖の砂浜湖岸（陸側）にはハマヒルガオやハマエンドウなどの海浜植物が生育している（コラム3-1「保全価値の高い海浜植物と氾濫原植物」参照）。琵琶湖本来の湖岸が砂浜湖岸であったにもかかわらず、長期的に砂浜が減少傾向にあることが明らかになっている（2-3節参照）。その意味で、沿岸域の陸側では海浜植物を、湖底ではセタシジミ（あるいは北湖東岸の砂浜湖岸ではホソマキカワニナ）を復活させることが、琵琶湖本来の砂浜湖岸が復活したことのよい指標になると考えられる。

---

注3）ビワコシロカゲロウは、琵琶湖の植生湖岸に特異的に生息する固有底生動物であるが、本種は内湖では確認されておらず、植生湖岸のみに限定して生息する種とはいいがたい。

# コラム5-1　貝類漁獲量の減少とその要因

セタシジミの味噌汁は、かつては琵琶湖周辺だけでなく京都市に住む人々にとっても、なじみのある食物のひとつであった。

セタシジミをはじめとするシジミ漁獲量は、1949年の3,000tから1957年には6,097tにまで増加した。当時の人々の話では「シジミは湧く」ほどおり、また魚類漁獲量も増加の一途だったことから、シジミ漁獲量の増加は戦後の経済復興、人口増加に伴う需要増大が背景にあると考えられる（コラム図5-1）。ところが1960年には4,226トン、1963年は2,407トン1969年には1,927t、と、シジミ漁獲量はピーク時（1957年）のほぼ3分の1にまで減少した。5-5節で述べたように、琵琶湖全域のシジミ類の推定現存量は1953年には12,317tだったが、1969年には4,225tとほぼ3分の1に減少しており、漁獲量の減少と期を一にしていた（本文図5-5-4、5-5-5参照）。この減少は、1960年夏および1962年夏の集中豪雨によって、湖周辺の水田に散布された除草剤PCPを含む水が湖内に大量流入し、アユやシジミ類が大量死する事件が起きたためだと考えられている（水本ほか, 1962; 村長ほか, 1962; 西野, 2009）。1960年頃は、PCP流入によって日本の沿岸各地で深刻な漁業被害がもたらされ、琵琶湖のみならず有明海でもアサリが大量死するなど、農薬による環境汚染が初めて社会問題化した時期でもあった。

そのため琵琶湖では、減少した漁獲量を補う目的で新たに引き回し漁法が認可された。その前後で漁船の動力化が進んだこともあり、その後、シジミ類漁獲量は年々低下し、1995年には僅か113tにまで減少した。近年はセタシジミ稚貝の放流事業の効果もあって、2003年に233tにまで回復したものの、2016年には36tとピーク時の170分の1にまで減少した（コラム図5-1）。

現在、セタシジミは環境省レッドリストの絶滅危惧Ⅱ類に指定されているが、その減少要因は、次のように説明できるだろう。1953年のセタシジミ現存量は12,317t前後と推定されている（滋賀県水産試験場, 1954）。一方、当時のシジミ漁獲量は年3,000t～6,000tに上り、ピーク時には琵琶湖沿岸部全域のセタシジミ現存量のほぼ2分の1に相当していた。また当時、セタシジミの年間生産量（年間に繁殖・成長して増加する量）はシジミ類漁獲量にほぼ匹敵していたと推定されており、これ以上の漁獲は資源の枯渇を招くと指摘されていた（びわ湖生物資源調査団, 1966）。すなわち、1960年当時、年間生産量に匹敵するセタシジミが漁獲されていたなかで、農薬の流入でシジミ類が大量に死亡し、その後の乱獲によってセタシジミ個体群が致命的な影響を受けたと推測される（西野, 2009）。

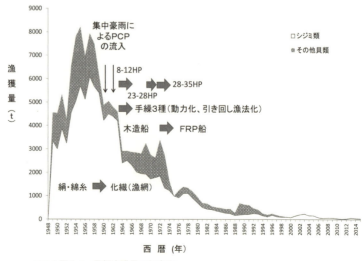

コラム図5-1　貝類漁獲量の年変化

付表　底生動物和名－学名対照表

| 和名 | 学名 | 固有種 | 外来種 | 環境省レッドリスト |
|---|---|---|---|---|
| アオサナエ | Nihonogomphus viridis | | | |
| アオヒゲナガトビケラ属 | Mystacides spp. | | | |
| アカムシユスリカ | Propsilocerus akamusi | | | |
| アシグロヒメタニガワカゲロウ | Ecdyonorus naraensis | | | |
| アメリカナミウズムシ | Girardia tigrina | | ○ | |
| イシガイ | Unio douglasiae | | | |
| イケチョウガイ[1] | Hyriopsis shlegeli | ○ | | 絶滅危惧Ⅰ類（CR+EN） |
| イボカワニナ | Semisulcospira（Biwamelania）multigranosa | ○ | | 準絶滅危惧（NT） |
| ウスバコカゲロウ属の1種 | Centroptilum sp. | | | |
| ウルマーシマトビケラ | Hydropsyche orientalis | | | |
| オウミガイ | Radix onychia | ○ | | 絶滅危惧Ⅱ類（VU） |
| オオウラカワニナ[1] | Semisulcospira（Biwamelania）ourense | ○ | | |
| オオタニシ | Cipangopaludina japonica | | | 準絶滅危惧（NT） |
| オオフタオカゲロウ | Siphlonurus binotatus | | | |
| オオユスリカ | Chironomus plumosus | | | |
| カドヒラマキガイ | Gyraurus biwaensis | ○ | | 準絶滅危惧（NT） |
| カゴメカワニナ | Semisulcospira（Biwamelania）reticulata | ○ | | 準絶滅危惧（NT） |
| カワヒバリガイ | Limnoperna fortunei | | ○ | |
| カワリヌマエビ属 | Neocaridina spp. | | ○ | |
| キイロカワカゲロウ | Potmanthus formosus | | | |
| グマガトビケラ | Gumaga orientalis | | | |
| クロイトトンボ | Cercion calamorum calamorum | | | |
| クロカワニナ[1] | Semisulcospira（Biwamelania）fuscata | ○ | | 絶滅危惧Ⅱ類（VU） |
| クロスジヒゲナガトビケラ | Ceraclea（Ceraclea）nigronervosa | | | |
| コナユスリカ属 | Corynoneura spp. | | | |
| ゴマダラヒゲナガトビケラ | Oecetis nigropunctata | | | |
| ゴマフガムシ | Berosus punctipennis | | | |
| サカマキガイ | Physa acuta | | ○ | |
| シライシカワニナ[1] | Semisulcospira（Biwamelania）shiraishiensis | ○ | | 準絶滅危惧（NT） |
| シロタニガワカゲロウ[1] | Ecdyonurus yoshidae | | | |
| シンテイトビケラ | Dipseudopsis collaris | | | |
| セタシジミ[1] | Corbicula（Corbicula）sandai | ○ | | 絶滅危惧Ⅱ類（VU） |
| タイリククロスジヘビトンボ | Parachauliodes continentalis | | | |
| タケシマカワニナ[1] | Semisulcospira（Biwamelania）takeshimensis | ○ | | 準絶滅危惧（NT） |
| タテジワカワニナ[1] | Semisulcospira（Biwamelania）rugosa | ○ | | |
| タテヒダカワニナ | Semisulcospira（Biwamelania）decipiens | ○ | | 準絶滅危惧（NT） |
| タテボシガイ[1] | Unio douglasiae biwae | ○ | | |
| チクブカワニナ[1] | Semisulcospira（Biwamelania）japonica | ○ | | 準絶滅危惧（NT） |
| チリメンカワニナ | Semisulcospira（Semisulcospira）reiniana | | | |
| トウヨウクサツミトビケラ | Oecetis tsudai | | | |
| トウヨウモンカゲロウ | Ephemera orientalis | | | |
| トゲモチヒゲナガトビケラ | Ceraclea（Ceraclea）albimacula | | | |
| ドブガイ | Anodonta spp. | | | |
| ナカセコカワニナ | Semisulcospira（Biwamelania）nakasekoae | ○ | | 絶滅危惧Ⅰ類（CR+EN） |
| ナガタニシ | Heterogen longispira | ○ | | 準絶滅危惧（NT） |
| ナリタヨコエビ | Jesogammarus（Annanogammarus）naritai | ○ | | 準絶滅危惧（NT） |
| ナンゴウカワニナ[1] | Semisulcospira（Biwamelania）fluvialis | ○ | | |
| ハベカワニナ | Semisulcospira（Biwamelania）habei | ○ | | |
| ヒメカゲロウ属 | Caenis sp. | | | |
| ヒメタニシ | Sinotaia quadrata historica | | | |
| ヒメゲンゴロウ | Rhantus suturalis | | | |
| ビワアシエダトビケラ | Georgium japonicum | | | 準絶滅危惧（NT） |
| ビワコエグリトビケラ[1] | Apatania biwaensis | ○ | | |
| ビワコシロカゲロウ | Epholon limnobium | ○ | | 準絶滅危惧（NT） |
| ビワコヒメシロカゲロウ | Caenis nishinoae | | | |
| ビワセトトビケラ | Leptocerus biwae | | | |
| ヒロクチヒラマキガイ | Gyraurus amplificatus | ○ | | |
| フタツメカワゲラ[1] | Neoperla geniculata | | | |
| フタバカゲロウ属 | Cloeon spp. | | | |
| フトマキカワニナ[1] | Semisulcospira（Biwamelania）dilatata | ○ | | |
| フロリダマミズヨコエビ | Crangonyx floridanus | | ○ | |
| ホソバトビケラ | Molanna moesta | | | |
| ホソマキカワニナ[1] | Semisulcospira（Biwamelania）arenicola | ○ | | 準絶滅危惧（NT） |
| マミズクラゲ | Craspedacusta sowerbyi | | | |
| マメタニシ | Parafossarulus manchouricus japonicus | | | 絶滅危惧Ⅱ類（VU） |
| マルタニシ | Cipangopaludina chinensis laeta | | | 絶滅危惧Ⅱ類（VU） |
| マルヒラタドロムシ | Eubrianax ramicornis | | | |
| マルヒラタドロムシ属 | Eubrianax spp. | | | |
| ミナミヌマエビ | Neocaridina denticulata denticulata | | | |
| ムネカクトビケラ | Ecnomus tenellus | | | |
| メガネサナエ | Gomphus oculatus | | | 絶滅危惧Ⅱ類（VU） |
| メンカラスガイ | Cristaria plicata clessini | ○ | | 準絶滅危惧（NT） |
| モリクサツミトビケラ | Oecetis morii | | | |
| モリカワニナ[1] | Semisulcospira（Biwamelania）morii | ○ | | 準絶滅危惧（NT） |
| ヤマシロムネカクトビケラ | Ecnomus yamashironis | | | |
| ヤマトカワニナ | Semisulcospira（Biwamelania）japonica | ○ | | 準絶滅危惧（NT） |
| ヤマトカワニナ肋型 | Semisulcospira（Biwamelania）japonica | ○ | | 準絶滅危惧（NT） |
| ヤマモトセンカイトビケラ | Triaenodes unanimis | | | |
| ユウキクサツミトビケラ | Oecetis yukii | | | |

1）はグラビア頁に掲載

# 魚類と湖岸環境の保全

**6章**

琵琶湖流域には、多くの固有種を含む67種もの在来魚が確認されているが、その半数が絶滅あるいは絶滅危惧種であり、危機的状況は現在も進んでいる。内湖を代表とする琵琶湖湖岸域は、魚の繁殖や生息場所として重要であるが、琵琶湖の開発により強く影響を受けてきた。本章ではその実態と魚類の回復のための具体策を提案する。

## 6-1 淡水魚の重要な生息地 琵琶湖

　琵琶湖は日本の淡水魚の分布や生息にとって極めて重要な水域である。世界自然保護基金（WWF）は、世界の重要な生態系が存在する地域を「エコリージョン」とよび、その中で保全順位の高い200の地域の一つに琵琶湖を選んでいる（WWFジャパン，2005）。しかし、琵琶湖では水資源の利用などをめぐってこれまでさまざまな開発が実施され、魚類の生息環境は悪化して環境省が絶滅危惧種あるいは準絶滅危惧種に指定している種類は増え続け、生息する在来魚の半数を超える事態になっている（環境省，2015）。現在の琵琶湖は早急に対策を実施しないと、アユモドキなどのように、実際に絶滅状態になる種類が増える事態であると思われる。どうすれば琵琶湖の魚類の回復・保全が図れるのか、以下で考えていきたい。

## 6-2 琵琶湖の魚類相の特性

### 6-2-1　淡水魚の分布

　現在、世界には約27,000種の魚類が知られているが（Nelson, 2006）、これらの魚類の中で、淡水域に出現する種類は、約8,300種余り（約30％）であると言われている（Berra, 2001）。いっぽう日本列島周辺には、4210種の魚類が報告されており（中坊，2013）、これらの中で淡水魚とよばれる魚たちは310種余り（約8％）である（川那部・水野，1995）。日本は周囲を海に囲まれているので、海外に分布する淡水魚とは全く異なった種類の魚たちばかりが日本に生息しているのかというとそうではなく、実は私たちに身近な川や沼に生息しているオイカワやカワムツなどの魚は、中国や朝鮮半島にも棲んでいるのである（中坊，2013）。

　一般に淡水魚とは、塩分のほとんど含まれない淡水域に出現するすべての魚を表す。この中にはボラやクサフグのように通常は海に棲んでいるが、河口近くの川に入ってくることがある魚や、サケのように成熟して産卵時だけ川を遡上してくる魚も含まれている。さらに、ウナギなどは川や沼で大きくなって産卵の前に海に下る。いっぽう、フナやナマズは一生を通じて海に入ることはない。このような淡水域だけで生活している魚は「純淡水魚」とよばれている。純淡水魚は、海では高い塩分濃度のために生きることができないため、川や湖など淡水域でつながっている水域でしか分布を広げることができない。そのため、純淡水魚の自然分布を調査することで、地史的な変遷をある程度まで推測することができる。

### 6-2-2　日本列島の淡水魚分布

　日本列島の淡水魚の分布を概観すると、一般的に種類数は東で少なく西へ行くにしたがって多くなることが知られている（青柳，1957；水野，1987）。これは日本列島の形成に深く関わった現象で、特に関東から東の地域で種類数が少なく、濃尾平野から西の地域、すなわち関西、九州にかけて多くなっている（表6-2-1）。この原因は、私たちの暮らす日本列島が、もともとユーラシア大陸の一部であったが、これが分離移動して約1500万年前の中期中新世に日本列島が形成され（平，1990）、その後、現在に至るまでの過程で、関東から東の地域にあたる部分に一時的に海が広がって陸域がほとんどない時期があったため、純淡水魚の種類数が少なくなり現在に至っているからである。いっぽうで、濃尾平野から西では、陸の状態が広く長く続き今に至っていることや、現在の九州から瀬戸内海、琵琶湖、さらには東海地方までつながった湖のような水系（第2瀬戸内湖沼群とよばれる）が存在していたものと推測されているためである（中島，2001）。さらに、日本列島ができる過程で

表6-2-1　各地における純淡水魚の種数の比較

| 地域名 | コイ科 | ドジョウ科 | ギギ科 | アカザ科 | ナマズ科 | 合計 |
|---|---|---|---|---|---|---|
| 北海道[1] | 5 | 3 |  |  | 1 | 9 |
| 田沢湖[2] | 5 | 1 | 1 | 1 | 1 | 9 |
| 諏訪湖[3] | 10 | 2 | 1 | 1 | 1 | 15 |
| 富山[4] | 14 | 4 |  | 1 | 1 | 20 |
| 琵琶湖水系[5] | 36 | 8 | 1 | 1 | 3 | 49 |
| 広島[6] | 19 | 6 |  | 1 | 1 | 27 |
| 福岡[7] | 23 | 7 | 1 | 1 | 1 | 33 |

1）「北海道の淡水魚（第3版）」（北海道新聞社刊, 1990）より引用
2）「クニマス百科」（秋田魁新報社刊, 2000）より引用
3）「諏訪湖の魚類群集：漁業統計からみた変遷」（山本・沖野, 2001）より引用
4）「とやまの川と湖の魚たち」（シー・エー・ピー刊, 1993）より引用
5）「日本産魚類検索（第3版）」（東海大学出版会, 2013）より引用
6）「広島県瀬戸内川河川における淡水魚類相の特性」（平山・中越, 2003）より引用
7）「福岡県における純淡水魚類の地理的分布パターン」（中島・鬼倉・松井・及川, 2006）より引用

日本海が形成されるが、現在では完全に海である日本海も、当初は大きな淡水の湖であった時期が想定されており、この湖で現在の日本ではすでに絶滅して化石として残っているだけであるが、中国では今も繁栄しているワタカの仲間などが多数生まれたのではないかと推定されているからである（中島, 2001）。

## 6-2-3　琵琶湖水系の魚類

琵琶湖水系（琵琶湖とその流入河川およびこれらに繋がる淀川を含む水域を言う）に自然分布していることが確認されている魚類は現在14科67種にのぼり（表6-2-2）、このうち、琵琶湖だけに生息するいわゆる固有種あるいは固有亜種は15種である（中坊, 2013）。純淡水魚が多くを占めるコイ科、ドジョウ科、ギギ科、アカザ科およびナマズ科について、日本の他の地域と比較すると、琵琶湖水系には多くの魚類が生息していることがわかる（表6-2-1）。特にフナやカマツカなどコイ科の仲間が多い特徴がある。コイ科の魚はウグイを除いて海に下ることがなく、ほとんどが純淡水魚である。琵琶湖のウグイがどの程度海で生活する能力をもっているのかは、まだ誰も調べたことがないのでわからないが、一般的にウグイだけは比較的強い海水適応力をもち、川と海の両方の環境を利用しながら生活しており（石崎ほか, 2009）、海沿いに生息域を拡大できる。このため、ウグイは北海道から九州まで広範囲に分布している。

アユは北海道からベトナムまでさらに広く分布していることがわかっている（岩井, 1980；東, 2009）。琵琶湖のアユは、秋に川の河口近くで産卵し、孵化した子供は、一旦琵琶湖に下って冬の間を琵琶湖で過ごす。早春になり、川の水温が琵琶湖の水温より高くなると、湖から川に遡上して石の表面に生えた藍藻などを食べて大きく育つ（田中, 2009）。このように琵琶湖のアユは淡水域だけで生活を送っているが、実はこれは特異な例である。一般的には、河口近くで孵化したアユの子供は、海に下って河口周辺の汽水域や沿岸の波打ち際で冬を過ごし、春から夏に川を上る。アユは海と川の両方が生活範囲である（東, 2009）。

このように、生活史の一部を海ですごしている淡水魚は「通し回遊魚」とよばれている。琵琶湖水系には琵琶湖を海の代わりに利用している魚が多くみられ、それらの中でサケ科のビワマス、カジカ科のウツセミカジカやハゼ科のビワヨシノボリは、通し回遊魚に分類することができる。ビワマスはすでに海水への適応能力が低下しており、海へくだって生活することはできないが（Fujioka et al. 1989）、海水に適応するためのホルモンであるコルチゾルが分泌されれば、海水中で生きていく能力を今ももっていることが明らかにされてい

表 6-2-2 琵琶湖水系に生息する魚類[1]

| No. | 科 | 種名 | 学名 | 備考[4] |
|---|---|---|---|---|
| 1 | ヤツメウナギ科 | スナヤツメ北方種 | Lethenteron sp. N. | 純 |
| 2 | | スナヤツメ南方種 | Lethenteron sp. S. | 純 |
| 3 | ウナギ科 | ニホンウナギ | Abguilla japonica | 通 |
| 4 | アユ科 | アユ[5] | Plecoglossus altivelis altiveris | 通 |
| 5 | サケ科[2] | ヤマトイワナ | Salvelinus leucomaenis japonicus | 通 |
| 6 | | サツキマス（アマゴ） | Oncorhynchus masou ishikawae | 通 |
| 7 | | ビワマス[5] | Oncorhynchus sp. | 固, 純 |
| 8 | コイ科[3] | コイ | Cyprinus carpio | 純 |
| 9 | | ゲンゴロウブナ | Carassius cuvieri | 固, 純 |
| 10 | | ギンブナ | Carassius sp. | 純 |
| 11 | | ニゴロブナ[5] | Carassius buergeri grandoculis | 固, 純 |
| 12 | | ヤリタナゴ | Tanakia lanceolata | 純 |
| 13 | | アブラボテ | Tanakia limbata | 純 |
| 14 | | カネヒラ | Acheilognathus rhombeus | 純 |
| 15 | | イチモンジタナゴ | Acheilognathus cyanostigma | 純 |
| 16 | | シロヒレタビラ | Acheilognathu tabira tabira | 純 |
| 17 | | ニッポンバラタナゴ | Rhodeus ocellatus kurumeus | 純 |
| 18 | | イタセンパラ | Acheilognathus longipinnis | 純 |
| 19 | | ワタカ[5] | Ischikauia steenackeri | 固, 純 |
| 20 | | カワバタモロコ | Hemigrammocypris rasborella | 純 |
| 21 | | ハス[5] | Opsariichthys uncirostris uncirostris | 純 |
| 22 | | オイカワ | Opsariichthys platypus | 純 |
| 23 | | カワムツ | Candidia temminckii | 純 |
| 24 | | ヌマムツ | Candidia sieboldii | 純 |
| 25 | | アブラハヤ | Phoxinus lagowskii steindachneri | 純 |
| 26 | | タカハヤ | Phoxinus oxycephalus jouyi | 純 |
| 27 | | ウグイ[5] | Tribolodon hakonensis | 通 |
| 28 | | モツゴ | Pseudorasbora paruva | 純 |
| 29 | | アブラヒガイ[5] | Sarcocheilichthys biwaensis | 固, 純 |
| 30 | | カワヒガイ | Sarcocheilichthys variegatus variegatus | 純 |
| 31 | | ビワヒガイ | Sarcocheilichthys variegatus microoculus | 固, 純 |
| 32 | | ムギツク | Pungtungia herzi | 純 |
| 33 | | タモロコ | Gnathopogon elongatus elongatus | 純 |
| 34 | | ホンモロコ[5] | Gnathopogon caerulescens | 固, 純 |
| 35 | | ゼゼラ | Biwia zezera | 純 |
| 36 | | ヨドゼゼラ | Biwia yodoensis | 固, 純 |
| 37 | | カマツカ | Pseudogobio esocinus esocinus | 純 |
| 38 | | ツチフキ | Abbottina rivularis | 純 |
| 39 | | ズナガニゴイ | Hemibarbus longirostris | 純 |
| 40 | | コウライニゴイ | Hemibarbus labeo | 純 |
| 41 | | ニゴイ | Hemibarbus barbus | 純 |
| 42 | | イトモロコ | Squalidus gracilis rracilis | 純 |
| 43 | | デメモロコ | Squalidus japonicus japonicus | 純 |
| 44 | | スゴモロコ | Squalidus chankaensis biwae | 固, 純 |
| 45 | ドジョウ科 | アユモドキ | Parabotia curta | 純 |
| 46 | | ドジョウ | Misgurnus angillicaudatus | 純 |
| 47 | | アジメドジョウ | Niwaella delicata | 純 |
| 48 | | シマドジョウ | Cobitis biwae | 純 |
| 49 | | ビワコガタスジシマドジョウ | Cobitis minamorii oumiensis | 固, 純 |
| 50 | | オオガタスジシマドジョウ | Cobitis magnostriata | 固, 純 |
| 51 | | ホトケドジョウ | Lufua echigonia | 純 |
| 52 | | ナガレホトケドジョウ | Lufua sp. | 純 |
| 53 | ギギ科 | ギギ | Tachysurus nudiceps | 純 |
| 54 | アカザ科 | アカザ | Liobagrus reinii | 純 |
| 55 | ナマズ科 | イワトコナマズ | Silurus lithophilus | 固, 純 |
| 56 | | ビワコオオナマズ | Silurus biwaensis | 固, 純 |
| 57 | | ナマズ | Silurus asotus | 純 |
| 58 | メダカ科 | ミナミメダカ | Oryzias latipes | 純か？ |
| 59 | トゲウオ科 | ハリヨ | Gasterosteus aculeatus | 純 |
| 60 | ドンコ科 | ドンコ | Odontobutis obscura | 純 |
| 61 | ハゼ科 | ウキゴリ | Gymnogobius urotaenia | 純 |
| 62 | | イサザ[5] | Gymnogobius isaza | 固, 純 |
| 63 | | カワヨシノボリ | Rhinogobius flumineus | 純 |
| 64 | | ビワヨシノボリ | Rhinogobius sp. BW | 固, 通 |
| 65 | | オウミヨシノボリ | Rhinogobius sp. OM | 固, 純・通か？ |
| 66 | カジカ科 | カジカ | Cottus pollux | 純 |
| 67 | | ウツセミカジカ[5] | Cottus reinii | 固, 通 |

1) 日本産魚類検索. 第三版 (2013), 中坊徹次（編）東海大学出版会による.
2) 滋賀県には日本海側に流れる河川にサクラマス（ヤマメ）が生息している.
3) イタセンパラは現在では淀川のみに生息する.
4) 凡例　固：固有種, または固有亜種. 通：通し回遊魚（海の代わりに琵琶湖と川の間を回遊するものも含む）. 純：純淡水魚
5) グラビアに掲載

る (Nakajima et al., 2014)。ウツセミカジカやビワヨシノボリはどうなのだろうか。今も海で暮らす能力を備えているのかどうか興味がもたれる。

現在の琵琶湖水系に生息していた魚は、外来魚を除くと上述のように14科67種にのぼる（表6-2-2）。これまで述べてきたように、これらの魚の中には、通し回遊魚のように海の代わりに琵琶湖を利用して琵琶湖水系に適応して生活している魚がいる一方で、あくまで海との関係なしには生きていけないウナギのような魚もいる。ウナギは琵琶湖では産卵できないので、その子供ははるかマリアナ諸島沖の海で生まれ、海流に乗って日本沿岸にやってきて大阪湾から淀川に入り遡上してくる以外にはない。明治時代に淀川にダムが建設され、また琵琶湖の流出河川である瀬田川（南郷）に洗堰（あらいぜき）ができるまでは、天然のウナギが琵琶湖まで上ってきていたのである。しかし1964年、下流の宇治川に巨大な天ケ瀬ダムが建設され（それまでも淀川下流にダムがつくられているが、その影響は不明）、ウナギの遡上は全く不可能になっている。このため、現在の琵琶湖に生息するウナギはすべて人の手で放流されたものと考えられる。

## 6-2-4　魚類の生息環境

琵琶湖水系の魚類保全を考えるとき、最も重要なことは各種の魚がどのような生態あるいは生活史をもっているのか、ということである。細谷（2005）はウナギを除く琵琶湖水系に生息する魚類の回遊様式を類型化し、A～Hまでの8型に分類している。その鍵となるのは、特徴的な生息域である琵琶湖、内湖、水田、河川であるとしている。これらの生息域をさらに細分化してそれぞれの生息域に主に分布する魚を表6-2-3に示した。また、主な魚種の産卵繁殖場所を表6-2-4にまとめた。この表の中で特徴的なことは、琵琶湖の沖合で産卵する魚類がいないことである。普段、沖合に生息しているイサザやビワマス、ゲンゴロウブナなどすべての魚たちが湖岸や内湖あるいは河川にやってきて産卵する。しかし、琵琶湖沖合が産卵繁殖にまったく関係がないかと言えばそうではなく、例えばアユやイサザなどは、湖岸や河川下流域で産卵し、卵が孵化すると生まれたばかりの仔魚（卵黄をまだ吸収し終えていない稚魚）は、川の流れや湖流に運ばれて沖合の表層近く（水温躍層上部のプランクトンの多い層）で育つことがわかっている（田中, 2009；酒井ほか, 2009）。

河川は瀬と淵に代表されるようにさまざまに異なった環境がある。例えばアユは瀬に縄張りを形成して大きく育つ。また、ウツセミカジカの雄は平瀬にある礫の下に穴を掘って巣とし、その石裏に雌が産卵する。流れのない淵や淀みには巣をつくらない。ドジョウの仲間では、ドジョウは泥底

表6-2-3　琵琶湖水系の代表的な水域とそこに生息する魚類

| 代表的な水域 | 場 | 微環境 | 種類 |
|---|---|---|---|
| 琵琶湖 | 沿岸 | 砂礫 | シロヒレタビラ・ハス・アブラヒガイ・スゴモロコ・オオガタスジシマドジョウ |
| | | 砂泥 | ニホンウナギ・コイ・ニゴロブナ・カネヒラ・ワタカ・カワバタモロコ・ビワヒガイ・ゼゼラ・ニゴイ・デメモロコ |
| | 沖合 | 表中層 | ゲンゴロウブナ・ウグイ・ビワマス・ビワヨシノボリ |
| | | 湖底 | ウツセミカジカ・イサザ |
| 内湖 | | ヨシ帯 | ギンブナ・ギギ・ナマズ |
| 池・水田・水路 | 水田 | 池 | タモロコ・モツゴ・ドジョウ・ミナミメダカ |
| | 水路 | 水路 | ヤリタナゴ・イチモンジタナゴ・ニッポンバラタナゴ・アユモドキ・ビワコガタスジシマドジョウ・ホトケドジョウ |
| 河川 | 上流 | | ヤマトイワナ・アマゴ・タカハヤ・アジメドジョウ・ナガレホトケドジョウ・カジカ・カワヨシノボリ |
| | 中流 | 砂礫底 | アカザ・アユ・オイカワ・カワムツ・アブラハヤ・ムギツク・ズナガニゴイ・シマドジョウ・オウミヨシノボリ |
| | | 淵 | カワムツ・アブラハヤ・イトモロコ・ドンコ |
| | 下流 | | ヌマムツ・カワヒガイ・コウライニゴイ・スナヤツメ北方種・スナヤツメ南方種 |
| | 小川 | 湧水のある小川 | ハリヨ |

表 6-2-4 琵琶湖水系に生息する魚類のおもな産卵繁殖場所

| 水域 | 場 | 魚種 |
|---|---|---|
| 琵琶湖 | 沖合 | なし |
| | 沿岸 | ビワヒガイ・アブラヒガイ・スゴモロコ・デメモロコ・ |
| | 湖岸 | ビワコオオナマズ・イサザ・ビワヨシノボリ |
| 内湖 | ヨシ帯 | コイ・ホンモロコ・ワタカ・カネヒラ・ゲンゴロウブナ・ナマズ・ギギ |
| 水田・水路 | | ドジョウ・ニゴロブナ・タモロコ・メダカ・ヤリタナゴ・アユモドキ・ギギ |
| 河川 | 上流域 | ヤマトイワナ・サツキマス（アマゴ）・タカハヤ・カジカ |
| | 中流域 | ビワマス・オイカワ・ウグイ・カワムツ・アカザ・ズナガニゴイ |
| | 下流域 | アユ・ハス・ウツセミカジカ・ニゴイ・ヌマムツ |
| | 湧水河川 | ハリヨ |
| 海 | | ウナギ |

の小川や水田に生息し産卵もするが、シマドジョウは流れのある砂礫底に棲み繁殖する。このような例でわかるように、湖岸や内湖、河川などと言っても、それぞれにかなり異なった環境があり、魚たちはそれぞれの環境を厳密に区別して生息あるいは繁殖しているのである。

### 6-2-5 魚類の水温環境

　もう一つ別の視点から魚類の分布をみると、それは生息環境としての温度の問題である。淡水魚は変温動物で、周辺環境とほぼ同じ体温をしている。種類によって生息できる水温に一定の限界があり、生息場所がある程度まで水温によって限定されている。琵琶湖周辺は温帯域に位置し、四季の変化がある。川の水温は、冬には0℃近くまで低下するが、夏には30℃付近まで上昇する。しかし、もう少し河川を詳しく見ると、山間の上流域であれば夏でも20℃以上になることは稀である。琵琶湖水系の川にはサケ科のヤマトイワナやサツキマス（アマゴ）が生息しているが、その分布域は上流部に限られている。その要因は水温であって、これらの魚は夏でも20℃以上にならない水域に生息している。これが北海道であれば夏でも比較的水温が低いので、川の下流部までイワナの仲間が分布しているのである（石城, 1984）。

　一方、琵琶湖は夏に表面水温が30℃まで上昇するが、水深が深くなるにしたがって水温は急激に低くなり、水深10mで約20℃、20mでは約10℃となり、40m以下では7℃前後のほぼ一定の水温になる（図6-2-1）。さらに、冬ではどの水深でも水温がほぼ7℃で一定となる。琵琶湖は水深が深く、夏でも水温が20℃以下の水域が広く存在している。

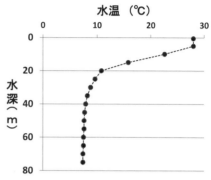

図 6-2-1　8月の琵琶湖の水温分布
夏には表面水温は30℃近くにまで上昇するが水深20m以下には10℃以下の冷たい水域が広がっている。

ビワマスは成熟すると秋に川を遡上して中上流部で産卵する（藤岡, 2009）。卵からふ化した稚魚は川で育つが、水温が20℃を越える5月下旬から6月には琵琶湖へ下って生活するようになる。ビワマスにとって、琵琶湖が深くて1年中水温の低い水域が広がっていることが生きていくための重要な要件の一つなのである。

　以上のように、琵琶湖水系に生息する魚類は、琵琶湖を中心に分布しているものの、川や内湖、水田、水路など多様な水域を巧みに利用して繁殖・生育している。各魚種が生活史を通じて利用する水域はどれも必要不可欠であり、どれか一つの生息域が消失すると、生息数に大きく影響する。さらに、それらのつながりが遮断された場合でも致命的な影響を受ける可能性がある。琵琶湖北湖には水深40m以上の深くて広い沖合水域が広がっており、そこには水温の低い環境が一年を通じて存在している。これらの多様な環境の組み合わせが、さまざまな魚たちが生息していることにつながっているのである。

# 6-3 琵琶湖の主要な魚類の変遷

　琵琶湖水系に分布する魚類の生息数の長期変化を把握することは非常に難しい作業である。魚類の生息数は、環境の変化や漁獲などに影響を受けるほかに、イワシなどのように広域的な気候変動によっても大きく変化することが報告されている（川崎, 2009）。さらに、食習慣や経済的な影響を受ける場合もある。また、我々人類の祖先が渡ってくるよりはるか昔、日本列島には今では全く見られないさまざまなコイ科の淡水魚が分布していたが、気候などの環境変化により絶滅していったことが知られている（中島, 2001）。私たちが目前で見ている魚たちも、実は長期的な変動の一端を垣間見ているに過ぎないかもしれない。

　しかし、これは少なくとも数万年あるいは数百万年という時間単位での変化であり、現在生きている私たちの時間単位である数十年という範囲でみると、それほど大きな変化が起こることはないはずである。もしここ数年で何らかの大きな変化が起こっているのであれば、それは我々人間の活動が直接もたらした人為的な変化であると判断せざるを得ない。

## 6-3-1　琵琶湖漁業115年間の変化

　琵琶湖の魚類生息数の長期的な変化を明らかにした研究はなく、断片的に資料があるのみである。間接的な資料とはなるが、琵琶湖の漁獲量の変化は100年以上前まで遡ることができる点で大変重要な資料である。滋賀県が発行している『滋賀県統計書』（1885～2009）から、第2次世界大戦末期の1942年を除く現在から1895年まで通して漁獲記録のあるコイ、フナ、ホンモロコ、ビワマス、ウナギ、アユ、イサザ、ウグイ、ハスおよびオイカワの10種の魚類について漁獲量の変化を図6-3-1にまとめた。なお1953年までは年度（4月から翌年3月まで）で集計されており、1954年からは年単位で示されている。また、フナは、ニゴロブナ、ゲンゴロウブナおよびギンブナを合わせた値である。

　これによると琵琶湖の魚類主要10種の漁獲量は、1940年以前では1000tから1500tとほぼ一定であった。戦後一旦減少して700tほどとなるが、その後急速に回復増加し、1983年には最高の3402tに達

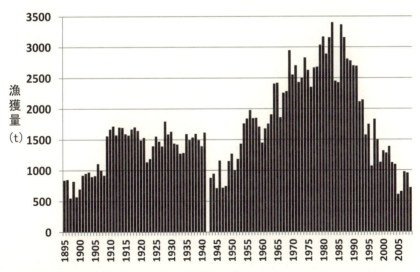

図6-3-1　琵琶湖の魚類（主要10種）の漁獲量の変化
　滋賀県統計書による琵琶湖の漁獲量の変化。1953年までは年度毎の集計。1954年以降は年毎の集計。集計した魚種は、コイ、フナ、ビワマス、ホンモロコ、ウナギ、アユ、イサザ、ウグイ、ハスおよびオイカワの漁獲量。1942年の統計値は発表されていない。

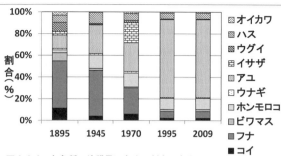

図6-3-2 各魚種の漁獲量に占める割合の変化
各年度の資料は「滋賀県統計書」による。

写真6-3-1 琵琶湖の内湖の一つ（松の木内湖：高島市）

している。しかし、1990年以降に急減し、2005年以降は1000t以下と100年以前のレベルにまで低下していることがわかる。

漁獲物の組成変化の概要をみると（図6-3-2）、1895年から1970年まではコイ、フナ、ホンモロコおよびアユを中心に、さまざまな魚類が漁獲されているが、それ以降になるとアユの割合が極端に増えて全体の漁獲量を大幅に増加させている。逆に、オイカワやウグイ、イサザ、ウナギなどがほとんど漁獲できない状況になっている。

### 6-3-2 内湖の干拓

近代以降に琵琶湖の生物に大きな影響を及ぼすことになったと考えられる項目を、巻末の年表から拾い出し、まず琵琶湖の魚類の繁殖や生息にとって重要だと考えられている内湖について検討してみたい（巻末年表参照）。琵琶湖の内湖とは、もともと琵琶湖であった水域が、砂州等が発達して一部で琵琶湖とつながっているものの、ほとんど琵琶湖と隔てられた水塊となったものである（写真6-3-1）。内湖は水深が浅く（数cmから2m程度）ヨシなどの抽水植物のほかにさまざまな沈水植物が繁茂しており、魚類の餌となる動物プランクトンも多く発生する場所である。2章で述べたように、1890年代の内湖面積はのべ35.2km²に上り、1920年代でものべ33.0km²も占めていた。しかし1942年から農地造成を主な目的に内湖干拓が開始され、既に1940年代には23.3km²、1960年代には5.4km²にまで減少し、1920年代の面積の16％が残るだけとなった（2章図2-3-2参照）。滋賀県（2000）の推定値も考慮すると、85％近くの内湖が戦中および戦後間もない時期に失われたといえる（その後も内湖面積は減少したが、一方で南湖に湖岸堤が建設されたことで、一部の湖岸が人造内湖とされたため、現在の内湖面積は5.3km²と1960年代から大きく変わっていない）。琵琶湖の生物にとって重要だとされる内湖のわずか15％前後が残るだけとなって、湖の魚類にどのような影響があったのだろうか。

### 6-3-3 内湖干拓の魚類への影響

細谷（2005）は、内湖を繁殖や生息場所におもに利用する魚としてゲンゴロウブナ、ホンモロコ、デメモロコ、コイ、ニゴロブナ、タモロコ、アユモドキやビワコガタスジシマドジョウをあげている。これらの中でデメモロコやタモロコあるいはアユモドキは過去からの生息数の変化を比較するための指標となる数字がないが、これら3種とも現在ではわずかしか見られず、アユモドキなどはほぼ絶滅したのではないかと考えられる。このような状況から、これら3種にとっては内湖の存在なしにはそれらの個体群を維持していくことはできなかったものと考えられ、藤田ほか（2009）も内湖の役割の重要性を指摘している。

さらに上記の10種ほど長期にわたる漁獲統計はないが、ワタカ、ヒガイ、ナマズおよびギギの4種について、干拓が主に実施された1940年代を挟む1895年から1959年までの漁獲量の変化を図6-3-3に示した。戦中および終戦直後の混乱期の影響を考慮しても、1930年代までの漁獲量と比べて、その後は1/3から1/5に減少して推移しており、1950年代以降も回復する兆しは認められない。こ

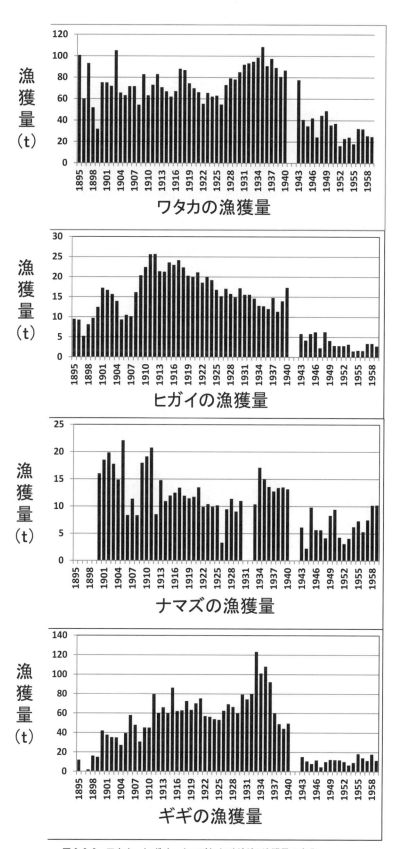

図6-3-3 ワタカ、ヒガイ、ナマズおよびギギの漁獲量の変化
資料は「滋賀県統計書」による。各年は4月から3月の年度を示す。

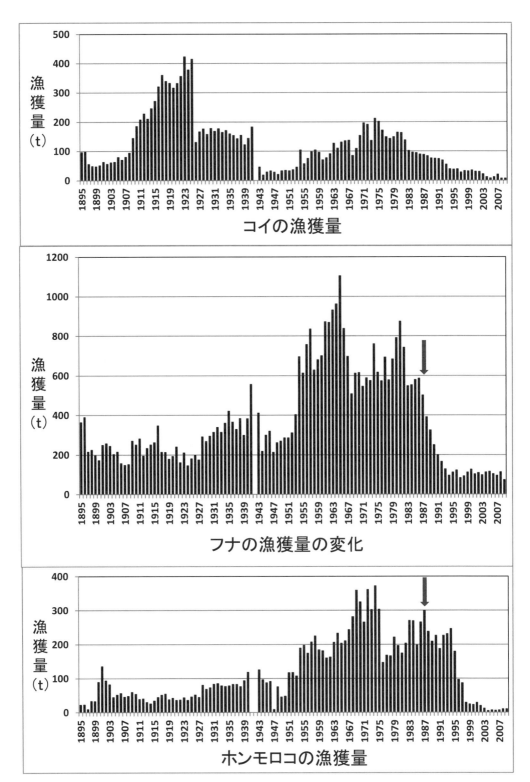

図 6-3-4　コイ、フナおよびホンモロコの漁獲量の変化
資料は「滋賀県統計書」による。1895年から1953年までは4月から3月までの年度で示されている。1954年以降は1月から12月の年で示されている。1940年および1941年は一部資料が示されていない。↓は1987年を示す。

のことから、内湖の干拓はワタカやヒガイ、ナマズ、ギギなどにとっても生息数を大幅に減少させる原因となったものと推測される。

### 6-3-4　種によって異なる減少原因

一方、図6-3-2に示した10種のうち、ビワマス、アユ、イサザ、ウグイ、ハスおよびオイカワは、河川や礫湖岸で産卵し、内湖に入ってくることはあっても内湖が彼らのおもな生活の場とはなっていない。しかし、残りのコイやフナ、ホンモロコにとって内湖は重要な繁殖の場であると考えられているが（細谷, 2005）、実際にはどうなのであろうか。このような観点からこれら3種の漁獲量の変化を見ると（図6-3-4）、戦中・戦後に一旦減少した漁獲量は、1950年から1970年にかけて逆に増加している。例えば、フナ（ゲンゴロウブナ、ニゴロブナおよびギンブナを含む総称）の漁獲量は、1950年度には287.5tであったが、1970年には615tと2倍以上に増加している。さらにホンモロコの漁獲量は同期間に6.8倍にまで増えている。漁具漁法が発達して漁獲効率が上がり、魚が減ってもたくさん獲ることで漁獲量が増加したのであろうか。しかし、そのようなことは永くは続かないはずである。ホンモロコなどは寿命がほぼ年魚（アユなどのように寿命が1年の魚）に近く、獲りすぎていれば2年後からは激減してくるはずである（牧, 1966）。フナやホンモロコの漁獲量は少なくとも1985年頃までは高い水準で持続的に漁獲されていたのである。重要だとされる内湖がわずか15%しか残らないまでに干拓されたにもかかわらず、なぜこれらの魚の漁獲量が増加したのか。この要因を検討することは、魚類の回復・保全にとってかなり重要なことと考えられる。

### 6-3-5　フナとホンモロコの減少要因

図6-3-4のコイ、フナおよびホンモロコの115年間の漁獲量変化の詳細を再度検討してみると、フナの漁獲量は、上述のように戦後に少し減少したが、その後増加に転じ1987年まで400t以上の漁獲量を示していた。しかし、その直後の1987年から琵琶湖のフナ個体群が崩壊したかのように漁獲量は急減し、1993年にはわずか127tになっている。ホンモロコは全体としては1920年頃から増加し続け、1995年までは200t前後の値で推移している。しかし、フナと同様に1996年から激減し、2004年にはわずか5tになっている。両者に共通するのは1980年代から1990年代にかけて急減していることである。これらの漁獲量変化を見ると、1940年代に面積の75%が消失した内湖の干拓は、戦後の漁獲量の一時的な減少に影響を及ぼしていたかもしれないがそれは致命的なものではなく、それよりも1980年代から1990年代に起こった事象が琵琶湖のフナやホンモロコの資源崩壊の原因となっていると考えるべきであろう。両種の漁獲量の減少を詳細に比較すると、漁獲量減少が起こる時期に約10年のずれがあり、それぞれ原因が異なっていることが指摘されている（藤岡, 2013）。

### 6-3-6　湖岸堤建設と水田の圃場整備

フナやホンモロコの減少要因を検討するためには、先ず琵琶湖総合開発について述べなければならない。琵琶湖総合開発とは、おもに大阪や京都など琵琶湖の下流地域の水需要に応えるため琵琶湖から流す水の量を人為的に操作できるように琵琶湖周辺で大規模に施設整備したもので、1972年から開始され、湖岸堤の建設や琵琶湖の周辺に広がる水田の圃場整備事業が実施されている（巻末年表）。湖岸堤とは、琵琶湖の水位が大きく変動しても周辺の水田や内湖などが影響を受けないように琵琶湖周辺に建設された堤である（写真6-3-2）。このため湖岸堤は内湖の前面やヨシ帯とその後背地である水田のある水域を中心におもに琵琶湖を埋め立てて建設され、その延長は57kmに及

写真 6-3-2　湖岸堤と道路（守山市）

んでいる（近畿地方整備局・水資源公団, 1993）。したがって湖岸堤の建設された水域では、琵琶湖と内湖あるいは琵琶湖のヨシ帯と水田地帯が湖岸堤によって分断され、連続性が失われる状況となっている。湖岸堤の建設は、1976年から開始され1991年に完成している（図6-3-5）。

これに先立って、滋賀県水産試験場が1976年における琵琶湖本湖周辺の抽水型のヨシ帯（水中に生えたヨシ帯；以下、水ヨシ帯と呼ぶ）の分布とその面積を調査している（葦地等保全造成検討委員会, 1978）。それによると琵琶湖には水ヨシ帯が約130haあり、それらは長浜市湖北町など北湖東岸や守山市や草津市の南湖東岸に集中して分布していた（図6-3-6）。湖岸堤はおもにこれらヨシ帯水域に建設されているので、湖岸堤建設によって影響を受けた水ヨシ帯面積を計算し（図6-3-7）、その累計面積とフナの漁獲量の変化との関係を示したものが図6-3-8である。フナの漁獲量は、湖岸堤建設によって影響を受けた水ヨシ帯面積と明らかに有意な負の相関が認められ、湖岸堤建設がフナ個体群の崩壊に強く影響していたことを物語っている。これをヨシ帯の面積変化だけから見ると、先に述べたように1976年の水ヨシ帯の面積は約130haで、それ以降1995年までの間にヨシ帯面積全体の変化はあまりないことから（葦地等保全造成検討委員会, 1978；滋賀県, 2000）、まるで湖岸堤建設が魚類の生息に影響しなかったように見えてしまう。また、湖岸堤建設とほぼ並行して琵琶湖周辺水田の圃場整備事業が実施されている（西野, 2009）。琵琶湖周辺の水田の多くは、かつては琵琶湖の内湖や湿地帯であった場所が水田として開発されてきたことから、水路が縦横に走っ

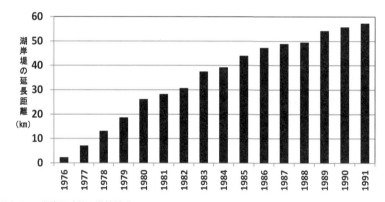

図6-3-5　湖岸堤建設の進捗状況
資料は「琵琶湖開発事業誌　淡海よ永遠に」（近畿地方建設局・水資源開発公団, 1993）により集計。

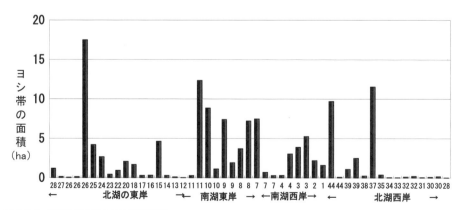

図6-3-6　琵琶湖の水ヨシ帯の分布面積
水ヨシ帯（水中に生えたヨシ帯の面積）の分布と面積（1977年）。横軸の数字は、図2-3-4の真野川を起点とした5kmブロックの区間番号を表す。資料は「琵琶湖の葭地等に関する調査検討結果報告書」（1978）による。

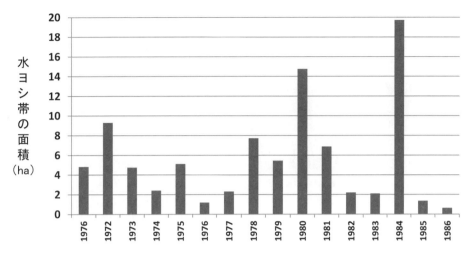

図 6-3-7　湖岸堤建設により影響を受けた水ヨシ帯の面積
資料は「琵琶湖開発事業誌 淡海よ永遠に」（近畿地方建設局・水資源開発公団, 1993）および「琵琶湖の葭地等に関する調査検討結果報告書」（1978）により計算して求めた。

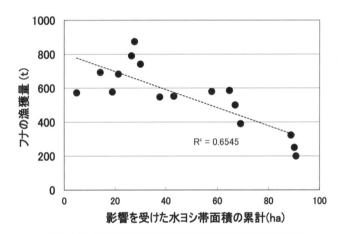

図 6-3-8　影響を受けた水ヨシ帯面積累計とフナ漁獲量の関係

てクリーク地帯を形成し、水田の高さと琵琶湖の水面の高さにあまり差がなく、琵琶湖の水位が上昇するとすぐに水没して琵琶湖の影響を受けていたことから、水田面のかさ上げや水路の整備などが行われ、湖岸堤の際まで水田が拡大された。

### 6-3-7　琵琶湖と水田水域の分断

では具体的に湖岸堤建設の何がフナの個体群崩壊に強く影響したのであろうか。それは、写真6-3-2が示しているように、ヨシ帯とその後背部に広がる水田地帯との連続性を分断するとともに、残存する内湖との間も行き来もできなくしてし

まったからだと考えられる。すなわち、ニゴロブナやゲンゴロウブナなどはヨシ帯というよりもむしろ人間が琵琶湖周辺に開発した水田水域を積極的に利用して繁殖するように適応してきた魚類であると考えられる（Fujioka et al., 2014）。上述のように、内湖は面積の85％が失われたが、その多くは干拓されて水田に変えられている（琵琶湖干拓史編纂事務局,1970）。フナ類にとって琵琶湖周辺の水田は繁殖に好都合な条件を備えており（水野 ほか, 2010；亀甲 ほか, 2013；Fujioka et al., 2014）、時々は琵琶湖が氾濫して容易に水田に侵入できるなど、水田水域の増加は内湖消失の影響

を相殺してなお有利な環境条件を提供したのではないかとも考えられる。

3000年から2000年前に日本に稲作技術が伝わると、琵琶湖周辺の湿地帯では水田や水路が設けられていく。その過程でフナ類が水田地帯に侵入し、漁労や食文化にも大きな影響を及ぼしたことが、遺跡の発掘結果などから指摘されている。（大沼, 2013）。2000年以上にもわたって続いてきた水田を媒介にしたフナと人間の関係が、湖岸堤の建設と水田の圃場整備によって分断されたものと考えられる。

### 6-3-8　人為的な水位操作の影響

先に述べたように、ホンモロコの漁獲量は1995年までは200 t前後で推移していたが、1996年から急減して回復しないまま現在に至っている（図6-3-4）。ホンモロコはコイ科魚類の中で最も美味しい魚とも言われ、昔から積極的に漁獲されてきた。本種の多くは満1歳で産卵して後に多くが死亡するため、漁獲の対象は0歳から1歳魚である（牧, 1966）。したがって1996年に漁獲量が急減した原因は1995年前後に起こったことが、その後も影響し続けているものと考えられる。ホンモロコの産卵は湖岸や内湖のヨシ帯、さらには水田水域や水路に侵入してヨシの根元や水草などに行われる（中村, 1949；亀甲ほか, 2014）。

ホンモロコが実際に卵を産み付ける場所は、波に洗われる水際が多く、そのような場所であれば柳の根や砂礫にも卵が確認できる（写真6-3-3）。このような環境は卵を捕食する他の魚類が侵入でき難い場所であり、ホンモロコの生き残り戦略と考えられる。ホンモロコの産卵場所は、水位の影響を極端に受け易い場所となっており、水位が低下して卵が干出し死んでしまう原因となる（臼杵, 2007）。

このような背景の中で、1994年は渇水のため琵琶湖の水位は5月中旬の基準水位（B.S.L）がプラス0.2mから9月のマイナス1.23mまで下がり続けた。さらに、翌1995年は5月に大雨が降り琵琶湖の水位は5月16日にはB.S.L.プラス0.93mまで上昇し、琵琶湖周辺の水田も浸水するなどの影響を受けた。このため琵琶湖の水位は7月にかけてB.S.L.-0.2mまで連続的に下げ続けられた（西野, 2009）。ホンモロコは水温が10℃を上回る4月になると産卵を始め、25℃を越える7月まで数回の産卵を繰り返す（藤岡ほか, 2013）。この間、卵が孵化するまでの日数は水温に影響を受け、4月の約18日間から7月の4日間まで大きく変化し、5月には卵のふ化まで約2週間を必要とする。このため、1995年は5月の始めから産卵終期までの産着卵が水位低下の影響を受けたものと考えられる。

琵琶湖の水位は、1992年に瀬田川洗堰操作規則が新たに制定され、それ以降、規則に則って人為的に操作されている（藤井, 2009）。実際の水位変化を見ると5月から水位が下げられ始め、6月から7月にかけて低下し続ける場合が多い（1-4節琵琶湖の水位変動を参照）。そのため、ホンモロコの卵にとってはかなり影響が大きく、1996年以降のホンモロコ個体群の崩壊の主要な要因であると考えられる。

写真 6-3-3　湖岸の波打ち際に生えた柳（高島市）

波に洗われる柳の根や砂礫に産み付けられたホンモロコの卵

## 6-3-9 河川環境の変化

琵琶湖に生息する魚の中には、ビワマスのようにふだん湖中で生活している魚でも産卵期には川に上って繁殖する魚が多い（表6-2-4）。図6-3-2に示した琵琶湖の主要10種の中では、ビワマス、アユ、ウグイ、ハスおよびオイカワがこれにあたる。これらの魚以外にもニゴイやウツセミカジカなども同様な生活史をもっている（Fujioka et al., 2014）。ビワマスは琵琶湖を代表するサケ科の魚で、琵琶湖の沖合を回遊して生活しているが、おもに9月から11月に川に遡上し、10月下旬から12月に河川の中上流部で河床に産卵床を掘って産卵する（写真6-3-4）。卵は冬の間に砂礫中で発生して2月から3月には稚魚が川で生活を始める（写真6-3-5）。4月から6月に体長7cmほどに育った幼魚は雨で増水した流れに乗って琵琶湖へ下り、湖中で生活を始める。

ビワマスの漁獲量は、1960年頃までは50tから100tと比較的多く漁獲されていたが、その後低下して20tから40tと戦前に比較すると低めで推移している（図6-3-9）。ビワマスについては、1883年から人工的な増殖手法である採卵ふ化放流事業が開始され、現在も続けられている。最近では、琵琶湖へ下る大きさまで育てられた幼魚が、毎年約70万尾琵琶湖の流入河川に放流されている（藤岡, 2009）。ビワマスの漁獲量が1960年以降に減少している原因にはビワマスの産卵環境の悪化を指摘しなければならない。特に、河川に取水のためのダムや堰、砂防のための堰堤が多数設置され、ビワマスが産卵のために河川に遡上することを阻害している（尾田ほか, 2008）。また、河川の流量が少なく、川を上れない状況も見られる。このため、琵琶湖に近い河口付近で産卵しているビワマスが見られる。ビワマスの卵は、水温が13℃以上では死亡率が高くうまく発生できないことがわかっている（片岡, 2010）。下流域の河川は11月の上旬ではまだ水温が高く、水温の低い中上流域まで遡上して産卵できるようにすることが必要である。

また、ビワマスやアユのように、ある程度の遊泳力や障害物を越えるジャンプ力などの遡上力を備えた魚は、河川に機能する魚道があれば河川の上流域まで遡上することが可能である。しかし、例えばウツセミカジカなどは、浮き袋や吸盤のようなものをもたないので、わずか30cm程度の段差でも越えられず、遡上の障害となっている（Fujioka, 2014）。

## 6-3-10 河口域の重要性

琵琶湖漁業にとって最も重要なアユについては、1970年以前では500t前後で変動していたが、その後急激に増加して1991年に最高値の1983tに達している（図6-3-10）。しかし、その後は減少して最近では500t程度に減少した状態で推移している。琵琶湖総合開発に関連して、アユの産卵期に琵琶湖の水位が下がると産卵場となる河川下流域の河川水が伏流してアユの産卵に影響が出ることが懸念され、その対策として姉川と安曇川の河口部にアユの産卵用の人工河川が1981年から稼働

写真6-3-4 河川の瀬で産卵するビワマス

写真6-3-5 河川で生活を始めたビワマス稚魚（体長2.5cm）

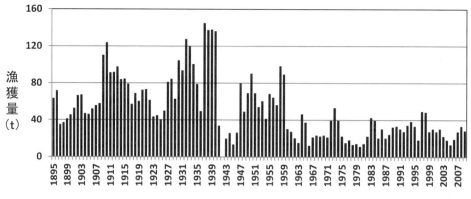

図 6-3-9　ビワマスの漁獲量の変化

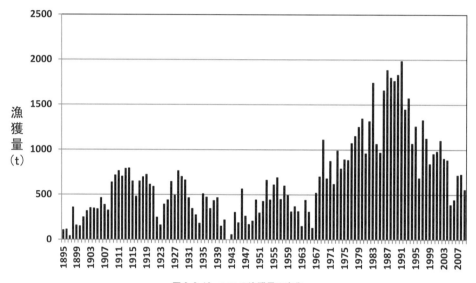

図 6-3-10　アユの漁獲量の変化

している。アユの漁獲量の増加は、この人工河川の稼働以前の1970年代から始まっているので、人工河川だけの影響であるとは言えない。琵琶湖におけるアユの産卵量の調査は、主要な10河川で1960年から毎年実施されており、その分析結果から、近年では姉川、石田川および知内川の3河川に集中して産卵が行われる傾向があることが指摘されている（藤岡, 2008）。この原因については、これら3河川の河口部の環境を見ると、砂礫が堆積して瀬が形成され、なだらかに琵琶湖に流入しているのに対して、愛知川、犬上川や野洲川など多くの河川で河口部の浚渫が実施されたため、河川河口部に流れがなくなってアユの産卵ができなくなっているためではないかと推測している（写真6-3-6）。アユ以外にも河川河口部の砂礫底で産

写真 6-3-6　愛知川河口（北湖：彦根市）

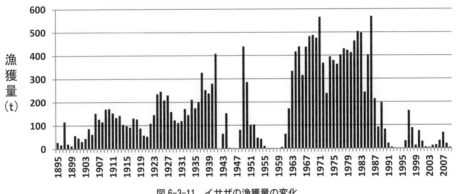

図 6-3-11　イサザの漁獲量の変化

卵するのは、ハスやウグイ、ニゴイ、オイカワなどがいる。これらの魚にとっても河口部の流れのある砂礫底は重要な産卵環境であり、流水の確保とともに河口部の砂礫の保全は重要な課題である。

### 6-3-11　湖岸の環境

琵琶湖沿岸の砂礫底を繁殖に利用する魚類には、イサザやビワヨシノボリ、ウツセミカジカなどがいる。これらの魚はいずれも石の裏側に卵を産み付けて孵化まで雄が守るタイプの産卵行動を示す。したがって産卵のための適当なサイズの石が湖岸に存在する必要がある（酒井ら, 1998）。また、このような底質環境は、琵琶湖でも限られた地域に存在するので、その地域の保全が重要である。さらにイサザの漁獲量については、その変動が大きく、1940年から1960年の間はほとんど漁獲の無い年があるが、1963年以降1987年までは毎年200トン以上の漁獲があった（図6-3-11）。しかし、再び1990年以降は減少して回復の兆候が見られないままである。このような変化は単に湖岸環境の変化だけでは説明できないものであり、アユ資源との競合などが指摘されているものの（Miura, 1966）、原因はわかっていない。イサザやビワヨシノボリなどが産卵する礫湖岸は北湖の西岸や東岸などの限られた場所に存在する環境であり（酒井ほか, 1998）、このような湖岸環境は、波浪や湖流などさまざまな物理環境が複合して形成されているものと思われる。

### 6-3-12　さまざまな外来魚の増加

オオクチバスやブルーギルなど侵略的な国外外来魚の増加とそれらの在来魚に及ぼす影響については、食害など種々述べられている通りである（例えば、全国内水面漁業組合連合会, 1992）。最近ではコクチバスやアメリカナマズも琵琶湖の流入出河川などを中心に増加する傾向を示しており（滋賀県水産試験場, 2014）、初期段階での撲滅が望まれる。さらに琵琶湖では国内外来魚であるワカサギやヌマチチブが琵琶湖全域に定着している。ワカサギについては、戦前に数度の移植が試みられ、漁獲統計には昭和3年度の188kgを最高に、昭和元年度から25年度まで漁獲されていたことが記録されているが（滋賀県, 1895〜2009）、その後はほとんど漁獲されることはなかった。しかし、1994年頃から再び漁獲されるようになり、その量は増加して1999年には496tにまで達し、現在も多くのワカサギが琵琶湖に生息している。ワカサギの生態系への影響については、アユなどの仔稚魚の食害や餌の競合などが心配される（井出ほか, 1998）。また、ヌマチチブは砂礫湖岸などに多くが分布しているので、イサザの繁殖などへの影響が危惧されている（高橋, 1990）。

# 6-4 琵琶湖本来の魚類相の回復・保全に向けての提案

前節では、琵琶湖の主要な魚類の現状とそれらの問題点について述べた。琵琶湖の魚類の多くが、現在、危機的な状況に置かれており、このまま推移すると絶滅に至る可能性が高い種類が多く存在する状況が明らかとなった。ここではそれら魚類の回復と保全のために必要な対策について述べたい。

## 6-4-1 産卵場所と生活史の循環

はじめに、琵琶湖の魚類相回復のための基本的な視点について述べてみたい。琵琶湖水系に生息する魚類は、ふだん内湖や沿岸域で生活している魚類のほかに沖合で生活している種類も多い。しかし、産卵繁殖期にはすべての魚が内湖を含む湖岸域や河川に来遊して産卵を行うことを述べた。当然のことながら、これは単に魚が産卵するための水草や砂礫が湖岸域や河川にあるためだけではない。魚類の生活史において最も減耗の激しい時期である仔稚魚期の生き残りをいかに高めるのか、ということが魚類の生存にとってかなり重要であり(塚本, 1989)、この点で最終的に魚たちに進化的に選択された繁殖行動であると考えられる。例えば、ホンモロコやニゴロブナにとって卵が正常に発育し生まれた仔稚魚が飢餓に陥らずに育つことができる場所は、内湖や水田水域に存在する環境である。この水域では春になると琵琶湖よりも先に水温が上昇し、餌となる動物プランクトンなどの小動物が多く発生する。内湖などで仔稚魚期を無事に育った幼魚は、遊泳力も付いて琵琶湖の沿岸に移動してさらに大きく育つ。また、産卵期まで琵琶湖で過ごすコアユも、また春に川の中上流まで遡上して大きくなるオオアユも、秋の産卵期には同じ河口に近い川の最下流域に集まって流れの速い砂礫底で産卵する。このような産卵環境がアユの卵の発育にとって重要であり、また、孵化した仔魚にとっては、川の流水に流されて速やかに琵琶湖の水温躍層上部の餌となる小型の動物プランクトンの多い場所まで運ばれることが必須なのである。もし、川の中上流部で卵を産んでしまえば、孵化した仔魚は卵黄を吸収して後に外部栄養を取るまでに餌のある水域まで到達できず、餓死する可能性が高まる。

このように、魚は種によって産卵のための場所や環境がそれぞれ異なるばかりではなく、卵、仔魚、稚魚さらには幼魚、成魚といった各発育段階でもそれらに適した場所を選択し移動して生活しているので、このような移動ができることが必要である。湖で回遊していた親魚が産卵場所に来遊し、卵から生まれた仔稚魚が内湖などから発育段階にあわせて成長しながら移動してまた琵琶湖へ戻っていく、このような生物の生活史の変化に伴った移動の繰り返しである「生物の生活史の循環」が、何らかの原因でどこかで切断されたとき、その生物は大幅に減少するとともに最終的には絶滅することになると考えられる(図6-4-1)。逆に、ある生物が急に減っているとき、その生物の生活史の循環がどこかで分断されているのかどうかを見極める必要があるだろう。細谷(2009)も淡水魚が成長や発育の程度に合わせて季節ごとに回遊しており、このような経路を「魚類学的水循環」と呼んでその重要性を述べている。

## 6-4-2 産卵の場を形成する物質の循環

次に、魚類の産卵や仔稚魚の成育にとって重要な内湖やヨシ帯、砂礫湖岸あるいは河川の河口域の砂礫底などの「場」の形成と維持について考えてみたい。内湖は、砂州や砂嘴・浜堤が発達することにより排水路などで一部でつながっているものの、琵琶湖と隔てられた水塊である(西野ほか, 2005)。また、ヨシ帯は、内湖や河口のデルタなどにヨシを中心とする抽水植物やヤナギなどの樹木で形成された湖岸の植生帯であるとされている(金子, 2005)。

生嶋(1978)はヨシの自生地に共通した環境的要素について、湖底勾配が小さく遠浅の場所で、強い風波が直接あたらず湖底土の安定した場所で、底質については、砂と泥の混在する場所であり風波や河川からの流出砂泥が大きく関与している、

写真 6-4-1 砂礫の堆積した姉川河口（北湖：長浜市）
アユは産卵にこのような環境を選択する。手前右端は、アユの人工河川。

写真 6-4-2 湖岸堤と水門により閉ざされた津田江湾
（南湖：守山市）

と指摘している。さらに河川河口部の砂礫底については、河川上中流部から流下し河口部に堆積した土砂であることは明らかであろう（写真6-4-1）。河口部に堆積した土砂は、河川の出水や湖の波浪あるいは湖流に運ばれて移動し、砂浜や砂礫の湖岸を形成する素材となっているし、内湖や河口デルタを形成している砂州や浜堤のもととなる砂泥の供給地となっている（青木, 2010）。さらに、ヨシは河川から供給された砂泥底の湖岸に成育し、ヨシ帯を形成している。こうして見てみると、魚類の産卵繁殖や成育に重要な湖岸や内湖・ヨシ帯や河川河口部は、河川によって供給される土砂によってつながっていることがわかる。

　私たちの目には、湖岸や内湖、河口部の環境が定常的に維持されているように見えるが、実際には、河川上流部から供給される土砂が河川の流れや風波あるいは湖流などによって移動して絶えず供給されることにより動的に維持されている環境なのである。これまで河川は水とともに栄養塩の運搬などの役割が注目されてきたが、河川は水だけでなく砂泥や砂礫などの琵琶湖の生物の生息や産卵繁殖にとって重要な「場」を形成する物質の供給という役割を果たしてきた。このような「生物の生息環境を形成する物質の循環」の役割の変化は、数年あるいは数十年の時間単位でないと顕在化してこないので、季節的に変化する生物と違って理解され難い面がある。

### 6-4-3　生物の生活史の循環から見た回復保全対策

　上述の生物の生活史の循環という視点から、前節で述べた琵琶湖の生物や環境の現状を見ると、現状の琵琶湖には改善点がいくつも浮かび上がってくる。先ず琵琶湖岸のヨシ帯にのべ57kmにわたり建設された湖岸堤の問題である。湖岸堤は、琵琶湖の魚たちが琵琶湖の沖合から内湖や水田水域へ回遊する通路を完全に閉ざすとともに、逆に、親魚がかろうじて内湖などに侵入して産卵した場合でも、生まれた稚魚は内湖や水田水域に閉じ込められたままで琵琶湖へ出て行くことができず、「生物の生活史の循環」を断ち切る最大の障害物となっている。内湖や湾の出口には水門が設置され（写真6-4-2）、完全に閉ざされているわけではないが、琵琶湖の水位が高くなっても、逆に水位が下がっても水門は閉ざされるため、移動の大きな障害となっている。このような人工的に閉ざされた環境は、侵略的外来魚であるオオクチバスやブルーギルに格好の生息環境を与えていることが指摘されている（藤田ほか, 2009）。

　湖岸堤は琵琶湖への洪水防御の目的で建設されたため、その全面的な撤去は当面難しいとしても、内湖と琵琶湖のつながりを分断する水門の周年開放あるいは撤去は、緊急の課題であろう。その上で、琵琶湖とヨシ帯や水田水域の間に設置されている湖岸堤を可能限り撤去していく必要がある。また、湖岸堤の琵琶湖側は波浪による浸食を

防ぐため大きいグリ石を積んで固められているため、湖岸域が急に深くなっている。本来、ヨシ帯がある場所は琵琶湖沖合からなだらかに浅くなり、後背部の水田水域へつながっている。湖岸堤の断面構造は、本来の内湖ヨシ帯の湖岸にないもので、外来魚に生息場所を提供する結果となっており（藤田ほか，2009）、在来魚の生息環境を悪化させる原因ともなっている。これを解消するためには、やはり湖岸堤を撤去する以外にないのではないかと考えられる。

### 6-4-4　琵琶湖と内湖・水田水域のつながりの重要性

次に、琵琶湖や内湖と水田水域とのつながりについてであるが、前節で述べたように、水田水域は人工的な水域ではあるが、弥生時代以降、2～3千年にわたって人々が利用してきた歴史をもっており、抽水植物としての稲が繁茂し、魚たちの餌となるミジンコなどの小型動物が大量に発生するなど、内湖やヨシ帯と共通した環境をもった広大な水域を提供していた。春から夏には、雨が降るとコイやフナ、ナマズなど琵琶湖の多くの魚類が水田やその周辺水域に入ってきて繁殖を行い、また、水田地帯を縦横に走るクリークでは、ギギやタモロコ、タナゴ類が産卵していた。いっぽう、琵琶湖の周辺にある水田は、琵琶湖との水位差が少なく、琵琶湖の水位が上昇するとたびたび水没するなど、稲作にとっては大きな問題であった（堀，2009）。そのため水田の圃場整備事業では、水田を乾田化するため琵琶湖周辺水田のかさ上げが行われた。圃場整備された水田と琵琶湖や水路の水面との間には大きな段差ができ、排水口は水路の水面からは離れた位置となって魚類が水田へ侵入できなくなってしまっている（写真6-4-3）。かつてのように魚たちが水田内まで遡上できる水田水域は、湖西などに一部残るだけとなっている。内湖や水田水域を繁殖に利用する魚類たちに水田水域への侵入のできる構造にすることは、彼らの生活史の循環を回復させることであり、是非とも必要な対策である。

現在、魚の遡れなくなった水田では、「魚のゆりかご水田」として排水路の堰上げや魚道の設置によってフナやナマズなどの遡上を図ろうとして

写真6-4-3　圃場整備された水田の排水路

写真6-4-4　水田から流下したニゴロブナの稚魚

いるが、対策を行っている水田はまだ100ha以下と僅かな面積に留まっている（堀，2009）。このため滋賀県では、卵からふ化したニゴロブナの仔魚を人の手で水田に放流し、水田で2～3cmに育った稚魚が5月から6月の中干し時に琵琶湖へ下るよう対策を行っている（写真6-4-4）。この対策によって危機的な状況にあったニゴロブナの資源量は回復に向かっているが（根本ほか，2012）、本来の自然な生活史の循環の回復対策がなされるべきであろう。そのためには、琵琶湖から一定範囲の距離にある周辺水田を「琵琶湖の生態系保全水田」に指定し、水田と琵琶湖の落差をなくし、水田への侵入を容易にできる排水口の設置など、魚類が水路や水田への侵入が容易にできるような構造に改善する取り組みを実施することが必要であ

る。琵琶湖周辺には魚の遡上を可能にできる2000ha以上の水田水域が存在するので、この取り組みによる回復効果は測り知れないと考えられる。

## 6-4-5　生物の生息環境を形成する物質の循環からみた回復保全対策

上述のように、物質の循環としての河川からの土砂供給は、琵琶湖の生物の生息環境の形成にとってきわめて重要である。琵琶湖の流入河川では利水や砂防などを目的に多数のダムや堰堤が設置されているが、ダムや堰堤は水を堰き止めるだけではなく、土砂がダム湖などに堆積してその流れも止められるため、ダムや堰の下流では土砂の供給が減って河床が低下し、河床材にも変化が生じている。このこと自体が河川の魚類の生息環境を悪化させているとともに、琵琶湖への土砂供給の減少にも直接影響を及ぼしている。また、河川の河口部では洪水対策のために土砂が掘削され琵琶湖水が河口から上流に滞水する状況がつくりだされている。河口部の掘削自体がアユの産卵場を消失させる原因となっている。

ダム湖に堆積した土砂は、ダムの貯水能力を減少させるので、定期的に掘削して水系外へ運び出されているが（写真6-4-5）、本来、この土砂は琵琶湖へ流下して砂礫湖岸や内湖・ヨシ帯を形成するための重要な素材なのである。ダム湖に堆積した土砂は水系外に持ち出さず、ダムの下流に置いて出水時の自然な流下に委ねることが必要である。また、河口部の浚渫は最低限度にとどめ、浚渫した土砂は湖岸に置いて波浪による自然移動に任せるべきであろう。霞ヶ浦では浮葉植物

写真6-4-5　ダム湖に堆積した土砂が積み上げられている
（永源寺ダム：東近江市）

のアサザの再生事業が大規模に実施されている。また、琵琶湖ではヨシ帯の造成が行われてきたが、どちらも植えた植物が自然に増殖して繁茂する状況にはなっていないという（朝日新聞2014年8月7日付）。これらは植物を植える人工的な場を一時的につくっても、自然によって必要な環境や場が持続的に維持されないので、やがては衰退して消失してしまう運命にあることを物語っているように思われる（図6-4-1）。

図6-4-1　山から川を通じた里・水田と琵琶湖のつながり

写真6-4-6　堰に設置されたビワマスのための簡易魚道
（天野川：米原市）

写真6-4-7　沖曳き網漁

## 6-4-6 河川の環境の回復

前節で述べたように、ビワマスやアユなど琵琶湖に棲む魚の多くが河川を産卵や生育場所として利用しており、河川環境が悪化すると生息数を大幅に減少させる原因となる。現在、琵琶湖の魚類が大幅に減少している原因の一つには、湖岸環境の悪化ばかりではなく、河川環境の悪化が大きく関わっていると考えられる。河川はこれまで治水や利水、砂防対策などで大幅に環境が改変されてきた歴史があり、その結果としてダムや堰など大型の河川工作物が多数設置され、魚類の河川への遡上や生息の障害となっている。今後、琵琶湖の魚類の回復・保全を図るためには、上述の河川からの土砂供給とも関連して、河川の上流から琵琶湖まで生物が行き来できる「つながり」を確保することが求められる。

そのためには琵琶湖の河川流域毎に河川工作物の設置状況や利水状況、流量の季節的な変化、生物の生息状況を総合的にまとめて分析し、魚類の回復・保全にとってより重要な河川流域を「河川生物の回復・保全優先流域」などに指定して、魚類などの生物保全を優先した河川管理を進めることが必要である。その場合、流域住民の理解が重要であるので、河川管理者や利水者、自治体および生物関係者などで話し合う場をもって進めることが大切である。例えば、琵琶湖の北部に流れる天野川では、地元自治体や県さらには有志が集まってビワマスが川に戻る取り組みが進められている。天野川も他の河川同様に堰が多くあり、今はビワマスが上流まで上れない状況にあるが、川のどこに問題があるのかを明らかにし、それらを長期的に改善する計画を立ててビワマスによる川のつながりを回復する取り組みが地域ぐるみで進められている（写真6-4-6）。

## 6-4-7 持続可能な漁業の展開

琵琶湖では古来より漁業が盛んで、さまざまな漁具漁法が発達しているが、その特徴は「レシーブ型漁業」が多いこととされている（倉田, 1983）。すなわち、エリや刺網などを漁場に仕掛けて待って漁獲する漁業が主流で、沖すくい網や沖曳網のように積極的に魚群を追いかけて獲る漁獲圧の高い「アタック型漁業」が少ないことである（写真6-4-7）。しかし、近年は沿岸の魚類が大幅に減少して、レシーブ型漁業である延縄やモンドリ、タツベなどの漁業がほとんどなくなり、エリのほかには、沖曳網と刺網などの「アタック型漁業」が主流となっている。

例えばホンモロコやニゴロブナであれば、産卵のために湖岸にやって来るとエリや刺網で漁獲されるほかに、沖合の深部湖底付近に蝟集して越冬する季節には沖曳網でも捕獲される。滋賀県の漁業調整規則により漁具漁法が厳格に時期によって規制されているものの、種類によっては漁獲圧がかなり高い状態であると考えられる（牧, 1966）。現在、わずかに残っている琵琶湖の水ヨシ帯や内湖など産卵場として利用されている水域は、一部

産卵保護水面として産卵期の漁獲が禁止されているが（滋賀県, 2014）、保護水面の面積をさらに増やすことも必要である。また、冬季に魚類が蝟集する沖合の深部湖底水域についても、翌春に産卵する親魚をある程度残すために保護対策を導入することを検討すべきであろう。さらに、アユやビワマス、ニゴロブナなど主要な漁獲対象種については、それらの資源量をできるだけ正確に推定する方法を早期に確立し、資源量に見合った漁獲を行う「資源管理型漁業」を導入し、漁業者が水産資源を自らが守り育てる意識を醸成することも必要である。

### 6-4-8 琵琶湖の魚類研究の推進

琵琶湖水系の魚類については、これまでにさまざまな研究が行われてきたが、それらは漁業対象種が中心であり、多くの未開の分野が残されている。例えば、表6-2-2に示すコイ科のヨドゼゼラは最近になって琵琶湖淀川水系から新種として記載された魚であり（Kawase and Hosoya, 2010）、今後も新種が見出される可能性が残されている。さらに、琵琶湖水系に生息する67種の魚類の生態については、多くが未解明のままである。琵琶湖水系の魚類の回復には、それぞれの種の詳細な生態の解明が必要であり、対策がそれらの知見に基き科学的に実施されることが望まれる。

## コラム6-1　琵琶湖の価値とその利用

私たちが琵琶湖を大切に思い、それをできるだけ良い状態に守ろうとするのは、なぜなのだろうか？この問いかけは、この本のテーマに対する根源的な問いかけでもある。琵琶湖に対する価値は、人それぞれによって大きく異なっているし、同じ人でも立場が変わるとその価値もまた変わってくる。

琵琶湖は明治期以降から最近までいくつかの大規模開発が実施されてきた。その代表的なものが水資源の利用である。近畿地方の産業と1400万人が必要とする水を安定的に確保するため、琵琶湖に湛えられた水は昔から注目され、その開発計画は戦前からあり、実際に行われたのは昭和47年から開始された琵琶湖総合開発である。また、これに先立って琵琶湖疏水が1890年につくられ、京都への送水が行われるようになった。これらの開発は、琵琶湖の水に利用価値を認めて行われ、現在も私たちがその恩恵を水道水などとして受け続けているものである。さらに、琵琶湖の水は天ケ瀬ダム（1964年）や喜撰山ダム（1970年）で水力発電に利用されており、琵琶湖疏水の水も京都の蹴上で1891年という早期から発電に使用されている。これらも水の利用に注目した琵琶湖の価値の一つであり、水道水と同様に、電気は毎日の生活に大きな恩恵をもたらしてくれている。

琵琶湖の内湖に注目して行われたのが内湖干拓事業である。主に1940年代の戦中戦後に集中して実施され、水田開発により食糧生産量を増加させることが目的であった。約3000haあった内湖は、最終的にその85%もの面積が干拓され、今残るのは400ha余りである。これは琵琶湖の内湖に水田開発という利用価値を見出し行われたものであり、食糧生産という恩恵を私たちにもたらしている。

琵琶湖の景観は、周辺の山々と相まって古来より人々を楽しませ和ませてきた。車や観光船で風景を楽しむ人が絶えず訪れ、琵琶湖の価値の大切な一つである。さらに、琵琶湖の自然は景観と対をなすものであり、ヨシが揺れ鳥たちが群れ飛び魚たちが泳ぐ姿がなければ琵琶湖の景観もまったく味気ないものになってしまう。琵琶湖に生息する魚介類は、古代より食料として漁獲され、鮒ずしをはじめとした多くの食文化が今日まで受け継がれてきた。これらも琵琶湖の大きな価値であり、しかも利用される多くの魚介類が琵琶湖にしか生息しない固有種である点で、世界的な価値がある。

今日、これらの魚介類は絶滅が危惧されるまでに減少している。その原因はこの第6章で述べてきた通りであり、琵琶湖に見出された価値を我々が利用するために、そのほかの価値を犠牲にしてきたことを深く認識する必要がある。その上で、今危機にある琵琶湖の価値を救うために、何ができるのか、何から手を打っていくべきなのか、まさにそれを考え実行していくその時が今であると思われる。

# 7章
# 水鳥の現状とその変遷
―価値ある湖岸湿地保全のために―

琵琶湖の湖岸域は、多くの種類の水鳥および水辺の鳥に、越冬地として、繁殖地として利用されている。水鳥の大群が見られる場所があったり、場所によって異なる種が分布する。琵琶湖湖岸の風景を深く楽しむために、水鳥の分布が湖岸のどんな環境・景観と関係しているのかを、ぜひ知ってほしい。

## 7-1 琵琶湖の水鳥調査小史

　琵琶湖の湖岸域は、多くの種類の水鳥および水辺の鳥に、越冬地として、繁殖地として利用されている。特に越冬期にはカモ類、カイツブリ類、オオバン、カワウ、カモメ類といった水鳥が数多く越冬している（グラビアp.15, p16図g参照）。価値ある湖岸域の湿地保全のためには、水鳥の生活や分布をとおして、湖岸域のどのような特徴が重要なのかを知ることが必要である（Sugawa, 1993）。

　琵琶湖で越冬するガンカモ類をはじめとする水鳥類の重要性は行政にも認識されており、1970年代から毎年1月に琵琶湖全域を含む県下のガンカモ類生息地調査が行われている。しかし1980年代末および2000年代の湖岸景観共同研究の水鳥調査結果との対比から、調査体制が十分でないことが指摘されていた（須川, 1990；橋本・須川, 2008）。そのため本章では、越冬するガンカモ類について、より調査精度の高い調査結果（須川, 1991；須川（編）, 1996；橋本・須川, 2008）を参照した。2005年より日本野鳥の会滋賀が中心となって開始した調査結果（以下、野鳥の会滋賀調査と呼ぶ、2009年からは滋賀県のガンカモ類調査としても実施）にも触れる。

　繁殖期のヨシ群落の営巣調査は、1980年代から断片的に調査が行われ、1993～1995年にも比較的系統的な調査がされている（須川（編）, 1996；橋本・須川, 2006）。またその後の断片的な調査結果も参照する。

　1984年、琵琶湖の鳥類について以下のような一文を書いた。「琵琶湖には四季、さまざまな種類の鳥類が記録されている。その中には琵琶湖沿岸の現状と深くかかわりあって生活している鳥類も多い。こういった鳥類と琵琶湖沿岸との関係について、まとまった研究はないが、今後の課題を探るために、いくつかの点について紹介する」（須川, 1984）。あれから30年。多少はまとまった研究もできた。以下、明らかになった諸点と、まだ残されている課題を書いていこう。

## 7-2 琵琶湖に生息する水鳥の個体数と分布

### 7-2-1　琵琶湖で越冬する水鳥

　琵琶湖には、どのような水鳥がどれくらい越冬しているのだろうか？ただ現実問題として、670km²もの広大な面積を有する琵琶湖全域を限られた人数で調査することは極めて困難である。さいわい、これまでの調査から、湖岸から離れた沖合にいる水鳥は、ハジロカイツブリなど限られた種を除くと少なく、ほとんどが湖岸沿いの分布であることが分かっている。そこで船を使って約220kmある湖岸域全域を調査し、沖合については数本の横断コースによって実態を把握することにした。2007年冬（11～12月）、琵琶湖の湖岸線約220kmに沿って船を動かし、船上から越冬水鳥の個体数を調査したところ、のべ43種143,096羽の水鳥が記録された（橋本・須川, 2008）。日本野鳥の会滋賀でも、2005年～2016年の間に年1回（1月）の湖岸陸上からの調査を行っており、のべ48種、年によって85,596～170,602羽の水鳥が記録されている（日本野鳥の会滋賀支部, 2010, 2014, 2016）。2007年度の対照結果から、それまでの県のガンカモ類調査と違い、野鳥の会滋賀調査は個体数規模や湖岸域の分布傾向をただしく把握していることが明らかになっている（橋本・須川, 2008）。

### 7-2-2　琵琶湖で越冬する水鳥が示す琵琶湖の国際的な重要性

　琵琶湖は1993年、特に水鳥の生息地として国際的に重要な湿地であるとして、ラムサール条約に登録された。湿地が国際的に重要かどうかを科学

表7-2-1 琵琶湖における水鳥越冬数と1％基準値との比較 （本文参照）

| 和名 | 学名 | 個体群 | 1％基準値 | 2007年 | % level | 1％> | SB1％> |
|---|---|---|---|---|---|---|---|
| ホシハジロ[1)] | Aythya ferina | 東アジア（非繁殖期） | 3000 | 36385 | 12.1% | * | ** |
| キンクロハジロ[1)] | Aythya fuligula | 東・東南アジア（非繁殖期） | 2500 | 28518 | 11.4% | * | ** |
| ヨシガモ[1)] | Anas falcata | 中央・東アジア | 350 | 1645 | 4.7% | * | ** |
| カンムリカイツブリ[1)] | Podiceps cristatus cristatus | 東アジア（非繁殖期） | 375 | 1176 | 3.1% | * | ** |
| ヒドリガモ[1)] | Anas penelope | 東アジア（非繁殖期） | 7500 | 18520 | 2.5% | * | ** |
| ハジロカイツブリ[1)] | Podiceps nigricollis nigricollis | 東アジア（非繁殖期） | 1000 | 2282 | 2.3% | * | ** |
| カワウ[1)] | Phalacrocorax carbo hanedae | | 550 | 1036 | 1.9% | * | ** |
| オカヨシガモ[1)] | Anas strepera strepera | 東アジア（非繁殖期） | 7500 | 9973 | 1.3% | * | |
| ミコアイサ[1)] | Mergellus albellus | 東アジア（非繁殖期） | 250 | 202 | 0.8% | | ** |
| マガモ[1)] | Anas platyrhynchos platyrhynchos | 東アジア（非繁殖期） | 15000 | 6179 | 0.4% | | |
| スズガモ[1)] | Aythya marila mariloides | 東アジア | 2500 | 1009 | 0.4% | | |
| オオヒシクイ[1)] | Anser fabalis middendorffi | | 800 | 294 | 0.4% | | |
| カワアイサ | Mergus merganser orientalis | 東アジア（非繁殖期） | 750 | 230 | 0.3% | | |
| カルガモ[1)] | Anas poecilorhyncha zonorhyncha | | 12000 | 3576 | 0.3% | | |
| コハクチョウ[1)] | Cygnus columbianus jankowskii | | 920 | 263 | 0.3% | | |
| オオバン[1)] | Fulica atra atra | 東・東南アジア（非繁殖期） | 未確定 | 26444 | ? | ? | ? |

SB1％>：日本野鳥の会滋賀（2010）の個体数で1％基準を超える種
1)はグラビアに掲載

的に検討するためには、さまざまな視点があるが、比較的容易に情報が得られる情報として水鳥の生息数がある。ラムサール条約では、その湿地がどのように国際的に重要なのかを示すために、その湿地に生息する水鳥の生息数による基準を決めており、条約湿地（登録湿地）を決める際によく使われる情報となっている。

水鳥の個体数による基準は、ラムサール条約第3回締約国会議において基本的な考えが提示され、第9回締約国会議（2005年）の決議文の付属書（第1決議文の付属書B「国際的に重要な湿地リストを将来的に拡充するための戦略的枠組み及びガイドライン改訂版」）の2006年第3版で、基準5および基準6として示されている。

基準5は、「20,000羽以上の水鳥が定期的に渡来して生存を支えている湿地を、国際的に重要な湿地とみなす」ものである。琵琶湖の場合、これまでもガンカモ類の水鳥だけで20,000羽を超える個体が渡来することが確認されており、今回の調査で、クイナ科やカイツブリ科などの水鳥を含め10万羽を越える水鳥が確認された。このことから、渡来する水鳥全体の数によってまず国際的に極めて重要であることが認められる。

基準6は、「1％基準」と呼ばれているもので、「水鳥の種または亜種の個体群（東アジアに分布する個体群という扱いをする種が多い）が、個体群の1％を定期的に支えている場合には、国際的に重要な湿地とみなす」というものである。この1％基準値の個体数を算出するため、各国が協力して最新の水鳥の個体数把握に努めている。最新の1％基準値は、世界水鳥個体数推定第5版（Wetlands International, 2012）に示されている。ただ今回確認された水鳥の個体数評価には、2007年調査当時に最新であった世界水鳥個体数推定第4版（Wetlands International, 2006）にもとづく1％基準値を使った。

2007年に琵琶湖の湖岸域（湖岸から800m沖合まで）で確認された水鳥の個体数と1％基準値とを対照させて表7-2-1に示した。個体群の1％基準値は、ほとんどが東アジア個体群として推定された個体数の1％の個体数であるが、東アジア内で亜種として範囲が限定される種（ヒシクイ、コハクチョウ、カワウ）に関しては、該当する亜種の推定個体数の1％値が示されている。今回の調査によって、1％基準値を超える水鳥が8種（カンムリカイツブリ、ハジロカイツブリ、カワウ、ヒドリガモ、ヨシガモ、オカヨシガモ、ホシハジロ、キンクロハジロ）確認され、琵琶湖が水鳥に

とって国際的にたいへん重要な意義を持っている湿地であることがあらためて確認された。

特に注目されるのは、1％基準値をはるかに超える値を示す種が確認されていることである。なかでも潜水して湖底の動植物を採食するホシハジロとキンクロハジロが、それぞれ12.13％と11.41％という高い割合を示している点が注目される。これら2種の東アジア個体群の1割以上の越冬を琵琶湖が支えているわけで、採食資源となっている湖岸域の底生動植物相の豊かさを示している。

また、水面採食や倒立採食によっておもに水草を採食するマガモ属のカモ類3種（ヨシガモ・ヒドリガモ・オカヨシガモ）が1％基準値を超えている点も、琵琶湖の豊かな沈水植物（以下　水草とよぶ）資源を示しているという観点から注目される。さらに、潜水して水草や無脊椎動物を採食するオオバンは、2007年の時点の世界水鳥個体数推定第4版（Wetlands International, 2006）では1％基準が公表されていなかった。しかし現時点の最新版である世界水鳥個体数推定第5版（Wetlands International, 2012）では1％基準が示され、琵琶湖における越冬数は1％基準（2万羽）を超えている。このことからも琵琶湖は水草が豊富であることを示している。

潜水して採魚する3種（カンムリカイツブリ、ハジロカイツブリ、カワウ）も1％基準値を超えている点は注目される。同様な採食生態を持つミコアイサも、野鳥の会滋賀の調査で1％基準を超える越冬数が記録された年もある（日本野鳥の会滋賀支部, 2010）。

越冬期になると、琵琶湖では多くの淡水魚が深い場所に移動するため、水鳥が採魚しにくい餌環境だと思われている。例えばカワウは、春夏は琵琶湖に多数渡来して繁殖するが、越冬期には多くが他府県へ移動することが知られている（滋賀県, 2013）。それにもかかわらず、これらの潜水採魚水鳥の一定個体数が越冬を支えるだけの豊かな魚類資源を琵琶湖が有していると思われる[注1]。ただし、小型の魚を潜水して採るカイツブリは、か

つては越冬個体数が多かったが、1980年代に越冬数が減少した（須川, 2003）[注2]。

マガモ属カモ類の中でも、マガモ、カルガモ、コガモ、トモエガモの4種は、おもに水草を採食する3種（ヨシガモ・ヒドリガモ・オカヨシガモ）とは、異なった越冬数や分布傾向を示す。琵琶湖における既往調査（須川ほか, 1981；須川, 1991；滋賀県, 1992）では、昼間は湖内のヨシ群落の縁など安全な場所で休息や睡眠をしていることが多く、夕方うす暗くなってから陸上への移動が観察されており、夜間に農耕地で落ち穂などを採食しているものと考えられた（須川ほか, 1981）。基本的な日周行動は変化していないと思われるが、2007年度の分布調査では、これらのカモ類の休息場所は、おもに水深の深い沖帯の湖面や人工物上であった（橋本・須川, 2008）。これらのカモ類は、確認された個体数は比較的多いが、1％基準値を超えてはいない。

さらに、同じマガモ属であるオナガガモとハシビロガモの2種は、海岸・沿岸の湿地などで多く観察されるが、琵琶湖における越冬数は少なかった。

ガンカモ類の中で大型のガン類やハクチョウ類は、農耕地で昼間落穂などを採食することはあるが、湖面で水面採食や倒立採食でおもに水草類を採食するグループである。いずれの種も琵琶湖は越冬地の南限付近にあるため、越冬個体数は多くはないが、大阪・京都や名古屋といった大都市圏に近いこともあり野鳥観察者の注目度は高い。琵琶湖ではコハクチョウが湖北地方や湖西地方を中心に越冬し、一部は南湖岸でも越冬している。琵琶湖の湖北地方は国内のガン類の南限の越冬地であり、亜種オオヒシクイが越冬する（宮林ほか, 1994）。後述するように、湖北地方におけるオオヒシクイの越冬数は、琵琶湖の水位および、オオヒシクイの越冬地北部（新潟県や石川県など）の積雪量と関係する（村上ほか, 2000a；村上ほか, 2000b）。

以上のように、水鳥の越冬個体数を、各種の越冬生態別に整理すると、琵琶湖の特徴がよく見え

---

注1）ハジロカイツブリは沖合や湖岸の一部区域で大群が見られることがあり、ミコアイサは南湖の一部区域で大群が確認されている。どのような場所に集結しているかは判明していない。

注2）カイツブリは滋賀県の鳥として指定されており、また琵琶湖は古来から鳰（にほ；カイツブリ）の海と呼ばれていた。

てくる（詳しくはコラム7-1「水鳥はいつどこで何を食べているのか」参照）。水鳥の多少は、ラムサール条約の1％基準値を超えているかどうかを手掛かりにすることによって、より深く理解することができる。

## 7-2-3 水鳥はどういった湖岸域に多く分布するか

琵琶湖湖岸のべ220kmもの調査をする上では、確認した水鳥の位置を適切に記録するとともに、湖岸の環境と対比できるようなシステムが不可欠である。この点については、1980年代に琵琶湖研究所の湖岸景観共同研究プロジェクトで採用した、琵琶湖の湖岸線の距離標示法が重要な役割を果たしている（コラム2-1「湖岸を見るときの座標系」参照）。旧大津市・志賀町境を出発点として逆時計回りに、5000分の1の湖岸地図に0.1kmピッチで距離表示し、調査の際にその値を記録した。調査結果は、さまざまなスケールでの集計が可能であるが、220kmの湖岸を44の5kmブロックに分けた表示が便利であり、野鳥の会滋賀の調査のまとめでも利用されている。

## 7-2-4 各ブロックの湖岸環境

グラビアp16図a〜fには、44の5kmブロック（以下 ブロックとよぶ）別に水鳥の分布に影響すると思われる主要な湖岸環境（波浪、浅水域と底質、水草、湖岸植生、貝類、周辺の水田）を示す。

### 波の強さ

琵琶湖のヨシ群落や水草の生育には、冬期に卓越する北西風が大きな影響を与えることが知られている（立花, 1984；Hamabata, 1997）。グラビアp16図aには、平均波浪エネルギー（水資源機構琵琶湖開発総合管理所, 2006より作図）および冬期に卓越する北西風の対岸からの吹送距離（須川, 1996）を併せて示す。平均波浪エネルギーは湖岸での波浪の強さをあらわす。図が示すように、波浪エネルギーは、冬期に卓越する北西風の対岸からの吹送距離が長い北湖東岸で大きな値を示す。ただし北湖東岸のブロック区間番号16は、沖島の陰になるため波浪が弱い。北湖は西岸でもやや波浪がある。南湖はおだやかである。

### 遠浅かどうか

グラビアp16図bは、湖岸の傾斜を湖岸から水深2m線（水資源機構作成の浅深図（近年）から読み取った）までの距離（m）で表す。2本の横線は、湖底の傾斜角がそれぞれ1度（実線）と2度（点線）の場合に水深2mとなる距離を示す。例えば、傾斜角1度の横線（湖岸から約114mで水深2mとなる）より上となる区域は1度より傾斜が緩やかで遠浅の湖岸であることを示す[注3]。

### 水草の分布

グラビアp16図cは、2002年時点の水草群落を陸から沖方向への生育密度別の群落幅として表す（水資源開発機構, 2003）。水草群落は年変化が大きく、また、近年は南湖のほぼ全域が水草に覆われるような状態になっている。ただし、主要水草種が越冬期に枯れる種だと、夏期の群落分布情報だけでは越冬期の水草分布状況は把握できない。波浪が強いと水草の分布が制限されるため、北湖の特に東岸（B・C地域：ブロック区間番号13〜16）には少ないか、低密度である。また、すぐに水深が深くなる山地湖岸（岩礁質・岩石質の底質）のF地域（塩津湾奥を除くブロック区間番号28, 27, 29〜31）にも少ない。

### 湖岸植生の面積

グラビアp16図dは、ヤナギ林などの樹林を除いた湖岸植生の面積を示す。この図は、佐々木寧らが作成した2007-2008年度の琵琶湖の湖岸植生図のGISデータから集計した。ヨシ群落（ツルヨシや他の抽水植物含む）は、波浪の弱い区域で面積が広い。いくつかの大規模なヨシ群落は、湾や琵琶湖北東部の湖岸線に沿って存在している。ハスやヒシなどの浮葉・浮漂植物群落は、波浪の弱

---

注3）実は0°という傾斜の湖岸域、つまり、ちょっとした水位増加があった時にびちょびちょになるような場所が、さまざまな種には重要である。やや類似の環境として水田に注目が集まっているのも、そういった特性をもった湿地を水田に転換したり埋め立ててしまったからである。

い湾内や消波堤のある草津市赤野井湾（ブロック区間番号10）、長浜市湖北町今西沖（ブロック区間番号25）、高浜市新旭町饗庭沖（ブロック区間番号36）などには広面積に存在する。

### 貝類はどこに多いか

グラビアp16図eは、水深1～2mにおける貝類の現存量と、底質の関係を示したものである。この図は滋賀県水産試験場（1998）より作成した。貝類は、A地域（南湖）の砂泥質（ブロック区間番号2、6～8）あるいは礫質と砂質の混じった底質の地域（ブロック区間番号8～9）に多い傾向がある。砂質でもE地域の長浜市街地沖（ブロック区間番号23）では貝類がやや多い。

### 湖岸域の水田面積

グラビアp16図fは、湖岸から3km以内のブロック別水田面積を示す。この図は、国土数値情報土地利用細分メッシュデータ（国土交通省国土政策局国土情報課ウェブサイト）の平成19年度（2006年）の100mメッシュの土地利用図を用いて集計した。夜間陸上採食カモ類は、昼間は湖岸で睡眠し、夜間に湖岸から数kmの範囲の水田に採食に出かけていると考えられている（コラム7-1「水鳥はいつどこで何を食べているのか」参照）。

### 7-2-5 ブロック別採食行動別の分布

グラビアp16図gには2007-8年冬の採食行動別に分けた水鳥グループごとの個体数分布をブロック別に示した（沖800mまでの範囲）。大きくみると、北湖北東岸部の長浜市から彦根市北部にかけてのD・E地域の湖岸（ブロック区間番号17-26）、北湖北部のF地域の中でも塩津湾（ブロック区間番号28）、北湖西岸のG・H地域の高島市新旭周辺（ブロック区間番号36前後）およびI地域の中でも大津市北部（旧志賀町南部）沿岸（ブロック区間番号44）、A地域（南湖）の東岸部の草津市から北湖東岸の野洲市にかけての沿岸（ブロック区間番号7-12）といった区域で個体数が多い。

### 7-2-6 ゾーン別の分布

また、湖岸から800m沖までの水面を6ゾーンに分け（0：陸上、1：0-100m、2：100-200m、3：200-300m、4：300-400m、5：400-800m）、それぞれのグループがおもにどのゾーンを利用していたのかを示したのが図7-2-1である。ほとんどの水鳥は湖岸近く、特に浅い水深と湖岸に沿ったヨシ群落で特徴づけられるゾーン1（湖岸から0-100m）で越冬することが分かる。

ただし、ブロック区間番号10, 12, 17, 25, 36では、沖のゾーン4と5でも多くの水鳥が観察された。これらの地点は、湾（ブロック区間番号10, 36）や、沖まで浅水域が広がる愛知川（ブロック区間番号17）や野洲川（ブロック区間番号12）、姉川（ブロック区間番号25）といった大河川の河口部に位置している。

湖の浅水域は、逆立ちして水草を食べたり水面や陸上の草を食べたりする水草採食カモ類や、湖底の底生動植物を潜水して食べる潜水カモ類にも重要な採食場所である（図7-2-2）。また潜水採魚水鳥も、餌となる魚が深い水深の湖底に逃げられないよう浅水域を好む。カイツブリの潜る深さは最深1m（稀に2m）程度である（Cramp, 1978）。

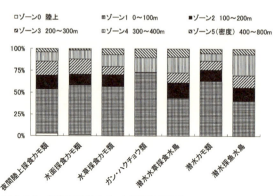

図7-2-1　採食行動別のゾーン別個体数割合

図7-2-2　琵琶湖におけるガンカモ等鳥類の生息状況（竹井秀男画、琵琶湖研究所〈現・滋賀県琵琶湖環境科学研究センター〉所有）

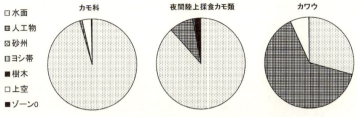

図7-2-3 特徴的な水鳥の利用環境別個体数割合

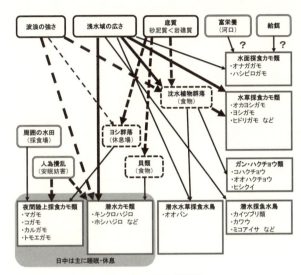

図7-2-4 環境相関図
矢印は実線が正の影響、破線が負の影響。線の太さで影響の大小を表現。

ただし、ハジロカイツブリの群れは水深が深い沖帯の湖面で泳いでいることがしばしばある。またカワウは魞（えり）の杭など人工物上で休んでいる姿を見ることが多い（図7-2-3）。マガモ、カルガモ、コガモのような日中は湖岸沿いでおもに休息し、夜間になると水田など農耕地で採食するカモ類にとって、ヨシ群落は重要な休息場所となっているが、今回の調査では沖の水面に浮かんでいたり（図7-2-1）、人工物上で睡眠・休息している個体も見られた（図7-2-3）。

### 7-2-7 各水鳥グループのブロック別分布と環境との対応

水鳥分布図（グラビアp16図g）と環境図（グラビアp16図a～f）を重ね合わせてみる。カモ科の水鳥の越冬数が特に多いのは、D・E地域の湖岸（ブロック区間番号17-26）、F地域の中でも塩津湾（ブロック区間番号28）、G・H地域の高島市新旭周辺（ブロック区間番号36前後）およびI地域の中でも大津市北部（旧志賀町南部）沿岸（ブロック区間番号44）、A地域（南湖）の東岸部（ブロック区間番号7-12）だった。これらは、波浪が少なく、遠浅で、ヨシ群落面積が多く、水草群落がよく発達している区域であった。ただし、A地域のブロック区間番号9は、草津市の津田江内湖の閉じた水面のため、湖面が狭く、水草採食カモ類の個体数は多いが、他のグループの水鳥の個体数が少なかった。A地域のブロック区間番号11は、特に夜間陸上採食カモ類と潜水カモ類の個体数が隣接ブロックに比べて少なかった。

現在得られている環境要素と各種の分布間で相関関係を示したのが図7-2-4である。

4章で示したように、遠浅で波浪の弱い湖岸では、かなり沖まで水草群落が広がる。一方、底質が岩礁質や岩石質の場所では、水深がすぐに深くなることもあり、水草の群落面積はあまり広くな

い。水草をおもな食物とする水草採食カモ類は、水草群落が発達し、逆立ちする程度で水草を採食できる浅水域が広がっている湖岸に多く分布する。オオバンは潜水して水草を採食することができるので、必ずしも浅水域でなくても採食できる。しかし2007年冬の調査では、E地域の長浜市周辺（ブロック区間番号25）、G地域の高島市新旭周辺（ブロック区間番号36）、A地域の草津市烏丸半島周辺（ブロック区間番号10）の遠浅で水草群落が発達した3カ所の湖岸に大きな群れとなって集中分布していた（近年は、数の多少はあるものの、全ブロックで分布するようになっている）。ガン・ハクチョウ類も水草が豊富で遠浅のE地域の長浜市周辺やG地域の高島市周辺、A地域の南湖東岸部からB地域の野洲川河口（ブロック区間番号8〜12）に局地的に分布していた。

ヨシ群落（抽水植物群落）の面積も、水草群落同様、底質が岩礁質や岩石質の場所には少なく、波浪の弱い湖岸で大きい傾向がある（グラビアp16図d）。ヨシ群落は、日中に睡眠や休息をしている水鳥に隠れる場所を提供する。夜間陸上採食カモ類の個体数は、隣接ブロックも含めて採食場所である水田面積が広く、かつ安全に睡眠・休息できるヨシ群落が、ある程度の面積で広がっているところに多い。ただし、C地域のブロック区間番号15とD地域のブロック区間番号19は、例外的にヨシ群落がなくても、特にカルガモが多く分布していた。一方、A地域のブロック区間番号11は、湖岸道路がかつての湖面上に作られ、堤内（堤の陸側）が埋め立てられてゴルフ場等になっている。そのため湖岸道路建設後に造成されたヨシ群落はあるものの（グラビアp16図d）、後背地に水田が少なく（グラビアp16図f）、夜間陸上採食カモ類の個体数が少なかった。

潜水カモ類も、琵琶湖では、日中、湖岸近くで睡眠・休息していることが多い（図7-2-1）。遠浅で波浪が弱く、またヨシ群落もあるようなブロックで個体数が多い。食物となる貝類の現存量が多いところに多く分布する傾向もありそうだが、貝類が最も多いA地域のブロック区間番号9の津田江内湖では潜水カモ類が少ない（グラビアp16図e）。また植物食が強いとされるホシハジロは貝類の少ないブロック（例えばF地域のブロック区間番号28の塩津湾）でも多数みられることがある。いずれにしても、潜水カモ類がどこで何を食べているのかを知るためには、夜間も含めた行動観察が必要である。なお、潜水カモ類もA地域のブロック区間番号11では極端に個体数が少ない。湖岸道路が張り出した形の湖岸であることに加えて、かれらが隣接するブロック区間番号10の守山市木浜の遠浅の湖岸や、B地域のブロック区間番号12の野洲川河口に集結していたのも一因であろう。

潜水採魚水鳥は、先述のように、魚が深い水深の湖底に逃げられないような浅水域を好む。ただ、浅水域の広くない場所でハジロカイツブリの群れがまとまった数で記録されることがあり、グループ全体としての出現傾向は掴みづらい。

水面採食カモ類は、琵琶湖では個体数が少ないこともあって、分布傾向がはっきりしないが、ハシビロガモはプランクトンが豊富な富栄養な水域を好むためか、河口などの遠浅のところに出現する傾向にある。オナガガモは餌付けによく集まる種で、湖岸緑地で水辺への人のアクセスがよい場所で本種が多い傾向があるかもしれない。

### 7-2-8　ヨシ群落で繁殖する鳥類の分布条件

琵琶湖湖岸には、孤島状にヨシ群落が残っている。その中でも大面積のヨシ群落では、カイツブリ、カンムリカイツブリ、ヨシゴイ、サンカノゴイ、カルガモ、バン、オオバンといった水鳥の他、ヨシの茎に巣を架けるオオヨシキリ、コヨシキリが繁殖している。また、猛禽類のチュウヒも数は少ないが湖岸や内湖のヨシ群落に営巣している。

著者の一人須川は、委託調査などを通じて、琵琶湖湖岸のヨシ群落における繁殖鳥類調査データを1980年代初めから蓄積してきた。基本的な調査手法は、孤島状のヨシ群落内を胴長靴をはいて踏査し、営巣している種の巣の確認やなわばり行動や家族群の観察によって繁殖つがい数を把握し、調査したヨシ群落の規模などを記録した。

特に1991年のヨシ群落現存量等把握調査（滋賀県, 1992）と1993〜1995年の琵琶湖水鳥総合調査（須川編, 1996）では、琵琶湖全域から抽出した湖岸のヨシ群落で調査を行った。橋本・須川（2006）は、この琵琶湖水鳥総合調査のデータをもとに、多変量解析手法のひとつである樹形モデルをもち

いてヨシ群落環境と繁殖鳥類相との関係を分析した。その結果、おもな種の生息条件を以下のように明らかにした。

オオヨシキリは群落高が90cm以上かつ面積730m²以上のヨシ群落に生息、カイツブリはおもに面積880m²以上の群落に生息、オオバンはおもに幅が17m以上の群落に生息、カルガモは群落の延長が330m以上でかつ平均水深が-45cmよりも深い群落に生息する。なお、カンムリカイツブリは、この琵琶湖水鳥総合調査時には最大面積のヨシ群落

1カ所のみで記録された（須川編, 1996）。

以上のように、琵琶湖湖岸域にある孤島状のヨシ群落は、水鳥や湿地性の小鳥の営巣地として重要である。群落面積がある程度あってヨシの高さなどの質的条件が満たされれば、オオヨシキリ、カイツブリ、オオバンといった種が営巣する。さらに大規模で良好な条件を満たせば、カンムリカイツブリやチュウヒといった種の営巣地となることが期待される。

## 7-3 琵琶湖で増えた水鳥、減った水鳥

### 7-3-1 越冬水鳥個体数の劇的な変化

図7-3-1に琵琶湖における過去25年間の越冬水鳥個体数の変遷を示す。その数は1989-1990年冬の63,060羽から1994-1995年冬の80,035羽、そして2007-2008年冬の143,096羽と劇的に増加した。その後の2008〜2014年は、おもに陸上からの調査結果（日本野鳥の会滋賀保護研究部, 2014）であるため、沖方向のカウント範囲が異なり、単純には比較できない。しかしカモメ科やサギ科の水鳥を除いても12万羽以上の水鳥が継続して越冬している。

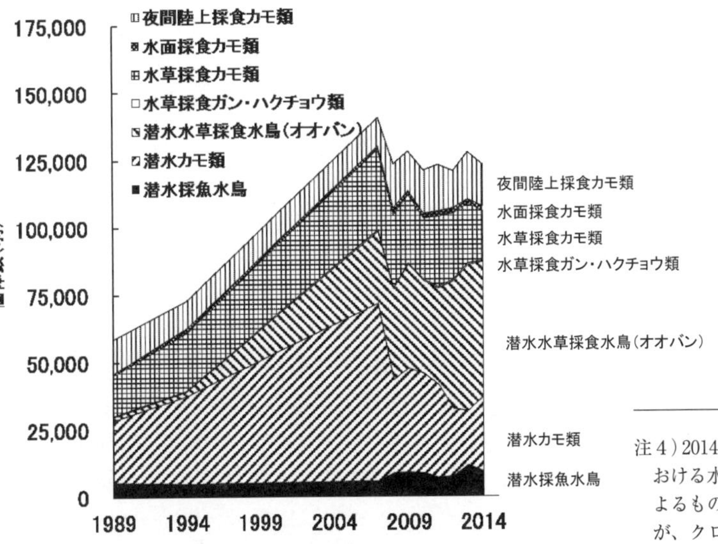

特にオオバンの個体数は1989-1990年の1,272羽から2007-2008年の26,444羽へと20倍近くにもなった。その後も増加は続き、2016年1月には8万羽を超えるまでになっている。潜水カモ類の個体数も23,057羽から66,079羽へと約3倍に増加した。その後の野鳥の会滋賀の調査では20,233〜38,651羽だった。また水草採食カモ類の個体数は15,107羽から30,143羽へと約2倍となった。ただし、2014年はやや減少して18,593羽だった[注4]。その後、水草採食カモ類の個体数は若干回復傾向で、2016年1月には24,834羽が記録されている（日本野鳥の会滋賀保護研究部, 2016）。オオバンや潜水カモ類、水草採食カモ類の劇的な増加は、これら水鳥の餌となる水草の現存量増加によるものと考えられる。特に、南湖における1990年代中頃からのこれら水鳥類の増加は、水草群落面積の増加（4章参照）と呼応している。

オオバンは潜水して水草を採食するが、オオバンの越冬数の増加は、琵琶湖における水草の繁茂と後述する本種の繁殖数の増加（さ

図7-3-1 採食行動別水鳥個体数の25年間の変化

注4）2014年の水草採食水鳥の個体数の少なさは、南湖における水草の優占種のセンニンモからクロモへの交代によるものと考えられる。センニンモは植物体で越冬するが、クロモは冬に葉を枯らし、殖芽（越冬芽）や塊茎で冬を越す。

らに国内の他地域の繁殖数の増加）だけでは説明がつかない。おそらく国外の繁殖地での個体数の急増、または国外の越冬地から多数個体が日本国内に越冬地を変更した可能性が考えられる（Hashimoto and Sugawa, 2013）。

2007-2008年冬の潜水カモ類の個体数は、ホシハジロが36,385羽で琵琶湖で1番多い水鳥、キンクロハジロが28,528羽で3番目に多い種であった。いずれの種も1989-90年時点でも優占種ではあったが、それぞれ1万羽未満であり、過去18年間で大きく増加した。ホシハジロはおもに植物食で、潜水して水草の塊茎を採食する（Kear, 2005）。またキンクロハジロは、どちらかというと淡水貝類に特化した採食特性を持つとされる（Kear, 2005）。琵琶湖で越冬する本種の食物が何であるか十分な情報を持っていないが、これだけ多数のキンクロハジロの越冬を支えられるだけの豊富な食物資源を、琵琶湖が有していることを示している。

水草を採食する水鳥類が増加する一方で、マガモやコガモといった夜間陸上採食カモ類は減少している。ただし、カルガモはやや増加していた。またかつては岸近くでの休息個体が多かったが、2007-2008年冬の調査時は沖に浮かんでいる個体が増えていた（図7-2-1）。このような夜間陸上採食のカモ類の減少や休息場所の変化は、湖岸近くの水域への釣り人の侵入の増加といった人為攪乱の結果かもしれない。琵琶湖湖岸のいくつかの地域では、湖岸近くの住宅地への騒音防止や水鳥保護の目的で、従来型2サイクルエンジンを積んだプレジャーボートの航行は滋賀県の条例で禁止されている。しかし規制されているエリアは限定的で、環境対策型2サイクルエンジンやヨット、2馬力未満のミニボート、エンジンを積んでいない釣り用のボートは規制されておらず、後述するように水鳥の分布に大きな影響を与えている。

潜水採魚性水鳥の合計個体数は過去20年間でほぼ安定していたものの、ハジロカイツブリを除くとほとんどの種の個体数は減少している。このグループの水鳥の個体数の琵琶湖における減少要因のひとつとして、オオクチバスやブルーギルといった外来魚の増加による小魚の数の減少が考えられる。ほとんどのカワアイサは体長10-15cmの小魚を好み（Marquiss et al., 1998）、冬のカイツブリの餌の40-50%は体長5-7cmの小魚である（Bandorf, 1970）。なお、琵琶湖におけるカワウの繁殖個体数は3万羽を超えるが、越冬数は1,000-1,500羽と少ない。これは前述したように、餌となる魚が冬には深い湖底に移動して、カワウが簡単に採食できなくなるからである。

ハクチョウ類（ほとんどはコハクチョウ）とガン類（ほとんどは亜種オオヒシクイ）の個体数は1989-1990年からはやや増加したが、この数は気象と水位によって毎年変動する（浜端ほか, 1995：村上ほか, 2000a）。村上ほか（2000a）によると、全国的に豪雪を伴った寒い冬には滋賀県まで南下するオオヒシクイの数が増加する。加えて、琵琶湖の水位が上昇するとオオヒシクイの採食環境が悪化するので、隣接する陸域へとオオヒシクイは移動する。

ハシビロガモやオナガガモといった水面採食カモ類の個体数は少ないままである。

5kmブロック単位で1994-1995年冬と2007-2008年冬の個体数を比較すると、北湖北東部（E地域）の長浜港北のブロック区間番号23（前回3,652羽、今回7,487羽）と旧湖北町のブロック区間番号25（前回8,555羽、今回18,804羽）では水鳥の個体数が急増し、北湖東岸の沖島の陰に当たるC地域のブロック区間番号15（前回3,909羽、今回751羽）では激減していた。内訳を見てみると、ブロック区間番号23、25ではホシハジロ、キンクロハジロ、オオバンの個体数が増加していた。

一方、沖島の陰で波浪が弱く、水草が繁茂するブロック区間番号15では、水草は依然として繁茂しているものの、前回は多数いた潜水カモ類がほとんどおらず、ヒドリガモは周囲のブロックと比較して少なくはないが、オカヨシガモやオオバンといったヒドリガモと同様に水草を採食する水鳥個体数が小さかった。

### 7-3-2 ヨシ群落で繁殖する鳥類の増減

琵琶湖では、過去30年間に、湖岸道路の建設、瀬田川洗堰操作規則制定による新たな水位操作（1992〜）にともなうコイ科魚類や貝類の減少、オオクチバスやブルーギル等外来魚の増加による小型在来魚の減少、1994年夏の大渇水以降の水草

の大繁茂など、湖岸環境に大きな変化が起きている（金子ほか, 2011）。これらの変化は、ヨシ群落で繁殖する鳥類の増減に大きく関係していると思われるが、経年変化を追えるだけの全域的な調査はまだできていない。

しかし、滋賀県の県鳥カイツブリが県レッドデータブック（滋賀県生きもの調査委員会（編），2016）の希少種に指定されるほどに減少している。一方、オオバンは1980年代、カンムリカイツブリは1990年代に琵琶湖で繁殖を開始し、それ以降分布域を徐々に拡げており（須川（編），1996）、その後もオオバンやカンムリカイツブリの繁殖域が拡大を続けている可能性もある。橋本・須川（2006）で明らかにした前述の個々の種の生息条件は、約15年間が経過して、現在は異なっている可能性もある。

そこで2007〜2011年に、過去（1980年代を含む）に調査対象としたヨシ群落のうち、群落面積等に大きな変化が見られなかった地点9カ所（A地域の南湖東岸（草津市内）：2カ所、E地域の北湖東岸（長浜市内）：4カ所、G・H地域の北湖西岸（高島市内）：3カ所）において、再び群落踏査を行って水鳥の繁殖ペア数を調べ、生息密度や生息条件の長期的な変化を調べた。その結果、おおむね以下のような状況であることが分かりつつある[注5]。

### カイツブリの生息状況

カイツブリは、1990年代前半と2000年代との間では調査地によって増減があるものの、繁殖ペア密度は若干減少傾向にある程度だった。しかし、繁殖ペア密度は、1980年代初めと比べてかなり減少した。例えば、E地域ブロック区間番号25の長浜市湖北町今西の0.7ha（100mの群落延長）のヨシ群落では、1981年には12ペアもの高密度でカイツブリが記録されたが、1991年には3ペア、2010年には2ペアしか確認できなかった。本種の琵琶湖における越冬個体数も1989年から2007年の間に減少していることが明らかになっている（橋本・須川, 2008）。また、特に1973年から調査されている南湖では、1980年代中頃に本種の越冬数が半減している（須川（編），1996）。外来魚の増加や新たな水位操作にともない、カイツブリの主要な餌となっている小型魚類や甲殻類が減少したこと（西野, 2009）が、本種の繁殖密度の低下要因と考えられる。

さらに1980年代から1990年代にかけてカイツブリの密度が大幅に低下したが、これにはオオクチバスの増加による魚類群集の激変の影響も大きく関わっていた可能性がある。海外では、カイツブリのヒナがカワカマスによって捕食されることが報告されており（Ahlén, 1966；Bandorf, 1970）、オオクチバスによるヒナの補食圧があったことも考えられる[注6]。その後1990年代後半に優占種がオオクチバスからブルーギルに変化（中井, 2012）した後も、カイツブリの個体数は回復していない。

### カンムリカイツブリの生息状況

カンムリカイツブリは、琵琶湖では1991年にA地域ブロック区間番号10の南湖東岸の草津市下物で繁殖を始め、北湖西岸のG地域ブロック区間番号36の高島市新旭町饗庭でも1991年の調査後に古巣が発見された（須川編, 1996）。北湖東岸のE地域でも、前述したように2000年に長浜市湖北町延勝寺（ブロック区間番号25）で営巣が見つかっており、琵琶湖全体で繁殖ペア数が増加しているようである。ただ、北湖西岸では大規模なヨシ群落が限られていることもあり、従来からの分布域をそれほど拡大できていないと思われる。

ただし、今回の調査対象地からは少し外れたが、2010年には孤島状のヨシ群落が点在する長浜市湖北町今西の余呉川河口付近で、極めて狭い範囲で3ペアが繁殖活動をおこなっている（橋本・須川, 未発表）。湖北地方では、琵琶湖へ流入する小河川の中洲で、本種の高密度営巣例も観察されている（植田潤, 未発表）。野洲市や守山市の河口や河川でも、雛の観察報告がある（植田潤, 未発表）。

---

注5）2007〜2011年に行った9地点の調査では、カイツブリ、カンムリカイツブリ、マガモ、カルガモ、バン、オオバン、コヨシキリ、オオヨシキリ、セッカの9種が記録された。過去の調査ではこれらの調査地点でも記録があったヨシゴイとササゴイは、今回は記録されなかった。

注6）また、オオクチバスが増えることで多くのバス釣り人がヨシ群落に近づき、それによってカイツブリの繁殖が妨害されているのではないかという指摘も青森県（竹内, 2000；佐原・山内, 2003）や宮城県伊豆沼（嶋田ほか, 2005）から報告されている。

したがって、北湖東岸や南湖東岸では、本種の繁殖ペア数は増加しているものと思われる。

### オオバンの生息状況

オオバンは、琵琶湖では1978年に北湖東岸で繁殖を始め、その後南湖にも広がり、琵琶湖全体で繁殖が見られるようになった（須川（編），1996）。

生息が確認できた地点に限ってみると、1990年代前半から2000年代後半にかけ、繁殖ペア密度が若干上昇傾向にある。近年、琵琶湖南湖の湖岸域では湖底の泥質化が進行しているとされている（金子ほか，2011）。泥質の湖底を好むヒメガマ群落は、オオバンが好んで営巣するとされる（斉藤，1994）。ヒメガマが増えると、琵琶湖内でのオオバンの繁殖数はさらに増える可能性がある。なお、琵琶湖には繁殖をしていないオオバンが相当数越夏しており、それらの個体は、ヨシ群落沿いではなく、やや沖の湖面に群れで見られることが多い。

### その他

オオヨシキリについては、調査時期の選び方で、なわばり防衛のための「さえずり」や営巣する巣を発見することが困難な場合が多く、2007～2011年の調査では適切な追加情報を得ることができなかった。

なお、琵琶湖湖岸全域のヨシ群落の面積自体は、1980年代中頃から始まったヨシ群落植栽事業（水資源公団が1984年から、滋賀県は1992年から）により若干増加している（金子ほか，2011）。そのため1990年代以降には、ヨシ群落で繁殖する鳥類の個体数がヨシ群落の消失が主因となって減少したとは考えにくい。しかし、2007～2011年の調査では、ヨシの茎の上に巣を架けるヨシゴイは記録されなかった。県レッドデータブック（滋賀県生きもの調査委員会（編），2011）でも、ヨシゴイは絶滅危機増大種から絶滅危惧種にランクアップされており、2014年1月からは「ふるさと滋賀の野生動植物との共生に関する条例」に基づく「指定希少野生動植物種」に追加指定されている。ヨシゴイは沿岸域でおもに小型魚類を採食する。カイツブリと同様に、外来魚の増加や水位操作により小型魚類や甲殻類が減少したこと（西野，2009）がヨシゴイの繁殖数の低下要因と考えられる。

## 7-3-3 昼間の行動調査から見えてきた課題 —船・釣り人による撹乱—

近年の琵琶湖の湖岸では、バス釣りのボートをはじめとする船の接近による越冬水鳥の行動への影響が無視できないほど大きくなっている（写真7-3-1）[注7]。

2008年1月、琵琶湖湖岸2カ所で終日行動観察を行ったところ、船が接近すると水鳥は逃避するが、逃避した距離は、水草採食カモ類では100～200m程度と比較的小さいものの、他の多くの水鳥では数百m以上と非常に大きかった。また船が接近していた時間帯に採食を行っていた種は、その後に再び同じ場所に戻ってきて採食する傾向にあったが、睡眠していた種はなかなか同じ場所には戻って来ない傾向があることが分かった（橋本ほか，2013）。このことは、日中に湖内で採食を行う水鳥にとって、その場所が大変重要な採食場所であり、人為撹乱があっても、そこに依存するしかないということを意味している。

したがって、琵琶湖で越冬する水鳥類を保護するためには、採食地や休息地の保護が重要である。特に、多くの水鳥が集中する湖岸は、バスボートなどによる撹乱を積極的に防止することが必要で

写真7-3-1 漁船の接近により飛び立つ水鳥類（主にオオバン）

---

注7）Mori et al.（2001）は琵琶湖周辺でカモ類の群れにプレジャーボートを実験的に接近させた調査から、湖面で採食する生態をもつ種の単一種からなる群れは、陸域で採食し湖面では休息する生態をもつ種の単一種からなる群れよりも遠くまで飛行して逃避する傾向にあるとしている。

ある。滋賀県琵琶湖のレジャー利用の適正化に関する条例（以下、レジャー条例）では、地域の生活環境を保全するためプレジャーボートの航行により発生する騒音を防止する必要がある水域に加えて、水鳥の生息環境保護の観点からプレジャーボートの航行規制ができる[注8]。水鳥類の保護を考えると、この点は重要な根拠となりうる。しかし現在のところ、水鳥保護のための区域は湖北の一区間（湖北野鳥センター前）を除いて設定されていない（グラビアp16図h）。

グラビアp16図gのブロック別採食行動別個体数分布と重ね合わせると、水鳥個体数の多い北湖北東岸部の長浜市から彦根市北部にかけてのD・E地域の湖岸（ブロック区間番号17-26）のうち、湖北野鳥センター前のブロック区間番号25は水鳥保護のために広く規制されている。また住宅地の多い米原市南部以南のブロック区間番号17-21に騒音防止目的で規制区域が設定されているにすぎない。今後は、長浜市沿岸に続くヨシ群落の前にも規制区域が設定されることが望まれる。北湖北部のF地域の中の塩津湾（ブロック区間番号28）も、多くの水鳥が集まり、天然記念物のオオヒシクイが滞在することもあるが、全く規制区域がない。北湖西岸のG地域の高島市沿岸は、新旭饗庭の新旭水鳥観察センター（ブロック区間番号36）以北は規制区間になっている。しかし水鳥個体数の多い区間は、もう少し南のH地域まで続く。

2007年の調査当時は、A地域の南湖東岸部の草津市からB地域の北湖東岸の野洲市（ブロック区間番号7-12）の水鳥の多い区間では、北湖東岸の一部でしか規制区域が設定されていなかった。2011年の条例改正で、規制区域の設定要件に新たに2項目[注9]が追加された。それにより、新たにA地域（南湖）の草津市北山田－南山田地区（ブロック区間番号7-8）と赤野井湾（ブロック区間番号10）に「水産動物の増殖場および養殖場の生育環境保全」目的で航行規制区域が設定された。このことは水鳥の生息環境保全にとってもよい方向である。しかし、南湖のコハクチョウ越冬地である草津市志那から烏丸半島西側にかけての湖岸（ブロック区間番号8-9）には、まだ規制区域がない。また、B地域の野洲市吉川（ブロック区間番号12）でも、「他のレジャー利用者の迷惑防止」目的で新たに航行規制区域が設けられたが、同じブロックで水鳥にとって重要な野洲川河口には規制がかかっていない。

琵琶湖は、いくつもの種で高い割合の東アジア個体群が越冬するラムサール条約湿地である。これらの湖岸の一部でも、あるいは鳥獣保護区である琵琶湖に多くの越冬水鳥が逃げ込んでくると考えられる狩猟期限定でもよいので、航行規制区域が指定されることが望まれる[注10]。今後はさらに、ヨシ群落や水面への釣り人やカメラマン等の人の立ち入りを禁止できる区域を設けられる制度（の運用）が必要ではないかと考える。

以上のように、水鳥を通して琵琶湖の湖岸湿地の価値が見えてくる。そのためには質の高い観察者に支えられた水鳥のカウントが不可欠で、さらに越冬数を水鳥の採食生態別にラムサール条約の水鳥の個体数基準に基づいて検討するという作業が重要であった。また、湖岸景観の要素として水鳥の分布を把握するためには、湖岸景観共同研究で使っている湖岸線表示にもとづく情報の記録やまとめが不可欠であった。

以下では価値ある湿地環境を保全するために必要な課題を、研究面、環境政策面、教育啓発面の3つの視点からのべる。

---

注8）第12条第1項第1号関係：住居など生活環境保全区域、第12条第1項第3号関係：水鳥の営巣地その他のプレジャーボートの航行により発生する騒音を防止することにより水鳥の生息環境を保全する必要があると認められる琵琶湖の水域。

注9）第2号「水産動物の増殖場および養殖場ならびにそれらに隣接し、または近接する琵琶湖の水域のうち、当該増殖場および養殖場における水産動物の生育環境を保全するため、プレジャーボートの航行により発生する波を抑制する必要があると認められる水域」、第4号「多様なレジャー活動に利用されている琵琶湖の水域または多様なレジャー活動に利用されている琵琶湖岸に隣接し、もしくは近接する琵琶湖の水域のうち、プレジャーボートの航行が他のレジャー利用者に著しく迷惑を及ぼすことを防止し、琵琶湖のレジャー利用に係る良好な利用環境を確保するため、レジャー活動に係る適切な利用調整を図る必要があると認められる水域」

注10）このレジャー条例はエンジン音による騒音の観点からしか航行規制ができず、環境対策型2サイクルエンジンやヨット、2馬力未満のミニボート、エンジンを積んでいないゴムボートやフローター（浮輪）を使った沿岸域への釣り人の進入による撹乱を防ぐことはできない。

# 7-4 水鳥を通して価値ある琵琶湖の湿地環境を保全するために

## 7-4-1 研究面の課題

### 採食行動、採食内容の解明

　水鳥類の行動、特に採食行動が、なぜその場所、その時間帯に行われたのかを分析するには、さらなる行動データの蓄積が必要である。特に日中の行動調査だけではわからない、夜間に採食する水鳥の採食場所および採食内容の特定も大きな課題である。例えば、琵琶湖湖岸でもっとも個体数の多い水鳥であるキンクロハジロやホシハジロなどの潜水カモ類のグループは、昼間はおもに岸近くで睡眠や休息をしていることが多く、採食場所としてどのような環境が重要なのかが分析できない。

　また、琵琶湖でこれだけ大きな個体群を支えることができている湖岸や湖底の餌資源がそもそも何なのかを明らかにすることも必要である。水面採食カモ類と亜種オオヒシクイの餌資源について糞分析による予備的な調査がされているだけである（須川, 1990；須川, 1991：Sugawa, 1993）。

　捕獲個体あるいは網絡死体による胃内容物調査や安定同位体分析を含めた、琵琶湖で越冬する水鳥の採食内容に関する様々な研究機関が連携した総合的な調査が必要である。

### 全国的な増減傾向との対応関係

　琵琶湖における水鳥類の増減傾向は、琵琶湖独自の個体数の変化なのか、それとも日本国内の増減傾向を反映しているのかを区別することは、水鳥の個体数変化が琵琶湖湖岸域の生態系の変化を原因としているかどうかを判断する上で重要である。須川（編）(1996) は、1995年時点における全国的な個体数の増減傾向について検討した。今後も、それ以降の情報を得て検討することが必要である。Kasahara and Koyama (2010) は、環境省が行っているガンカモ類の生息調査データから1996-2009年の全国のカモ科鳥類の増減傾向を分析している（ただし、滋賀県分は以前の精度の悪いデータを使用して解析している）。それによると、水面採食型の種、中・高緯度地域で繁殖する種、農耕地を採食場所とする種で、14年間に全国的に越冬数が減少傾向にあった。潜水カモ類のキンクロハジロや潜水採魚水鳥のカワアイサは増加傾向にあったが、同じく潜水カモ類のホシハジロは年変動があるものの減少傾向にあった。一方、琵琶湖では3種とも増加していた。水草採食カモ類のオカヨシガモはやや減少、ヨシガモとヒドリガモは安定と評価されているが、琵琶湖ではいずれの種も増加していた。ただし、潜水カモ類も水草採食カモ類も、その後の日本野鳥の会滋賀の調査ではカウント方法がやや異なるものの、1994年の個体数レベルにまで低下してきているようである（図7-3-1）。2009年以降の全国的な増減傾向との対応関係にも今後注目していく必要がある。

## 7-4-2 環境政策面の課題

### 湿地目録作成と活用

　ラムサール条約では国内で潜在的に重要な湿地に関して湿地目録を作成することを基本的な作業として推奨している。同様の考えで、さまざまなスケールや分野別に湿地目録を作成することが、湿地の保全・復元施策の基本となる（宮林ほか, 1994；須川, 1999；須川, 2001a）。例えば琵琶湖湖岸220kmを5kmごとの44のブロックに分けて、各ブロック別に基本的な情報を集約する目録を作成して、それぞれの湖岸の課題を把握する情報集として役立てることが可能である。これらの情報集には各湖岸の環境特性、水鳥や他の生物の生息状況がまとめられるとともに、保全上の課題や採用されている保全策が記述されていて、湖岸域の保全に関係ある諸機関・諸団体の関係者が共通の認識を持つことを可能とする。

### 順応的管理による湖岸湿地保全

　一部の専門家だけの判断では多くの利害がからまった環境問題を解決することは難しい。そのため、十分な現状把握にあたって多くの分野の人が連

携して対応する計画を作成し、実行した結果をきちんとモニタリングをして新たな課題に向かっていくという順応的管理手法で進めていく必要がある。開発行為に際しての環境影響評価のフローや、カワウなど一部の野生鳥獣の被害対策に計画的に対応する上でも、順応的管理手法は欠かせない(須川, 2006；須川, 2014c；滋賀県, 2013)。それほどきめ細かいモニタリングでなくても、湿地目録を定期的に更新する作業は、環境施策のモニタリングをしていることになる。

### 7-4-3 教育啓発面の課題
#### 水鳥の種を識別できる力
多数湖岸域にいるオオバンやキンクロハジロを見て、「黒いからクロガモ」(琵琶湖にはクロガモはまず来ない)というレベルでは、本稿で述べた両種の生態に違いに基づく湖岸域の実態を理解することはできない。

琵琶湖のある滋賀県では、野鳥観察施設や定期的な水鳥観察会の機会が多く、他府県に比べるとガンカモ類の種名が識別できる人も多い。また野鳥の会滋賀のような熟練した観察者によって、湖岸域の調査を実施することが可能となっている。

しかし、水鳥を含む野鳥の種を充分識別でき、水鳥を通して湖岸景観を読み解くことができる人はまだ少ない。まずは、若い世代から野鳥識別力を高めることができるように、低学年からの系統的な生物多様性教育の一環として水鳥の種を識別できる力を育てるプログラムをつくり、また指導できる人を育てることが課題である。

#### 地域資源が可視化されるしかけ
日本では関東や北海道でフットパス活動が進んでいる。フットパスは地域にある自然、文化、歴史などの地域資源を可視化する活動であり、地域の人々や訪問者が理解できる出版物としての地図、道標や案内板、地域資源を理解し支えている人々と訪問者との交流の場といったしかけが欠かせない(須川, 2014b)。湖岸景観共同研究で得られた琵琶湖湖岸に沿っての諸知見を生かした湖岸フットパス構想はできないだろうか。

徒歩で数日かけて琵琶湖を一周する「ビワイチ」といった活動にチャレンジする人々も増えている。湖岸に沿って湖岸景観に含まれているさまざまな地域資源が可視化されるしかけは新たな「ビワイチ」の地平を開くにちがいない。

#### ラムサール条約の考えと活動
琵琶湖は1993年にラムサール条約の条約湿地として登録され、日本で最大の条約湿地となった。本章では、ラムサール条約の水鳥の個体数基準を生かして琵琶湖の特徴について記述できた。一方で、水鳥観察をしておけばラムサール条約の活動は終わりという素朴な誤解も続いている。ラムサール条約は湿地(湖沼・河川・水田なども)の持続的利用について幅広い分野で参考となる考えを提唱しており、琵琶湖の湿地保全について条約を十分活用することが課題となっている。このため琵琶湖ラムサール研究会が、長浜市湖北町にある琵琶湖水鳥湿地センターのサイト内に条約普及のためのページを開いている。また2011年から同センターでは、条約が幅広い分野にかかわっていることを認識するために「世界湿地の日」(2月2日前後の1カ月に毎年のテーマに基づいた活動をしてスイスの条約事務局に報告する)の活動をしている(須川, 2014a)。

# コラム7-1　水鳥はいつどこで何を食べているのか

　冬の湖面の水鳥の群れを観察すると、活発に水面を泳ぎ回っている個体やしきりに潜水を繰り返している個体がいる一方で、嘴を翼の下に突っ込んで浮いたまま寝ている個体や陸上に上がって休んでいる個体もみつけることができるだろう。このような水鳥の行動や分布を理解するには、彼らがいつどこで何を食べているのかを知っておくことが重要になる。7章で、我々は採食行動から、水鳥を大きく7グループに分けて琵琶湖での分布を論じた（グラビアp.16図g参照）。本欄では各グループの特徴を紹介する。なお、水鳥は生活域から大きく海鳥、（狭義の）水鳥、渉鳥に分けられるが、必ずしも進化系統とは対応しない。本欄では狭義の水鳥（カイツブリ目カイツブリ科、カモ目カモ科）と一部の海鳥（アビ目アビ科、カツオドリ目ウ科）、一部の渉鳥（ツル目クイナ科）を主な対象とし、海鳥のチドリ目カモメ科などや、渉鳥のペリカン目サギ科やチドリ目チドリ科・シギ科などは扱わない。狭義の水鳥の主要グループであるカモ科は、大きくガン・ハクチョウ類、陸ガモ類、海ガモ類に分けられる。琵琶湖で観察されるガン・ハクチョウ類は、主にマガン属とハクチョウ属の種で、大型のものが多い。陸ガモ類は主にマガモ属とオシドリ属の種を指し、採食時にあまり潜水せず水面で、海ガモ類はそれ以外のカモ科のほとんどの属を含み、主に潜水して採食する。海ガモ類の中でも、底生生物を主に採食するスズガモ属やアカハシハジロ属などの潜水カモ類と、主に魚食性のミコアイサ属、ウミアイサ属、ホオジロガモ属などの潜水採魚水鳥に分けることができる。カモ目以外の水鳥のカイツブリ科や海鳥のアビ科とウ科の鳥類も潜水して主に魚類を採食するので、潜水採魚水鳥としてまとめることができる。趾の間に水かき（蹼膜）のないクイナ科は渉鳥に分類されるが、クイナ科オオバン属はカイツブリ科鳥類と同様に各趾が木の葉状の弁膜になった弁足を持ち遊泳能力が高く、開水面もよく利用する。特にオオバン属のオオバンは、近年、琵琶湖における越冬数が増えているため（本文参照）、取り上げた。

## 夜間陸上採食カモ類

　琵琶湖における既往調査では、マガモ属カモ類の中でも、マガモ、カルガモ、コガモ、トモエガモの4種は、昼間は湖内のヨシ原の縁など安全な場所で休息や睡眠をしていることが多い（須川ほか，1981；須川，1991；滋賀県，1992）。夕方うす暗くなってから陸上への移動が観察されており、夜間に農耕地で落ち穂などを採食しているものと考えられている（須川ほか，1981）。なお、トモエガモは警戒心が強く、あまり岸近くでは観察できず、日中は沖の水面で大きな群れで休息していることが多い。

　石川県におけるマガモのテレメトリー調査によると、越冬期のマガモは、ねぐらとなる池から平均2.7±2.2km離れた水田で夜間に採食し、最大10.5km離れた水田まで採食に行っていた（山本ほか、2002）。

## 水面採食カモ類

　マガモ属カモ類の中でも、オナガガモとハシビロガモの2種は、日中に岸辺近くの水草や浅い水底の草、腐食しかけた植物体や種子などをくちばしをグチャグチャと動かし、濾しとるようにして採食するタイプのカモである（中村・中村，1995）。オナガガモは、公園の池などで人工的な給餌をすると、しばしば餌づけられる（中村・中村，1995）。ハシビロガモはこまかい櫛状の構造をもった嘴で水中の微小生物を濾しとることが可能で、特にプランクトンの豊富な水域を好む（中村・中村，1995）。本種は過栄養になって水草が生育できなくなったような池でもプランクトンを濾しとって採食することができる。そのため、COD（化学的酸素要求量）やSS（浮遊物質）が高い湖沼ほど越冬個体数が多いことが知られている（浅間・山城，1987）。

## 水草採食カモ類

　マガモ属カモ類の中でも、ヨシガモ・ヒドリガモ・オカヨシガモなどは、主に日中に水面採食や倒立採食によって主に水草を採食する。ヒドリガモは、岸に上がって、陸上の草本植物を採食することもある。またオカヨシガモは、オオバンなど他の潜水性水鳥が潜ってくわえてきた沈水植物を奪って食べる習性も報告されている（Kear, 2005）。

## 水草採食ガン・ハクチョウ類

カモ科の中で大型のガン類やハクチョウ類は、農耕地で昼間落穂などを採食することもあるが、湖面で水面採食や倒立採食で主に水草類を採食するグループである。浜端ほか（1995）は、コハクチョウが陸上で餌をとるかどうかは、琵琶湖の水位と相関があり、水位が上昇するとコハクチョウが水中の水草を採食しにくくなり、陸上で採食することが増加することを明らかにした。村上ほかは（村上ほか，2000a；村上ほか，2000b）、琵琶湖の水位が低い年はマコモの実やマコモの根茎といった水生植物をよく利用するが、水位が高い年は、越冬数が少なくなるか、陸上で落穂を採食する個体が多くなる傾向を明らかにした。

## 潜水水草採食水鳥

潜水して沈水植物や無脊椎動物を採食するクイナ科のオオバンをさす。オオバンは、通常1～2m、最大で6.5mの水深まで潜水して植物質から動物質のものまで幅広い餌を採食する一方で、陸上で草本を採食することも報告されている（Taylor and Perlo, 1998）。また、非繁殖期はカモ類を伴った大きな群れを形成することが多い（Taylor and Perlo 1998）。

2008年1月に別途行った湖北での行動調査によると、オオバンは沖の水深が比較的深く、水草が多い水域で潜水して採食を行っていた（橋本ほか，2013）。一方、南湖では水草採食カモ類と一緒にオオバンも湖岸近くから沖まで広い範囲で活発に採食を行っていた。こういった地域による違いは、湖岸に生育する水草の種（越冬生態や群落高）の違いによるものと考えられる。

## 潜水カモ類

潜水して湖底の動植物を採食するスズガモ属のホシハジロ、キンクロハジロ、スズガモ（グラビア p. 15）などが相当する。これらの種の個体数が多いことは、採食資源となっている湖岸域の底生動植物の豊かさを示しているということができる。しかし、現在の琵琶湖は底生動物が豊富とはいえないという指摘もある（西野，2009）。ホシハジロはどちらかというと植物食で、潜水して沈水植物の地下茎を採食するとされる（Kear, 2005）。また、長野県でのホシハジロの胃内容分析では、沈水植物の越冬芽が約53％も占めていたほか、ユスリカの幼虫を集中して食べていた例も確認されている（羽田，1962）。琵琶湖では実際に潜水して沈水植物を採食しているところを観察できたほか、植物体のまま越冬するホザキノフサモやオオカナダモが優占する南湖で個体数が多かったことからも、琵琶湖のホシハジロは主に沈水植物を採食している可能性が高い（橋本ほか，2013）。一方、キンクロハジロはどちらかというと淡水貝類に特化した採食特性を持つとされる（Kear, 2005）。しかし羽田（1962）による内陸の長野県でのキンクロハジロの胃内容分析では、巻貝類が52％と最も多く出現したものの、沈水植物の越冬芽も46％の個体から出現した。キンクロハジロは、宍道湖では二枚貝類のヤマトシジミを採食するが、すぐ近くの中海では同じ二枚貝類でも貝殻が極めて薄いホトトギスガイを採食しており、両生息地で越冬する個体群間で胃の筋肉の組成も異なることが報告されており（Oka et al., 1999）、生息地による餌生物の違いが大きい。

いずれにしても琵琶湖では、1960年、1961年の集中豪雨で大量の農薬が流入し、それを境にシジミ科のセタシジミ（砂地に生息）が激減し、また1992年の瀬田川洗堰操作規則制定以降、たびたびの水位低下によって琵琶湖固有のカワニナ類をはじめとする巻貝類の密度が激減している（5章参照）。琵琶湖で非常に多くの個体が越冬するキンクロハジロが潜水して何を採食しているのかは不明であるが（橋本ほか，2013）、数少ない情報として、琵琶湖湖岸に漂着したキンクロハジロの胃にカワニナが、ホシハジロの胃にはクロモの塊茎が詰まっていた事例がある（薮内喜人，私信）。

なお海に近い都市域では、これらのカモ類は夜間に海で採食を行い、日中は淡水のため池や堀をねぐらとして利用して、体内の塩分を落としながら休息していることが多い。琵琶湖における行動調査でも、特にキンクロハジロは、朝にどこかから岸近くの水面に飛来してきて、日中は水面で睡眠や休息していることが多かった（橋本ほか，2013）。

## 潜水採魚水鳥

潜水して採魚するウ科のカワウ、カイツブリ科（カイツブリ・カンムリカイツブリ・ハジロカイツブリなど）、アビ科のオオハム、カモ科のミコアイサ属とウミアイサ属2種（カワアイサ・ウミ

表1 琵琶湖で越冬するおもな水鳥および湿地性の小鳥と採食グループの関係

| | 目 | 科 | 属 | 類 | 採食グループ | 過去20-30年の増減 |
|---|---|---|---|---|---|---|
| 水鳥類 | カモ目 | カモ科 | マガモ属 | マガモ | 夜間陸上採食カモ類 | 減少 |
| | | | | カルガモ | 夜間陸上採食カモ類 | 増加 |
| | | | | コガモ | 夜間陸上採食カモ類 | 減少 |
| | | | | トモエガモ | 夜間陸上採食カモ類 | 不明 |
| | | | | オナガガモ | 水面採食カモ類 | 増加後元に |
| | | | | ハシビロガモ | 水面採食カモ類 | 増加後元に |
| | | | | ヨシガモ | 水草採食カモ類 | 増加 |
| | | | | ヒドリガモ | 水草採食カモ類 | 増加 |
| | | | | オカヨシガモ | 水草採食カモ類 | 増加 |
| | | | マガン属 | オオヒシクイ | 水草採食ガン・ハクチョウ類 | 増加 |
| | | | ハクチョウ属 | コハクチョウ | 水草採食ガン・ハクチョウ類 | 増加 |
| | | | スズガモ属 | ホシハジロ | 潜水カモ類 | 増加 |
| | | | | キンクロハジロ | 潜水カモ類 | 増加 |
| | | | | スズガモ | 潜水カモ類 | 増加 |
| | | | ホオジロガモ属 | ホオジロガモ | 潜水採魚水鳥 | 不明 |
| | | | ミコアイサ属 | ミコアイサ | 潜水採魚水鳥 | 不明 |
| | | | ウミアイサ属 | カワアイサ | 潜水採魚水鳥 | 増加 |
| | | | | ウミアイサ | 潜水採魚水鳥 | 不明 |
| | アビ目 | アビ科 | アビ属 | オオハム | 潜水採魚水鳥 | 不明 |
| | カイツブリ目 | カイツブリ科 | カイツブリ属 | カイツブリ | 潜水採魚水鳥 | 減少 |
| | | | カンムリカイツブリ属 | カンムリカイツブリ | 潜水採魚水鳥 | 減少後増加 |
| | | | | ハジロカイツブリ | 潜水採魚水鳥 | 不明 |
| | ツル目 | クイナ科 | オオバン属 | オオバン | 潜水水草採食カモ類 | 増加 |
| | カツオドリ目 | ウ科 | ウ属 | カワウ | 潜水採魚水鳥 | 減少 |
| 湿地で繁殖する水鳥(カルガモ、カイツブリ、カンムリカイツブリ、オオバンも) | | | | | | |
| | コウノトリ目 | サギ科 | サンカノゴイ属 | サンカノゴイ | 水面採魚水鳥? | 減少 |
| | | | ヨシゴイ属 | ヨシゴイ | 水面採魚水鳥? | 減少 |
| | ツル目 | クイナ科 | バン属 | バン | 水面採魚水鳥? | |
| 湿地で繁殖する陸鳥 | | | | | | |
| | タカ目 | タカ科 | チュウヒ属 | チュウヒ | 動物食 | |
| | スズメ目 | ヨシキリ科 | ヨシキリ属 | オオヨシキリ | 草地・水田の昆虫食 | ? |
| | | | | コヨシキリ | 草地・水田の昆虫食 | |
| | | セッカ科 | セッカ属 | セッカ | 草地・水田の昆虫食 | |

アイサ)やホオジロガモが相当する。これらの種の多くは魚に深い水深の湖底に逃げられないよう浅水域を好むが、ハジロカイツブリはしばしば沖合で大群が見られることがある。

カイツブリが潜る深さは最深1m(稀に2m)程度である(Cramp, 1978)。カンムリカイツブリは通常の潜水深度は2〜4mかそれより浅いが(Fjeldså, 2004)、最大30mも潜水できる(Cramp, 1978)。したがって、カイツブリよりも嘴峰長(くちばしの長さ)が長く、また深くまで潜れるカンムリカイツブリは、ヨシ帯に小型魚類が減少した琵琶湖湖岸でも、沖合や河口域などのやや水深の深い場所で大きな魚も餌にできているのであろう。

また1980年代の南湖においてカワウやカンムリカイツブリといった大型の潜水採魚水鳥の越冬数が増加し、一方でカイツブリやミコアイサといった小型の潜水採魚水鳥が減少したことが明らかになっており、これは1980年代にオオクチバスやブルーギルといった捕食性外来魚が琵琶湖で急増し、小型の在来魚類相に大きな影響を与えた結果ではないか、と考えられている(Sugawa 1993; 須川(編), 1996; 須川, 2003)。宮城県の伊豆沼でも、オオクチバスが急増した後に水鳥個体数が減少したが、その割合は、嘴峰長の短い種類ほど高く、嘴峰長の長いカンムリカイツブリの減少率はやや低かったことが報告されている(嶋田ほか, 2004)。

## コラム7-2　琵琶湖の鳥類とレッドリスト種

　滋賀県産鳥類は約330種記録されており、そのうち琵琶湖および内湖で記録のある種は177種とされる（Hashimoto et al. 2012）。稀に記録される迷鳥を除くと、2012年に公表された環境省の第4次絶滅のおそれのある野生生物の種のリスト（レッドリスト）（環境省, 2012）に掲載されている鳥類は、絶滅危惧ⅠB類（EN）はサンカノゴイ、クマタカ、チュウヒの3種、絶滅危惧Ⅱ類（VU）はトモエガモなど12種、準絶滅危惧種（NT）は亜種オオヒシクイなど9種、情報不足（DD）はオシドリとケリの2種が該当する（表1）。

　また、「滋賀県で大切にすべき野生生物（滋賀県版レッドデータブック）2015年版」（滋賀県生きもの総合調査委員会（編），2016）に掲載されている鳥類は134種あり、その内琵琶湖に生息する種では84種が該当する。なお、国の絶滅危惧ⅠA類（CR）のコウノトリも、近年、兵庫県で放鳥された個体が頻繁に飛来することから、「要注意種」に指定されている。

　湖岸のヨシ原や湖面を利用する水鳥については7章で詳しく述べるが、サンカノゴイやヨシゴイ、チュウヒはヨシ原に生息する。琵琶湖の水鳥や魚類を食物として湖北の山地湖岸で越冬しているオオワシ、オジロワシといった猛禽類や、砂浜で繁殖するコアジサシ、渡り期に周辺の水田のほか湖岸や河口の浅瀬にも立ち寄るシギ類などにもレッドリスト掲載種が散見される。

**表1　琵琶湖の鳥類の環境省レッドリスト種**

| 種名（亜種名） | 学名 | 科名 | 季節型 | 環境省レッドリスト | 滋賀県レッドリスト |
|---|---|---|---|---|---|
| サンカノゴイ | Botaurus stellaris | サギ | 留鳥 | EN | 絶滅危惧種 |
| クマタカ | Spizaetus nipalensis | タカ | 留鳥 | EN | 絶滅危惧種 |
| チュウヒ | Circus spilonotus | タカ | 留鳥 | EN | 絶滅危機増大種 |
| トモエガモ[1] | Anas formosa | カモ | 冬鳥 | VU | 希少種 |
| オジロワシ | Haliaeetus albicilla | タカ | 冬鳥 | VU | 絶滅危機増大種 |
| オオワシ | Haliaeetus pelagicus | タカ | 冬鳥 | VU | 絶滅危機増大種 |
| ハヤブサ | Falco peregrinus | ハヤブサ | 留鳥 | VU | 希少種 |
| ヒクイナ | Porzana fusca | クイナ | 夏鳥 | VU | 絶滅危機増大種 |
| オオソリハシシギ | Limosa lapponica | シギ | 旅鳥 | VU | 希少種 |
| ホウロクシギ | Numenius madagascariensis | シギ | 旅鳥 | VU | 希少種 |
| ツルシギ | Tringa erythropus | シギ | 旅鳥 | VU | 希少種 |
| タカブシギ | Tringa glareola | シギ | 旅鳥 | VU | 希少種 |
| タマシギ | Rostratula benghalensis | タマシギ | 夏鳥 | VU | 絶滅危機増大種 |
| ズグロカモメ | Larus saundersi | カモメ | 冬鳥 | VU | |
| コアジサシ | Sterna albifrons | カモメ | 夏鳥 | VU | 希少種 |
| ヒシクイ（オオヒシクイ）[1] | Anser fabalis | カモ | 冬鳥 | NT | 絶滅危機増大種 |
| マガン | Anser albifrons | カモ | 冬鳥 | NT | 絶滅危機増大種 |
| ヨシゴイ | Ixobrychus sinensis | サギ | 夏鳥 | NT | 絶滅危惧種 |
| チュウサギ | Egretta intermedia | サギ | 夏鳥 | NT | 希少種 |
| ミサゴ | Pandion haliaetus | ミサゴ | 留鳥 | NT | 希少種 |
| オオタカ | Accipiter gentilis | タカ | 留鳥 | NT | 希少種 |
| ハイタカ | Accipiter nisus | タカ | 冬鳥 | NT | 希少種 |
| オオジシギ | Gallinago hardwickii | シギ | 旅鳥 | NT | 希少種 |
| ハマシギ | Calidris alpina | シギ | 冬鳥 | NT | |
| オシドリ | Aix galericulata | カモ | 留鳥 | DD | 希少種 |
| ケリ | Vanellus cinereus | チドリ | 留鳥 | DD | |

1）はグラビアに掲載

# 保全のための琵琶湖をみる視点

**8章**

湖岸景観や地理特性、様々な生物の分布から、琵琶湖は「大湖沼としての琵琶湖」と「沼地（氾濫原）としての琵琶湖」に大別される。琵琶湖本来の自然環境を保全するには、この2つの琵琶湖が広面積に広がっていることが重要である。「大湖沼としての琵琶湖」を犠牲にして「沼地としての琵琶湖」だけを保全することは、あってはならない。

## 8-1 「大湖沼としての琵琶湖」と「沼地としての琵琶湖」

1～7章で述べてきたように、地理的特性や様々な生物群の分布特性から、琵琶湖の湖岸域は二つの地域に大別できる。一つは、風波が卓越する砂浜湖岸や急傾斜の山地（岩石）湖岸で代表される大湖沼としての特性をもつ地域である（図8-1-1）。これらの地域は北湖の大部分を占め、開放的な景観がみられ、いわば海のような「大湖沼としての琵琶湖」である（写真8-1-1、8-1-2）。3章では、景観の視点から、このような湖岸を砂浜・礫湖岸が卓越する「開放景観」と呼んだ。

もう一つは風波が弱く、遠浅で内湖・内湾の特性を持ち、ヨシを主体とする植生景観が多くみら

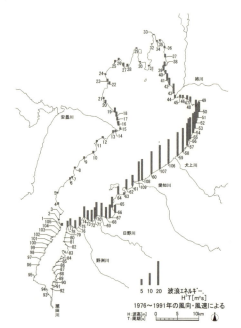

図 8-1-1 琵琶湖岸の波浪エネルギー（(独)水資源機構琵琶湖開発総合管理所（2002））
北湖東岸の砂浜湖岸では波浪エネルギーが大きく、南湖では波浪エネルギーが小さい（グラビアp.3参照）。

写真 8-1-1　北湖東岸と曽根沼の航空写真（彦根市上空から撮影）
冬の北湖東岸（右）には強い波浪が打ち寄せ、白波が立っているが、曽根沼内湖（左）では、波浪が弱く穏やかである。このように異なった環境である琵琶湖本湖と内湖の対照的な特性を一体として守ることが、琵琶湖の生物多様性を守ることにつながる。

写真 8-1-2　大湖沼としての琵琶湖を特徴づける強い波浪（野洲市吉川より北を望む）

れる地域である（写真8-1-1、8-1-3）。これを「沼地としての琵琶湖」と呼ぶことにする。そこでは湖岸の傾斜が緩やかで植生湖岸が優占し、北湖の一部と南湖全域および琵琶湖周辺の内湖が含まれる。同じく景観の視点から、3章では、湿地性の植生が卓越する湖岸を「沼地景観」と呼んだ。

琵琶湖の固有種は、この両地域に生息している。ただ固有種の4分の3を占める魚類、貝類のほとんどは前者に多く生息し、後者、すなわち植生湖岸を主な生活の場としている固有種は、魚類や底生動物の一部を除き、それほど多くない。その一方で、植生湖岸は多くの在来魚類や水鳥類にとって繁殖や休息の場を提供している。

2～7章で示したように、湖岸には固有の形態（地形）があり、それぞれの地形に対応した生物が生息することで、琵琶湖の多様な生態系を形成してきた。琵琶湖という一つの湖に大きく特性の異なる二つの水域が存在し、両者が広範囲に広

写真8-1-3 沼地としての琵琶湖を特徴づける植生湖岸（高島市針江浜）

がっていることが、豊かな琵琶湖の生物多様性を支えているといってよいだろう。いいかえると、「大湖沼としての琵琶湖」と「沼地としての琵琶湖」をともに保全し続けなければ、琵琶湖本来の自然環境の維持も管理もできないことを意味している。

このような湖のとらえ方は、必ずしも新しいものではない。わが国の湖沼学の草分けの1人である吉村信吉は、沿岸部の生物群集を「動揺性区域」と「静水性区域」とに分けた（吉村，1976；5-3節参照）。動揺性区域は、波浪、湖流が常に攻撃する湖岸で、湖底が岩盤、礫、砂からなるとされ、まさに「大湖沼としての琵琶湖」そのものである。いっぽう静水性区域では、水はあまり動揺せず、泥土が厚く湖棚上を覆い、顕花植物の生育が良好な場とされ、「沼地としての琵琶湖」と言いかえることができる。

ただ「沼地」といえど水は動く。琵琶湖のような大湖沼では、風で駆動される吹送流（波浪や沿岸流）、密度流、還流、静振、降雨や水の流出入に伴う水位変動など様々に水が動く。とくに緩傾斜の湖岸では、波浪や沿岸流のような水平方向よりも、水位変動など鉛直方向の水の動きに伴って湖岸線が陸側・湖側に動くことの影響が大きいと考えられる。沼地は氾濫原でもある。

陸水学者のWelch（1935）は、「湖」とみなされるためには、水体には波にさらされた不毛の岸がなければならないと述べている。不毛の岸とは、砂や岩石・礫でできた（植生のほとんどない）岸のことである。「湖沼」という言葉には、風波が卓越する「湖」と、水辺植生が繁茂する「沼」の両方の意味が含まれている。その意味で、琵琶湖は文字どおり「湖沼」そのものだといえよう。

重要なことは、琵琶湖では「大湖沼としての琵琶湖」と「沼地（氾濫原）としての琵琶湖」の両方が広面積に存在することが、湖の豊かな生物多様性を維持する基本的構造を形づくっていると認識することである。

吉良竜夫は終章で、湖岸の自然景観の保護について、保護すべき対象を「岩石湖岸と砂浜」、「湿生植物群落」、「沿岸の水草帯」の3つに分けている。前者が「大湖沼としての琵琶湖」、後2者が「沼地としての琵琶湖」と考えていただくと、本書の主張がより深く理解してもらえるだろう。

以下、琵琶湖におけるこの2つの湖の変遷と現状について述べる。

## 8-2 「沼地（氾濫原）としての琵琶湖」の変化

明治時代以降で最初に大きな環境変化が生じたのは「沼地（氾濫原）としての琵琶湖」、すなわち内湖の変化だった。それは、内湖と人々との関係が、琵琶湖本湖とよりもはるかに密接であったことと関係している。佐野（2008）は、明治から昭和初期にかけての内湖の利用形態を調べ、かつての内湖では、人々が適度に内湖を利用することで内湖の生態系が維持されていたと述べている。しかし、1905年に琵琶湖の唯一の流出河川である瀬田川に洗堰が建設されて以降、琵琶湖水位は長期的に低下した。その結果、水深の浅い内湖では湖水が滞留し、アオコの発生や蚊の増加で周囲にマラリアが発生した内湖もあった。このような状況のもとで内湖干拓の機運が高まり、戦後の食糧難も加わって国営、県営での内湖干拓事業が進められた（西野・浜端，2005）。

2章で述べたように、明治時代の湖岸線は、周囲に多くの内湖が点在し、極めて複雑で出入りの

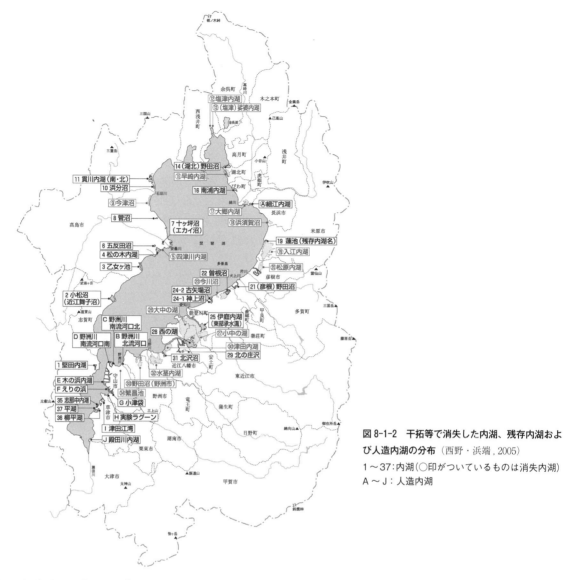

図 8-1-2　干拓等で消失した内湖、残存内湖および人造内湖の分布（西野・浜端，2005）
1〜37：内湖（○印がついているものは消失内湖）
A〜J：人造内湖

多い地形だった（図8-1-2）。琵琶湖本湖と内湖を併せた1890年代の湖岸線総延長は512km、琵琶湖と内湖を併せた水面面積は723km²にのぼった。しかし内湖干拓等により、現在の湖岸線長は317kmと過去100年間で37％も減少し、水面面積も49km²が消失した（2-3節参照）。その内訳は、琵琶湖本湖の消失面積が19km²だったのに対し、消失した内湖面積はその1.5倍にあたる30km²に上った。明治時代の内湖面積は琵琶湖本湖（688.1km²）の5.1％（35.2km²）を占めていたが、その85％が消失した計算になる（2-3節参照）。とくに北湖では、1940年代には北湖周辺の抽水植物帯（ヨシ帯）の約45％が内湖に集中していたが、干拓等の著しい地形改変により内湖空間そのものが消失、激減していた。これらの事実は、琵琶湖とその周辺の植生湖岸、すなわちヨシ帯の多くが、内湖の水面面積や湖岸線の消失とともに失われたことを示している。

　1940年代と2000年の航空写真を比較し、内湖を含む琵琶湖とその周辺のヨシ帯面積を求めたところ、1940年代末に5.14km²あったヨシ帯面積が、2000年には2.47km²に減少し、52％（2.67km²）が消失したと推定された（コラム2-2「ヨシ帯面積の変遷」参照）。にもかかわらず、現在でも琵琶湖周辺のヨシ帯面積の60％が内湖に分布し、しかも、そのほとんどが西の湖に残されている。このことは、「沼地としての琵琶湖」の保全には、消失した内湖の復元、再生だけでなく、残存している内湖、とりわけ最大の水面面積を有する西の湖をどのように保全・再生していくか、その方策を検討することが重要なことを示している。

# コラム8-1　琵琶湖・淀川水系の生物多様性をみる視点

本章では、琵琶湖の湖岸域が「大湖沼としての琵琶湖」と「沼地（氾濫原）としての琵琶湖」の2つの湖に大別されると述べた。だが視点を琵琶湖・淀川水系全域にまで広げると、後者は琵琶湖湖岸域にとどまらないことが見えてくる。琵琶湖と宇治川・淀川の河川勾配をみると、天ケ瀬ダム直下にある宇治の平等院と大阪湾との標高差（水位差）はわずか10mほどしかない。琵琶湖周辺内湖のような低湿地や氾濫原は、下流域の京都盆地や大阪平野にも広く存在していたはずである。

・三大湿地帯

5世紀ごろの近江盆地、京都盆地、大阪平野の地図に100年ほど前の内湖の図を重ね合わせると、内湖、巨椋池（干拓により消失）および淀川周辺に広大な湿地帯が広がっていたことがみてとれる（西野，2009）。いわば三大湿地帯といってもよい地域である。これらの湿地帯が過去どれほどの面積を有していたかは分かっていない。ただ明治29年の大雨により、琵琶湖水位がB.S.L.＋3.76mにまで上昇した時は、湖周辺で160km²もの地域が浸水した。下流の巨椋池や淀川周辺でも、明治18年、大正6年、昭和28年の大雨で広範な地域が浸水した。浸水した全面積を合計すると、何度も浸水した地域が一部含まれるが、のべ400km²近くになる（図1：西野，2009）。

河川防災が進んだ現在でも、想定しうる最大規模の降雨があった場合、琵琶湖周辺で180km²、大阪府下と京都府下併せて265km²の地域が浸水すると予測されている（近畿地方整備局，2005；2017）。水系全体の浸水予測面積は単純合計で445km²に上る。このことは、現在の琵琶湖本湖の水面面積（約670km²）の3分の2に匹敵する湿地帯が、かつての内湖や巨椋池および淀川周辺に広がっていたことを示唆している。

・琵琶湖・淀川水系の生物多様性

琵琶湖とその周辺水域にだけ生息する在来魚（固有種を含む）は僅か9種だが、琵琶湖と宇治川や桂川、かつての巨椋池、淀川のいずれかに生息していた在来魚は50種に上る（西野，2009）。貝類でも、琵琶湖と周辺水域だけに生息する在来種（固有種を含む）は14種だが、琵琶湖と宇治川や巨椋池、淀川のどれかに生息していた在来種は41種だった（西野，2009）。魚類、貝類ともに、琵琶湖だけでなく宇治川や巨椋池、淀川には、共通の在来種が多く生息していた。

特別天然記念物のトキは野生絶滅した水鳥だが、学名"Nipponia nippon"として記載された標本は、江戸末期に来日したフォン・シーボルトがオランダに持ち帰った剥製である。彼の旅行記「江戸参府紀行」によると、トキはシラサギとともに当時の田畑で普通にみられた水鳥で、1826年に甲賀市土山町大野で購入したとされる。同じく野生絶滅とされるニホンカワウソもまた、琵琶湖周辺や淀川に生息していた記録が古文書や狂言、滋賀県内の民話や大正時代の郷土史に残されている（安藤，2008）。江戸時代の俳聖、松尾芭蕉も「獺（かわうそ）の祭みて来よ瀬田の奥」という句を残している。

近江八景の「堅田落雁」には、水鳥のマガン（環境省レッドリスト準絶滅危惧）が堅田のヨシ帯にねぐらを求めて飛来する図が描かれる。今、琵琶湖周辺に飛来するマガンは100羽に満たないが、宮城県伊豆沼周辺には年間10数万羽が飛来しており、条件が整えば多くが飛来する可能性がある。

江戸時代や明治初期の琵琶湖・淀川水系には広面積の湿地帯が広がり、そこにはトキやマガンが飛来し、カワウソが水辺で遊ぶ姿が普通に見られたはずである。生物多様性の視点からも、琵琶湖・淀川水系は共通種が多く、広域的なつながりの深い地域だったといえる。

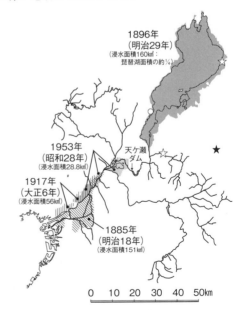

図1　明治、大正、昭和の洪水氾濫地域とトキ（★）、カワウソ（☆）、マガン（○）の分布記録

## 8-3 「大湖沼としての琵琶湖」の変化

　前述のように、琵琶湖本湖の水面面積は過去100年で19km²減少したが、その減少割合は現在の水面面積（670km²）の３％前後、湖岸線の総延長も５％余りの減少にとどまっている。水面面積や湖岸線長からみる限り、内湖の変化と比べると、琵琶湖本湖ではあまり大きな変化がなかったように見えてしまう。ところが、琵琶湖本湖で最も大きく変わったのは、水面面積や湖岸線長よりも、自然湖岸の減少と人工湖岸の増加だった（1-1節、2-2節、2-3節参照）。

　高度経済成長時代以降、人々の社会、経済活動が活発になるにしたがい、琵琶湖ではコンクリート、石、その他の構築物で人為的に改変された人工湖岸の割合が増加した。ただ、琵琶湖総合開発事業関連の工事が本格的に始まる直前の1980年代、内湖を除く琵琶湖岸では、自然の状態が残る湖岸が９割近くを占め、人工湖岸の割合は僅か13％だった（2-2節参照）。同時期に行った植生調査でも、人工湖岸型と判断された植生の割合は、全区画の５％に留まっていた（3-2節参照）。

　ところがほぼ同一の方法で行った2000年代の調査では、琵琶湖岸全体（内湖を除く）に対する人工湖岸の割合は37％と最も高く、次いで砂浜湖岸（30％）、山地湖岸（17％）、植生湖岸（14％）の順だった。人工湖岸の割合は20年前と比べて単純計算で20％以上も増加したことになる[注3]。

　このような人工湖岸の増加が湖岸生態系に与えた影響は、どのようなものだっただろうか。まず本来の自然湖岸（砂浜、岩石、植生湖岸）に生息していた生物が、すみ場そのものが消失したことで激減した。もう一つが、湖岸堤の建設である。湖岸堤によって周辺の内湖や水田への繁殖のための在来魚類の移動経路が分断されたことで、繁殖が困難となった（６章参照）。後述するように、湖岸堤等の人工湖岸建設によって水位が上昇しても湖岸線が陸側へ広がらなくなったことも大きな影響の一つである。じっさい湖岸堤がほぼ完成した1990年以降、魚類漁獲量は目に見えて減少していった（1-4節，６章参照）。

## 8-4 「大湖沼としての琵琶湖」と「沼地としての琵琶湖」の分断

　さらに1992年、瀬田川洗堰操作規則（以後、操作規則）が制定された。規則に沿った水位操作がはじまると、毎年６月以降、それ以前より琵琶湖水位が数10cm低く維持されるようになった。それだけでなく、渇水年には、これまでほとんど経験したことのなかった著しい水位低下が頻発するようになった。その結果、在来魚類の繁殖期にあたる初夏から夏にかけてヨシ帯の多くが干上がり繁殖が困難になった。前述した湖岸堤建設の影響もあって、琵琶湖から内湖、内湖から周囲の水田への産卵回遊も困難になった（６章参照）。またB.S.L－１m前後まで水位が低下する現象が頻繁に起こったことで、浅い湖底がしばしば干出し、貝類をはじめとする底生動物が大量に死亡した（1-4節、5章参照）。さらに南湖では、水位がB.S.L.－1.23mまで低下した1994年以降、水草が大量に繁茂するようになり、それによって夏期に湖底付近がしばしば貧酸素になったことも、魚類や底生動物の生息に悪影響を与えている（4-9節参照）。

　現在、水位操作は機械化され、操作規則にのっとったきめ細やかな操作が行われている。そのおかげで琵琶湖周辺では、洪水による人的・経済的被害が激減した。ただ一方で、大量の降雨でもない限り水位が上昇しにくい仕組みができあがって

---

注3）1980年代と2000年代の人工湖岸の割合については、人工湖岸の定義が全く同一ではないため、厳密な比較は困難である（２章参照）。

おり、大湖沼としての琵琶湖が本来もっていた洪水攪乱頻度が著しく低下している。すなわち、1992年以降、年間の水位変動の幅が小さくなった。それだけでなく、水位がB.S.L.+0.3m以上に上昇した日が少なくなる一方、水位がB.S.L.-0.7m以下に低下した日が増加している（1-4章参照）。

　かつての琵琶湖は、降雨が続けば水位が上昇し、内湖を含む周囲の水域が陸側に水平方向に広がり、降雨がやむと、徐々に湖側に水域が縮小することを繰り返していた。水位が1〜2mも上昇すると、内湖と琵琶湖との区別はなくなり、内湖は琵琶湖の一部となっていた。その意味で、洪水攪乱は、「大湖沼としての琵琶湖」と内湖をはじめとする「沼地としての琵琶湖」を繋ぐ役割を果たしていたともいえる、

　しかし現在の琵琶湖では、降雨が続くと水位は上昇するものの、人工湖岸でがっしりと区切られた湖岸線の範囲内でしか水位が上下せず、水平方向への広がりはほとんどなくなった。内湖干拓に加え、かつてのような水位上昇がなくなったことで、「大湖沼としての琵琶湖」と「沼地としての琵琶湖」が分断されてしまった。

　琵琶湖では現在、精緻になった気象観測にもとづき、大量の降雨が予測される場合には、事前に水位そのものを低下させ、降雨で基準水位を超えた場合には、すみやかに水位を低下させる操作が行われている。しかし水位上昇にともなう洪水攪乱は、琵琶湖の長い歴史の中でそこに生息する固有種や在来種のなかに深く組み込まれており、洪水攪乱なしには生活史を全うできない生物が少なくない（1-4節参照）。

　そのため、このままの状態が続くと本来の「大湖沼としての琵琶湖」が早晩失われ、「沼地としての琵琶湖」に取って代わられる可能性が極めて大きい。実際、チクゴスズメノヒエなどの侵略的外来植物の格好の生育場となっているのは、後者の「沼地としての琵琶湖」である（3章参照）。ヨシ植栽や水位操作によって人為的に「沼地としての琵琶湖」を増やすことが、皮肉にも、侵略的外来植物の増殖を促す結果に繋がっているともいえる。

　滋賀県では1992年にヨシ群落保全条例が施行され、琵琶湖の生態系保全の目玉ともいえるヨシ植栽が進められた。ヨシの植栽自体は、在来魚類の繁殖環境改善のための効果が期待される。しかし、その植栽の場は、内湖ではなく主に琵琶湖本湖だった。このことが結果として、琵琶湖本湖の沼地化をさらに進行させた可能性が高い。

## 8-5 湖岸生態系の保全・修復にむけて

　「大湖沼としての琵琶湖」と「沼地としての琵琶湖」の両方を保全するには、これまでの考え方を抜本的に変えなければならない。まず、琵琶湖環境の保全にあたっては、一方の琵琶湖（「大湖沼としての琵琶湖」）を犠牲にして、もう一方の琵琶湖（「沼地としての琵琶湖」）だけを保全再生することは、絶対にすべきでないことを肝に銘じる必要がある。

　「大湖沼としての琵琶湖」を保全するには、湖岸そのものには原則として人手を加えないこと、と同時に、適度に自然の洪水攪乱を生じさせることが不可欠となる。適度の洪水攪乱とは、経済的、人的被害が生じるほどの大洪水ではなく、操作規則が制定される以前、毎年生じていた程度の水位変動（水位変動リズム）、特に魚介類の産卵期である初夏から夏にかけて琵琶湖水位を現在より20-30cm高めに維持するという意味である。

　今後、目標とすべき湖岸像は、かつての湖岸で卓越していた砂浜や岩石・礫浜をとり戻すことである。琵琶湖本来の砂浜をとり戻すための目標あるいは指標として、湖岸の陸側ではハマエンドウやハマヒルガオなどの海浜植物、湖内では砂地の湖底に生育・生息するネジレモやセタシジミ、北湖東岸の砂浜に生息するホソマキカワニナなどの底生動物が生育・生息できる環境が挙げられる（3章、5-9節参照）。また琵琶湖本来の岩石・礫浜の復元目標としては、オオウラカワニナ、ヤマトカワニナ肋型などの固有貝類の他、ビワコエグリト

ビケラ、シロタニガワカゲロウなど岩石・礫湖岸に生息する大型水生昆虫類がよい指標となるだろう。

ただその一方で、人為的な活動が湖岸のほぼ全域に及んでいる現在、残された湖岸で保全施策を進めるのは簡単ではない。そのため当面は、以下のことに注意して様々な事業を行いながら、本来の琵琶湖をとり戻す試みを進めていくしかないだろう。

①自然湖岸（砂浜湖岸、植生湖岸、岩石・礫湖岸）の近年の変化と長期的変化の動向を把握することが重要である。

②人の利用と生態系保全のバランスで、現状維持か、修復するかを検討する。修復・再生の方向は、できるだけ本来その地域が有していた環境特性に合う形を模索することが重要である。

③とくに水位操作については、現状の試行操作であっても、魚類の繁殖や底生動物の生息に十分配慮したものにはなっていないことを認識する必要がある（1-4節、6章参照）。生物多様性に対する洪水撹乱の重要性に鑑み、特に魚類の産卵期である初夏から夏期にかけて、洪水被害が生じない程度に水位を時々上昇させることを是非とも試みる必要がある。

④ヨシ植生・養浜について、事業の効果や影響について再検証し、より良い方法についてフィードバックすべきである。人造内湖については、その生態系機能を科学的に評価するとともに、周辺水域との水系のつながりを検討する必要がある。

⑤内湖や琵琶湖本湖の浅水域が過去と比べ、かなりの面積が減少しており、浅水域における生息環境の修復が必要である。しかし、操作規則や在来動植物の減少、外来種の侵入など、過去と大きく変わってしまった要素があるため、修復を行っても予期しない影響が生じる可能性がある。在来の野生動植物の生息・生育環境の修復には、調査研究を進めながら、長期的視点で取り組むことが重要である。

## 8-6 琵琶湖湖岸の共通座標の重要性

2011年に滋賀県が策定した「琵琶湖総合保全整備計画（マザーレイク21計画）第2期改訂版」でも述べられているように、琵琶湖環境の保全・再生には、様々な保全・再生事業を評価し、その結果を次の事業にフィードバックするPDCAサイクルが不可欠である。本書では、1980年代と2000年代にほぼ同様の調査を行うことで、琵琶湖岸の変遷を明らかにしてきた。比較が可能であったのは、同じ研究者（またはその継承者）が1980年代とほぼ同じ手法で調査を行う機会に恵まれたことが大きい。ただ一方で、1980年代との比較が困難であった内容も少なくなかった。例えば土地条件については、1980年代におこなった調査の元データが行方不明で、2000年代の調査結果との厳密な比較が困難だった。

いずれにせよ、今後も定期的に同様の調査を継続することで、保全再生がどの程度実施されたかの評価が可能となる。そのためには、元となるデータが継続的に継承されていくことが求められる。幸いにも琵琶湖の周囲には複数の研究機関が設置され、継続的な研究が進められている。時代の要請による新しい課題への対応はもちろん大切なことであるが、その元になるのは、人が変わっても継続的に蓄積されていくデータである。それらのデータを、利用可能な形でデータベース化し、専門家が科学的な根拠をもとに精度管理しつつ、保全を効率的に進め、その結果を評価するために利用可能なしくみを構築することが求められる。

## コラム8-2　琵琶湖の水辺景観

　琵琶湖の水辺景観として古くから人口に膾炙してきたのは、近江八景であろう。中国湖南省の洞庭湖周辺にみられる景勝地を取り上げた瀟湘八景になぞらえて、近江八景が構想されたといわれている。江戸時代からは、浮世絵版画を通じて南湖を中心とした琵琶湖の景勝地8地点が全国に知られることとなった（終章「琵琶湖岸の風景の保全」参照）。

　1950年に、国立公園に準じた国定公園として琵琶湖が最初の指定を受けたのを契機に、北湖を含めた琵琶湖全域から琵琶湖八景が選定された。いずれも景勝地として知られたところであり、滋賀県のなかでは遊覧型観光の主要な対象地として機能してきた。

　この後30年ほどは、間に高度経済成長期をはさんで、琵琶湖沿岸域では人為的改変が拡大し、水辺景観の劣化が進んでいった。沿岸域のみでなく、集水域でも都市スプロールの拡大で景観の劣化が進んでいったため、滋賀県は1984年に「ふるさと滋賀の風景を守り育てる条例（風景条例）」を制定して景観保全に乗り出した。この頃から、琵琶湖保全問題として水質だけでなく水辺景観にも意識が向けられるようになった。OECDが1977年に日本の環境政策をレビューした際に、日本の環境政策は汚染の制御には成果がみられるがアメニティーの保全にはみるべき成果がないと評して以後、日本の環境政策にアメニティー保全が取り込まれるようになった。風景条例の制定には、こうした全国の動向も反映している。

　景観保全の動きが全国に展開するようになって、国土交通省は2004年に景観法を制定した。各地で展開する景観保全の取り組みを支援し、さらにそれを補強しようというねらいがある。滋賀県では、この時より20年前から景観行政を進めていたが、この法の成立を契機に風景条例を改正し、合わせて「滋賀県景観計画」を策定した（2009）。この計画では、湖岸景観を7つの類型に区分している（①山岳湖岸景観、②ヨシ原樹林景観、③砂浜樹林景観、④河畔林景観、⑤田園湖岸景観、⑥集落湖岸景観、⑦市街地湖岸景観）。この区分は、人間の居住空間に焦点を当てている点に特徴がある。それぞれの類型の特性を把握し、今後の景観形成の方向を明示しているから、これが現実に展開していけば、沿岸域を主として自然の面から把握してきた本書と接点をもつこととなろう。その場合に、両者の成果を突き合わせて、足りない部分を補足していく機会をもてば、沿岸域管理を景観保全の面から補完していく可能性が生じてこよう。

　景観法が成立した後、文化庁は2005年に文化財保護法を改正して、文化的景観を新たな文化財として取り上げることとした。文化的景観の定義は、「地域における人々の生活又は生業及び当該地域の風土により形成された景観地で我が国の生活又は生業の理解のために欠くことのできないもの」となっている。これによる重要文化的景観の第1号として「近江八幡の水郷」が選定（2006年）され、続いて湖西の「高島市海津・西浜・知内の水辺景観」（2008年）、「高島市針江・霜降の水辺景観」（2010年）、「高島市大溝の水辺景観」（2015年）と湖北の「菅浦の湖岸集落景観」（2014年）が選定された。滋賀県で選定された重要文化的景観は、いずれも琵琶湖沿岸域に含まれる場所である。これは、琵琶湖沿岸域に住み着いて生活と生業を営むという行為が古来続いてきたことの証であろう。文化的景観の定義が、琵琶湖沿岸域の自然と、そこで暮らす人々の姿をなぞっているようにみえるのも、それを傍証している。

　21世紀に入ってから、景観をめぐる制度設計が矢継ぎ早に展開しているという印象を受けるが、2015年には文化庁がさらに「日本遺産」という制度を新設した。文化庁の説明によれば、世界遺産の登録や文化財の指定は、いずれも登録・指定される文化財（文化遺産）の価値付けを行い、保護を担保することを目的とするが、日本遺産は既存の文化財の価値付けや保全のための新たな規制を図ることを目的としたものではなく、地域に点在する遺産を「面」として活用し、発信することで、地域活性化を図ることを目的としている点に違いがあるという。こうした観点から全国で18件の日本遺産を認定しているが、そのうちの一つとして「琵琶湖とその水辺景観―祈りと暮らしの水遺産」が認定された。これには、県内の7市（大津市、彦根市、近江八幡市、高島市、東近江市、米原市、長浜市）が関わっている。こうした制度の新設とそれによる認定が、琵琶湖沿岸域の保全と利用のあり方に新たな局面を切り開く手がかりとなるのかどうか、今後の展開に注目しておきたい。

　沿岸域の保全と利用のあり方を検討する際には利用に偏しない総合的な視点が必要であるため、本書9章でふれた沿岸域管理の考え方が重要となろう。

## 9章
# 沿岸域管理に向けて

本章では、1980年代から21世紀初頭に至る期間に進められてきた琵琶湖の沿岸域管理に関する研究の結果（実態・政策・研究という3つのカテゴリーにおける動向の主軸となる事項を中心にまとめた）を概観し、そこで得られた成果と残された問題を検討した。それを踏まえて、沿岸域をめぐる現在の実態に則した沿岸域管理のあり方を考察した。

## 9-1 視点と方法

　沿岸域は生態学でいうエコトーン（移行帯）にあたるため、2種類の生態系の境界領域としてたえず水位の変化や浸食、堆積などがおこり、環境は著しく不安定である。しかし一方で、生物の分布が集中し、その生産力や生物活性がきわめて高いところとしても知られている（吉良，1990）。そのため、沿岸域は湖沼の環境保全上、重要な位置を占めている。1章で触れたように、生物多様性問題が狭義の環境政策領域をこえて広い政策領域に浸透しつつある（すなわち生物多様性の主流化が進む）現在、沿岸域管理もこうした潮流をうけて構想する必要があろう。

　沿岸域管理のあり方を考察する際、環境や環境保全の捉え方によってその射程距離は大きく変化する。ここではより広い視点から沿岸域管理を考察するため、E. ジンマーマンが提起した資源概念（Hunker, 1964）を手がかりとして環境の性格を捉えていく。ジンマーマンは、資源の概念を「事物または物質にあてはまるのではなく、事物または物質の果たし得る機能、あるいはそれが貢献し得る働きにあてはまる」と定義した。これは、資源の機能的研究方法とよび得るものである。資源は、人間に必要な財を生産するための生産資源と、人間が生存していく環境を構成する環境資源に分かれる。沿岸域は、生物生産力や生物活性が高いため環境保全上重要な位置にあるという点で環境資源の性格をもち、古来よりそこで漁撈や舟運などの経済活動が営まれてきたという点で生産資源の性格も保持している。生物多様性の主流化という現代の課題から、ここでは沿岸域がもつ環境資源としての機能に着目していく。

　こうした資源概念を環境の把握に適用し、対象として単に個別の環境構成要素だけではなく生態的なシステムもとりあげ、その機能に注目することで、環境のとらえ方は拡大する。この観点からすれば、環境保全とは環境の構成要素それ自身だけでなく環境システムの機能を保全することをも意味する。現状に手を触れないようにすることが環境保全であるといった捉え方が、環境保全を狭く捉えすぎていることも明らかとなろう。環境の機能に注目すれば、これの劣化が生じている場合、それを回復するための行為も環境保全に含まれる。新たな環境を創出していくことも環境保全の一翼を担うであろう（秋山，2002）。

　沿岸域を生態的特性の面からみると、沿岸域管理がとりあげる対象は、①自然生態系、②人工化された生態系、③人工物の集積系、に区分できる。沿岸域管理の目標は、対象への意識的な働きかけをとおして環境への負荷を削減させ、環境の質を向上させる点にあるが、環境の質の向上とは、環境資源の価値を高めるということでもある。

　環境の質を高める場合、①の自然生態系は、種の多様性の保存にみられるように、自然環境の複雑な構造そのものを保存することが目標となる。そのためには、全体として自然環境への影響を極力なくすような保全策をとることが必要である。ゾーニングによる積極的な保全などが求められることになろう。

　②の人工生態系は、自然が本来もっていた多くの因子が欠落していることが多いので、場の維持を自然の修復機能だけに依存するのでは不十分である。ここでは人間の意識的な働きかけが必要で、復元や修復のための方法を検討する必要がある。

　③の人工物の集積系において環境の質を向上させるためには、集積系の内部に自然環境の再生ないし創出を図る方策を必要としよう。

　琵琶湖の沿岸域管理について、1980年代から1990年代初めにかけての共同研究で得られた成果をもとに、筆者は沿岸域評価の視点、沿岸域管理の視点と目標、沿岸域管理の手法などをまとめた（秋山，1999）。その内容は、9-3節で触れる学際的研究のなかで生態学を中心とした自然科学的研究から生み出された成果を、社会科学的なコンテクストのなかで受け止め、その政策的含意を考察したものである。ここには、この時点までに変化した琵琶湖沿岸域の状況を反映した考察が残っている。1990年代後半に進められた共同研究の成果については、ヨーロッパにおける沿岸域研究の成果

と比較しつつ、2002年の報告書にまとめた（秋山,2002）。20世紀の終わる頃、イギリスやオランダの地理学研究者が地球温暖化によって海水面が上昇すると、沿岸域に被害が及んでくるという問題に取組み、「沿岸のレジリエンス」という概念で問題の整理と政策的含意の研究を進めていた（Nicholis & Branson, 1998）。この概念は、琵琶湖の沿岸域管理を考察する際にも有益だとみなし、沿岸のレジリエンスという概念のもとで琵琶湖版沿岸域管理のあり方をまとめた。

21世紀に入って始まった共同研究の成果は本書の各章に見られるとおりであるが、ここでは生物多様性とそれから派生した生態系サービスが沿岸域管理を考察する際の枠組みとなっている。その方法論的考察については別稿（秋山,2013）で触れたが、人間の評価を反映して生み出されたものが資源であるというジンマーマンの資源概念に依拠すると、現在の社会では、①科学・技術、②組織・制度、③価値意識・価値観、という３つの要素系列に着目して沿岸域の特性を把握していくのが有意義であろう（秋山,2011）。

①については、科学研究の成果が資源の発見に結びつくこと、新たな技術開発が新たな資源利用を可能にすることは、過去の多くの事例によって確認し得る。今日では、開発の技術と保全の技術との間にみられる乖離を埋め、それらを統合していくことが課題となっている。また、ナチュラル・ヒストリーの研究は、人々の価値意識を変えるのに貢献してきた。

②については、1980年代の後半から、欧米の研究では、資源や環境の制約下で環境資源の持続的利用を図るという方向が基調となっている。これを実現するために、技術とならんで組織や制度のあり方を検討するという課題が登場していた。日本では、資源の伝統的な利用において形成された慣習的な秩序と実定法的な秩序が並存するなかで、資源管理の主体や手段、目標などをいかに再編するかという課題が生じている。また、政策形成に関わる組織や制度のあり方が、政策の方向を規定している。

③については、開発の理念をどこに設定するかによって、保全との間の優位性に差異が生じる。さらに、市民、事業者、行政の間で開発をめぐる価値意識が共有されている場合と異なる場合とでは、当然のことながら開発行為に対する評価は異なる。ナチュラル・ヒストリーの研究によって自然の理解が進むと、その評価が分岐し、それが継続した結果として当初の評価が変化していくことも稀ではない。

資源管理をめぐる３つの要素系列は、資源の発見、利用、保全の各局面と関わってきた（秋山,2011）。したがって沿岸域管理の考察においては、こうした３つの要素系列と沿岸域との関わり方に配慮しておく必要があろう。次の２節では、琵琶湖沿岸域の改変に大きく関わった湖岸堤と湖周道路の建設をとりあげ、湖や沿岸域など自然に対する価値意識の変化がこれら事業の評価とその実施にいかに作用したのかを把握する。これを通して、価値意識の変化が沿岸域の保全と利用に作用していく態様を捉えていく。

３節では、1980年代半ばから始まった旧滋賀県琵琶湖研究所における沿岸域研究の経緯をとりあげ、この研究によって対象の性格がいかに多面的に解明されるものであるのかを確認する。これによって、沿岸域研究を始めとした環境研究が、一定の場所を対象として継続的に研究を積み上げていくことの重要性をみていく。

４節では、こうした研究成果の沿岸域管理に対する政策的含意を考察して、すでに得られている成果の可能性を検討する筋道を示していく。ここまでの節であきらかになった事項を受けて、５節で今後望まれる新たな沿岸域管理のあり方を考察する。

# 9-2 沿岸域の改変と評価

## 9-2-1 湖岸堤および湖周道路が登場する背景

1章でふれたように、20世紀に入って琵琶湖沿岸域を改変したのは①都市域の拡大、②内湖の干拓、③湖岸堤・湖周道路の建設、という主として3つの事項であった。沿岸域を干拓ないし埋立てし、市街地を始め農地・堤防・道路といった施設を建設したのである。当該施設が建設された際には、沿岸域の環境資源としての機能よりも都市的機能や生産資源としての機能が重視されていた。滋賀県が1973年に埋立を禁止した頃には沿岸域の改変に対する価値観の転換があり、自然をより重視する傾向が生じていた。上記①と②の都市域拡大や内湖の干拓はその頃までにはすでに終了していたので、こうした価値観の転換と事業の構想や実施が交差したのは、主に湖岸堤・湖周道路の建設においてであった。その湖岸堤や湖周道路も、構想自体は都市域の拡大や内湖の干拓と同様第二次世界大戦前に生じていた。

湖岸堤は、琵琶湖総合開発事業（コラム1-1「琵琶湖総合開発事業」参照）のなかで治水を目的に建設されたものである。あわせて、その上を管理用の道路として使用することが謳われていた。琵琶湖総合開発計画の中で、琵琶湖の治水計画は、①迎洪水位を下げる、②瀬田川の疎通能力を増大させる、③湖岸に堤防を築造し、内水地域に内水排除施設を設ける、という3本柱でまとめられた（近畿地方建設局琵琶湖工事事務所他、1993a）。このうち③が湖岸堤の建設と結びついていく。

治水対策として湖岸堤を建設するという構想は、1892（明治25）年に明治政府が調査した湖岸治水方策にでていたが、琵琶湖総合開発事業までは実施されないできた。しかも、琵琶湖総合開発計画の中に湖岸堤の構想が入るまでには、治水目的の他に道路計画との接合という事項が関わっていた。滋賀県は、第二次世界大戦前から、観光開発を地域振興の柱の一つに据え、これを進めるための重要な施策として道路の新設・整備を図っていた。治水対策の一環として湖岸堤が構想されるように

なった時、河川管理者は「湖辺に道路がなければ湖辺の状況を的確に把握できず、洪水時の水防活動や水位低下時の湖岸管理ができなくなるおそれがある」という理由で管理道路を湖岸堤の上に設置することとした。この時、これを延長して琵琶湖を一周する道路を沿岸域に敷設しようという構想が結びつくことになった。

洪水調節を目的として琵琶湖の計画高水位を基準水位（以下 B.S.L.とよぶ）+1.40mとした時、この計画高水位に対して地盤が低く、琵琶湖からの浸水のおそれのある地区について湖岸堤を建設するというものであった。これに該当する地区となったのが、図9-2-1および表9-2-1に掲げた場所である。北湖で4カ所、南湖で1カ所となっている。全長約50kmのうち、南湖東南部は28％余を占める。表では北湖と南湖に分けて表示されているが、図でみると明らかなように、南湖東南部の

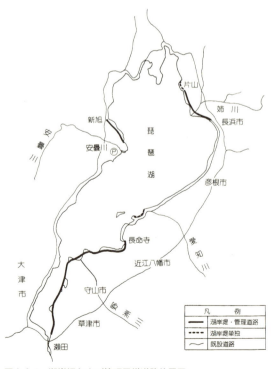

図 9-2-1 湖岸堤および管理異様道路位置図
出典）近畿地方建設局琵琶湖工事事務所他（1993a）による

表 9-2-1　湖岸堤および管理用道路の概要

(単位：km)

| 地区 | | 市町村名 | 延長 | 湖岸堤単位区間 |
|---|---|---|---|---|
| 北湖 | 北湖北東部（姉川地区） | 湖北町 | 3.269 | 0.172 |
| | | びわ町 | 6.624 | |
| | | 長浜市 | 0.334 | |
| | | 小計 | 10.227 | 0.172 |
| | 北湖西岸部（安曇川地区） | 安曇川町 | 0.405 | |
| | | 新旭町 | 6.445 | |
| | | 小計 | 6.850 | |
| | 能登川地区 | 近江八幡市 | 0.683 | 0.683 |
| | | 能登川町 | 2.131 | 2.131 |
| | | 小計 | 5.814 | 2.814 |
| | 湖北南東部（野洲川・近江八幡地区） | 近江八幡市 | 6.866 | |
| | | 中主町 | 5.159 | |
| | | 守山市 | 4.026 | 1.362 |
| | | 小計 | 16.051 | 1.362 |
| 南湖 | 南湖東岸部（草津・守山地区） | 守山市 | 3.163 | |
| | | 草津市 | 11.158 | |
| | | 大津市 | 0.167 | |
| | | 小計 | 14.488 | |
| 合計 | | | 50.432 | 4.348 |

出典）近畿地方建設局琵琶湖工事事務所他（1993b）による

湖岸堤は北湖南部の湖岸堤と連続しているから、機能面からは両者を一体と捉えたほうが妥当であろう。図からも見て取れるように、湖岸堤上の道路は一般道路と接続しており、湖岸堤の完成と接続道路の整備によって湖周道路として機能することになった。

## 9-2-2　湖岸堤の位置

北湖の湖岸堤は、北東部の一部を除いて大半が汀線より陸側に位置しており、湖側に自然公園施設が整備されている場所もある。それに対して、南湖東南部の湖岸堤は、湖や汀線との位置関係が場所によって異なるという特徴がある。

この時期の構想では、生態学の研究成果を計画の主軸として生かすという体制にはまだなっていなかった。現在、湖岸堤の前面にあって汀線の陸域側を保全するのに寄与している前浜も、沿岸エコトーンの保全という生態学的な視点からの評価ではなく、消波帯という位置づけになっている。当時、消波帯の効果としてあげられているのは、以下のような効果であった（近畿地方建設局,1974）。

①堤防の構造上の安全度を増大させる。
②琵琶湖の治水容量を大きくとれる。
③湖辺の自然景観を保全または造成しながら治水効果をあげることができる。
④琵琶湖の水産資源の保護上重要な産卵場、稚魚の生息場である湖辺の水草、ヨシ帯等を保存できる。
⑤都市計画法、自然公園法による地域の用途規制と相まって、湖辺のスプロール化を未然に防止し、琵琶湖の善良な管理ができる。
⑥都市公園及び自然公園として荒地を緑化することにより市民が自由にいこいの場として利用できる。
⑦自動車の排気ガスによる水質汚濁を防止できる。

ここにあがった大半の項目は、環境保全の観点からも首肯し得るものであるが、⑥にある荒地という把握の仕方は沿岸エコトーンの評価として時代状況を反映している。当時は、ヨシ原や湿地帯も荒地とみなされることがまれではなかった。1990年代に入ってから、ヨシ原や湿地に対する評価の視点が変化していくことになる。

南湖東岸部は、従来、市街地から離れ、湖岸に沿った道路もないので、舟運の拠点としての港や漁港などを除くと、人が接近しがたい地域であった。河川によって形成された低地には、古くから水田が開発され、河道が固定されていた。そのため、河口デルタ以外はあまり堆積作用が及ばず、汀線付近はヨシ帯のひろがる低湿な状況にあったことも、人の接近が困難であった理由であろう。この一帯での湖岸の人為的改変といえば、水田を開くために石垣を建設したり、板の土留めを施すといったことが主体であった。琵琶湖総合開発事業まで、湖岸周辺の水田は典型的な湿田であり、農作業では、田舟を用いながらクリークを移動していた。瀬田浦や木浜（1章参照）で大規模な埋立てが行われ、都市的施設が立地したが、南湖東岸部の変化は限られたものであった。これに大きい変化を生じさせたのが、湖岸堤の建設である。この湖岸堤の上に、合わせて道路を建設したので、それまでは容易に近づけなかった南湖東岸部は、その景観を大きく変化させることになった。

## 9-2-3　南湖湖岸堤の成立過程

旧建設省が南湖東岸部の湖岸堤構想をまとめ、1973年に旧水資源開発公団に渡したときの当初案

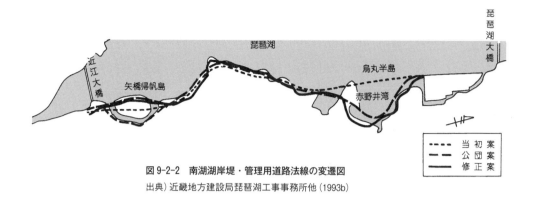

図9-2-2 南湖湖岸堤・管理用道路法線の変遷図
出典）近畿地方建設局琵琶湖工事事務所他（1993b）

表9-2-2 南湖浚渫および湖岸堤・管理用道路法線変更の経過

| 南湖浚渫 | 湖岸堤・管理用道路法線 | 関係事項 |
|---|---|---|
| 昭和51年（1976年）8月<br>公団に「南湖浚渫環境調査委員会」を設置 | 昭和49年（1974年）10月<br>草津・守山両市に当初案ルート説明 | 昭和48年（1973年）<br>県が人工島造成着工 |
| 昭和53年（1978年）8月<br>同上委員会より報告（計画変更の提言） | | 昭和51年（1976年）3月<br>「琵琶湖訴訟」提訴 |
| 昭和55年（1980年）8月<br>南湖浚渫変更計画について公団から県議会へ説明（変更1次） | 昭和55年（1980年）11月<br>湖岸堤・管理用道路法線変更計画について公団から県議会へ説明（変更1次計画） | 昭和55年（1980年）1月<br>県内部に「南湖問題検討会」を設置以後諸問題を検討 |
| 昭和56年（1981年）<br>赤野井湾真珠対策に絡む計画変更（変更2次） | | 昭和56年（1981年）<br>湖岸堤法線の県案ルートを発表 |
| 昭和61～平成2年（1986～1990年）<br>埋蔵文化財対策に絡む支那浚渫の取り止めと烏丸航路浚渫の追加（変更3次） | 昭和57年（1982年）3月<br>県案ルートでの施工を公団に要請、公団もこれを受入れる（変更2次計画） | 昭和57年（1982年）3月<br>琵琶湖総合開発計画期間の10年延長 |

出典）近畿地方建設局琵琶湖工事事務所他（1993b）による

ルートは図9-2-2にみる通りである。

こうした計画が策定された基本的な考え方は以下のようなものであるが、ここには高度経済成長期における開発構想の特徴が反映している（近畿地方建設局琵琶湖工事事務所ほか, 1993b）。

① 湖岸堤は、南湖の浚渫から発生する大量の土砂の処分地とする。当初の計画では、南湖のうち約690haについて合計約440万m³の土を浚渫し、この土砂を湖中部の堤防の盛土材料として処分する予定であった。

② 南湖東岸部の開発のため、堤内の残存水面を埋立てて新たな土地の造成を計画した。

③ 南湖東岸部の平面形状は出入りがはげしく、凹形の湾状地形になった水域では水の動きが悪い。これが、ゴミの滞留や水質悪化の一因となっているので、その対応と管理用道路の線形を良好にするため、湖中部を直線的に走る堤防が計画された。

④ 赤野井湾は、イケチョウ貝（ママ）の棲息地や魚類の産卵場として水産資源上高い価値を持つ。積極的に水面を残し、水位を維持しながら水産業の拠点の一つにすることを計画した。

⑤ 赤野井湾一帯は遠浅なため、湖中部の堤防の築造と残存水面の水位維持により、南湖の浚渫土量を減らすことができる。

南湖の湖岸堤は、図9-2-2からも明らかなように、当初はかなりの区間が湖中部を通り、湖岸堤の背

表9-2-3　南湖浚渫計画の変遷

| 計画の名称 | 変更時期 | 浚渫地区名 | 浚渫区域の面積 ha | 浚渫深度 B.S.L m | 浚渫土量 万m³ | 計画の内容・考え方 |
|---|---|---|---|---|---|---|
| 当初計画 | S.48年 (1973年) | 東岸<br>西岸<br>(合計) | 675<br>15<br>(690) | -2.5<br>-2.5 | 434<br>6<br>(440) | 湖水位が非常渇水時のB.S.L.-2.0mにあっても水面が確保できるようB.S.L.-2.5mより浅い区域のほぼ全域についてB.S.L.-2.5mまでの浚渫を行う |
| 変更一次案 | S.53年 (1978年) | 矢橋<br>支那<br>赤野井<br>(合計) | 25<br>87<br>21<br>(133) | -2.5<br>-2.0<br>-2.0 | 20<br>45<br>15<br>(80) | 「南湖浚渫環境調査委員会」からの提言を受けて見直しを行い浚渫の目的をより明確んい位置づけた結果、浚渫対象地区を、矢橋、支那、赤野井の3地区に絞った。また、それに合わせて南湖湖岸堤法線も陸側に寄せられた |
| 変更二次案 | S.56年 (1981年) | 矢橋<br>支那<br>赤野井<br>(合計) | 25<br>87<br>31<br>(143) | -2.5<br>-2.0<br>-2.0~-3.0 | 20<br>45<br>40<br>(105) | 南湖湖岸堤法線の修正ルートの決定とともに、赤野井湾での真珠補償対策を、現位置での施設対策としたため、一部区域についてB.S.L.-3.0m深までの浚渫が必要となった |
| 変更三次案 | S.57年~58年 (1982~1983年) | 矢橋<br>支那<br>赤野井<br>(合計) | 20<br>36<br>27<br>(83) | -2.5<br>-2.0<br>-2.0~-3.0 | 10<br>16<br>31<br>(57) | 工事の実施にあたって現地盤の精査の結果、浚渫面積、土量ともさらに大幅に減少した |
| 変更四次案 | S.61年~H.2年 (1986~1990年) | 矢橋<br>支那<br>赤野井<br>烏丸<br>(合計) | 20.3<br>3.7<br>27.0<br>13.0<br>64.0 | -2.5<br>-2.0<br>-2.0~-3.0<br>-3.5 | 10.2<br>2.4<br>24.6<br>14.0<br>51.2 | 支那地区、赤野井地区における埋蔵文化財の保存のために両地区で計画に変更が必要となったほか、烏丸半島の土捨場跡地の有効活用に伴って航路浚渫が必要となった |

出典）近畿地方建設局琵琶湖工事事務所他(1993b)による

後には大きな水面が残るような計画であった。ところが、環境問題にたいする流域住民の関心の高まりと、琵琶湖訴訟の展開とが相まって、1970年前後から1970年代にかけて土木事業が環境に与える影響についての評価が異なっていった。これが、南湖浚渫計画や南湖東岸部の湖岸堤構想を見直す主要な契機（表9-2-2）となる。この過程で、生態学を中心とした自然科学諸分野の研究者によって環境影響に関する検討が行なわれた（近畿方建設局琵琶湖工事事務所他,1993b）。

湖岸堤の当初案がかなりの湖中ルート（湖中部の堤防）を擁していたのに対して、最終的に決着をみた修正案は汀線付近を通る比率が高くなった。もともと、計画当初は淡水漁業を振興させるという意図があって、人工内湖を造ろうとしていた。しかし、新たに内湖を造ると、これが水質や底質をさらに悪化させる要因になるという懸念から湖中部分を減少させる構想へと変わったわけである。ところが、汀線付近に湖岸堤を建設すると、ヨシ原をつぶす面積が増える。湖岸堤を建設するとすれば、本来はより陸域に入った部分が望ましいわけであるが、この案は用地買収が困難という理由

で採用されなかった。そのため、残された2案は環境評価からみていずれも環境質の低下をもたらすものであったといえる。修正案を採用することでつぶれることになったヨシ原については相当の議論があった。その後、ヨシ群落が沿岸域の保全上重要な役割を果たすという点に注目して制定されたヨシ群落保全条例（1992年）は、全国的にみても早期の試みである。人々の価値意識の変化と自然誌科学の成果が制度の設計に結びついた事例の一つとみなせよう。

一方、湖岸堤の建設と併行して計画されていた南湖の浚渫にも大きい影響が生じた。当初690haの面積で440万m³の土砂を浚渫するという計画は、湖の水位がB.S.L.-2.0mに低下した際にも湖底が干陸化しないように、浅い湖底を浚渫するという発想であった。計画通り事業が進められたならば、遠浅で傾斜がゆるく、水深3m以下の湖底がつづく南湖東岸部の沿岸帯は大きく変化するところであった。しかし、湖岸堤の見直し作業と併行して浚渫計画も再検討が進み、1978年には、南湖東岸をB.S.L.-2.5mまで一律に浚渫する積極的な理由はないという南湖浚渫環境調査報告が出ている

（近畿地建琵琶湖工事事務所他,1993b）。南湖の浚渫は、変更四次案で浚渫面積64ha、浚渫土量51.2万m³というところまで縮小した（表9-2-3）。

### 9-2-4　現在の姿と今後の課題

修正案ルートに決定した後、なお残った水面は図9-2-3に見るようなものである。これを放置しておくと水質悪化等環境への負荷を増大させるから、滋賀県は見直し法線（修正案）の提示に際して図9-2-3の網掛けで示した残存水面対策を以下のように考えていた（近畿地方建設局琵琶湖工事事務所他,1993c）。

① 北山田漁港、志那漁港のそれぞれ南北の位置に生ずる水面は埋め立てて利用を図る。
② 津田江、木浜に生ずる水面は水位低下時の対策として水位保持対策を実施する。
③ 津田江の湖中部の堤防には開口部を設け、水交換阻害を最小限にする。
④ 赤野井に生じる水面は水位保持は行なわないが、環境保全に必要な措置を講じる。

こうした県の考え方をもとに県と旧水資源開発公団が協議した結果、まとまった事後対策が表9-2-4にみるようなものである。この対策はその後継続的に実施され、今日ではほぼ表に近い内容が達成されている。南湖湖岸堤のルート決定において、当初案のルートについては草津市や守山市の沿岸住民の希望があり、それが反映されていた。この当初案とは内容がかなり異なる修正案に落ち着くまでにはかなりの試行錯誤が繰り返されている（図9-2-2参照）。

このような大幅な計画の変更には、1976年に提訴された琵琶湖訴訟も影響を与えている。人工島の埋立てや南湖の浚渫は湖の環境に影響を与えるという見解のもとで工事の差止め請求が行われたものであるが、これによって大規模な埋立てを伴うルート案や大規模な浚渫に対して否定的な見解が強まることになった。琵琶湖訴訟の始まった1970年代の後半は、ちょうど高度経済成長が終わり、低成長に向う移行期にあたっており、高度成長の過程で各地に発生した環境悪化を克服するために、それまでの成長政策にもとづいた諸事業を見直す気運が高まっている時期でもあった。裁判を含め社会的に注目を集めた人工島の埋立ては1986年に終わり、何度か計画の変更があった湖岸堤と湖周道路は1992年に竣工している。

現在、南湖において湖岸堤の建設された位置を汀線の位置と対比すると、次のような3類型に分けることができる（宮地・北澤,1992）。

① 湖中タイプ……湖岸堤が汀線より湖側に張り出して建設されているもの。
② 汀線タイプ……湖岸堤が汀線に接して建設されており、盛土および盛土基部の捨石が湖側に張り出しているもの。
③ 湖岸タイプ……湖岸堤が汀線より陸側に建設されており、盛土および盛土基部の捨石が汀線の内側にあり、「湖岸堤→捨石→ヨシ地→湖」と移行するもの。

こうした区分にもとづいて野洲川旧北流から湖尻までの南湖東岸部をみると、①湖中タイプが全体の約60％、②汀線タイプが約14％、③湖岸タイプが約26％を占める。そのため、対象地域で従来の汀線が残されている（上の③のタイプ）のは、限られることになった。

湖岸堤のルート変更をめぐる検討とその後の対

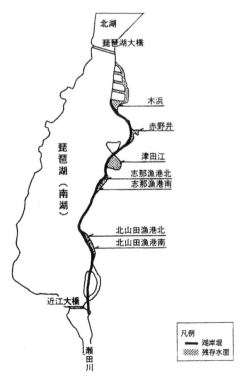

図9-2-3　湖岸堤建設によって生じる残存水面
出典）近畿地方建設局琵琶湖工事事務所他（1993c）による

表 9-2-4 湖岸堤によって生じる残存水面対策

| 場 所 | 水面積 | 平均水深 | 現況および残存水面の状況等 | 対策等 |
|---|---|---|---|---|
| 北山田漁港南 | 1.9ha | 約1.5m | 水面に対する特定の利用はなく、背後地から水域に流入する河川や大規模な排水路もない | 県の都市公園事業用地として埋め立て、公園整備を行う |
| 北山田漁港北 | 2.7ha | 約1.5m | 水面に対する特定の利用はないが、背後地に草津市の既設北山田浄水場およびその取水施設があるほか、水域には普通河川が流入している | 北山田浄水場の拡張事業のための敷地として、草津市が埋め立てて、浄水場施設を建設するほか流入河川は浄水場計画に支障を及ぼさない位置に付替えて琵琶湖に直接流下させる |
| 支那漁港南 | 1.6ha | 約1m | 水面に対する特定の利用はなく、背後地から水域に流入する河川や大規模な排水路もない | 漁業振興のための、滋賀県琵琶湖栽培漁業センター用地として県が埋め立てて施設を建設する |
| 支那漁港北 | 2.4ha | 約1m | 水面に対する特定の利用はなく、背後地から水域に流入する河川や大規模な排水路もない | 県の都市公園事業用地として埋め立て、公園整備を行う |
| 津田江 | 36ha | 約1.5m | 比較的大規模な湾状の水域で、中央部約5.4ha(全体面積の18%)が淡水真珠養殖場として利用されているほか、湾奥部には小さな造船所と農業用水の取水口がある<br>また、背後地から数本の小排水路が流入し、湖底は埋蔵文化財の周知の地区である。 | 残存水面と琵琶湖との水交換を図るため、湖中部の堤防(約600m)に幅60mの開口部を2ヵ所設け、ここを水門構造としたほか、水位低下時の干陸防止のための堰と給水施設の組み合わせによる水位保持施設を設置し、水位保持・水質保全を図り真珠養殖は現位置で継続されることとした<br>また水門には船通しを設けたほか、農業用水の取水施設は沖出し管により、琵琶湖から直接取水できる構造とした |
| 赤野井 | 21ha | 約1m | 背後地から2本の一級河川と数本の小排水路が流入し、複雑に入り組んだ湖辺には比較的まとまったヨシ地帯が発達し、湖底には軟弱なヘドロが厚く堆積している<br>また、水域奥部には観光屋形船の発着場がある | 流入河川の流水のスムーズな疎通を図るため、それぞれの河川の出口付近に開口部を設けて水門構造としたほか、河口部のヘドロを除去し湖岸環境の改善を図った<br>なお、この水域では県が水質改善の著場があるためパイロット事業を実施している |
| 木浜 | 30ha | 約2m | 埋め立て地背後に残った木浜内湖と5ほんの承水路からなる既存の水域と、これと連動して埋立地南側に新たに生じた水域で、内湖部や約7.3ha(全体面積の24%)が淡水真珠養殖場として利用されているほか、農業用水の取水口と観光屋形船の発着場ばある | 残存水面の水質保全および琵琶湖水位低下時の水位維持のため堰と給水施設の組み合わせによる水位保持施設を設置した<br>これにより、真珠養殖は現位置で継続させることとした<br>また、農業用水の取水施設は沖出し管により琵琶湖から直接取水できる構造とした |

出典)近畿地方建設局琵琶湖工事事務所(1993c)による

応は、資源価値の転換という枠組みで理解するのにふさわしい事象であった。湖岸堤をめぐる課題に則してみると、琵琶湖や集水域の水、沿岸域の土地、そこに棲む生物などは、生産資源とみることもできるし、環境資源とみることもできる。琵琶湖総合開発事業が始まる1970年代の初め頃までは、こうした自然の要素を生産資源とみる視点が支配的であった。湖岸堤ルートの当初案、南湖浚渫、人工島の建設という沿岸域の埋立等にみられる開発構想の基調をなしたのは、生産資源としての評価であった。

1970年代から80年代にかけては、日本全体としても資源価値の転換が進んだ時期であったが、琵琶湖・淀川水系においてはちょうど琵琶湖総合開発事業が開始された時期にあたり、その遂行過程でこうした価値観の転換を体現することになった。琵琶湖沿岸域における湖岸堤ルートの立案とその後の修正過程は、こうした資源価値の転換が具体的にはいかに進んでいくかを明らかにした典型事例であった。

生産資源としての視点が支配的であった時期から、環境資源としての視点が登場し、両者の交錯のなかで、環境資源としての視点が現実にはいかに機能するかという点も徐々に明らかになっている。環境資源という視点が広く人々に共有されていくためには、わかりやすい価値意識の軸を必要とするが、生物多様性保全はその意味で時宜を得た主題といえよう。琵琶湖沿岸域でこれを実践する上で、湖岸堤はこれから新たな役割を担っていくことになる。

## 9-3 琵琶湖の沿岸域研究の経緯

　沿岸域は人間が生活をする場として古来より利用してきた。人間による改変が積み重なって本来の自然的特性が変化し、人間との相互作用が新たな特性を生み出した場でもある。したがって、沿岸域の特性を把握しようとすれば、自然科学だけでなく人文・社会科学からのアプローチも必要とした。こうして、沿岸域研究は学際的研究を生み出す場ともなったのである。

　(旧)滋賀県琵琶湖研究所が発足した1982年には、それよりほぼ10年前の1972年に成立した琵琶湖総合開発特別措置法による事業が本格的に展開していた。とりわけ湖岸堤の建設は、直接目に見えるかたちで沿岸域が変貌するものであることを認識させる契機となった。そこで、本書の編者を中心として土地条件、湖岸植生、沈水植物、底生動物、水鳥、付着藻類などを対象とする研究プロジェクトが発足した。この学際的研究を進めていく際に、方法論に関わる研究を併行して進め、メンバーが共有する準拠枠として景観生態学的な視点と方法を基礎とすることになった。

　沿岸域を構成する上記各要素の沿岸域調査とそれをもとにした沿岸域区分に加えて、これをまとめた包括的な区分を行って琵琶湖沿岸域をみるひとつの視点を提示するために景観生態学を共通の準拠枠とした。さらに沿岸域は、どの場所も同じ性格や機能をもっているわけではない。沿岸域の成立要因や構成要素とその組み合わせによって地域的差異を示す。こうした異なるタイプの場がつながって沿岸域を形成する。したがって、沿岸域の特性を把握するためには、その地域的差異を把握しなければならない。こうした地域的差異を解明する手がかりとして、景観生態学的視点の有効性がある。

　横山(1995)が指摘しているように、カール・トロルが1938年に初めて用いたのは景観生態学という名称である。ところが、地理学史上、景観という用語のドイツ語原Landschaftは研究者によって異なった解釈がなされ、その日本語訳も「景観」・「景域」・「地域」と分岐している。こうした状況は、地理学の内部にとどまらず生態学、緑地学、造園学など隣接分野にも波及していた。そのため、1968年にトロル自ら景観生態学を地生態学という名称に改めたという経緯がある。

　自然地理学の一分野として地生態学(ないし景観生態学)の研究が進められてきたことは横山(1995)の文献に詳しいが、1960年代からドイツを中心に景観生態学が環境政策の中で活用されるようになってきた。このことが、景観生態学を地理学の中のみにはとどめておかない状況を生みだしていた。しかもそこでは、「景観」という多義的な性格をもつ用語を冠した景観生態学という名称の使用が一般化してきたのである。この背景には、環境政策の一環として景観保護をとりあげているという直接的な理由のほかに、「景観」という用語がもつ多義性のゆえに広い範囲の問題をカバーできるという利点があった。そこで、琵琶湖研究所で始まった共同研究においても、景観生態学という名称とその視点が積極的に採用されることになった(滋賀県琵琶湖研究所景観生態プロジェクト班,1987、1988、1989)。

　琵琶湖沿岸域の研究で1980年代の研究をまとめた沿岸域の景観生態学的区分(滋賀県琵琶湖研究所,1991)は、土地条件をベースとし、そこに展開する動植物が沿岸域生態系を形成する構図を明らかにした(中島,1993)。ここでまとめられた成果の特徴は、以下の通りである。

1. 琵琶湖沿岸域の全体を視野に入れ、地域区分をしたこと
   これによって、沿岸域の特定の場所における働きを全体の中に位置づけて解釈・評価できるようになった
2. 沿岸域研究において、類型的アプローチを可能にした。
   類型的アプローチは、対象を一定の視点からいくつかのタイプに分類し、各タイプの特性を把握するために相互を比較するという方法であるが、これを適用することによって琵琶湖沿岸域のタイプの差異とその

特性を把握することが可能になった。
3　沿岸域の保全や利用を考えるうえで、ある行為や事象が沿岸域にあたえる影響を空間的な重層性(沿岸域全体というメソスケールと沿岸域の特定の場所というミクロスケール)の中で、視点を双方に往来させながら考察することができる。

　1980年代の研究成果をまとめた景観生態学的区分(1991)は、沿岸域全体を対象にしたものであったが、1990年代には沿岸域の各類型を代表する特定場所の景観生態学図を作成した(横山，2002)。前者は、沿岸域における各構成要素の水平的な分布に焦点をあて、これらのマップオーバーレイによって沿岸域を区分するのに対して、後者は特定場所における各要素間の垂直的な分布に焦点をあて、垂直断面からみた沿岸域の構造と機能を分析していく点に特徴がある。

　沿岸域の特定の場所におけるエコトープの同定と景観収支の把握(横山，2002)によって、圃場整備と湖岸堤の建設が始まる前の1960年代における沿岸域と、これら両者が実施された後の1990年代における沿岸域とでは、エコトーンの性格が異なっていることが明らかとなった。これは、当初設定した沿岸域の定義を、1990年代の現況をもとに判断したのでは、沿岸域本来の姿を見失う可能性があることを示唆している。つまり、1991年の沿岸域区分は、マクロにみた各沿岸域の特徴をよく捉えているが、その結果を南湖東岸部のような空間スケールへ直接適用しようとすると、現在の南湖東岸部の実態と1991年の地域区分の結果との間に離齬があるとみなす人が出てくるかもしれない。こうした不十分な解読結果をあらかじめ回避し、沿岸エコトーン本来の姿を示すという点において、2002年の景観生態学図は寄与することになる。1960年代における沿岸域の復元図は、沿岸域が汀線から水路を媒介としてかなり内陸にまでのびていることを如実に示していた。

　この後、本書のもととなる研究が21世紀に入って行われ、その成果が湖岸カルテにまとまった(滋賀県琵琶湖環境科学研究センター，2011)。今回は、沿岸域の類型は4類型にまとめ、そのうち人工湖岸を3タイプに細分(グラビアp.2参照)している。これによって、自然湖岸と人工湖岸の分布が把握できるとともに、人工湖岸のなかも砂浜湖岸や植生湖岸に修復している場所とそれ以外の場所を区分している。これは、生物多様性保全を主眼とした沿岸域管理を考察するうえで意義をもつ。まず、積極的に保全を進めていくべき自然湖岸の場所を確認できる。次いで、人為的改変のされた場所を再生して、沿岸域が本来もっていた生態的機能の復元を図ろうとする場合に、該当する場所を把握することができる。これと場の特性を対比してみれば、再生行為の有効性と代替的な方策の双方を検討していくことが可能になる。

## 9-4　研究成果の政策的含意

　約30年の期間に、琵琶湖の沿岸域研究では前節でみたようにそれぞれ10年近くの間隔をおいて3点の報告書をまとめた。
　『琵琶湖湖岸の景観生態学的区分』(1991)
　『琵琶湖沿岸域の土地利用と景観生態』(2002)
　『琵琶湖岸の環境変遷カルテ』(2011)
　それぞれの報告書には、研究をまとめた結果整理できた政策的含意を記述している。こうした政策的含意が現実の政策形成にどこまで作用し得るかは、状況によって異なる。
　1991年にまとめた最初の報告書をめぐっては、個別の政策的含意とは別に、景観生態学的な視点と方法が行政部門の政策形成に反映したという特徴がある。滋賀県が、琵琶湖総合開発事業の終了する1997年3月に公表した『琵琶湖総合保全整備計画の在り方』には、それ以後の総合保全の必要性を①水質保全、②水源かん養、③自然的環境・景観保全、に分けて説明している。このなかで、③の自然的環境とは「自然の有する生態的機能を指し、景観とはこの生態的機能によって支えられている景観構造のことを指す」としている(滋賀県，1997)。つまり、景観をたんなる風景の意味で

捉えるのではなく、景観像と景観生態系の統合としての景観として捉えるという景観生態学的な視点が背景にある。1990年代に入ってからは、1992年の地球サミット以後、日本では環境基本法の制定（1993年）や環境基本計画の策定（1994年）などを通じて環境政策が一新された。しかもこうした動きは旧環境庁の政策が変化したというにとどまらず他の省庁の政策形成にも波及した。琵琶湖総合開発事業の終了とそれ以後の展開には、こうした状況の変化が作用していた。80年代半ばからの沿岸域研究は、景観生態学的視点と方法を政策形成の概念に反映させるという結果を導くことになった。さらに、ポスト琵総への対応として、行政では横山秀司の協力を得つつ琵琶湖集水域全体の景観生態学図（横山, 2002）を作成している。

『琵琶湖総合保全整備計画の在り方』のうち、③の自然的環境・景観保全が沿岸域と関連する項目である。これをとりあげた第4章では、目標として①緑地の保全と琵琶湖固有の景観の形成、②在来種の保護と生物の多様性の確保、の2点をあげ、緑地の保全に関しては、下記のような踏み込んだ記述をしている（滋賀県, 1997）。

(1) 湖辺域における環状緑地ネットワークの整備
　ア．湖辺緑地の整備
　イ．内湖の緑地としての整備
　ウ．自然型湖岸への再整備
　エ．水底の生息環境の確保
(2) 河川・水路等における放射状ネットワークの整備
　ア．多自然型の河川改修
　イ．多自然型への農業用排水路等の再整備

ここでは、沿岸域の環境保全に関わる主要な事項をとりあげているが、琵琶湖総合開発計画の沿岸域に関わる部分と比較すると時代状況の差を如実に把握できる。

滋賀県は、琵琶湖総合開発事業が終了（1997年3月）した後については、総合保全制度を構築し、国や下流府県も加わった運営を構想していた。上記の『在り方』は、その一環で策定されたものである。その後、ポスト琵総について種々の動きはあったが、結果的には国および下流府県はこれに加わらないことになったので、滋賀県単独で保全計画を立案・実施することになった。2000年3月に策定された「マザーレイク21計画（琵琶湖総合保全整備計画）」がそれである。「マザーレイク21計画」では、対策の柱として「水質保全」、「水源かん養」、「自然的環境・景観保全」をあげている（滋賀県, 2000）。これは、『在り方』の枠組みを踏襲したものである。このなかで沿岸域とかかわる「自然的環境・景観保全」の項では、「生物生息空間をつなぎ、ネットワーク化するための拠点の確保」を目標としていた。

「マザーレイク21計画」は、計画期間を1999年度から2020年度までの22年間とし、そのうちの前半12年間（1999～2010年度）を第1期、後半10年間（2011～2020年度）を第2期としている。第1期が進行している2007年8月に、滋賀県の第2期琵琶湖総合保全学術委員会（川那部浩哉委員長）が発足した。この委員会の役割は、第1期の事業内容を評価し、第2期以後の計画について、改訂の必要がある場合にはその提言を行うことにあった。当委員会は、「自然的環境・景観保全」の項について、「第1期目標の達成度については、目標があいまいであると同時に指標が示されていないので、その評価は直接には不可能である。しかし、琵琶湖とその周辺の生態系全体から見ると、残念ながらそれは、ほとんど達成できていないと判断される。とくに、内湖および水陸移行帯の減少と消失などについては、その回復のための取り組みを、これから強く進めていかなければならない」と指摘した（琵琶湖総合保全学術委員会, 2010）。

マザーレイク第2期計画では、学術委員会の評価と提言を受けて、「水質保全」、「水源かん養」、「自然的環境・景観保全」という3つの柱を「琵琶湖流域生態系の保全・再生」として一つにまとめ、琵琶湖流域を「湖内」、「湖辺域」、「集水域」という3つの場に区分している。このうち、湖辺域の目標を「絶滅に瀕する在来種の種数と外来種の減少、在来魚介類の再生産の回復と漁獲量の増加、湖岸景観の回復」とした。21世紀に入って、生物多様性の主流化に向けた動きが各方面で進んできたが、マザーレイク21計画にもそれが反映してきたことを物語る目標の設定である。ただ、湖岸景観の回復をあげてはいるが、マザーレイク21計画では、自然景観保全への言及がみられない。琵琶湖沿岸域の生物多様性に関する現状については、

本書の各章で整理した研究成果を参照することで確認できよう。

生物多様性について、滋賀県は2006年に「ふるさと滋賀の野生動植物との共生に関する条例」を制定していたが、2008年の生物多様性基本法の制定以後、各地の自治体で生物多様性地域戦略が策定される（宮永,2013）。滋賀県では2006年4月に「ビオトープネットワーク長期構想」を策定していたが、それを受けて、2015年3月に滋賀県版生物多様性地域戦略を策定した。さらに、2015年9月には国会で「琵琶湖保全再生法」が成立した。ここ数年来、琵琶湖沿岸域をめぐる法制度や計画が簇生しており、その内容は重なる部分も多々見受けられる。これらを整理して統一した方向性を示すことが必要となるが、保全や再生に関わる取り組みでは過去の実態や問題点の把握が不可欠で

ある。旧琵琶湖研究所の沿岸域プロジェクトは1980年代半ばから琵琶湖沿岸域を調査・研究してきたので、そこで得られた資料や知見は、上のような課題をはじめ、今後の琵琶湖をめぐる環境政策を構想する上で意義をもつ。2011年度の報告書で提示された政策的含意については前節で触れた通りであるが、1991年、2002年の場合も最終の報告書だけでなく、個々のサブプロジェクトでまとめた報告書においてそれぞれ異なった政策的含意が提示されている。すでに研究成果を書籍にまとめて出版したケース（西野・浜端,2005）では、そのことがより広い読者に伝わった。今後、琵琶湖に関する沿岸域管理を構想する際には、既往の研究で蓄積された政策的含意のレビューが意味をもつことになろう。本書は、その手がかりを与えてくれるはずである。

## 9-5 新たな沿岸域管理に向けて

### 9-5-1 現在直面する問題と順応的管理

琵琶湖研究所で景観生態研究会が始まった初年度に、湖岸景観と自然をめぐる課題について整理した吉良（1987）は、自然科学の立場から考慮しなければならないのは、

①固有の自然景観の保全
②多様な生物の種の保護
③自然生態系のもつ環境調節作用、とくに水質浄化作用の保全

の3点であり、そのすべてに共通する具体策は、自然湖岸の保全に集約されると指摘した。その際、とくに注意を要するのは、水質浄化の働きはヨシのような水生植物のある湖岸だけでなく、一見生物のいないように見える砂浜や小石浜、岩石湖岸も、活発な微生物の作用によって浄化に貢献していることであると付言している。

吉良は、琵琶湖がそれほど人為的改変を受けていない第二次世界大戦前から観察を続けており、そこで得た知見に加えて、生態学研究者としての考察も加味し、上記のような提言をまとめた。自然湖岸の保全は、琵琶湖の沿岸域管理において第

1の目標となる事項であるが、吉良の提言から30年余を経た今日に至るまでに、自然湖岸はさらに減少した（2章参照）。

琵琶湖総合開発事業が終了する時期に滋賀県がまとめた『琵琶湖総合保全整備計画の在り方』のなかで、沿岸域に関わる章では自然湖岸の保全・再生に向けた指針が示されていたが、『在り方』の枠組みを引き継いだ第1期のマザーレイク21計画ではその実行が困難であったことが琵琶湖総合保全学術委員会の評価によって明らかになっている。したがって、自然湖岸の保全・再生は息の長い取り組みを必要とするという点に留意しておかねばなるまい。

一方、学術委員会は、第1期マザーレイク21計画の発足以後新たに顕在化した問題として、「水位操作による在来生物への影響」、「南湖における水草の異常繁茂」、「湖底環境の変化」、「カワウの増加」、「植物プランクトンの変化」、「総合的な土砂管理」という事項をあげている。湖中や湖岸の生態系が短期間に変化するものであることを示す事例であるが、この中には「湖底環境の変化」や「総合的な土砂管理」のように今後長期にわたる

取り組みが必要なものと、対応によっては短期間で変化する可能性があるものとが混在している。

　自然湖岸の保全のような古くからの課題であれ、ここ10数年以内に登場してきた新しい課題であれ、それに対する今後の対応では順応的管理が求められている。これを導入すると、課題に対応する際には、事前の仮説設定とそれに対する研究からの予測を含めたチェック、事業の実施とモニタリング、さらに研究による評価が続く。事業の実施がそのままでは不適切なものについては、変更が求められる。場合によっては中止という選択もあり得る。環境への不可逆的なダメージを回避するためには、こうした順応的管理の普及が望まれよう。と同時に、琵琶湖のように長期にわたって研究者が観察・観測を含めた研究を継続し、科学的知見が集積されているところでは、研究の社会的有意義性を発揮させるという意味で望ましい方式であろう。琵琶湖沿岸域に関しては、琵琶湖総合開発事業が終了した後の総合保全制度の設計にはいわゆる順応的管理に近い発想がみられたが、実現しないまま今日に至っている。そのため、今後「琵琶湖保全再生法」のもとで進む事業に関しては、その実践が期待される。

### 9-5-2　沿岸域のレジリエンス

　2011年3月11日の東日本大震災以後、海の沿岸域においては防災と環境保全の統合が沿岸域管理の課題となっている（三浦, 2015）。琵琶湖においては、湖岸堤の建設が本来は洪水対策であったから、湖岸堤の建設によって派生する環境問題によって、防災と環境保全の相克が課題になってきたといえる。洪水防御機能を有する湖岸堤の撤去は困難であるという認識から、ポスト琵総では環状緑地ネットワークが構想されたのであるが、これも第1期マザーレイク21計画の評価にみられるように当初の計画通りには進まなかった。

　1997年に改正された河川法では、樹林帯を河川管理施設とみなすことになった。これは洪水制御を目的としたものであるが、その配置や規模によっては環境保全上の機能を果たすことになる。琵琶湖沿岸域の場合、湖岸堤内側（陸側）のゾーンを緩衝地帯と位置づけ、環境保全を目的とした樹林帯や遊水池の整備を進めれば、湖岸堤によって失われた沿岸域の機能（これは生態系サービスでもある）の代替となり得るし、その配置や規模によっては防災機能を果たすことにもなる。以前にもこうした試論が構想されたことはあったが、用地買収の困難さが障害となって検討は進まなかった。琵琶湖の保全と再生が法律上も目指されるようになった今日、湖岸堤の陸側に湿地と樹林帯をセットにした緩衝ゾーンを形成するといったアイデアの可能性が検討されて良いであろう。用地をめぐる課題を打開する手がかりとしては、環境保全型土地利用制度に関する研究を進めて、政策手段の多様化を図っていくという方策が考えられる。保全地役権の設定など、用地買収によらない緩衝ゾーンの形成など選択の幅を広げる検討が望まれる。

　国土形成計画の改定を控えて、2014年に国土交通省が発表した『国土のグランドデザイン2050～対流促進型国土の形成～』では、「多様性（ダイバーシティ）」、「連携（コネクティビティ）」、「災害への粘り強くしなやかな対応（レジリエンス）」の3つを基本理念としている。沿岸域の災害対策としては、自然共生の観点にも配慮し、緑の防潮堤等のグリーンインフラの整備を進めるという（国土交通省国土政策研究会, 2014）。ここには、防災と環境保全を統合する手段として「緑の防潮堤」が上がっている。グリーンインフラという命名からも明らかなように、従来のようなコンクリートによる堤防ではなく、樹林帯を念頭に置いていることは確かであろう。

　レジリエンスという用語は、近年、各方面で用いられるようになってきたが、筆者は沿岸域研究第2期の成果をまとめた報告書で、当時ヨーロッパの地理学研究者が地球温暖化に伴う海水面上昇とそれへの対応について研究するなかで用いていた「沿岸のレジリエンス」という概念が琵琶湖研究に援用できると考え、それにもとづいたレポートをまとめた（秋山, 2002）。ヨーロッパの研究者が用いた沿岸のレジリエンスという概念は、物理的レジリエンス、生態的レジリエンス、社会経済的レジリエンスという3タイプに分かれており、琵琶湖沿岸域の問題を考察するうえでは効果的であった。近年登場してきた防災と環境保全の統合という課題は、この3タイプを統合する沿岸のレ

ジリエンスという枠組みのなかで扱うことができる。その意味で、「沿岸のレジリエンス」概念の発展形を琵琶湖沿岸域で構想していくことが可能となろう。

## 9-6 結びにかえて

　国連大学の地球環境変化の人間・社会的側面に関する研究計画（UNU-IHDP）と国連環境計画（UNEP）が作成した『包括的「富」報告書（IWR）』（UNU-IHDP, 2014）は、国内総生産（GDP）や人間開発指数（HDI）といった従来の指標では捉えられない包括的な「国の富」を数量的に捉えようとする試みである。これによって、持続可能な発展を測定する尺度を提供しようとした。GDPとHDIはフローの概念にもとづいているが、包括的「富」は異なる資本（自然資本、人工資本、人的資本）のストックによっており、これらが国の生産的基盤をなしているとみる。ここでは、ミレニアム生態系評価の知見をもとに自然資本を重視しているのが特徴である。包括的富指数を用いて、世界の20ヵ国を対象に1990年から2008年までの指数の変化と構成要素の分析結果を示している。今回の報告書で明らかになったことのひとつは、日本が20ヵ国中、フランス、ケニアと並んで自然資本の増加を経験した数少ない国であったことである。これは、森林被覆の増加によるものであった。積極的な植林や森林保護政策が寄与したものであるが、陸域と水域の境界領域である沿岸域の今後のあり方を考察するうえで示唆に富む。

　2015年9月に成立した「琵琶湖保全再生法」は、琵琶湖を国民の重要な資産と位置付けてその保全と再生に国が関与することを謳っている。琵琶湖沿岸域の保全を通して自然資本の価値を高めていくことは、包括的な「富」を増すことでもあるが、国が関与する琵琶湖保全プロジェクトは文字通り包括的な「富」の増加とみなせよう。本書の成果は、自然資本である琵琶湖沿岸域の価値を高めるという方向性と結びついている。したがって、「琵琶湖保全再生法」によって自然資本の価値を高めていくうえで、本書の成果は多面的に活かすことができよう。

## 終章 琵琶湖岸の風景の保全

> 本原稿は（故）吉良竜夫氏が、1990年代の初期、第1次の湖岸研究プロジェクト終了時に寄稿して下さったものである。そのため、すでに琵琶湖の湖岸開発が終了している等、当時とは状況が大きく変化している事柄がいくつかある。しかし幅広い教養にもとづく吉良氏独自の視点は全く古びておらず、今でも十分通用する内容のため、終章として原文をそのまま掲載させていただいた。

これは、純科学的な話題ではない。科学の立場からは、自然景観や人文景観の学術的価値を評価したり、湖岸生態系が水質悪化や湖岸侵食をふせぐ機能を明らかにして、それをどのように保全すべきかを指摘したりすることはできる。しかし、どんな風景をどう保全するかは、科学的情報とまったく無関係ではないけれども、一般には、科学をこえたもっと広い立場からの「選択」の問題になる。したがって、以下にのべるのは、われわれの研究グループが「選択」した方向を、筆者の責任でまとめた提言と考えていただきたい。

このような提言をしようとする直接の動機は、いま琵琶湖岸で進行中の開発事業[注1]に、風景——とくに大局的な風景——に対して無神経で、好ましくないものが多いからである。湖岸堤の外側にせっかく残してある水辺林で、下生えのヨシや湿地植物を刈り取って庭園樹種（その多くは育つ見こみがない）を植え込む。水質浄化に役立てることをうたった内湖の改造事業で、浄化の主役であるヨシ・マコモなどの自然の水生植物をハナショウブやホテイアオイに置きかえる。自然のよく残っている北湖の湖岸に、まわりの景観にそぐわない建物や遊園地を作ったりする。そういうたぐいの開発あるいは「修景」事業が多いのである。

それぞれの土地に固有の風景は、観光地にとって最大の資源である。一部に異国ふうの風景を作るのも、観光施設としては必要かもしれないが、その結果、固有の風景がそこなわれたり連続性を失ったりすれば、長い目で見れば観光地としての存在価値をなくしてしまうことになる。国際的に著名な観光地の美しい風景は、決して放置したままの姿ではなく、目に見えないところで絶えず細心の注意をはらい、そこでしか見られない風景の保全と修復に努めていればこそ、いつも多くの観光客をひきつけることができるのである。琵琶湖にかぎらず日本の多くの観光地では、そういう意志も努力も不足しているように思われる。

写真1　大津市西岸を船から望む

## 1　琵琶湖の原風景と将来の風景像

その地域にもっともふさわしい風景として、どんなイメージを想定するかが、風景保全の出発点である。それがなくては、具体的な計画は立てられない。その基礎となるのは、地域が持つ自然条件のもとで長年くらしてきた人々の心に定着している風景像——いわゆる原風景——であろう。

もっとも琵琶湖らしい琵琶湖の原風景の特徴としては、つぎのようなものがあげられるのではないか。

①琵琶湖ほど規模の大きい湖の風景は日本には他に例がなく、近江盆地をかこむ山野と湖の風景が全体として雄大な眺めをつくっている。

②湖岸の自然は、平野と山地、湿地性の湖岸と

---

注1）琵琶湖総合開発事業に伴う湖岸堤と管理用道路の開発事業は1992年に終了した。

砂浜・礫浜・岩石湖岸、ヨシ原と森林がいりまじって、変化に富んでいる。

③近江八景いらいの伝統的な湖岸風景は、荒々しい原始的風景ではなく、自然を基調とするなかに人文景観がとけこんで一体となった、おだやかな風景である。

第1の特徴は、意識されることが少ないが、たいへん重要である。琵琶湖のようにスケールの大きな場では、風景はスポット（点）ではなくて、面ないし大きな立体空間である。この考察は湖岸に重点をおいているが、風景としては、それを近江の空間全体のなかに位置づけることが必要である。たとえば、湖上や高所からながめたとき、背景をなす山々の斜面やスカイラインは重要な風景の構成要素で、そこを無頓着に破壊していては美しい風景は保たれない。

日本文化には、スポット的な風景に重きをおく傾向がつよい。近江八景が中国洞庭湖の瀟湘八景の転用であることはよく知られているが、じつは、後者は洞庭湖という巨大な風景の特徴を大づかみにとらえたもので、たとえば「洞庭秋月」とか「遠浦帰帆」といった漠然とした表現をとっている。ところが近江八景では、それを「石山秋月」「矢橋帰帆」というふうに、場所を特定してスポット風景に変えてしまった。同じ八景版画でも、初代広重のものから後代の版になるにつれて、ちょうどズームインするかのように、より視野の小さい構図になってゆく傾向がある。この「縮み志向」そのものは、日本文化の繊細さとつながっていて、いちがいに非難すべきことではないかもしれないが、風景の保全についてもおなじ傾向がみられるのは、好ましいことではない。スポット風景だけをたいせつにして周囲の風景をないがしろにすれば、極端な例だが、ビルと高速道路の谷間に埋没した東京の日本橋や浜離宮庭園のようになってしまいかねないからだ。

第2の特徴は、いわば国定公園としての琵琶湖の風景の地色を決める条件である。どのような修景も、この地色を生かし、それと調和するものとなるべきである。第3の点についていえば、人文景観は時代とともに変わってゆくが、自然と人間生活が一体となった美しさという特徴は、将来も生かされてゆくべきであろう。

現実的には、琵琶湖岸の風景の将来像は、地域によって変えざるをえないだろう。南湖の南部、琵琶湖大橋の両端部、彦根、長浜の市街地域などは、近い将来に完全な近代都市景観になるだろうから、湖岸の風景も、西欧の都市内湖岸のような造園緑地をモデルにするのが適当であろう。ただし、西欧の温和な気候とちがって、温度や雨量の振幅の大きい日本では、緑地をデザイン通りに美しく維持してゆくのがずっとむずかしい。現状のように、1年の大半が手入れ不足で荒れているようなことでは、なんのための造園かわからない。日本の風土に適した、管理の手間を極力少なくしながら緑地を美しく維持してゆく設計と技術を、もっと開発してもらわねばなるまい。

それ以外の地域、とくに北湖の大部分では、上にものべたように、自然の眺めを優先させて地色とするのが固有の風景を生かす道だと考える。かなめとなるのは、湖岸につらなる緑の連続性である。湖上からみたとき、緑の帯がとぎれることなく続いていることは、湖の風景の品格をあげる必須条件である。そのためには、緑の帯のなかの人工建造物の密度を制限し、景観条例などにもとづいて、設計や色彩に配慮することが必要である。

## ② 風景をどう楽しむか

琵琶湖の風景をいろいろな角度から楽しむためには、少なくともつぎの3つの視点が必要になる。

### 1）湖上（船）から見る

現時点では、この視点がもっともおろそかにされている。しかし、湖の観光の最大の魅力はやはり船で湖上に出ることだから、そこからの眺望にもっと重点がおかれてしかるべきである。そのさいの遠景への配慮、湖岸の緑の連続性、人工建造物と緑とのバランスなどについては、すでにのべた。

問題は、岸からの眺望の確保と湖上からの風景の維持とが、しばしば矛盾することである。湖岸の観光施設ないし保養施設からの眺めをよくしようと思えば、湖側に立木や障害物が少ないほうがよいが、その施設を船からみれば風景がだいなしになるおそれがある。どちらを優先させるかは選択の問題だが、われわれはやはり湖上からの風景のほうを重くみたい。湖上からの眺めは、いわばその湖の顔だからである。工場の裏が湖上から丸見えなどという例がまだあるのは論外だが、琵琶湖の岸には、湖に向かってむきだしの建物が多すぎる。室内にすわったままで湖の眺めを楽しむのではなく、そのためには湖岸まで足をはこぼうという気もちがほしい。自然・風景の保全に努力しているので有名なボーデン湖では、都市部をのぞいて、湖岸は緑の壁をめぐらし、多くの村や町や住宅はほとんど湖上からはみえず、マリーナ（ヨット・ハーバー）でさえその後ろにかくされている。

遠近さまざまの距離と角度から湖上の眺望を楽しむためには、もっと多様な周航（クルージング）ルートを用意すべきだが、それについてはあとでふれる。

### 2）湖岸道路（車）から見る

湖岸道路の開通とともに、この視点を楽しむ人の数はますます増えている。しかし、車で走りながらたえず開けた湖の眺望を楽しもうというのは、やはり1）の視点と矛盾する。道路にそって適当な間隔で湖を見はらす展望地点をおくだけで、がまんしてもらわなくてはならない。

### 3）高くから見る

これは、誰にも魅力的な視点である。湖岸にあるいくつかの高層ホテルは、デザインや場所に異論はあるにせよ、琵琶湖の新しい眺望を生みだした。近代都市景観地域では、こうした高層ビルディングがおのずから展望点となってゆくだろうが、それ以外の地域では、高層建築はふさわしくないから、山頂などを利用した展望台をもうすこし開発することが必要かもしれない。

風景を楽しむ人々の質も変わりつつある。特定の興味の対象をもたず風景や観光施設を楽しむだけの平均的な観光客は、やはりもっとも多いだろうが、その人々もテレビ番組や案内書などを通じてなにがしかの予備知識をもち、それを確認したいという要求をもっている。一方、相対的に数は少ないが、自然や歴史・文化により深い興味をもち、見たいものがはっきりしている訪問者もどんどん増えつつある。観光の対象としての風景は、単に「眺め」としてだけでなく、その内容にまで立ち入ってこれらの人々の欲求をみたさねばならなくなってきた。

これと関連して、いま都会人を中心に自然志向が高まり、いわゆるエコ・ツーリズムが流行している。この言葉は、もとは欧米の人々が熱帯林の多彩な自然界を観察し楽しむための旅行から始まったが、いまでは日帰りのツアーを含めて、自然をたずねる手軽な国内旅行にも使われている。国立公園などでは、以前からガイドブックや案内板をそなえた自然観察路（ネイチュア・トレイル）が作られているが、湖や川では、それをボートでやれるのが特別な魅力を生み出す。琵琶湖は、そういう水上エコ・ツアーには最適の場所である。また、それに歴史探訪の要素を加えることができるのも、大きな利点である。単に湖心を回遊したり、竹生島まで往復するだけの現存の航路のほかに、もっときめの細かい沿岸周航ルートの開発がのぞまれる。

## 3　自然景観の保護

自然保護の立場から留意してほしいのは、固有の自然景観と生物多様性の保護である。これは、湖岸生態系の持つ環境調節作用、とくに水質浄化作用の強化にもつながる。いまのところ、水質浄化への期待はもっぱらヨシ帯に集中しているようだが、一見生物のいないように見える砂や礫の浜も、活発な微生物の活動によって水質浄化に大きく貢献していることを忘れてはならない。

## 1）岩石湖岸と砂浜

　海津大崎・葛籠尾崎を中心とする北湖の最北部、木之本町・高月町の湖岸、長命寺付近、および竹生島・多景島では、山が水ぎわにせまって急な崖となり、全体として平坦な琵琶湖の湖岸風景を引き立たせていることは、あらためていうまでもない。その背後にまだかなり残っている森林を積極的に保護し、本来の自然景観の復活をはかることが必要である。また、岩石湖岸のすそをふちどる大小の礫の堆積した浜は、貝類（とくにカワニナ類）の琵琶湖特産種[注2]や底生昆虫類[注3]が豊富で、生物多様性保全のためにも重要な存在である。

　砂浜も、決して多いとはいえないので、いま残っている浜、とくにマツ林のある「白砂青松」の風景は、すべて風景維持のために保護すべきであろう。現存するクロマツ林はほとんどが植栽されたもので、自生ではないが、他の海岸植物の分布から見て、もともと自生していたという可能性も否定できない。いずれにせよ、クロマツ林はたえず補植によって眺めを維持してゆく必要がある。しかし、典型的な砂浜には、外国種のマツを植えるのはふさわしくない。ヤシなどを造園的に植えるのも、琵琶湖の風景にはなじまないし、気候的にも健全にそだつことは望めない。

　内陸にある琵琶湖の砂浜に、ハマゴウ・ハマヒルガオ・ハマエンドウなどの典型的な海岸植物が分布しているのは、たいへん珍しい現象で、天然記念物的な価値があり、ふるくから注目されているが、ほとんど保護の手段は講じられていない。2～3の場所を指定して保護すると同時に、砂浜に四輪車・二輪車の乗り入れを禁止しないと、やがて絶滅の危険がある[注4]。

## 2）湿生植物群落

　ヨシを主体とし、マコモ・フトイ・ガマ類・ウキヤガラ・カサスゲなどから成る湖岸の抽水植物群落は、過去数十年間で半減したというが、最近のヨシ保護条例[注5]の施行によって一応の歯止めがかかったことは喜ばしい。すでに湖岸堤の工事でヨシ帯の失われたところでも、栽植による復活が計られはじめた。しかし、それにもかかわらず、ヨシ帯の破壊は少しずつ進行している。ヨシ帯は、ヨシが背高く密生している群落だけに価値があるのではなく、ヨシの密度は低くても、多種類の湿生植物（たとえばシロネ・ドクゼリ・ノウルシ・タコノアシ・ミズオトギリ・ハッカなど。いくつかの希少種・絶滅危急種を含む）が混成しているところが少なくないので、多様性保全のためには別の基準による保護対策を講じなくてはならない。ラムサール条約による指定で有名になった水鳥の本拠もまた、湿地の植生である。

　また、自然状態での湿性湖岸には、抽水草本のほかに、多くのヤナギ類が水辺林を形成していたはずだが、いまは大木の林はほとんど消滅してしまっている。比較的ましなヤナギ林の残っていた安曇川・姉川・犬上川などのデルタも、最近になって破壊がいちじるしい。幸いヤナギ類は成長が早く、また挿し木での繁殖・栽植も容易だから、十種類の自生種がなくならないよう配慮しながら、積極的にヤナギ林の復活を計りたい。それは、湖岸の緑の連続性を復活するためにも、たいへん有効な手段となるだろう。

　また、湖北で岩石湖岸の分布する地域の湖岸植生は、その他の地域のヨシに代わってツルヨシが、ヤナギ林の代わりにハンノキ林が出現するという特徴をもっている。ハンノキ林はヤナギ林をしのぐ高い林になるが、よい林はほとんど破壊されつくしている。これも、保護と育成によって、奥琵琶湖特有の風景としてぜひ復活させたい。

## 3）沿岸の水草帯

　これは通常の風景の構成要素ではないけれども、沿岸植生の一部として切りはなして考えることができないのは、平素は水面下にある水草（沈水植物）帯である。

---

注2）固有種のこと。
注3）水生昆虫類（主に幼虫）のこと。
注4）現在、いくつかの生育地が県の希少野生動植物種の「生息・生育地保護区」に指定されている。
注5）1992年に制定された滋賀県琵琶湖のヨシ群落の保全に関する条例のこと。

湿地保護を目的とするラムサール条約でも、沈水植物の分布する限界あたり（水深6m）までを湿地（ウエットランド）のなかに含めている。沈水植生は、北湖では水深6～7mまで、南湖では3mくらいまで分布しているが、そのうち現在の北湖では、外来種であるコカナダモが3m以深の部分で圧倒的に優勢となり、密生した純群落を形成している。南湖でも、一部にコカナダモの多い水域がある。水際から沈水植物の分布下限までを下部沿岸帯というが、その上半部分には、多少はコカナダモ・オオカナダモのような外来種も混じってはいるが、主としてネジレモ・コウガイモ・クロモ・センニンモ・ササバモ・エビモ・ホザキノフサモ・マツモなどの在来種が繁茂している。

　この在来種水草帯は、沿岸帯でももっとも生物活動のさかんな部分で、底生動物の密度も高く、魚の産卵の場、稚魚の生息地、水鳥の採食地としても重要であり、湖全体の生態系のなかできわめて大きな役割をはたしている。また、下部沿岸帯には、琵琶湖の固有種が集中的に分布しており、貝類ではセタシジミ・タテボシ・オトコタテボシ・イケチョウガイ・メンカラスガイ・マルドブガイ・ササノハガイ・オウミガイ・カドヒラマキガイ・ナガタニシ・十種類にのぼるカワニナ類などの固有種が、すべてここに分布の中心を持つ。なかでも、水草の固有種ネジレモ・サンネンモ、準固有種ヒロハノセンニンモなどの生育する在来種水草帯は、とくに重要である。いまのところ、イケチョウガイを除けば、これらの固有種でただちに絶滅のおそれのあるものはないが、在来水草にはすでに琵琶湖から消滅したものもあり、ネジレモなども減少傾向がいちじるしい。湖中生態系保全のためにも多様性維持の意味からも、この在来種水草帯を湖岸生態系の一部として重要な保護対象とするべきである。

## 4　人文景観の保護

　琵琶湖の原風景の特徴の一つとして自然景観と人文景観の一体性をあげた以上、この問題を取り上げないわけにはゆかないが、われわれのグループにはそれを十分に考察するだけの力がない。ここでは、過去の歴史・文化遺産の保護にふれるにとどめておきたい。

　琵琶湖には、湖岸風景と背後の内陸部をふくめた歴史・文化遺産とを一体として保全し、ユニークな休養地となりうるところが少なくない。竹生島・海津大崎・葛籠尾崎を中心とする奥琵琶湖地域は、その典型的な例で、そこには、古い社寺と十一面観世音群、有名な菅浦文書などの文化財、中・近世を通じて湖上輸送の拠点であったいくつかの港、特異な余呉型の妻入り民家、中世から記録のある雪国には珍しいミカンやビワの畑、その他の歴史・文化遺産が集中しており、一方では、そばだつ岩石湖岸、原生林のおもかげを残す湖畔の照葉樹の寺社林や山地の多雪地型ブナ林、日本での分布南限をなすユキツバキやザゼンソウの群落といった自然景観にも富んでいる。これほど道具だてがそろっていないまでも、同様な条件をそなえた地域はほかにもいくつかある。かつていわれた「国民休養県」の名にふさわしい、新しいタイプの休養基地を構想することはできないだろうか。

　そういう地域では、湖岸の風景にも「町並み保存」の考えを導入して、かつての湖岸の生活を景観として残すことも必要であろう[注6]。たとえば、石積みの湖岸と背後の集落景観との組み合わせ、水中に突き出した細長い板の洗い場のならんだ風景、湖につづく堀や水路、江戸時代の石の常夜燈など。その一部はもちろん意識的に保存されているが、スポットとしての保存でなく、近江八幡の八幡堀で試みられているように、連続した風景として保存・復元することがのぞましい。

---

注6）一部の湖岸景観は文化庁の重要的文化景観（2006～2014年）、日本遺産（2015年）に指定されている（コラム8-1参照）。

巻末表1　琵琶湖岸の5km区間位置

| ブロック番号 | 湖岸図番号 | 湖岸位置 [km] | | 緯度 度　分　秒 | 経度 | 地域名 | 5km区間名 | 行政区画と境界の湖岸の位置 [km] |
|---|---|---|---|---|---|---|---|---|
| | | 始点 | 終点 | | | | | |
| 1 | 1 | 0 | 5 | 35度8分14.5秒 | 135度55分27.7秒 | | 堅田 | 大津市 (2.0km) 南湖始点 |
| 2 | 1 | 5 | 10 | 35度6分10.9秒 | 135度54分56.3秒 | | 雄琴 | 大津市 |
| 3 | 1 | 10 | 15 | 35度5分12.4秒 | 135度53分49.8秒 | | 阪本 | 大津市 |
| 4 | 1 | 15 | 20 | 35度3分49.2秒 | 135度52分53.8秒 | | 唐崎 | 大津市 |
| 5 | 1 | 20 | 25 | 35度1分50.4秒 | 135度52分5.8秒 | | 浜大津 | 大津市 |
| 6 | 1 | 25 | 30 | 35度0分22秒 | 135度53分10.8秒 | 湖南 | 瀬田川 | 大津市 |
| 7 | 1 | 30 | 35 | 34度59分21.1秒 | 135度54分32.3秒 | | 矢橋 | 大津市 (30.71km) 草津市 |
| 8 | 2 | 35 | 40 | 35度1分37.6秒 | 135度54分57.2秒 | | 志那 | 草津市 |
| 9 | 2 | 40 | 45 | 35度3分25.2秒 | 135度55分33.2秒 | | 津田江 | 草津市 |
| 10 | 2 | 45 | 50 | 35度4分32秒 | 135度56分6.4秒 | | 赤野井 | 草津市 (46.72km) 守山市 |
| 11 | 2 | 50 | 55 | 35度5分45.8秒 | 135度56分18.7秒 | | 木浜 | 守山市 (53.0km) 南湖終点 |
| 12 | 2 | 55 | 60 | 35度7分33秒 | 135度57分29.9秒 | | 野洲川 | 守山市 (57.11km) 野洲市 |
| 13 | 2 | 60 | 65 | 35度8分35.3秒 | 135度59分26.8秒 | | 日野川 | 野洲市 (62.70km) 近江八幡市 |
| 14 | 2 | 65 | 70 | 35度8分43.3秒 | 136度1分50.8秒 | | 牧 | 近江八幡市 |
| 15 | 2・3 | 70 | 75 | 35度9分31.7秒 | 136度3分35.1秒 | | 小豆ケ浜 | 近江八幡市 |
| 16 | 3 | 75 | 80 | 35度11分22.7秒 | 136度4分42.5秒 | | 伊崎 | 近江八幡市 |
| 17 | 3 | 80 | 85 | 35度12分4.2秒 | 136度5分33.3秒 | 湖東 | 愛知川 | 近江八幡市 (80.80km) 東近江市 (83.15km) 彦根市 |
| 18 | 3 | 85 | 90 | 35度13分8.6秒 | 136度7分50.8秒 | | 石寺 | 彦根市 |
| 19 | 3 | 90 | 95 | 35度14分27.1秒 | 136度10分35.9秒 | | 宇曽川 | 彦根市 |
| 20 | 3 | 95 | 100 | 35度16分4.1秒 | 136度13分6.4秒 | | 彦根 | 彦根市 |
| 21 | 3 | 100 | 105 | 35度17分39.1秒 | 136度15分23.7秒 | | 米原 | 彦根市 (100.80km) 米原市 |
| 22 | 4 | 105 | 110 | 35度19分51.4秒 | 136度16分8.4秒 | | 田村 | 米原市 (107.45km) 長浜市 |
| 23 | 4 | 110 | 115 | 35度22分18秒 | 136度16分12.1秒 | | 長浜 | 長浜市 |
| 24 | 4 | 115 | 120 | 35度23分16.9秒 | 136度13分39.4秒 | | 八木浜 | 長浜市 |
| 25 | 4 | 120 | 125 | 35度25分0.3秒 | 136度12分5秒 | | 延勝寺 | 長浜市 (120.82km) 湖北町 |
| 26 | 4 | 125 | 130 | 35度27分4.1秒 | 136度11分39.9秒 | | 西野 | 湖北町 (125.72km) 高月町 (129.91km) 木之本町 |
| 27 | 4 | 130 | 135 | 35度29分13.3秒 | 136度11分24.7秒 | | 飯浦 | 木之本町 (134.38km) 西浅井町 |
| 28 | 4・5 | 135 | 140 | 35度30分37.4秒 | 136度10分6.1秒 | 湖北 | 月出 | 西浅井町 (139.88km) 高月町 |
| 29 | 5 | 140 | 145 | 35度29分14秒 | 136度9分40.5秒 | | 杉花 | 高月町 |
| 30 | 5 | 145 | 150 | 35度27分28.7秒 | 136度9分18.2秒 | | 葛籠尾崎 | 高月町 (146.16km) 湖北町 (147.23km) 西浅井町 |
| 31 | 5 | 150 | 155 | 35度27分31.2秒 | 136度8分25.2秒 | | 菅浦 | 西浅井町 |
| 32 | 5 | 155 | 160 | 35度28分36秒 | 136度7分52秒 | | 大浦 | 西浅井町 |
| 33 | 5 | 160 | 165 | 35度28分19.6秒 | 136度6分39.3秒 | | 海津大崎 | 西浅井町 (161.60km) 高島市 |
| 34 | 5・6 | 165 | 170 | 35度27分25.3秒 | 136度4分55.8秒 | | 知内 | 高島市 |
| 35 | 6 | 170 | 175 | 35度26分38.2秒 | 136度2分55.3秒 | | 浜分 | 高島市 |
| 36 | 6 | 175 | 180 | 35度24分20.4秒 | 136度2分41.3秒 | | 今津 | 高島市 |
| 37 | 6 | 180 | 185 | 35度22分23.5秒 | 136度2分51.5秒 | | 新旭 | 高島市 |
| 38 | 6 | 185 | 190 | 35度20分12.2秒 | 136度4分16.3秒 | | 安曇川 | 高島市 |
| 39 | 6 | 190 | 195 | 35度18分47.5秒 | 136度3分27秒 | 湖西 | 萩の浜 | 高島市 |
| 40 | 7 | 195 | 200 | 35度17分38.2秒 | 136度0分59.3秒 | | 白髭浜 | 高島市 (199.77km) 大津市（旧志賀町） |
| 41 | 7 | 200 | 205 | 35度15分50.1秒 | 135度59分27.3秒 | | 北小松 | 大津市（旧志賀町） |
| 42 | 7 | 205 | 210 | 35度13分56.2秒 | 135度57分41.4秒 | | 比良 | 大津市（旧志賀町） |
| 43 | 7 | 210 | 215 | 35度12分19.6秒 | 135度55分47.7秒 | | 蓬莱 | 大津市（旧志賀町） |
| 44 | 7 | 215 | 219.4 | 35度10分0.2秒 | 135度55分26.1秒 | | 和邇川 | 大津市（旧志賀町）(219.4km) |

巻末表2　琵琶湖の湖岸生態系に関連するおもな出来事

| 西暦 | 元号 | 滋賀県 | 国内（国の法律事業を含む） | 国際的な動き |
|---|---|---|---|---|
| 1905 | 明治38年 | 南郷洗堰設置 | | |
| 1940~50 | 昭和15～25年 | 内湖の多くが干拓される | | |
| 1950 | 昭和25年 | | 琵琶湖が日本初の国定公園に指定 | |
| 1961 | 昭和36年 | 瀬田川洗堰完成 | | |
| 1964 | 昭和39年 | ブルーギルが滋賀県に分与される | | |
| 1964 | 昭和39年 | 宇治川に天ケ瀬ダム設置 | | |
| 1965 | 昭和40年 | コカナダモが琵琶湖沿岸で大繁茂 | | |
| 1966 | 昭和41年 | 木ノ浜湖岸埋立完了 | | |
| 1966 | 昭和42年 | | 公害対策基本法 | |
| 1969 | 昭和44年 | 公害防止条例制定 | | |
| 1970 | 昭和45年 | | 水質汚濁防止法制定 | |
| 1971 | 昭和46年 | 琵琶湖鳥獣保護区設定 | | ラムサール条約制定 |
| 1972 | 昭和47年 | 志賀町沖で局部的に赤潮発生 | 琵琶湖総合開発事業の開始（琵琶湖総合開発特別措置法施行） | |
| 1975 | 昭和50年頃 | アユにビブリオ病が大発生 | | |
| 1974 | 昭和49年 | オオクチバス（ブラックバス）が彦根市沖で初めて捕獲 | | |
| 1974 | 昭和49年 | オオカナダモが琵琶湖沿岸で大繁茂 | | |
| 1977 | 昭和52年 | 淡水赤潮の発生が始まる | | |
| 1979 | 昭和54年 | 琵琶湖の富栄養化防止条例制定 | | |
| 1981 | 昭和56年 | アユ産卵用の人工河川の稼働開始 | | |
| 1983 | 昭和58年 | 南湖に初のアオコ発生 | | |
| 1983 | 昭和58年 | 琵琶湖の淡水真珠養殖が不調となり始める | | |
| 1984 | 昭和59年 | ふるさと滋賀の風景を守り育てる条例（風景条例）制定 | 湖沼水質保全特別措置法制定（湖沼法） | 第1回世界湖沼会議を滋賀県で開催 |
| 1985 | 昭和60年 | | 琵琶湖が湖沼法の指定湖沼となる | |
| 1987 | 昭和62年 | アユの冷水病発生の確認 | | |
| 1992 | 平成4年 | ヨシ群落保全条例施行<br>ごみ散乱防止条例施行 | 琵琶湖開発事業終了<br>瀬田川洗堰操作規則制定（新たな琵琶湖の水位操作開始）<br>絶滅のおそれのある野生動植物の種の保存に関する法律（種の保存法）制定 | |
| 1993 | 平成5年 | | 環境基本法制定 | 琵琶湖がラムサール条約の登録湿地となる |
| 1994 | 平成6年 | 琵琶湖水位が基準水位マイナス123cm（観測史上最低水位）を記録 | | |
| 1996 | 平成8年 | 環境基本条例<br>生活排水対策推進条例（みずすまし条例）施行 | | |
| 1997 | 平成9年 | | 琵琶湖総合開発事業終了 | |
| 2000 | 平成12年 | マザーレイク21計画策定<br>滋賀県の大切にすべき野生生物（滋賀県レッドデータブック）発行 | | |
| 2001 | 平成13年 | | | 第9回世界湖沼会議を滋賀県で開催 |
| 2002 | 平成14年 | 琵琶湖のレジャー利用の適正化に関する条例制定<br>ヨシ群落保全条例の改正 | 自然再生推進法制定 | |
| 2003 | 平成15年 | 琵琶湖水位の試行操作開始（琵琶湖河川事務所） | 環境保全活動・環境教育推進法制定 | |
| 2004 | 平成16年 | | 外来生物法制定<br>景観法制定 | |
| 2005 | 平成17年 | | 湖沼水質保全特別措置法改正 | |
| 2006 | 平成18年 | 滋賀県レッドデータブック2005年版<br>ふるさと滋賀の野生動植物との共生に関する条例制定 | 近江八幡の水郷が重要文化的景観第1号に選定 | |
| 2008 | 平成20年 | アユにエドワジエラ・イクタルリ病が発生 | 生物多様性基本法制定 | 西の湖がラムサール条約の登録湿地となる |
| 2009 | 平成21年 | 滋賀県ビオトープネットワーク長期構想策定 | | |
| 2011 | 平成23年 | マザーレイク21計画（第2期）改定<br>滋賀県レッドデータブック2010年版 | | |
| 2012 | 平成24年 | 第6期琵琶湖水質保全計画策定 | | |
| 2015 | 平成27年 | 滋賀県生物多様性地域戦略策定 | 琵琶湖保全再生法制定<br>琵琶湖とその水辺景観が日本遺産（文化庁）に認定 | |
| 2016 | 平成28年 | 滋賀県レッドデータブック2015年版 | | |
| 2017 | 平成29年 | 琵琶湖保全再生計画策定 | | |

（網掛け部は琵琶湖の魚類に関連する出来事）

# 用語説明

## 1 章

**河水統制事業**：降水量の多いときに貯留し、少ないときに貯留水を放流して、洪水調節・水力発電・灌漑等に用いること、すなわち治水と利水を統合して河川を開発するという考え方を、第二次世界大戦前の日本では「河水統制」とよんでいた。1937年に全国の64河川について河水統制事業の調査が始まり、淀川では1940年に「淀川河水統制計画」がまとまった。第二次世界大戦中の1943年に「淀川第1期河水統制事業」が開始され、戦後の1951年に終了した。主な事業としては、瀬田川の浚渫や大戸川の付け替えが行われた。

**環境省レッドリスト**：日本に生息又は生育する野生生物について、専門家で構成される検討会が、生物学的観点から個々の種の絶滅の危険度を科学的・客観的に評価し、その結果をリストにまとめたもの。絶滅（EX）、野生絶滅（EW）、絶滅危惧IA（CR）、絶滅危惧IB（EN）、絶滅危惧II類（VU）、準絶滅危惧（NT）、情報不足（DD）などのカテゴリーが設定されている。

**湖棚**：湖岸に沿った水深1～数mの浅い平坦な湖底地形のこと。湖棚は、生物生産が盛んで、生物多様性に富み、魚介類の産卵場所や魞などの低地漁具をすえつける場所でもある。

**固有種**：世界で限られた地域に分布する種のこと。

**水温躍層**：湖沼や海洋では、太陽光の放射熱で表面水が温められた結果、暖かくて軽い水が上層に（表水層）、冷たくて重い水が下層（深水層）に分布するが、その間にできる温度変化の大きい層のこと。琵琶湖のように十分な水深のある温帯の湖沼では、水温躍層は10～15℃におよぶ温度差がある。

**生物多様性国家戦略**：1992年にリオデジャネイロで開催された「環境と開発に関する国連会議」で採択された生物多様性条約第6条、および生物多様性基本法（2008年）第11条の規定にもとづき、生物多様性の保全と持続可能な利用に関して策定された政府の基本的な計画。日本では1995年に最初の戦略が決定され、2008年に「生物多様性基本法」が制定されてからは、生物多様性国家戦略が法定のものとなった。2010年に名古屋市で開催された生物多様性条約第10回締約国会議（COP10）で採択された愛知目標では、2020年を目途とする短期目標（生物多様性の損失を止めるために効果的かつ緊急な行動を実施する）と2050年を目途とする長期目標（自然と共生する世界）が設定され、各国の生物多様性国家戦略のなかに組み込んでいくことが求められた。それを受けて、日本では5番目の国家戦略となる生物多様性国家戦略2012-2020（2012年）が策定され、このなかで愛知目標達成に向けたロードマップが設定されている。

**生物多様性の主流化**：生物多様性条約第10条に規定された、（自国の）意志決定過程（政策など）における生物多様性への配慮の組み込みをさす。

**瀬田川洗堰**：琵琶湖の水の出口である瀬田川の流量をコントロールし、琵琶湖の水位と下流の水の量を人為的に調節している堰で、1905年に建設された（南郷洗堰）。現在は、1961年に建設された新洗堰で琵琶湖水位を操作している。

**日補償深度**：植物プランクトンや沈水植物が光合成で生産した有機物の量と、これら植物の呼吸によって消費された有機物の量とが釣り合った水深のこと。光合成生物は、日補償深度より深い水深では生きていけない。

**琵琶湖基準水位（Biwako Surface Level）**：1847年から測定されている琵琶湖水位の零点高のこと。後に大阪湾最低潮位（OPB）+85.614m（=東京湾中等水位 TP+84.371m）として定められた。

**分類群**：生物の分類において、門、綱、目、科、属や種などの分類階級に位置づけられる生物の集合のこと。

## 2 章

**アカホヤ火山灰**：正式名称は「鬼界アカホヤ火山灰」と呼び、約7,300年前に、九州南部のトカラ列島のある鬼界カルデラから噴出し、九州はもとより、東北地方まで降下が及んだ。琵琶湖湖底や周辺では3～5cmの厚さで堆積していることが多い。オレンジ色を呈することが多く、宮崎県でアカホヤと呼ばれていた地層にあたることから命名された。記号はK-Ahで、AKの略称も使われる。この火山灰は各地で縄文早期と前期を分ける鍵層となった。

**右岸と左岸**：川の上流から下流に向かって右側を右岸、左側を左岸という。

**円弧状三角州**：河口付近で分岐した河川間の低地が埋積されて、海岸（湖岸）線が円弧状になったもの。現在とかつての安曇川の形成した湖西平野の湖岸線や、野洲川の旧南流と北流の河口付近がこれにあたる。

**オルソ補正**：航空機や人工衛星等から撮影した空中写真は、空中の1点から面的に撮影しているため、カメラから撮影対象物までの距離の違いにより写真に歪みが生じる。歪みは、写真の中心から縁に向かうほど、また、高い建物や山間部のように地面から高いほど大きくなりなる。この歪みを修正することをオルソ補正といい、オルソ補正をかけた写真画像をオルソ補正画像という。

**開析**：一定の連続性を有した地形面が、侵食などの影響により、多くの谷が形成され、地形面が細分される事象。台地面や古い扇状地が新たな河川の下方侵食や側方侵食により、沖積面より高い位置に残されているもので、近江盆地では、愛知川中流の低位段丘面が開析扇状地の好例である。

**河岸段丘**：河川沿いに発達する階段状の地形で、相対的な土地の隆起で形成されたものである。平坦な段丘面と急崖の段丘崖からなる。かつての扇状地面が、新たな河川によって侵食されて段丘化したものを開析扇状地と呼び、愛知川中流の低位段丘がその典型例となっている。また、かつての谷底平野面が段丘化したものとしては、安曇川中流部など多くの例がある。

**砂堆**：現在及び過去の海岸、湖岸付近にあって波浪、沿岸流によって形成された、砂または礫からなる列状の微高地。浜堤、砂州、砂嘴などの微高地もこれにあたる。砂丘は風によって運ばれた砂からなる小高い丘で砂堆とは区別される。

**三角州**：河川によって運搬された砂や粘土が河口付近に堆積して形成される低平な地形面。堆積物の量や河口付近の地形、沿岸流の強さなどによって、形態が次のように別れる。

**自然堤防**：平野内を流れる河川が洪水のたびに河道からあふれ、河川沿いに砂質の堆積物を残して形成した微高地の列。周辺の低地（後背湿地や三角州面）とは1～2m程度の高度差があり、村落や果樹園・畑地が立地する場合が多い。琵琶湖周辺では、大きな河川沿いと、旧河道に沿って発達しており、古い集落の立地と一致する場合が多い。自然堤防の周辺の低地は後背湿地とよばれ、水田に利用されている。

**条里制**：日本の古代の土地区画制度。土地を1町（約109m）の正方形に区分するという特徴がある。耕地を6町（約654m）間隔で縦、横に区切り、東西列を条、南北列を里という。さらにこれを1町間隔の正方形に区画し、その区画を坪という。すなわち1里を36坪とした。明治以降は耕地整理法に基づき、土地区画整理が行われたが、条里による整形区画の広がる西日本においては土地区画整理が必要でなく、圃場整備前まで残っている場合が多かった。琵琶湖周辺の平野にも多く見られた。

**尖状三角州**：河川の土砂運搬力が強く、一本の川によって沖合に尖った形の海岸（湖岸）を形成したもの。姉川や和邇川河口などがこの形態に似ている。カプス状三角州ともいう。

**扇状地**：河川が谷口から平野に出る地点を頂点に砂礫を堆積してできる地形で、氾濫のたびに流路が変わり扇形になることが多い。野洲川、姉川などの規模の大きいものをはじめ、形態が見事で地形図学習に使われる百瀬川、比良山脈や比叡山地から琵琶湖に注ぐ複数の小河川が形成した複合扇状地など大小さまざまなものが見られる。

**鳥趾状三角州**：河口付近で何本にも分岐した河川によって作られた自然堤防が沖合に延び、鳥の

趾や手のひらののようにそれぞれの河口が広がったもの。琵琶湖岸では規模は小さいが雄琴川の新旧の河道によって形成されたものがある。

**天井川**：河床面が周辺の平野より高くなった河川。近世以降、堤防が固定され、河床内の堆積が増大し河床が上昇しはじめた。そのため洪水防止のために堤防のかさ上げが繰り返され、高い堤防が構築された。旧草津川、百瀬川下流をはじめ、瀬田丘陵・甲賀丘陵の周辺、比良山麓の河川など多数みられ、現在でも道路や鉄道が河川の下をくぐっているものがある。

**氾濫原**：洪水時に流路からあふれた流水によって運ばれた土砂が堆積した低平な土地のうち、勾配から見て、主に扇状地と三角州の中間的な地帯の総称である。氾濫原の中には、河川沿いの自然堤防、河川から離れた低平な後背湿地、旧流路跡や河跡湖（三日月湖）などが見られ、自然堤防帯と呼ばれることも多い。野洲川下流平野では扇状地と三角州の間に見られ、標高95mから87m付近までで、平均勾配は2〜4‰程度である。

**浜堤**：波浪によって打ち上げられた主に砂の堆積によってできる微高地で、海岸（湖岸）線に沿って平行に形成される。古い海岸線に沿ってできたものは内陸にも列をなして残存している。砂丘に比べると高度は低く範囲も狭い。琵琶湖湖岸には湖東や湖北・湖西平野の湖岸を縁どるように発達し、水泳場や保養施設に利用されている。また、浜堤の内側には多くの内湖も見られた。

## 3 章

**注意**：3章の用語説明は、本文で使われているところの意味であり、その用語の意味を全て含むものではないことに留意願いたい。

**撹乱体制**：台風等の自然現象によってもたらされる撹乱の主体、強度、規模、再来間隔によって示される「場」の環境特性。

**群集**：植物社会学のZM学派では、全構成種のリストとその組み合わせによって群落を分類する。この分類法で、分類学の種にあたる基本単位が群集である。群集に未分類のものは便宜上群落名で示すこともある。

**植生図**：植生調査の結果に基づいて、植生単位によって区分した地図。

**植生遷移**：気候や環境の変化に伴って植生が変化していくこと。

**植生単位 (syntaxa)**：植物社会学で植物群落を不連続な単位性のあるものとして分類した時の単位。植生単位の命名規則は、国際植物社会学命名規約により定められている。

**植物社会学的調査**：国をはじめとする行政機関や環境アセスメントで広く利用されている植物社会学的手法による植生調査。ブロン・ブロンケ (1964) 法とも言われる。

**侵略的外来種**：外来種のうち、地域の自然環境に大きな影響を与え、生物多様性を脅かすおそれのあるもの。

**相観**：植物群落の外観を全体的、大局的、視覚的にとらえたもの。

**抽水植物**：水生植物のうち、茎や葉が水面より上に出て空気中にある生育形を持つ植物。

**沈水植物**：水生植物のうち、一生にわたって植物体全体が水中に没した状態で成長する植物。

**物質循環**：炭素、窒素、リンなどの元素の自然環境中での流れ。

**浮遊植物**：水生植物のうち、根が水底から生えておらず、水面または水中を浮遊する植物。

**浮葉植物**：水生植物のうち、茎や葉柄が水底から伸びて葉を水面上に展開する植物。

## 4 章

**帰化植物**：他国から運ばれてきた植物や種子が、その国に土着し自生するにいたったもの。

**早崎ビオトープ**：滋賀県長浜市の早崎内湖に作られた干拓地の水田17haを灌水し、自然再生の実験を行っている地域。

**フライウェイ**：地球規模で渡り鳥の渡りをみた時の主要な経路のこと。日本は、東アジア・オーストラリア地域フライウェイに含まれる。

## 5 章

**後背地**：河川や湖、海に面したときの背後に広がる陸地のこと。

**数量化第3類**：多変量解析の一種で、質的デー

タを用いて、項目間の関係を相関係数を用いて表す手法。

## 6 章

**世界自然保護基金（WWF）**：1961年、スイスに設立された国際自然保護団体で、約100カ国に支部がある。

**中期中新世**：地質時代の一つで、約2,300万年前から約500万年前までの期間で、日本列島が形成された時期でもある。

**圃場整備事業**：耕地区画や用排水路の整備、土壌改良、農道の整備、耕地の集団化を実施することで労働生産性の向上を図り、農村の環境条件を整備する事業のこと。

## 8 章

**大阪湾最低潮位（OP）**：大阪湾における潮汐の最低値を定めたもので、淀川水系の河川管理に使われている。OP=T.P.＋1.30mで定められる。

**迎洪水位**：洪水時における琵琶湖の最高水位を低下させ、浸水時間を短縮するため、洪水を迎えるにあたってあらかじめ洪水位を下げておく場合の水位のこと。琵琶湖では、瀬田川洗堰操作規則にもとづき、6月16日〜8月31日までは琵琶湖基準水位（B.S.L.）－0.2m、9月1日〜10月15日まではB.S.L.－0.3mの洪水期制限水位を維持することで、最高水位が0.2mもしくは0.3m低下するとともに洪水期間の短縮を図ることとされた。

**顕花植物**：花をつける植物のこと。

**瀬田川の疎通能力**：琵琶湖水位がB.S.L.±0mのとき、瀬田川を流下することのできる水量をさす。通常は800㎥/秒である（琵琶湖の水位がB.S.L.＋1.4mの場合は、1,200㎥/秒）。

**東京湾中等水位（TP：Tokyo Pail）**：東京湾平均海面を基準にした高さで、全国の標高の基準となる海水面の高さのこと。

**内水**：河川の場合、堤防より外側（河川の側）を流れる水を外水といい、堤防より内側（陸側）にある水を内水という。琵琶湖の場合、湖岸堤の内側（陸側）の水田や河川にある水を内水という。

**内水排除施設**：琵琶湖周辺の守山、菖蒲、大同川、米原、早崎、松の木の沿岸域で、湛水が常襲する（氾濫がしばしば生じる）6地区に建設する11の排水機場を指す。湖水位が上昇することによって、河川や排水路から湖への排水が不可能となり、湖辺の低地に水が集まって、広範囲にわたり相当の湛水被害がでる地区につくられる。

# 引用文献

■ 1章

Ash, A., A. de Chambrier, T. Shimazu, A. Ermolenko and T. Scholz (2015) An annotated list of the species of *Gangesia* Woodland, 1924 (Cestoda: Proteocephalidea), parasites of catfishes in Asia, with new synonyms and a key to their identification. Systematic Parasitology, 91 (1) : 13-33.

秋田裕毅 (1997) びわ湖湖底遺跡の謎．創元社．

秋山道雄 (1999) 沿岸域管理の課題と方法．pp.235-259．阿部泰隆・中村正久（編）『湖の環境と法』．信山社．

秋山道雄 (2013) 沿岸エコトーンにおける資源管理の枠組みと方法―生物多様性をめぐる課題を中心として―．商学論集（福島大学経済学会），81 (4) : 57-72.

秋山道雄 (2017) ラムサール条約湿地としての琵琶湖―登録が果たした機能を中心に―．地理科学, 72 (3) : 1-16.

青野壽郎・尾留川正平（編）(1976) 日本地誌第13巻 近畿地方総論 三重県・滋賀県・奈良県．二宮書店．

琵琶湖治水会 (1968) 琵琶湖治水沿革誌 第1巻．

「琵琶湖」編集委員会（編）(1983) 琵琶湖―その自然と社会．サンブライト出版．

琵琶湖河川事務所 (2004) 生命のゆりかご，琵琶湖を守る．第1編，第2編．

琵琶湖河川事務所 (2006) 生命のゆりかご，琵琶湖を守る．第1編 うおじまプロジェクト編，第2編 琵琶湖の水位編．

琵琶湖河川事務所 (2014) 環境に配慮した瀬田川洗堰試行操作に関する取り組みについて．http://www.biwakokasen.go.jp/others/specialistconference/wg/pdf19/data02.pdf

びわ湖生物資源調査団 (1966) びわ湖生物資源調査団中間報告．近畿地方建設局．

藤野良幸 (1988) 琵琶湖の水位変動と洗堰操作について．琵琶湖研究所所報, 6: 18-25.

藤原公一・臼杵崇広・根本守仁 (1997) ニゴロブナ資源を育む場としてのヨシ群落の重要性とその管理の在り方．琵琶湖研究所所報, 16: 86-93.

芳賀裕樹・大塚泰介 (2008) 琵琶湖南湖の沈水植物の分布拡大はカタストロフィックシフトで説明可能か？ 陸水学雑誌, 69: 133-141.

濱 修 (1994) 湖底の遺跡と集落分布．琵琶湖博物館開設準備室研究調査報告, 2: 97-110.

Hamabata, E. and Y. Yabu'uchi (2012) Submerged macrophyte flora and its long-term changes. pp. 51-59. In : Kawanabe, H., M. Nishino and M. Maehata (eds.) "Lake Biwa: Interactions between Nature and People." Springer.

細谷和海（編）(2015) 日本の淡水魚―山渓ハンディ図鑑15．山と渓谷社．527pp.

池田 碩 (2007) 琵琶湖と湖底地形．pp.52-53. 琵琶湖ハンドブック編集委員会（編）『琵琶湖ハンドブック』．滋賀県．

池田 碩・大橋 健・植村善博 (1991) 滋賀県・近江盆地の地形．pp.105-295. 滋賀県自然保護財団（編）『滋賀県自然誌』．滋賀県．

石川 統・黒岩常祥・塩見正衛・松本忠夫・守 隆夫・八杉貞雄・山本正幸（編）(2010) 生物学辞典．東京化学同人．

加藤峰夫 (2011) 自然環境とアメニティの保全．pp. 317-367. 阿部泰隆・淡路剛久（編）『環境法 第4版』．有斐閣．

環境省 (2015) 環境省レッドリスト2015の公表について http://www.env.go.jp/press/101457.html

環境省生物多様性及び生態系サービスの総合評価に関する検討会 (2016) 生物多様性及び生態系サービスの総合評価報告書．環境省自然環境局自然環境計画課生物多様性地球戦略企画室．

小林 博 (1984) 琵琶湖の水位変動．pp. 638-645.『草津市史 2巻．近世中・後期の人々』．草津市．

近畿地方建設局 (1974) 淀川百年史．建設省近畿地方建設局．

近畿地方建設局・水資源開発公団 (1993) 淡海よ永遠に．I, II. 総論・計画編．

北澤武夫・辰己 勝 (1990) 地形分類による琵琶湖湖岸の地域区分．pp. 38-63.（株）総合計画機構『平成元年度琵琶湖研究所委託研究報告書 湖岸における土地条件』．

吉良竜夫 (1990) 地球環境の中の琵琶湖．人文書院．

小谷 昌 (1971) 琵琶湖の湖底地形およびその環境．pp.125-175. 琵琶湖国定公園調査報告団（編）『琵琶湖国定公園調査報告』．滋賀県．

宮本　昇・臼井義幸・柳田英俊・和田圭子・工藤慶庸（2005）大型底生動物（貝類）移動能力実験業務．琵琶湖淀川水質浄化共同実験センター年報, 7: 39-52.

水資源機構琵琶湖開発総合管理所（2001）琵琶湖沈水植物図説．146pp.

Nagasawa, K., T. Umino & M. J. Grygier (2007) Parasites may be useful biological tags for identifying ayu (*Plecoglossus altivelis*) (Salmoniformes: Plecoglossidae) of Lake Biwa origin stocked into rivers. Aquaculture Science, 55 (3) : 477-481.

Nagasawa, K. and M. Nitta (2015) Rediscovery of a fish acanthocephalan, *Acanthocephalus minor* (Echinorhynchida: Echinorhynchidae), in the Lake Biwa basin, central Japan, with a review of the fish acanthocephalan fauna of the basin. Species Diversity, 20（1）: 73-81.

中坊徹次（2013）日本産魚類全種の検索．第3版．東海大学出版会．

日本沿岸域学会HP　日本沿岸域学会とは（http://jaczs.com/01-association/gaiyou/index.html　2016年9月）

日本陸水学会（編）（2006）陸水の辞典．講談社．

西野麻知子（1996）1994年の水位低下からの底生動物群集の回復過程．滋賀県琵琶湖研究所所報, 13: 6-39.

西野麻知子・浜端悦治（編）（2005）内湖からのメッセージ．サンライズ出版．

Nishino, M. (2012) Biodiversity of Lake Biwa. pp. 31-36. In; "Kawanabe, H., M. Nishino and M. Maehata (eds.) Lake Biwa: Interactions between Nature and People." Springer.

西野麻知子（2012）底生動物．pp. 192-193．琵琶湖ハンドブック編集委員会（編）『琵琶湖ハンドブック改訂版』．滋賀県．

西野麻知子（2014a）琵琶湖の底生動物における種多様性の現状．水環境学会誌, 37:92-96.

西野麻知子（2014b）琵琶湖における人為的水位操作と生態系への影響．pp. 103-128．谷田一三・江崎保男・一柳英隆（編）ダムと環境の科学Ⅲ．エコトーンと環境創出．京都大学出版会．

桜井善雄（1992）湖岸・河岸の自然環境．水環境学会誌,15（5）: 2-10.

西條八束・三田村緒佐武（1995）新編湖沼調査法．講談社．

斉藤憲二（2015）くらべてわかる淡水魚．山と渓谷社．

滋賀県琵琶湖環境部環境政策課（2016）滋賀の環境2015（平成27年版環境白書）．

滋賀県生きもの調査委員会（編）（2016）滋賀県で大切にすべき野生生物—滋賀県版レッドデータブック2015年版—．サンライズ出版．

庄建治朗・冨永晃宏（2000）古日記天候記録による琵琶湖歴史洪水の復元．水工学論文集, 44: 371-376.

鈴木隆仁（2016）イタチムシの世界をのぞいてみよう．琵琶湖博物館ブックレット③．サンライズ出版．

Timoshkin, A. O., M. J. Grygier, E. Wada, K. Nakai, S.I. Genkal, V. I. Biserov, et al. (2011) Biodiversity of Lake Biwa: new discoveries and future potential. pp. 1439-1517. In: Timoshkin, O. A. (ed.) "Index of Animal Species inhabiting Lake Baikal and its Catchment Area. Vol. 2. Basins and channels in the south of East Siberia and North Mongolia". Nauka, Nobosibirsk.

Tsujimura, S. and S. Ichise (2012) Characteristics of the phytoplankton flora and ling-term changes in the phytoplankton community of Lake Biwa. pp. 41-48. In : Kawanabe, H., M. Nishino and M. Maehata (eds.) (2012) "Lake Biwa: Interactions between its Nature and People." Springer.

津森ジュン（2008）琵琶湖の保全と再生に向けた河川管理の取り組み：瀬田川洗堰の試行操作と湖岸域の修復．土木技術資料, 50: 32-35.

浮田典良（1983）自然と景観．p. 9. 林屋辰三郎・飛鳥井雅道（編）『新修　大津市史6　現代』．大津市．

浦部美佐子（2016）湖と川の寄生虫たち．琵琶湖博物館ブックレット②．サンライズ出版．

Urabe, M., T. Nishimura and T. Shimazu (2012) Taxonomic revision of three species of the genus *Genarchopsis* (Digenea: Hemiuroidea: Derogenidae) in Japan by molecular phylogenetic analyses. Parasitology International, 61（4）: 554-560.

山本敏哉・遊磨正秀（1999）琵琶湖におけるコイ科仔魚の初期生態：水位調節に翻弄された生息環境．pp. 193-203．森　誠一（編）『淡水生物の保全生態学』信山社サイテック．

淀川水系流域委員会（2007）琵琶湖の水位操作をめぐる論点と課題．

■2章

秋田裕毅（1997）びわ湖底遺跡の謎．創元社．

東　善広（2009）明治時代の地形図からみた湖岸地形の変化．pp.61-66．西野麻知子（編）『とりもどせ！琵琶湖・淀川の原風景』．サンライズ出版．

びわ湖生物資源調査団（編）（1966）『びわ湖生物資源調査団— 中間報告—』．1116pp．近畿地方建設局．

琵琶湖流域研究会（2003）琵琶湖流域を読む　下．サンライズ出版

濱　修（1988）琵琶湖湖底遺跡の調査の現状．滋賀県文化財保護協会紀要, 1:1 - 12.

浜端悦治（2003）琵琶湖における夏の渇水と湖岸植生面積の変化．琵琶湖研究所所報, 20, 134-145.

池田　碩・大橋　健・植村善博（1991）滋賀県・近江盆地の地形．pp.105-295. 滋賀県自然保護財団（編）『滋賀県の自然誌』．滋賀県．

池田　碩・西野麻知子（2005）地図でたどる「早崎内湖」の生い立ちと今．pp. 211-212. 西野麻知子・浜端悦治（編）『内湖からのメッセージ』．サンライズ出版．

金子有子・東　善広・石川可奈子・井上栄壮・西野麻知子（編）（2011）琵琶湖岸の環境変遷カルテ．滋賀県琵琶湖環境科学研究センター．

北澤武夫・辰己　勝（1990）地形分類による琵琶湖湖岸の地域区分．pp. 38 - 63.（株）総合計画機構『平成元年度琵琶湖研究所委託研究報告書　湖岸における土地条件』．

宮本真二・福澤仁之（2001）最終氷期意向の琵琶湖の湖水位・汀線変動．地球, 23（6）：381 - 386.

西野麻知子（2005）内湖の変遷．pp.41-49. 西野麻知子・浜端悦治（編）『内湖からのメッセージ』．サンライズ出版．

大塚泰介・岩崎敬二・熊谷明生・小西民人（1996）琵琶湖南湖東岸における抽水植物帯面積の減少について．陸水学雑誌, 57（3）：261-266.

滋賀県（1980）湖沼調査報告書 1979（第2回自然環境保全基礎調査）．

滋賀県（1985）湖沼調査報告書 1984（第3回自然環境保全基礎調査）．

滋賀県（1992）ヨシ群落現存量等把握調査報告書（ヨシ群落調査編）．

滋賀県水産試験場編（1954）水位低下対策（水産生物）調査報告書．

髙橋　学（1994）琵琶湖沿岸平野の地形環境分析．琵琶湖博物館開設準備室研究報告書, 2: 71-85.

瀧健太郎・児玉好史・都築隆禎・伊藤禎和・加藤陽平（2007）琵琶湖湖岸域における湖岸保全施設によらない湖岸管理の実現可能性に関する一考察，リバーフロント研究所報告, 18: 137-144.

谷岡武雄（1964）平野の開発．古今書院．

辰己　勝（2005）近江盆地・琵琶湖—日本最大の湖を湛える盆地．pp.16 - 31. 池田　碩（編）『地形と人間』．古今書院．

辰己　勝（2004）琵琶湖湖岸平野の形成と変遷—野洲川下流平野を中心として．pp. 77 - 86. 日下雅義（編）『地形環境と歴史景観』古今書院．

辰己　勝（2008）湖岸環境変遷調査（土地条件）、平成19年度滋賀県琵琶湖環境科学研究センター研究報告書．

辰己　勝（2008）琵琶湖湖岸における地形環境の変遷について—その1．南湖沿岸を中心として．近畿大学教育論叢, 20（1）：59 - 79.

辰己　勝（2009）琵琶湖湖岸における地形環境の変遷について—その2．北湖の湖岸を中心として．近畿大学教育論叢, 21（1）：49 - 79.

辰己　勝・東　善広（2011）琵琶湖岸の地形変遷．月刊地理, 56（7）：39 - 48.

辻　広志（1993）野洲川下流高水敷で発見されたM7.6の地震跡—滋賀県野洲郡中主町・堤遺跡—．滋賀考古, 9: 63 - 66.

外山秀一（1993）野洲川下流域の環境分析．pp.42 - 72. 中主町教育委員会（編）『中主町内遺跡分布調査（Ⅱ）調査報告書』．中主町．

植村善博（2001）比較変動地形論．古今書院．

横田洋三（1994）考古資料から見た琵琶湖湖岸の地形的歴史環境、琵琶湖博物館開設準備室研究調査報告, 2: 111-130.

野洲川放水路工事誌編纂委員会編（1985）野洲川放水路工事誌．建設省近畿地方建設局琵琶湖工事事務所．

■3章

東　善広（2007）琵琶湖と土地利用．pp.160-161. 琵琶湖ハンドブック編集委員会（編）．『琵琶湖ハンドブック』．滋賀県．

東　善広（2009）明治時代地形図からみた湖岸地形の変化．pp. 61-66. 西野麻知子（編）『とりもどせ！琵琶湖・淀川の原風景』．サンライズ出版．

東　善広（2014）琵琶湖南湖における水位変動にともなう冠水分布変化の解析．環境情報科学論文集, 28: 149-154.

Clevering, O. A. and J. Lissner (1999) Taxonomy, chromosome numbers, clonal diversity and population dynamics of *Phragmites australis*. Aquatic Botany, 64: 185-208.

藤井伸二（2009）植物からみた琵琶湖・淀川水系の特性．原野・準原野の植物と寒地性植物．pp. 68-85. 西野麻知子（編）『とりもどせ！琵琶湖・淀川の原風景』．サンライズ出版．

Hanganu, J., G. Mihail and H. Coops (1999) Responses of ecotypes of *Phragmites australis* to increased seawater influence: a field study in the Danube Delta, Romania. Aquatic Botany, 64: 351- 358.

Hansen, D. L., C. Lambertini, A. Jampeetong and H. Brix (2007) Clone-specific difference in *Phragmites australis*: effects of ploidy level and geographic origin. Aquatic Botany, 86: 269- 279.

金子有子（2009）ヨシ原保全．pp.31-48. 西野麻知子（編）『とりもどせ！琵琶湖・淀川の原風景』．サンラ

イズ出版.

Kaneko, Y. (2012) Invasive alien plant species in the shore areas surrounding Lake Biwa. pp. 485-490. in H. Kawanabe et al. eds. "Lake Biwa: Interactions between Nature and People". Springer.

Kaneko, Y. and M. Ashiya (2012) Conservation and restoration of common reed marshes. pp. 449-454. In: Kawanabe, H., M. Nishino and M. Maehata (eds.) "Lake Biwa: Interactions between Nature and People." Springer.

金子有子・東　善広・石川可奈子・井上栄壮・西野麻知子（編）(2011) 琵琶湖岸の環境変遷カルテ．滋賀県琵琶湖環境科学研究センター．

金子有子・東　善広・辰巳　勝・佐々木　寧・栗林　実・石綿真一・井上栄壮・小林　貞・石川可奈子・芳賀裕樹・西野麻知子 (2009) 湖岸生態系の保全・修復および管理に関する政策課題研究．琵琶湖環境科学研究センター研究報告書, 5：55-85.

金子有子・東　善広・佐々木　寧・辰巳　勝・橋本啓史・須川　恒・石川可奈子・芳賀裕樹・井上栄壮・西野麻知子 (2012) 湖岸生態系の保全・修復および管理に関する政策課題研究—湖岸地形と生物からみた琵琶湖岸の現状と変遷および保全の方向性—．琵琶湖環境科学研究センター研究報告書, 7: 113-149.

金子有子・佐々木　寧 (2016) 琵琶湖湖岸域における近年の植生変化について．東洋大学紀要　自然科学篇, 60: 77-83.

環境省 (2015a) 環境省レッドリスト 2015　http://www.env.go.jp/press/files/jp/28075.pdf

Kettenring, K. M., K. L. Mercer, C. R. Adams and J. Hines (2014) Application of genetic diversity-ecosystem function research to ecological restoration. Journal of Applied Ecology, 51: 339-348.

国際生態学センター (2009) 日本植生体系ウェブサービス　http://www.jise.jp/db/index.html

前迫ゆり・野間直彦・金子有子・横川昌史・渡部俊太郎・東　善広 (2012) 滋賀県犬上川流域におけるタブノキ林の多様性保全の必要性．地域自然史と保全, 34 (2)：165-179.

宮脇　昭・奥田重俊・藤原陸夫 (1994) 改訂新版日本植生便覧．至文堂．

Nakagawa, M., T. Ohkawa and Y. Kaneko (2013) Flow cytometric assessment of cytotype distributions within local populations of *Phragmites australis* (Poaceae) around Lake Biwa, the largest lake in Japan. Plant Species Biology, 28 (1)：94-100.

中島拓男 (2001) 湖岸域の重要性．pp.117-122. 琵琶湖百科編集委員会（編）『知ってますかこの湖を　びわ湖を語る50章』．サンライズ出版．

中辻崇浩・中村圭吾・天野邦彦 (2006) 湖岸植生帯の分布を制限する波浪・地形条件．土木学会論文集G, 62 (1)：135-140.

西野麻知子（編）(2009). とりもどせ！琵琶湖・淀川の原風景．サンライズ出版．

Noda, A, Y. Mitsui, H. Ikeda and H. Setoguchi (2011) Long-term isolation of coastal plant *Calystegia soldanella* in an ancient lake Biwa, Japan. Biological Journal of the Linnean Society, 102: 51-66.

Ohtsuki, T., Y. Kaneko and H. Setoguchi (2011) Isolated history of the coastal plant *Lathyrus japonicus* (Leguminosae) in Lake Biwa, an ancient freshwater lake. AoB PLANTS 2011 plr021.

Ohtsuki, T., T. Shoda, Y. Kaneko and H. Setoguchi (2013) Development of Microsatellite Markers for *Vitex rotundifolia* (Verbenaceae), an endangered coastal plant in Lake Biwa, Japan. Applications in Plant Sciences, 2 (4)：1300100.

佐々木　寧 (1991) 湖岸植生による琵琶湖の地域区分．pp.19-33.『琵琶湖湖岸の景観生態学的区分』．滋賀県琵琶湖研究所．

佐々木寧 (1995) 琵琶湖の植生環境調査．埼玉大学教養部紀要（自然科学篇), 30：1-52.

Sasaki, Y., Y. Murakami and Y. Kaneko (2012) Characters and change of shore vegetation in the Lake Biwa. pp. 169-174. In: Kawanabe, H., M. Nishino and M. Maehata (eds.) "Lake Biwa: Interactions between Nature and People." Springer.

滋賀県生きもの調査委員会（編）(2016) 滋賀県で大切にすべき野生生物　滋賀県レッドデータブック2015年版．サンライズ出版．

Tomimatsu, H., K. Nakano, N. Yamamoto and Y. Suyama (2014) Effects of genotypic diversity of *Phragmites australis* on primary productivity and water quality in an experimental wetland. Oecologia, 175: 163-172.

Watanabe, S., Y. Kaneko, Y. Maesako and N. Noma (2014) Range expansion and lineage admixture of the Japanese evergreen tree *Machilus thunbergii* in central Japan. Journal of Plant Research, 127 (6)：709-720.

■4章

Canfield, D. E. Jr., J. V. Shireman, D. E. Colle, W. T. Haller, C. E. Watkins, II and M.J. Maceina (1984) Prediction of chlorophyll a concentrations in Florida Lakes: importance of aquatic macrophytes. Canadian Journal of Fisheries and Aquatic Sciences, 41: 497-501.

Charalambidou, I. and L. Santamaria (2002) Waterbirds as endozoochorous dispersers of aquatic organisms: a review of experimental evidence. Acta Oecologica - International Journal of Ecology, 23: 165-176.

Charalambidou, I., L. Santamaria, C. Jansen and B. A. Nolet (2005) Digestive plasticity in Mallard ducks modulates dispersal probabilities of aquatic plants and crustaceans. Functional Ecology, 19 (3) : 513-519.

Darwin, C. (1859) On the Origin of Species by Means of Natural Selection. Random house.

(独) 水資源機構琵琶湖開発総合管理所 (2006) 琵琶湖沈水植物図説. 146pp.

(独) 水資源機構琵琶湖開発総合管理所 (2009) 琵琶湖沈水植物図説. 253pp.

Figuerola, J. and A. J. Green (2002) Dispersal of aquatic organisms by waterbirds: a review of past research and priorities for future studies. Freshwater Biology, 47: 483-494.

Figuerola, J., L. Santamaría, A. J. Green, I. Luque, R. Alvarez and I. Charalambidou (2005) Endozoochorous dispersal of aquatic plants: does seed gut passage affect plant performance? American Journal of Botany, 92: 696-699.

藤井伸二・志賀 隆・金子有子・栗林 実・野間直彦 (2008) 琵琶湖におけるミズヒマワリ（キク科）の侵入とその現状および駆除に関するノート. 水草研究会誌, 89: 9-21.

藤野良幸 (1988) 琵琶湖の水位変動と洗堰操作について. 琵琶湖研究所所報, 6: 18-25.

芳賀裕樹・芦谷美奈子・大塚泰介・松田征也・辻 彰洋・馬場浩一・沼畑里美・山根 猛 (2006) 琵琶湖南湖における湖底直上の溶存酸素濃度と沈水植物群落現存量の関係について. 陸水学雑誌, 67: 23-27.

芳賀裕樹・大塚泰介 (2008) 琵琶湖南湖の沈水植物の分布拡大はカタストロフィックシフトで説明可能か？ 陸水学雑誌, 69: 133-141.

芳賀裕樹・石川可奈子 (2011) 2007年夏の琵琶湖南湖における沈水植物の現存量分布および2002年との比較. 陸水学雑誌, 72: 81-88.

芳賀裕樹・石川可奈子 (2014) 2012年夏の琵琶湖南湖の沈水植物の現存量分布ならびに2002, 2007年との比較. 陸水学雑誌, 75: 107-111.

芳賀裕樹 (2014) 南湖の水草繁茂状況について 第2回水草対策チーム会議資料. 滋賀県.

芳賀裕樹・石川可奈子 (2016) 琵琶湖南湖における2014年夏の沈水植物現存量分布ならびに2002, 2007, 2012年との比較. 陸水学雑誌, 77: 55-64.

浜端悦治 (1991) 琵琶湖の沈水植物の分布と地域区分. pp. 35-46. 滋賀県琵琶湖研究所（編）『琵琶湖岸の景観生態学的区分』. 滋賀県琵琶湖研究所.

浜端悦治 (1996) 水位低下時に観察された湖岸植生面積. 琵琶湖研究所所報, 13: 32-35.

Hamabata, E. (1997) Distribution, stand structure and yearly biomass fluctuation of Elodea nuttallii, an alien species in Lake Biwa -Studies of submerged macrophyte communities in Lake Biwa(3)-. Japanese Journal of Limnology, 58: 173-190.

Hamabata, E. and Y. Kobayashi (2002) Present status of submerged macrophyte growth in Lake Biwa: recent recovery following a summer decline in the water level. Lakes and Reservoirs: Research and Management. 7: 331-338.

浜端悦治・焦 春萌・杜 宝漢 (2007) 琵琶湖と洱海における沈水植物群落と水質の変化. 滋賀県琵琶湖・環境科学研究センター試験研究報告, 2: 78-88.

浜端悦治 (2005) 湖沼. pp. 141-151. 亀山 章・倉本 宣・日置佳之（編）『自然再生生態工学的アプローチ』. ソフトサイエンス社.

Hamabata, E., S. Sugimura, and K. Ishikawa (2012) The explosive development and control of aquatic weeds. pp. 469-473. In: Kawanabe, H., M. Nishino and M. Maehata (eds.) "Lake Biwa: Interactions between Nature and People." Springer.

Hamabata, E. and Y. Yabu'uchi (2012) Submerged macrophyte flora and its long-term changes. pp. 51-59. In: Kawanabe, H., M. Nishino and M. Maehata (eds.) "Lake Biwa: Interactions between Nature and People." Springer.

平塚純一・山室真澄・石飛 裕 (2006) 里湖モク採り物語―50年前の水面下の世界. 生物研究社 141pp.

一瀬 諭・岡本高弘・若林徹哉・藤原直樹・加賀爪敏明・辻 元宏 (2004) 琵琶湖沿岸での水質形成機構に関する調査 沈水植物の吸収・分解実験について. 滋賀県衛生環境センター所報, 39: 48-56.

一瀬 諭・面田美紀・若林徹哉・藤原直樹・津田泰三・岡本高弘・原 良平・芳賀裕樹 (2006) 琵琶湖沿岸帯水質形成機構調査報告書 (2004年) ―沈水植物がプランクトンや水質に及ぼす影響について―琵琶湖富栄養化調査. 滋賀県琵琶湖環境科学研究センター試験研究報告書, 1: 114-126.

一瀬 諭 (2012) 南湖岸における水草刈取りによるアオコ抑制の検討. 琵琶湖統合研究「南湖生態系の総合的・順応的管理に関する研究」中間発表会（その1）講演要旨集: 9.

生嶋 功 (1966) 水草班中間報告 琵琶湖の水生高等植物. pp. 313-341. びわ湖生物資源調査団（編）『びわ湖生物資源調査団中間報告（一般調査の部）』. 近畿地方建設局.

生島 功・古川 優・池田准蔵（1962）琵琶湖の水生高等植物の現存量．千葉大学理学部紀要, 3 (4)：483-494.

井上栄壮・永田貴丸・東 善広・石川可奈子・西野麻知子（2011）南湖生態系の順応的管理方法に関する研究―2011年度水草除去実験および沿岸域における流れ藻と水草の分布現況―．滋賀県琵琶湖環境科学研究センター研究報告書, 8: 15-24.

焦 春萌・浜端悦治（2007）比較研究から探る琵琶湖の水草管理 びわ湖みらい（琵琶湖環境科学研究センターニュース）, 9: 2-3.

神谷 要（2001）水鳥の糞から取り出したリュウノヒゲモ *Potamogeton pectinatus* L. の種子の発芽について．水草研究会会報, 72: 36-37.

神谷 要・國井秀伸（2001）汽水性沈水植物リュウノヒゲモ（*Potamogeton pectinatus* L.）に与える水鳥の影響（予報）．水草研究会会報, 72: 33-35.

神谷 要・矢部 徹・中村雅子・浜端悦治（2004）フライウェイ湿地の生態系に水鳥が果たす影響～水鳥の沈水植物の種子分散に関する研究～．水草研究会第26回全国集会（秋田）講演要旨．

Kaneko, Y. (2012) Invasive alien plant species in the shore areas surrounding Lake Biwa. pp. 485-490. In: Kawanabe, H., M. Nishino and M. Maehata (eds.) "Lake Biwa: Interactions between Nature and People". Springer.

金子有子・栗林 実・藤井伸二・佐々木 寧（2010）琵琶湖湖辺域の貴重植物と外来植物．滋賀県琵琶湖環境科学研究センター．

金辻宏明（2001）ワタカの水草摂餌量．平成13年 滋賀県水産試験場事業報告：72-73.

Kasaki, H. (1964) The charophyta from the lakes of Japan. Journal of the Hattori Botanical Laboratory, 27: 215-314.

環境省（2015b）生態系被害防止外来種リスト http://www.env.go.jp/nature/intro/2outline/iaslist.html

環境省（2015c）外来種被害防止行動計画 https://www.env.go.jp/nature/intro/4document/files/plan.pdf

Koyama, M., S. Yamamoto, K. Ishikawa, S. Ban and T. Toda (2014) Anaerobic digestion of submerged macrophytes: Chemical composition and anaerobic digestibility. Ecol. Engineer., 69: 304-309.

Kunii, H., T. Tsuchiya, K. Matsui, and I. Ikushima (1985) Present state of aquatic plants in Lake Biwa and its surrounding water bodies. Japanese Journal of Limnology, 46: 215-218.

熊谷道夫（1994）異常渇水に伴う琵琶湖水質の変化（速報）．陸水学雑誌, 55 (3)：3-4.

倉田 亮（1984）内湖―その生態学的機能―．琵琶湖研究所所報, 2: 46-54.

前田末広（1910）琵琶湖．広田文盛堂．

水草繁茂に係る要因分析検討会（2009）水草繁茂に係る要因分析検討会検討のまとめ．滋賀県．15pp.

水草対策実施検討会（2011）第6回水草対策実施検討会．平成23年1月26日開催 滋賀県土木交通部河港課配布資料-2, 3.

水資源開発公団琵琶湖開発総合管理所（2001）琵琶湖沈水植物図説．146pp.

Mori, S. and T. Miura (1980) List of plant and animal species living in Lake Biwa. Memoirs of the Faculty of Sciencies, Kyoto University. Series of biology, 8: 1-33.

大塚泰介・桑原靖典・芳賀裕樹（2004）琵琶湖南湖における沈水植物群落の分布および現存量―魚群探知機を用いた推定―．陸水学雑誌, 65:13-20.

永井かな（1975）水草類の分布と生態．琵琶湖水生植物実態調査報告書, 都市科学研究所．32pp.

淡海環境保全財団（2014）平成26年度水草対策事業の経過と繁茂状況調査について 第2回水草対策チーム会議資料．

滋賀県（1990-2001）滋賀県環境白書-資料編．

滋賀県（2013）琵琶湖の水草管理ガイドブック（水草刈取り～有効利用まで）．滋賀県琵琶湖環境部琵琶湖政策課．

滋賀県琵琶湖環境科学研究センター（2008）第1回湖岸生態系保全・修復研究会．琵琶湖の水草問題の現状と課題記録集．滋賀県琵琶湖環境科学研究センター．

滋賀県琵琶湖環境科学研究センター（2014）南湖生態系の順応的管理ガイドライン―サイエンスレポート―．滋賀県琵琶湖環境科学研究センター．

滋賀県水産試験場（2008）コイ、ワタカの放流による沈水植物の繁茂抑制と底質改善効果．滋賀県水産試験場事業報告, 平成19年度：170-171.

水生植物研究会（2005）水生植物から見た内湖の生物多様性の解析．平成16年度琵琶湖研究所委託研究報告書．滋賀県琵琶湖研究所．

須山知香・佐藤杏子・植田邦彦（2008）侵略的水草 *Ludwigia grandiflora* subsp. *grandiflora*（新称：オオバナミズキンバイ、アカバナ科）の野外生育確認およびその染色体数．水草研究会誌, 89：1-8.

種生物学会（編）（2010）外来生物の生態学．文一総合出版．

立花吉茂（1984）琵琶湖沿岸のヨシ（*Phragmites communis* Trin.）について．水草研究会報, 18: 2-6.

Temple, Stanley A. (1977) Plant-animal mutualism: coevolution with Dodo leads to near extinction of plant. Science, 197 (4306)：885-886.

Williamson M. and A. Fitter (1996) The varying success of invaders. Ecology, 77: 1661-1666.

山口 久直（1943）琵琶湖の水草（琵琶湖沿岸帯生物群聚の研究 1）．陸水学雑誌，13（2,3）: 92-104.

## ■5章

Annandale, N.（1922）The Macroscopic fauna of Lake Biwa. Annotationes Zoologicae Japonenses, 10: 127-153.

琵琶湖河川事務所（2005）琵琶湖水位変動による貝類への影響評価．http://www.kkr.mlit.go.jp/biwako/others/specialistconference/wg/pdf5/data7.pdf

びわこ生物資源調査団（1966）びわこ生物資源調査団中間報告（一般調査の部）．びわこ生物資源調査団．

（独）水資源機構琵琶湖開発総合管理所（2008）琵琶湖底生動物図説．

芳賀裕樹・芦谷美奈子・大塚泰介・松田征也・辻　彰洋・馬場浩一・沼畑里美・山根　猛（2006）琵琶湖南湖における湖底直上の溶存酸素濃度と沈水植物群落現存量の関係について．陸水学雑誌，67: 23-27.

林　一正（1972a）琵琶湖産有用貝類の生態について（前編）．Venus, 31: 9-34.

林　一正（1972b）琵琶湖産有用貝類の生態について（後編）．Venus, 31: 71-101.

金子有子・東　善広・石川可奈子・井上栄壮・西野麻知子（2011）琵琶湖岸の環境変遷カルテ．滋賀県琵琶湖環境科学研究センター．

金子有子・東　善広・佐々木　寧・辰己　勝・橋本啓史・須川　恒・石川可奈子・芳賀裕樹・井上栄壮・西野麻知子（2012）湖岸生態系の保全・修復および管理に関する政策課題研究―湖岸地形と生物からみた琵琶湖岸の現状と変遷および保全の方向性―．滋賀県琵琶湖環境科学研究センター研究報告，7: 112-147.

川勝正治・西野麻知子・大高明史（2007）プラナリア類の外来種．陸水学雑誌，68: 461-469.

川村多実二（1918）淡水生物学下巻．

河辺克巳（1965）ＰＣＰの漁場への影響．日本水産学会誌，31: 732-738.

Kemp, S. 1918. Zoological results of a tour in the Far East, Crustacea Decapoda and Stomatopoda. Memoirs of the Asiatic Society of Bengal, 6: 219-297.

紀平　肇（1996）ナカセコカワニナ．pp.13-16. 日本水産保護協会（編）『日本の希少野生水生生物に関する基礎資料（Ⅲ）I. 軟体動物』．日本水産資源保護協会．

Krieger, K. A.（1996）Recovery of burrowing mayflies (Ephemeroptera: Ephemeridae: *Hexagenia*) in western Lake Erie. Journal of Great Lake Research, 22: 254-263.

松田征也・上西　実（1992）琵琶湖に侵入したカワヒバリガイ（Mollusca; Mytilidae）．滋賀県立琵琶湖博物館研究紀要, 10: 45.

宮本　昇・臼井義幸・柳田英俊・和田圭子・工藤慶庸（2005）大型底生動物（貝類）移動能力実験業務．琵琶湖淀川水質浄化共同実験センター年報, 7: 39-52.

水本三郎・小林吉三・田沢　茂・吉原利雄（1962）セタシジミの異常斃死に関する研究（Ⅰ）異常斃死の実態調査について．滋賀県水産試験場研究報告, 15: 1-15.

Morino, H., H. Kusano and R. J. Holsinger（2004）Description and distribution of *Crangonyx floridanus* (Crustacea: Amphipoda: Crangonyctidae) in Japan, an introduced freshwater amphipod from North America. Contributions from the biological Laboratory, Kyoto University, 29: 371-381.

村長義雄・水沼栄三・箕和冠一・有馬武司・尾崎久雄（1962）セタシジミの異常斃死に関する研究（Ⅱ）異常斃死の原因について．滋賀県水産試験場研究報告, 15: 16-41.

Nishimoto, H.（1994）A new species of *Apatania* (Trichoptera, Limnephilidae) from Lake Biwa, with notes on its morphological variation within the Lake. Kontyu, 62: 775-785.

西野麻知子（1986）琵琶湖の水位低下と生物．滋賀県琵琶湖研究所所報, 4: 26-42.

西野麻知子（1988）底生生物からみた水辺環境．pp.183-206. In：『琵琶湖研究―集水域から湖水まで―』琵琶湖研究所5周年記念誌．滋賀県琵琶湖研究所．

西野麻知子（1991a）底生動物からみた湖岸の地域区分．pp. 47-63. 滋賀県琵琶湖研究所（編）『琵琶湖岸の景観生態学的区分』．滋賀県琵琶湖研究所．

西野麻知子（1991b）琵琶湖の底生動物I. 貝類編．滋賀県琵琶湖研究所．

西野麻知子（1996）1994年の水位低下からの底生動物群集の回復過程．滋賀県琵琶湖研究所所報, 13: 36-39.

西野麻知子（2003）水位低下が底生動物に与えた影響について　琵琶湖水位低下影響報告書（底生動物）より　琵琶湖研究所所報, 20: 116-133.

西野麻知子・丹羽信彰（2004）　新たに琵琶湖に侵入したシナヌマエビ？（予報）．オウミア, 80：3.

西野麻知子（2007）新たな外来種フロリダマミズヨコエビの侵入．琵琶湖・環境科学研究センターニュース 7: 7.

Nishino, M.（2012）Biodiversity of Lake Biwa. pp. 31-35. In: Kawanabe, H., M. Nishino and M. Maehata (eds.) "Lake Biwa: Interactions between Nature and People". Springer.

西野麻知子（2014）琵琶湖の底生動物における種多様性の現状．水環境学会誌, 37: 92-96.

西野麻知子（2014）琵琶湖における人為的水位操作と生態系への影響．pp.103-128. 谷田一三・江崎保男・一

柳英隆（編）『ダムと環境の科学Ⅲ エコトーンと環境創出』. 京都大学学術出版会.

西野麻知子（2017）日本への外来カワリヌマエビ属 Neocaridina spp. の侵入とその分類学的課題. 地域自然史と保全, 39(1): 21-28.

滋賀県生きもの調査委員会（編）(2016) 滋賀県で大切にすべき野生生物—滋賀県レッドデータブック 2015年版. サンライズ出版.

滋賀県水産試験場（1954）昭和28年度琵琶湖沿岸帯調査報告書. 滋賀県水産試験場. 61pp.

滋賀県水産試験場（1972）昭和44年度琵琶湖沿岸帯調査報告書. 滋賀県水産試験場. 121pp.

滋賀県水産試験場（1998）平成7年度琵琶湖沿岸帯調査報告書. 滋賀県水産試験場. 178pp.

滋賀県水産試験場（2005）平成14年度琵琶湖沿岸帯調査報告書. 滋賀県水産試験場.

津田松苗・川合禎次・鉄川 精・御勢久右衛門（1966）底生動物班中間報告. pp. 518-534. びわ湖生物調査団（編）『びわ湖生物調査団中間報告（一般調査の部）』. 近畿地方建設局.

Watanabe, N. C. and M. Nishino (1995) A study on taxonomy and distribution of the freshwater snail, genus Semisulcospira in Lake Biwa, with descriptions of eight new species. Lake Biwa Study Monographs, 6: 1-36.

吉村信吉（1976）湖沼学—増補版—. 生産技術センター.

## ■ 6章

青木伸一（2010）河川・海岸の土砂動態と土砂管理. pp. 229-238, 谷田一三・村上哲生（編）『ダム湖・ダム河川の生態系と管理』, 名古屋大学出版会.

青柳兵司（1957）日本列島産淡水魚類総説. 大修館書店.

東 健作（2009）土佐湾の砂浜海岸砕波帯におけるアユ仔稚魚の季節的・日周的出現様式. 海洋と生物, 31; 381-387.

東 幹夫（2009）アユの地理的変異と琵琶湖アユの集団構造再論. 海洋と生物, 183: 369-380

Berra, T. M. (2001) Freshwater fish distribution. Academic Press.

琵琶湖干拓史編纂事務局（1970）琵琶湖干拓史. 琵琶湖干拓史編纂事務局.

藤井節生（2009）コイ・フナ類の産卵に配慮した琵琶湖水位操作の試み. pp. 231-240. 西野麻知子（編）『とりもどせ！琵琶湖・淀川の原風景』. サンライズ出版

藤岡康弘（2008）湖産アユの産卵状況の長期変化と最近の産卵河川の片寄り. 滋賀県水産試験場事業報告, 平成19年度: 74.

藤岡康弘（2009）川と湖の回遊魚ビワマスの謎を探る. サンライズ出版.

藤岡康弘（2013）琵琶湖固有（亜）種ホンモロコおよびニゴロブナ・ゲンゴロウブナ激減の現状と回復への課題. 魚類学雑誌, 60: 57-63.

藤岡康弘・田口貴史・亀甲武志（2013）多回産卵魚ホンモロコの産卵時期・産卵回数・産卵数. 日本水産学会誌, 79: 31-37.

Fujioka Y., T. Kikko, M. Nemoto, T. Isoda (2014) Sex ratios of nigorobuna Carassius auratus grandoculis reared in paddy fields with fluctuating temperatures during larval and juvenile growth stages. Fisheries Science, 80: 985-991.

Fujioka Y., K. Kido, M. Uenishi, M. Yoshioka, M. Kashiwagi (2014) Distribution of Cottus reinii and Cottus pollux in rivers around Lake Biwa, central Japan. Biogeography, 16: 93-99.

Fujioka, Y. and S. Fushiki (1989) Seasonal changes in hypoosmoregulatory ability of biwa salmon Oncorhynchus rhodurus and amago salmon O. rhodurus. Nippon Suisan Gakkaishi, 55: 1885-1892.

藤田朝彦・細谷和海・西野麻知子（2009）在来魚と外来魚の繁殖環境の違い：西の湖の事例から. pp.166-184. 西野麻知子（編）『とりもどせ！琵琶湖・淀川の原風景』. サンライズ出版.

細谷和海（2005）琵琶湖の淡水魚の回遊様式と内湖の役割. pp. 118-125. 西野麻知子・浜端悦治（編）『内湖からのメッセージ』. サンライズ出版.

細谷和海（2009）ほ場整備事業がもたらす水田生態系の危機. pp. 6-14. 高橋清孝（編）『田園の魚をとりもどせ！』. 恒星社厚生閣.

堀明弘（2009）魚のゆりかご水田. pp.248-253. 西野麻知子（編）『とりもどせ！琵琶湖・淀川の原風景』. サンライズ出版.

生嶋功（1978）葭地の実態と現況. pp.3-7. 葭地等保全造成検討委員会（編）『琵琶湖の葭地等に関する調査検討結果報告書』. 葭地等保全造成検討委員会.

石城謙吉（1984）イワナの謎を追う. 岩波新書.

石崎大介・大竹二雄・佐藤達也・淀太我・吉岡基・柏木正章（2009）耳石微量元素分析を用いた三重県加茂川におけるウグイの回遊履歴の推定. 日本水産学会誌, 75: 419-424.

井出充彦・山中 治（1998）琵琶湖で増加したワカサギの特性. 滋賀県水産試験場研究報告, 47: 11-16.

岩井 保（1980）アユの仲間たち. 動物と自然. 10: 18-22.

片岡佳孝（2010）ビワマス受精卵のふ化および浮上におよぼす水温の影響. 滋賀県水産試験場事業報告, 平成20年度: 91.

金子有子（2005）琵琶湖におけるヨシ帯の保全施策．pp. 80-98．西野麻知子・浜端悦治（編）『内湖からのメッセージ』．サンライズ出版．

川崎　健（2009）イワシと気候変動．岩波新書．

Kawase, S. and K. Hosoya (2010) *Biwia yodoensis*, a new species from the Lake Biwa/Yodo River Basin, Japan. Ichthyological Exploration of Freshwater, 21: 1-7.

川那部浩哉・水野信彦（1995）日本の淡水魚．第2版．山と渓谷社．

環境省（2013）「汽水・淡水魚類」環境省第4次レッドリスト（2013）．

亀甲武志・岡本晴夫・氏家宗二・石崎大介・臼杵崇広・根本守仁・三枝　仁・甲斐嘉晃・藤岡康弘（2014）琵琶湖の流入河川におけるホンモロコの産卵生態．魚類学雑誌, 61: 1-8.

近畿地方建設局・水資源開発公団（1993）琵琶湖開発事業誌　淡海よ永遠に．近畿地方建設局・水資源開発公団．

倉田亨（1983）琵琶湖の水産業．pp.107-125．「琵琶湖」編集委員会（編）『琵琶湖―その自然と社会』サンブライト出版．

牧　岩男（1966）琵琶湖のホンモロコ個体群変動の解析．日本生態学会誌, 16: 183-190.

Miura, T. (1966) Competitive influence of isaza, *Chaenogobius isaza*, on ayu, *Plecoglossus altivelis*, in Lake Biwa. Researches of Population Ecology, 8: 37-50.

水野信彦（1987）日本の淡水魚相の成立．pp.231-244．水野信彦・後藤　晃（編）『日本の淡水魚―その分布、変異、種分化をめぐって』．東海大学出版会．

Nakajima, T., H. Shimura, M. Yamazaki, Y. Fujioka, K. Ura, A. Hara and M. Shimizu (2014) American Journal of Physiology - Regulatory, Integrative and Comparative Physiology. 307. 4, R414-R425 DOI: 10.1152/ajpregu.00474.2013.

中島経夫（2001）琵琶湖の魚たちのおいたちを考える．月刊地球, 23: 432-439.

中坊徹次（2013）日本産魚類検索．第三版．東海大学出版会．

中村守純（1949）琵琶湖産ホンモロコの生活史．日本水産学会誌, 15: 88-96.

西野麻知子（2005）内湖の変遷．pp.41-49．西野麻知子・浜端悦治（編）『内湖からのメッセージ』サンライズ出版．

西野麻知子（2009）生存を脅かされる琵琶湖・淀川水系の在来生物．pp.40-60．西野麻知子（編）『とりもどせ！琵琶湖・淀川の原風景』．サンライズ出版．

Nelson, J. S. (2006) Fishes of the world. 4th ed. John Wiley & Sons, Inc.

根本守仁・中新井隆（2012）平成21年度冬季における琵琶湖北湖でのニゴロブナ当歳魚の資源状況．滋賀県水産試験場事業報告, 平成22年度: 42-43.

大沼芳幸（2013）琵琶湖沿岸における水田開発と漁業．pp.31-53．吉川弘文館．

酒井明久・遠藤　誠（1998）イサザの産卵場所の環境条件と産卵場所間の産卵床数の比較．滋賀県水産試験場研究報告, 47: 1-9.

酒井明久・遠藤　誠・井出充彦（2001）琵琶湖におけるイサザ仔稚魚の分布の特徴．滋賀県水産試験場研究報告, 49: 31-38.

滋賀県（1895～2009）滋賀県統計書．滋賀県．

滋賀県（2000）マザーレイク21計画―琵琶湖総合保全計画―．滋賀県．

滋賀県（2014）滋賀県漁業調整規則．滋賀県．

滋賀県水産試験場（2014）県内で確認された外来魚．滋賀県水産試験場ホームページ, http://www.pref.shiga.lg.jp/g/suisan-s/files/gairai_seibutsu1402.pdf

平　朝彦（1990）日本列島の誕生．岩波新書．

高橋さち子（1990）琵琶湖で発見されたヌマチチブ *Tridentiger kuroiwae brevispinis* について．滋賀県立琵琶湖文化館研究紀要, 8: 7.

田中秀具（2009）琵琶湖におけるアユ仔稚魚の分布と発育・成長．海洋と生物, 31; 401-410.

塚本勝巳（1989）仔稚魚の成長．pp.239-292．隆島史夫・羽生　功（編）『水族繁殖学』．緑書房．

臼杵崇広（2007）ホンモロコの産卵状況と低水位の影響．滋賀県水産試験場事業報告, 平成19年度: 47.

WWFジャパン（2005）WWFジャパン年次報告書, 2004/2005年．

葭地等保全造成検討委員会（1978）琵琶湖の葭地等に関する調査検討結果報告書．葭地等保全造成検討委員会．

全国内水面漁業協同組合連合会（1992）ブラックバスとブルーギルのすべて．全国内水面漁業協同組合連合会．

## ■7章

Ahlén, I. (1966) Studies on the distribution and ecology of the Little Grebe, *Poidiceps ruficollis* (PALL.) in Sweden. Vår Fågelvärld, Suppl., 4: 1-45.

浅間　茂・山城　隆（1987）ガンカモ類とCOD値との関係．Strix, 6: 96-102.

Bandorf, H. (1970) Der Zwergtaucher (*Tachybaptus ruficullos*) (Pallas) Die Neue Brehm-Bücherei 430. Ziemsen Verlag.

Cramp, S. (1978) Handbook of the Birds of Europe the Middle East and North Africa: The Birds of the Western Palearctic, Vol. 1. Oxford University Press.

（独）水資源開発機構（2003）平成14年度琵琶湖水環境

調査業務報告書. 水資源開発機構.

（独）水資源開発機構琵琶湖総合管理所（2006）琵琶湖沈水植物図説. 水資源開発機構琵琶湖総合管理所.

Fjeldså, J. 2004. The Grebes (Bird Families of the World). Oxford University Press.

浜端悦治（2005）琵琶湖の沈水植物群落. 琵琶湖研究所20周年記念誌, 22: 105-119.

浜端悦治・堀野善博・桑原俊雄・橋本万次（1995）琵琶湖でのコハクチョウの採食場所の移動要因としての湖面水位 ―水鳥と水草の関係解明に向けての景観生態学的研究―. 関西自然保護機構会報, 17（1）: 29-41.

橋本啓史・須川　恒（2006）琵琶湖におけるヨシ群落環境と繁殖鳥類相の関係. 国際湿地再生シンポジウム2006報告書, p. 234-237.

橋本啓史・須川　恒（2008）平成19年度滋賀県琵琶湖環境科学研究センター委託研究報告書　湖岸環境変遷調査（水鳥調査）報告書. 名城大学農学部生物環境科学科ランドスケープ・デザイン学研究室.

橋本啓史・須川　恒・西野麻知子・石川俊之（2013）船の接近が琵琶湖で越冬する水鳥に与える影響の種群ごとの違い. 野生生物保護, 14: 15-30.

Hashimoto, H., H. Sugawa and K. Kameda, (2012) Characteristics and Long-term Trends of the Avifauna of Lake Biwa. pp. 129-134. In Kawanabe, H., M. Nishino, and M. Maehata (eds.) "Lake Biwa: Interactions between Nature and People". Springer.

Hashimoto H. and Sugawa H. (2013) Population trends of wintering Eurasian *Coot Fulica atra* in East Asia. Ornithological Science, 12: 91-105.

羽田健三（1962）内水面に生活する雁鴨科鳥類の採食型と群集に関する研究 XIV. 雁鴨科鳥類の群集. 信州大学教育学部紀要, 12: 63-85.

金子有子・東　善広・石川可奈子・井上栄壮・西野麻知子（2011）琵琶湖岸の環境変遷カルテ. 滋賀県環境科学研究センター.

環境省（2012）第4次絶滅のおそれのある野生生物の種のリスト.

Kasahara S and Koyama K (2010) Population trends of common wintering waterfowl in Japan: participatory monitoring data from 1996 to 2009. Ornithological Science, 9: 23-36.

Kear, J. (2005) Ducks, Geese and Swans Vol. 2 Oxford University Press.

国土交通省国土政策局国土情報課ウェブサイト（オンライン）国土数値情報　ダウンロードサービス. http://nlftp.mlit.go.jp/ksj/index.html

Marquiss, M., D. N. Carss, J. D. Armstrong and R. Gardiner (1998) Fish-eating birds and salmonids in Scotland: Report on fish-eating birds research (1990-97), to the Scottish Office Agriculture, Environment and Fisheries Department. ITE, Banchory, and Freshwater Fisheries Laboratory.

宮林泰彦・須川　恒・呉地正行（1994）ガン類渡来地目録の作成とそれによって明らかになった渡来地保護の課題. p. 5-27. 『ガン類渡来地目録第1版』. 雁を保護する会.

Mori, Y., N. S. Sodhi, S. Kawanishi and S. Yamagishi (2001) The effect of human disturbance and flock composition on the flight distances of waterfowl species. Journal of Ethology, 19: 115-119.

村上　悟・清水幸男・上野健一（2000a）滋賀県北部におけるオオヒシクイ個体数の年次変動と環境要因. 日本鳥学会誌, 48: 219-232.

村上　悟・片岡優子・山崎　歩（2000b）湖北地方のオオヒシクイの生態と生息地保全. 琵琶湖研究所所報, 18: 109-115.

中井克樹（2012）外来魚. pp.178-179. 内藤正明（監修）『琵琶湖ハンドブック改訂版』滋賀県.

中村登流・中村雅彦（1995）原色日本野鳥生態図鑑＜水鳥編＞. 保育社.

日本野鳥の会滋賀保護研究部（2014）水鳥一斉調査2014結果報告. におのうみ, No. 36: 13-22.

日本野鳥の会滋賀保護研究部（2016）水鳥一斉調査2016結果報告. におのうみ, No. 44: 12-21.

日本野鳥の会滋賀支部（2010）におのうみ20号記念誌滋賀県の鳥2010. 日本野鳥の会滋賀支部.

西野麻知子（2009）とりもどせ！琵琶湖・淀川の原風景. サンライズ出版.

Oka, N., M. Yamamuro, J. Hiratsuka, and H. Satoh (1999) Habitat selection by wintering tufted ducks with special reference to their digestive organ and to possible segregation between neighboring populations. Ecological Research, 14: 303-315.

斉藤安行（1994）手賀沼におけるオオバン *Fulica atra* の営巣状況. 我孫子市鳥の博物館調査研究報告, 3: 15-25.

佐原雄二・山内　潤（2003）ため池におけるオオクチバス（*Micropterus salmoides*）当歳魚の成長. 青森自然誌研究, 8: 43-47.

滋賀県（1992）ヨシ群落現存量等把握調査報告書（鳥類調査編）. 滋賀県生活環境部環境室.

滋賀県（2013）滋賀県カワウ特定鳥獣保護管理計画（第2次）. 滋賀県.

滋賀県生きもの調査委員会（編）（2011）滋賀県で大切にすべき野生生物：滋賀県レッドデータブック2010年版. サンライズ出版.

滋賀県生きもの調査委員会（編）（2016）滋賀県で大切にすべき野生生物：滋賀県レッドデータブック2015年版. サンライズ出版.

滋賀県水産試験場（1998）平成7年度琵琶湖沿岸帯調査報告書．滋賀県．
嶋田哲郎・進東健太郎・高橋清孝・Aaron Bowman（2005）オオクチバス急増にともなう魚類群集の変化が水鳥群集に与えた影響．Strix, 23: 39-50.
須川 恒（1984）琵琶湖の鳥類．琵琶湖研究所ニュース，8: 4-5.
須川 恒（1990）水鳥の分布現況と地域区分に関する研究（1989年度）．滋賀県琵琶湖研究所．
須川 恒（1991）水鳥の分布状況と地域区分．pp. 65-79．滋賀県琵琶湖研究所（編）『琵琶湖湖岸の景観生態学的区分』，滋賀県琵琶湖研究所．
Sugawa, H. (1993) Birds in Lake Biwa and Conservation for their habitats. Proceedings of the Asian Wetland Symposium, 161-166. ILEC.
須川 恒（編）（1996）琵琶湖水鳥総合調査報告書（平成7年度）．琵琶湖水鳥研究会・滋賀県生活環境部自然保護課．
須川 恒（1999）ツバメの集団塒地となるヨシ原の重要性．関西自然保護機構会報，21巻2号（通算38号）：187-200.
須川 恒（2001a）生き物からみたミティゲーション 鳥類．pp. 222-234．森本幸裕・亀山 章（編）『ミティゲーション―自然環境の保全・復元技術―』ソフトサイエンス社．
須川 恒（2001b）琵琶湖のカワウ問題から見えること．野鳥．2001年11月号：7-9.
須川 恒（2003）水鳥の個体数の変化．pp. 274-277．琵琶湖流域研究会（編）『琵琶湖流域を読む（下）』サンライズ出版．
須川 恒（2006）カワウ問題の現状と対策より．pp. 28-32．『龍谷大学里山学・地域共生学オープンリサーチセンター2005年度年次報告書』龍谷大学里山学・地域共生学オープンリサーチセンター．
須川 恒（2014a）ラムサール条約の国際的ネットワークを生かした活動の紹介 湖北における世界湿地の日の活動と条約事務局ホームページ．pp. 53-56．『龍谷大学里山学研究センター2013年度年次報告書』龍谷大学里山学研究センター．
須川 恒（2014b）湖北地方でフットパスを作成するための基礎資料．pp. 57-62．『龍谷大学里山学研究センター2013年度年次報告書』．龍谷大学里山学研究センター．
須川 恒（2014c）京都の自然と産業～野鳥が語る京都の自然～．pp. 19-43. 2013年度経営学特別講義龍谷大学京都産業学センター．
須川 恒・浅野守彦・有田一郎・江崎保男・中田千佳夫・中村浩志・西村昌彦・長谷川博（1981）琵琶湖南湖における越冬期の水鳥．pp.181-201，『大津市の植生と鳥類』大津市．

竹内健悟（2000）津軽地方のため池に生息する鳥類．青森自然誌研究, 5: 29-32.
Taylor, B. and B. Perlo (1998) Rails: A Guide to the Rails, Crakes, Gallinules and Coots of the World. Yale University Press.
Wetlands International (2006) Waterbird Population Estimates, Fourth Edition. Wetlands International.
Wetlands International (2012) Waterbird Population Estimates, Fifth Edition. Wetlands International.
山本浩伸・大畑孝二・桑原和之（2002）片野鴨池で越冬するマガモの採食範囲―片野鴨池に飛来するカモ類の減少を抑制するための試みⅡ―．Strix, 20: 13-33.

■8章

安藤元一（2008）ニホンカワウソ―絶滅に学ぶ保全生物学―．東京大学出版会．
（独）水資源機構琵琶湖開発総合管理所（2002）琵琶湖沈水植物図説．
西野麻知子・浜端悦治（編）（2005）内湖からのメッセージ，サンライズ出版．
西野麻知子（編）（2009）とりもどせ！琵琶湖・淀川の原風景．サンライズ出版．
近畿地方整備局（2006）琵琶湖浸水想定図について．http://www.kkr.mlit.go.jp/river/yodoriver_old/kaigi/suii-wg/1st/pdf/suiisosa_1st_s04.pdf
近畿地方整備局（2017）淀川浸水想定区域（淀川・宇治川・木津川・桂川）説明資料．https://www.yodogawa.kkr.mlit.go.jp/activity/maintenance/possess/sim/images/gaiyo-sinsou.pdf
佐野静代（2008）中近世の村落と水辺の環境史―景観・生業・資源管理．吉川弘文館．
滋賀県（2009）滋賀県景観計画について．http://www.pref.shiga.lg.jp/h/toshi/keikan/keikankeikaku/keikaku.html
滋賀県（2011）琵琶湖総合保全整備計画 マザーレイク21計画＜第2期改訂版＞．滋賀県．
Welch, P. S. (1935) Limnology. McGraw-Hill.
吉村信吉（1976）湖沼学―増補版―．生産技術センター．

■9章

秋山道雄（1999）沿岸域管理の課題と方法．pp.235-259. 阿部泰隆・中村正久（編）『湖の環境と法』．信山社．
秋山道雄（2002）沿岸域管理の方向と可能性．pp.13-26. 環境政策研究会（編）『琵琶湖沿岸域の土地利用と景

観生態』. 滋賀県琵琶湖研究所.

秋山道雄 (2011) 日本における水資源管理の特質と課題. 経済地理学年報, 57 (1): 2-20.

秋山道雄 (2013) 沿岸エコトーンにおける資源管理の枠組みと方法―生物多様性をめぐる課題を中心として―. 商学論集 (福島大学経済学会, 81 (4): 57-72.

琵琶湖総合保全学術委員会 (2010)「マザーレイク 21 計画 (琵琶湖総合保全整備計画) 第 1 期」の評価と第 2 期以後の計画改定の提言.

Hunker, H.L. (1964) Erich W. Zimmermann's Introduction to World Resources, New York: Harper & Row. ジンマーマン (著) /ハンカー (編) /石光 亨 (訳) (1985) 資源サイエンス―自然・人間・文化の複合. 三嶺書房.

環境政策研究会 (編) (2002) 琵琶湖沿岸域の土地利用と景観生態. 滋賀県琵琶湖研究所.

木村康二 (1999) 琵琶湖総合開発における自然保護地域公有化事業. pp.73-97. 阿部泰隆・中村正久 (編)『湖の環境と法』. 信山社.

吉良竜夫 (1987) 琵琶湖岸の景観 (風景) の保全と利用をどう考えるか. pp.33-38. 滋賀県琵琶湖研究所景観生態プロジェクト班『景観生態研究会記録集』. 滋賀県琵琶湖研究所.

近畿地方建設局 (1974) 淀川百年史. 近畿地方建設局.

近畿地方建設局琵琶湖工事事務所・水資源開発公団琵琶湖開発事業建設部 (1993a) 淡海よ永遠に 琵琶湖開発事業誌〈Ⅰ・Ⅱ〉. 近畿地方建設局琵琶湖工事事務所・水資源開発公団琵琶湖開発事業建設部.

近畿地方建設局琵琶湖工事事務所・水資源開発公団琵琶湖開発事業建設部 (1993b): 淡海よ永遠に 琵琶湖開発事業誌〈Ⅲ・Ⅳ〉. 近畿地方建設局琵琶湖工事事務所・水資源開発公団琵琶湖開発事業建設部.

近畿地方建設局琵琶湖工事事務所・水資源開発公団琵琶湖開発事業建設部 (1993c) 淡海よ永遠に 琵琶湖開発事業誌〈Ⅴ〉. 近畿地方建設局琵琶湖工事事務所・水資源開発公団琵琶湖開発事業建設部.

国土交通省国土政策研究会 (編) (2014)「国土のグランドデザイン 2050」が描くこの国の未来. 大成出版社.

三浦大介 (2015) 沿岸域管理法制度論. 勁草書房.

宮地新塁・北澤武夫 (1992) 湖岸の景観変遷に関する研究 2. 琵琶湖研究所委託研究報告書.

宮永健太郎 (2013) 地域における生物多様性問題と環境ガバナンス―生物多様性地域戦略の実態分析から. 財政と公共政策, 35 (2): 83-95.

中島拓男 (1993) 湖沼沿岸域の意義と現状. 環境と公害, 23 (2): 15-23.

Nicholis, R. J. and J. Branson (1998) Coastal resilience and Planning for an Uncertain Future: An Introduction. The Geographical Journal, 164 (3): 255-258.

西野麻知子・浜端悦治 (編) (2005) 内湖からのメッセージ. サンライズ出版.

滋賀県 (1997) 琵琶湖総合保全整備計画の在り方. 滋賀県.

滋賀県 (2000) 琵琶湖総合保全整備計画 マザーレイク 21 計画. 滋賀県.

滋賀県 (2011) 琵琶湖総合保全整備計画 マザーレイク 21 計画〈第 2 期改訂版〉. 滋賀県.

滋賀県琵琶湖研究所 (1991) 琵琶湖湖岸の景観生態学的区分. 滋賀県琵琶湖研究所.

滋賀県琵琶湖研究所景観生態プロジェクト班 (1987) 景観生態研究会記録集. 滋賀県琵琶湖研究所.

滋賀県琵琶湖研究所景観生態プロジェクト班 (1988) 景観生態研究会記録集 2. 滋賀県琵琶湖研究所.

滋賀県琵琶湖研究所景観生態プロジェクト班 (1989) 景観生態研究会記録集 3. 滋賀県琵琶湖研究所.

United Nations University International Human Dimensions Programme (2012) Inclusive Wealth Report 2012, Cambridge University Press. 国連大学 地球環境変化の人間・社会的側面に関する国際研究計画/国連環境計画 (編)、植田和弘・山口臨太郎 (訳)、武内和彦 (監修) (2014) 国連大学 包括的「富」報告書―自然資本・人工資本・人的資本の国際比較. 明石書店.

横山秀司 (1995) 景観生態学. 古今書院.

横山秀司 (2002) 景観生態学的にみた琵琶湖東岸域の景観変遷と景観収支. pp.27-84. 環境政策研究会 (編)『琵琶湖沿岸域の土地利用と景観生態』. 滋賀県琵琶湖研究所.

# あとがき

　序章で述べたように、本書は琵琶湖の湖岸について1980年代に行った調査・研究（第一期）を基にし、約20年後の2000年代にほぼ同様の手法で行った調査・研究（第二期）の成果からまとめたものである。第一期については中島が、第二期については金子と西野が中心となって取りまとめを行った。

　第一期の研究は、滋賀県琵琶湖研究所時代に1986年から4年間行われた。「琵琶湖の自然と水資源の保全を目標」に設立された研究所は、吉良竜夫初代所長の研究構想もあり、琵琶湖の水体だけでなく集水域、さらにその水域と陸域の境界にあるエコトーン（湖岸域）をも研究対象とした。富栄養化等の水質保全が主要な政策課題となっていた当時において、琵琶湖の生態系やエコトーンの重要性に着目したことは先駆的であったと言える。

　第一期の目的は、自然特性や土地利用形態から湖岸全域を類型区分しようとするものであった。琵琶湖は多様な湖岸から成り立っており、それぞれに特有の生態系が存在する。それらの空間的配置を明らかにすることは、湖岸環境の保全のために不可欠な情報である。そのために景観生態学的手法に取り組んだ。基本的手法のマップオーバーレイもその一つである。明確な位置情報がある湖岸に基準点を設け、全域を1kmごとに区分した。これにより、各要素相互の関連も解析することが可能となり、また、第二期の調査結果と比較することで、変遷を明らかになった。今思うと、琵琶湖岸の生態系変化がそれほど顕著でなかった第一期に様々な調査を行ったことが、本書のベースを形作ったともいえよう。

　その後、琵琶湖開発事業（国の水資源開発事業）が終了した1992年に瀬田川洗堰操作規則が制定、運用されたが、その前後から魚類漁獲量の激減、外来植物の繁茂、南湖での水草繁茂など湖岸域が目に見えて変貌し始めた。そこで、第一期から約20年後の2007年から4年間、滋賀県琵琶湖環境科学研究センターのプロジェクト研究として第二期の研究に取り組み、第一期と同様の要素を対象に同様な手法で調査を行った。

　この研究では、新たにGISの手法を用いることで、例えば、1890年代まで遡れる近代的な測量方法による地形図の解析から、後背地の地形、土地条件、植生、底質等の変遷を明らかにし、類型化するなど、新たな成果をもたらした。

　第一期、第二期をつうじて、魚類を対象とした研究は行なわなかったため、本書では、琵琶湖の魚類への造詣深い藤岡康弘氏（元滋賀県水産試験場長）に魚類の保全・再生について、新たに執筆いただいた。

　本書は、これらの成果に加え、湖岸利用の変遷および社会経済的な背景も説明し、琵琶湖の湖岸変遷が総合的な視点からわかる構成となっている。また、管理に向けた政策的な視点などや各専門家の研究成果から得られた問題提起、提言も述べられている。これらは

琵琶湖のみならず他の湖沼においてもあてはまることが多いであろう。本書が、研究手法を含め、湖岸の保全・管理に向けた取り組みの参考となることを期待している。

　ただ悲しいことに、本書の編集途上で、研究の中心メンバーとして貢献してこられた浜端悦治さんを失った。病床でパソコンに向かい、最後までまとめの努力をされておられたが、完成すること能わず、真に残念でならない。また、終章の「琵琶湖岸の風景の保全」を寄稿いただいた吉良竜夫先生にも、本の完成を見ていただくことができなかった。お二人に哀悼と感謝の意を込めて本の完成を報告したい。

　なお4章については、浜端さんが残された原稿に最低限の修正と注釈を加え、新たに最近の水草の現状について石川可奈子・井上栄壮氏に、水鳥と水草の関係について神谷要氏に執筆いただいた。

　最後に、第一期終了後に成果を本として出版することを試みたが、実現できなかったことについて関係者にお詫びしたい。しかしその成果は第二期の基礎となって生かされ、本書に結実したと思う。

　本書の編集にあたっては、サンライズ出版㈱の岩根治美専務に様々な助言をいただき、大変お世話になった。（独）水資源機構琵琶湖総合管理所には貴重な図版・データを提供いただいた。掲載写真・図版等についても、各章の著者をはじめ、多くの方々・機関に提供していただいた。これらの方々に、心よりお礼申し上げる。

編集者一同

## ■執筆者紹介 (50音順)　＊故人

秋山　道雄（あきやま　みちお）　滋賀県立大学名誉教授（1-1、1-2、コラム 1-1、コラム 8-2、9章）

東　善広（あずま　よしひろ）　琵琶湖環境科学研究センター専門研究員（2-3、2-4、コラム 2-2、コラム 2-3、8章）

石川　可奈子（いしかわ　かなこ）　琵琶湖環境科学研究センター専門研究員（4-9）

井上　栄壮（いのうえ　えいそう）　琵琶湖環境科学研究センター主任研究員（4-9）

金子　有子（かねこ　ゆうこ）　東洋大学准教授（3章、コラム 3-1、コラム 3-2、コラム 4-2）

神谷　要（かみや　かなめ）　（公財）中海水鳥国際交流基金財団 館長（コラム 4-1）

吉良　竜夫（きら　たつお）＊　元滋賀県琵琶湖研究所所長（終章）

佐々木　寧（ささき　やすし）　埼玉大学名誉教授（3章）

須川　恒（すがわ　ひさし）　龍谷大学非常勤講師（7章、コラム 7-1、コラム 7-2）

辰己　勝（たつみ　まさる）　近畿大学教授（2-1、2-2、2-4、コラム 2-4、8章）

中島　拓男（なかじま　たくお）　認定NPO法人びわ湖トラスト理事（コラム 2-1）

西野　麻知子（にしの　まちこ）　びわこ成蹊スポーツ大学教授
（序章、1-3、1-4、コラム 1-2、コラム 2-1、5章、コラム 5-1、8章、コラム 8-1）

橋本　啓史（はしもと　ひろし）　名城大学准教授（7章、コラム 7-1、コラム 7-2）

浜端　悦治（はまばた　えつじ）＊　元滋賀県立大学准教授（4-1〜4-8）

藤岡　康弘（ふじおか　やすひろ）　元滋賀県水産試験場長、琵琶湖博物館特別研究員（6章、コラム 6-1）

・グラビアの写真・図版で提供者名のないものは下記の通り。
　写真：p.2及びp.4-8辰己・西野・金子　　p.10-11金子
　　　　p.12浜端　　p.13西野　　p.15須川・橋本
　図版：p.1-8東　　p.9金子・佐々木　　p.16橋本
・本文の写真・図版で提供者名のないものは各執筆者による。

## ■編者略歴■

### 西野麻知子(理学博士)

1982年　京都大学大学院理学研究科博士課程単位取得退学
滋賀県琵琶湖研究所、滋賀県琵琶湖環境科学研究センターを経て、現在びわこ成蹊スポーツ大学特別招聘教授
専門　陸水動物学、保全生物学。琵琶湖の底生動物をつうじて琵琶湖固有種の進化、琵琶湖の環境変化を研究しており、最近は琵琶湖岸の生物多様性保全の研究を行っている。
主な著書等　『内湖からのメッセージ』(共編著2005, サンライズ出版)
　　　　　　『とりもどせ！琵琶湖・淀川の原風景』(編著2009, サンライズ出版)
　　　　　　『Lake Biwa: Interactions between Nature and People』(共編著2012, Springer)
　　　　　　『滋賀の水生動物・図解ハンドブック改訂版』(監修2017, 新学社) など。

### 秋山道雄

1982年　大阪市立大学大学院文学研究科博士課程単位取得退学
滋賀県琵琶湖研究所、滋賀県立大学環境科学部を経て、現在滋賀県立大学名誉教授
専門　経済地理学、環境政策論。水資源や水環境に関する課題を、社会科学的側面から研究してきた。琵琶湖については、集水域や沿岸域の環境変化とその政策的含意を対象に実証分析をベースにおいて研究を進めている。
主な著書等　『琵琶湖流域を読む』上・下(共編著2003, サンライズ出版)
　　　　　　『琵琶湖発　環境フィールドワークのすすめ』(共編著2007, 昭和堂)
　　　　　　『環境用水―その成立条件と持続可能性』(編著2012, 技報堂出版)
　　　　　　『琵琶湖と環境』(共編著2015, サンライズ出版)

### 中島拓男(理学博士)

1974年　東京都立大学大学院理学研究科生物学専攻博士課程単位取得退学
滋賀県琵琶湖研究所、滋賀県琵琶湖環境科学研究センターを経て、現在認定NPO法人びわ湖トラスト理事
専門　微生物生態学
主な著書等　『河川・湖沼・水辺の水質浄化、生態系保全と景観設計』(分担執筆1993, 工業技術会)
　　　　　　『世界の湖』(分担執筆1993, 人文書院)
　　　　　　『びわ湖を語る50章』(共編著2001, サンライズ出版)

---

## 琵琶湖岸からのメッセージ　保全・再生のための視点

2017年10月5日　初版　第1刷発行

編　者　西野麻知子・秋山道雄・中島拓男
発行者　岩根順子
発行所　サンライズ出版株式会社
　　　　〒522-0004
　　　　滋賀県彦根市鳥居本町655-1
　　　　　TEL 0749-22-0627
　　　　　FAX 0749-23-7720

印　刷　P-NET信州

© MACHIKO NISHINO・MICHIO AKIYAMA・TAKUO NAKAJIMA 2017
ISBN 978-4-88325-624-2